2013

中国盾构工程技术学术研讨会论文集

PROCEEDINGS OF 2013 CHINA SHIELD MACHINE PROJECT TECHNOLOGY SYMPOSIUM

主　编　吴煊鹏
副主编　张国京　李天宇

人民交通出版社
China Communications Press

组织协调

盾构机专业委员会

盾构机专业委员会成立于2010年5月29日，由从事盾构机管理、使用、维修、保养、研究等企事业单位的管理人员、科技工作者及科研院所、大专院校专家学者自愿结成并依法登记成立的学术性、公益性和非营利性社会团体。

盾构机专业委员会专业组织各种专业技术培训，提高盾构行业从业人员的整体素质；举办学术研讨会议，开展盾构机科技领域的学术交流和研讨；编辑、出版报刊、杂志，建立网站，促进盾构行业内信息交流；组织专家学者协助政府有关部门编制盾构行业有关技术标准、规程规范及其他技术性文件；接受政府有关部门或企业委托，组织专家学者承担有关盾构行业的科技咨询、质量验收和技术成果鉴定。

组织专家进行盾构施工职业资格培训

盾构机专业委员会自2010年10月开始组织盾构工程职业资格培训，目前已经有5期7个班次360多名学员参加了培训，同时建设了专业的师资队伍，专业的培训教材。2013年9月，专委会又承担了《专业能力证书》（盾构专业）的培训任务，参加后期培训考核通过人员，可获得《北京盾构施工职业资格证》和《专业能力证书》（盾构专业）。

为促进盾构行业的发展，完善培训体系，培训工作将长期进行，大家可以随时报名。当报名人数达到开班要求时，我们将提前一周通知开班时间。

2011中国盾构技术学术研讨会

2012年度工作会议暨新春团拜会隆重召开

2012年10月换届选举大会

北京—乌鲁木齐轨道交通建设技术交流会

地址：北京市西城区虎坊路13号北京市职工服务中心　　邮编：100052
电话：010-69654459/83570330　　传真：010-69654459/83494281
网址：www.dgjcn.cn

服务监管

成立首家盾构维保基地

2013年9月8日，北京市盾构机专业委员会维保中心正式成立，旗下首个维保基地也同时正式揭牌，位于北京顺义林河开发区，占地148700平方米，有17600多平方米的大车间，这些车间能同时容纳10台盾构机进行室内维保，室内外可存放20台盾构机，也是目前国内首家跨专业多学科盾构机维保服务机构。可以为在京施工企业提供包括吊装、运输、维保、改造、再制造、调试等全过程全方位的“一站式服务”。

组织编写《盾构工程技术问答》系列丛书

由北京盾构机专委会组织编写的“盾构工程技术系列丛书”第一册《盾构工程技术问答》即将出版。本书由乐贵平主编、王良和关龙担任副主编，其他编著人员都是长期工作在盾构工程一线的专家、学者和工程技术人员。本书以问答的形式介绍了盾构设备选型、设备维护保养、施工过程中的关键技术及安全管理等方面的内容，并通过两个具体的工程案例，从不同侧重面介绍了实际工作中遇到问题时的处理方法，对盾构工程技术人员及研究人员有很大的参考和借鉴价值。

欢迎业内有识之士加入盾构机专业委员会，共创盾构行业辉煌！

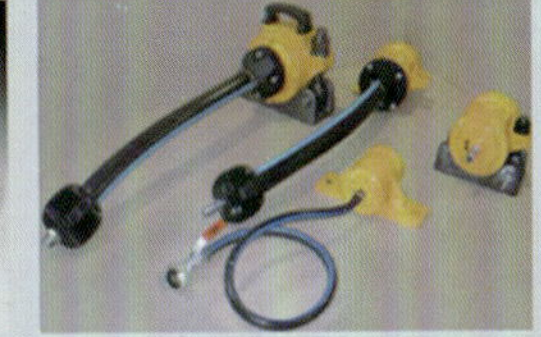

广州中船船用柴油机有限公司

公司简介（Brief Intriduction）

广州中船船用柴油机有限公司是中国船舶工业集团公司（简称“CSSC”）下属企业，成立于2008年，注册资本3.16亿元，由CSSC沪东重机有限公司控股。公司占地面积42.5万平方米，岸线全长500米。

公司主营地下工程设备的制造、总装及调试。CSSC下属企业从1998年开始生产制作盾构机及顶管机，经过十多年来盾构机的制作、整体装配调试及现场安装，掌握了地下工程设备的先进技术，积累了丰富的设计制造装配经验。公司可承接ϕ500～15000mm各类隧道工程设备的制造、维修，能满足硬岩、软土、卵石等不同施工条件。目前，CSSC已将技术研发、制造资源整合，以广州中船船用柴油机有限公司为主体形成更专业、更具实力的盾构机生产基地。

为罗宾斯公司建造的旧金山1#机完工

矩形顶管机

公司地址：广州市南沙区大岗镇潭新公路362号
联系电话：86-20-3919 8168
传　　真：86-20-3919 8000
邮政编码：511470

北京华晨
BEIJINGHUACHENG
北京华晨吊装公司历经十余年发展，已形成集盾构机吊装运输总承包、大型桥梁吊装运输总承包、风机安装检修这三大主业的专业性吊装运输公司。公司现有汽车吊350吨、300吨、250吨、50吨、25吨，履带吊有风机专用吊280吨1台、盾构机专用起重机250吨2台、100吨1台；40吨以上大型拖车、炮车30余辆，公司固定资产8000余万元。
机场线 四号线 十号线 九号线 十五号线
八号线 六号线 大兴线 亦庄线
SANY
地址：北京市大兴区魏善庄镇查家马坊 邮编：102611
联系人：杜勇 联系电话：010-80362708
手机：13311201233

北京建工土木工程有限公司

北京建工土木工程有限公司简介

北京建工土木工程有限公司（以下简称建工土木公司）成立于1995年，原名北京长城贝尔芬格伯格建筑工程有限公司，是中国建筑业500强企业——北京建工集团有限责任公司独资组建的综合性施工总承包企业，集工程设计、施工总承包、专业施工承包、科研、工程技术咨询、构件生产和大型设备维修、房地产开发等综合业务为一体。公司注册资本金为3.5亿元，具有房屋建筑工程施工总承包一级，市政公用工程施工总承包一级和隧道工程专业承包二级资质，拥有先进的德国海瑞克大型盾构设备9台套和各种大中型设备640台/套（总功率3万千瓦），公司有员工900余人。

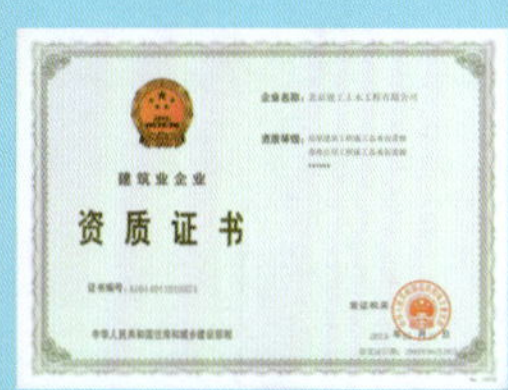

建工土木公司秉承"品质为上、安全为主、责任为念、诚信为本、效率为先"的企业宗旨，确立了"以市政基础设施工程、地铁工程板块为主导，保持房屋建筑工程传统优势"的业务格局，优质高效地建成了一批工业与民用工程和市政基础设施工程及地铁工程，包括北京地铁5号线、友谊医院门诊、急诊综合楼工程、A380机库工程,荣获"中国建筑工程鲁班奖"2项，中国土木工程（詹天佑）奖2项，其他工程荣获市政金杯、国家优质工程、长城金杯、银杯等多项大奖。业务范围涉及轨道交通及地铁工程、地下地上交通工程、机场机库工程、医院医疗设施工程、大型公用建筑工程等，服务机构遍及北京、广州、深圳、东莞、昆明等地。自2002年以来，主要经济指标连续保持增长，企业综合实力和品牌影响力大幅提升，正在向建设大型土木综合类土木工程公司迈进！

盾构维保基地简介

北京建工集团盾构维保基地，位于北京市顺义区林河工业开发区双河大街12号院内，具备大型车辆进出能力。基地由室内、室外两部分组成，其中室内车间占地面积17640平方米，室外场地5148平方米。它是可以达到盾构吊装、运输、维修、改造、保养、存放、配件供应等全寿命周期内整个系统服务的维护保养基地。基地现有管理人员8名，技术员32名，均为资深机械设备管理人员，具有专业维修保养实力。伴随着城市地下空间建设的热潮和各种隧道工程建设的大力发展，盾构产业有着广阔的市场前景，我们会以精细化服务提升盾构产品的附加值，致力于建成"北京第一、全国领先"的盾构制造基地。同时，以北京等地铁项目建设为契机，打造北京建工的盾构制造品牌。

维保基地内部

维保基地位置

编 委 会

前　言

随着国民经济及城市化进程的快速发展,我国的城市地下空间建设已进入了高速发展期。盾构工程技术作为城市地下空间建设和铁路公路建设中隧道工程的主流施工技术,已在我国得到了广泛的应用,且未来发展的空间十分巨大。

为促进盾构工程技术的学术及经验交流,进一步推动我国盾构工程技术的发展,北京市盾构机专业委员会曾于2011年9月在中国矿业大学成功召开了第一次"中国盾构工程技术学术研讨会",该研讨会所取得的成果受到业界人士一致好评。会议论文集由《市政技术》杂志以增刊形式出版。"2013中国盾构工程技术学术研讨会"是北京盾构机专业委员会组织召开的第二次会议,会议得到了北京市轨道交通建设管理有限公司、北京城建集团、北京建工集团、北京住总集团、北京市政集团、北京城建设计研究总院、北京市市政工程设计研究总院、中国矿业大学、北京交通大学、中铁十六局、中铁一局、中铁三局、中建交通建设集团、德国海瑞克、上海隧道股份等单位的大力支持,有近50名盾构工程技术业内的专家、学者和工程技术人员提交了40余篇学术论文。论文内容涵盖了盾构工程设计、施工、管理及盾构机设计、制造、维修等各个领域。其中有不少论文介绍了近年来盾构工程中的新技术、新工艺和一些实际工程的经验总结。如中铁十六局集团有限公司吴煊鹏撰写的"下穿昆明火车站盾构施工技术",中铁十六局集团北京轨道交通工程建设有限公司李宜房撰写的"大直径城际铁路盾构隧道成型管片渗漏水控制技术";中铁十四局集团有限公司周国旺撰写的"叠落盾构隧道施工技术";上海隧道工程股份有限公司王伟刚撰写的"矩形掘进机壳体设计分析"及梁赟露撰写的"不同地层下复合盾构再制造研究"等。相信盾构行业的研究、设计、制造、施工及管理人员都会从这些新技术、新工艺和经验总结中得到不同程度的启发、启迪或借鉴。

为了扩大学术交流会的影响,更好地发挥这些学术论文的作用,会议收集的论文交由人民交通出版社编辑出版,由于时间紧,人民交通出版社给予了大力支持,在此予以特别感谢。

我们希望业内同行对本论文集给予充分的关注,对论文中的一些问题进行讨论、批评和指正。我们更希望下次学术研讨会(每两年一次)能有更多的专家、学者及工程技术人员参加,有更多的盾构工程新理论、新技术、新工艺和经验总结在会议上进行研讨、交流,并期待有更多的学术论文被收集到下次学术论文集中。

北京市盾构机专业委员会

2013 年 11 月

目　录

盾构区间“先隧后井”施工技术

矫志丹

（北京建工路桥工程建设有限责任公司　北京　100124）

摘　要：主要针对某地铁盾构区间施工期间采用的区间风井后做施工实例进行介绍，结合工程现场实际阐述了区间风井后做的施工技术，对出现的问题进行了分析，制定了应对措施，并提出了建议。

关键词：先隧后井；管片加固；变形监测；管片拆除；管片背后止水注浆

1　概述

在国内地下轨道交通工程建设中，区间隧道多采用盾构法施工，中间风井则采用明挖法施工。常规的施工顺序是先建风井，待风井具备盾构过站条件后，再进行相应的盾构隧道施工。该法可降低隧道施工风险，减少重复工程量、节约工程成本。但是目前国内的城市轨道建设往往由于地面建（构）筑物拆迁、管线改移等不及时，造成工程工期的滞后或延误，因此，明挖施工的区间结构（风道、风井等）成为制约盾构隧道施工的一个要因。目前国内因盾构区间造成的工期延误95%以上是由于前期工作或相关工序造成的，盾构本身的施工并未对工期造成影响。

针对上述情况，为减少因地铁线路局部地面征地拆迁问题而影响整个区间隧道的施工，确保盾构机按期始发或减少盾构机停机等待时间、节约工程成本、杜绝盾构机停机等待的安全隐患，本文结合工程实际提出了“先隧后井”法，并对其施工工艺进行叙述。

2　工程概况

郑州市某盾构区间长约2.2km，设中间风井一处（兼联络通道及废水泵房）。该区间风井在区间线路上方为3层结构，线路北侧为单层结构，其中3层结构基坑深度约22.935m，单层结构基坑深约10.3m。原设计方案计划先修建区间风井，盾构在此过站、检修，但因征地拆迁问题，无法按原计划施工，为减少盾构停机等待时间和带来的安全隐患，确保全线的洞通目标，将原设计方案调整为盾构通过再修建区间风井。

本区间所处地貌单元为黄河冲积平原，场地范围内地层主要为第四系（Q）沉积地层，基坑施工影响范围内地层从上到下主要为杂填土、第四系全新统（Q_4）粉土、粉质黏土、粉砂、细砂及第四系上更新统（Q_3）粉质黏土夹粉土、细砂、粉质黏土。地下水类型分为上层的潜水和下层的承压水。潜水主要赋存于10.0～14.0m的粉土、粉质黏土中，属弱透水层，承压水主要赋存于8.0～12.0m的砂层中，具有微承压性，与上部潜水有一定水力联系，承压水补给来源主要是潜水越流补给，排泄主要为人工开采。施工期间地下水位位于场平标高下4.5～5.0m。

3　围护结构设计

3.1　围护结构形式

因盾构隧道在风井处埋深较大，为保证风井端头加固区高压旋喷桩的施工质量，并考虑风道处

作者简介：矫志丹（1960—　），男，本科，北京建工路桥工程建设有限责任公司副总经理。主要从事地铁工程及暗挖工程。

单层结构的存在，基坑上部(单层结构)采用放坡开挖、坡面挂设钢筋网片，并喷射速凝混凝土，下部采用钻孔灌注桩＋内支撑的支护形式。放坡段开挖至底后作为下部围护桩段止水帷幕、钻孔灌注桩、高压旋喷桩端头加固区的作业平台。采用先隧后井的施工工艺，如能在盾构穿越前完成拆迁，则宜在盾构通过之前完成止水帷幕的施工，具备盾构通过条件后，盾构机再通过、穿越(见图1)。

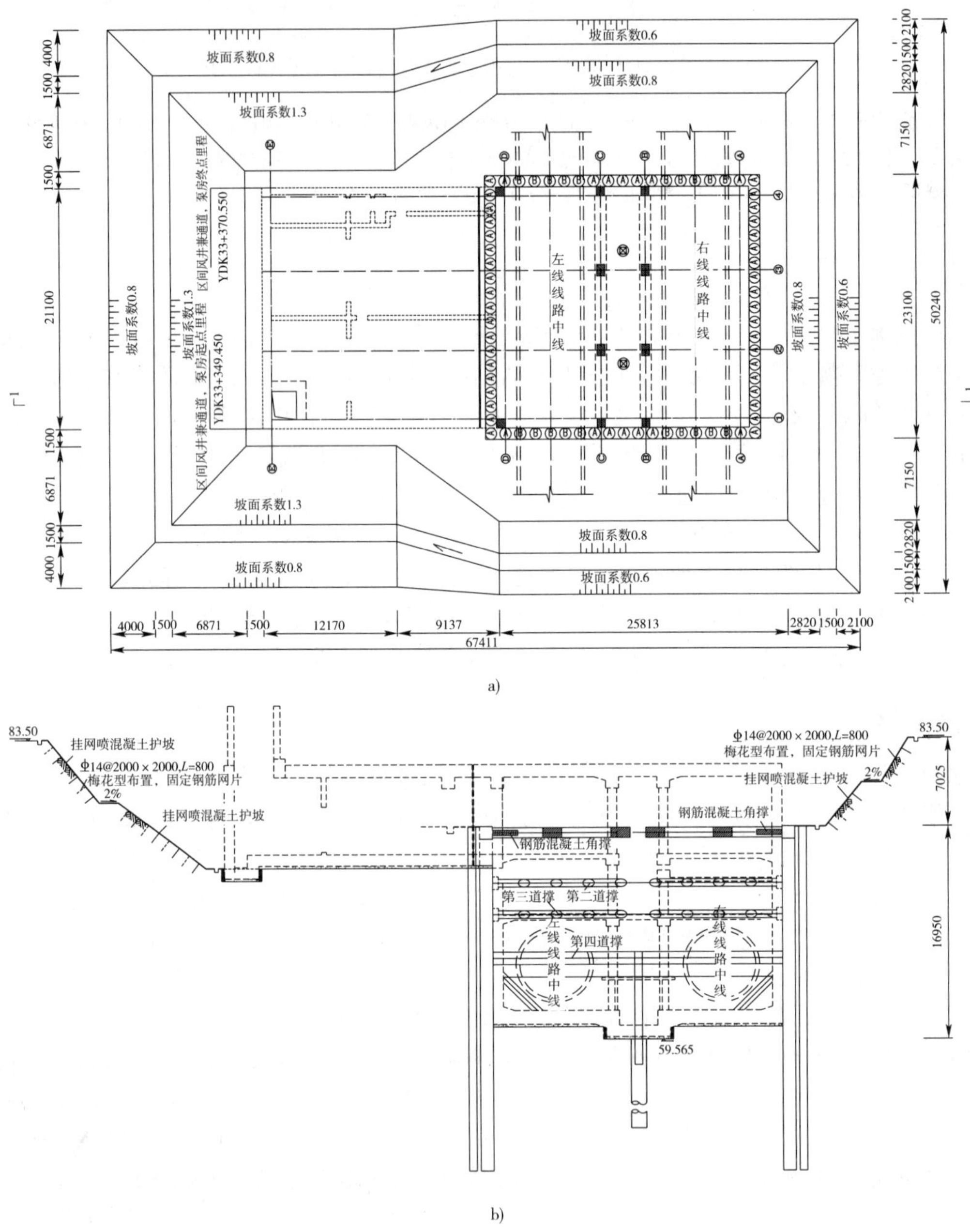

图1　区间风井平面剖面示意图(尺寸单位：mm)

3.2　盾构穿越处围护结构形式

在盾构穿越段，考虑到盾构机刀具和风井基坑较深，且周边地下水位较高、地层较差，故盾构穿越范围内采用悬挂式围护桩。为确保盾构机能安全穿越，围护桩桩底距盾构顶安全距离可取0.5m左右，并在隧道管片下部进行可靠的加固。

但悬挂式钻孔灌注桩下部无法考虑深入土体的嵌固深度,因此完全靠腰梁和支撑抵抗悬挂桩的水平水土压力,因此竖向设置3道支撑,其中第一道为混凝土支撑与桩顶冠梁连接,第二、三道采用A609mm钢管支撑,钢围檩采用Ⅰ45b双拼,对灌注桩的内力利用SAP2000进行分析,采用和长桩相同的配筋形式。隧道下部无围护桩段采用注浆加固土体并挂网喷护(见图2)。

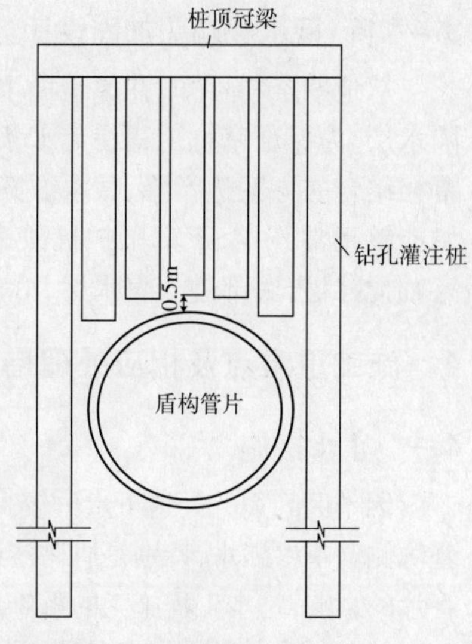

图2　盾构穿越段悬挂式围护桩剖面图

3.3　支撑布设

本区间风井三层结构平面尺寸为22.1m×22.6m,放坡段开挖深度为7.035m(10.3m),两级放坡。围护桩段基坑深度15.9m,根据施工步序要求和计算,采用4道横向支撑。

第一道支撑采用钢筋混凝土支撑斜,支撑高于负二层中板1.3m,以满足竖向钢筋预留要求。下部受悬挂式半截桩和负三层中板位置的影响,采取在盾构隧道上部布设两道斜向钢支撑。考虑负三层结构层高较高,两侧墙处含有$d=6$m的隧道洞门,故采用钢筋混凝土支撑,以提供刚度较大的支撑体系,防止围护结构及管片拆除期间的隧道变形(因自重和跨度较大,设中立柱2根),同时结构施工至此处,拆除第四道支撑,并施加一道换撑。各道支撑平面布置如图3所示。

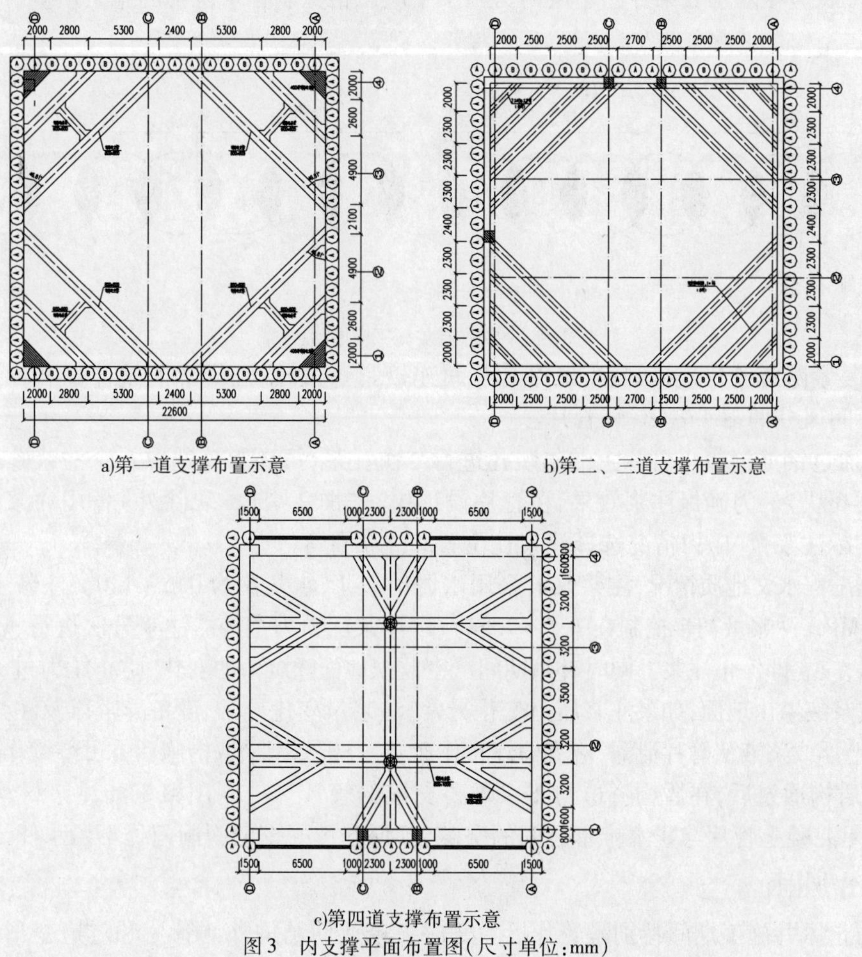

a)第一道支撑布置示意　b)第二、三道支撑布置示意　c)第四道支撑布置示意

图3　内支撑平面布置图(尺寸单位:mm)

3.4 降、截水和端头加固设计

从地勘资料可知，在原地面下 40～45m 深度范围内存在一连续的透水性较差的粉质黏土隔水层，为保证基坑工程在无水条件下施工，结合围护结构设计方案，采用管井降水和止水帷幕相结合的方案进行降、截水方案。上部放坡段采用管井进行敞开式降水，降水深度应保证基坑能够正常开挖，下部围护桩段采用止水帷幕隔断地下水，止水帷幕采用 33m 长 ϕ850@600 三轴搅拌桩，底部进入隔水层，沿基坑四周围护桩外侧 300mm（净距）布置。

4 施工重难点及相应处理措施

4.1 止水措施

因本区间风井处地下水位较高，土层渗透系数较大，如何保证基坑开挖、主体结构施工期间基坑侧壁不渗漏水，特别是盾构隧道与风井结构接口处形成有效的止水环，同时减小降水对盾构管片的影响，是本工程施工的重难点之一。为此，我们在施工中采用了如下的措施：

（1）在盾构到达前，区间风井的征地拆迁已完成，因此，根据专家意见，先进行止水帷幕的施工，以保证后期洞门处的止水效果。止水帷幕施工采用三轴搅拌桩，施工机械采用 ZKD85－3型三轴搅拌桩机套打法成桩（见图 4）。止水帷幕应设置在围护桩的外侧，平面位置应根据围护桩位置外放 300mm，防止围护桩施工时对搅拌桩造成扰动。搅拌桩深度应超过基础埋深，桩底坐在隔水效果好的土层内。施工中应严格控制止水帷幕的施工质量。

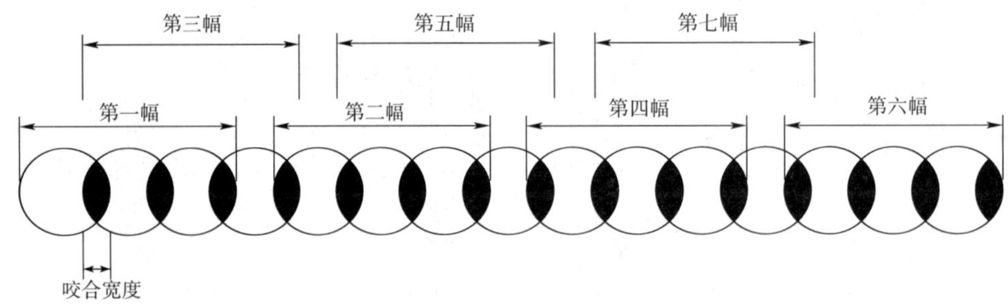

图 4　三轴搅拌桩施工顺序示意图

（2）复紧隧道管片连接螺栓，确保管片间连接紧密，以增强管片的整体性和稳定性，复紧范围为区间风井两端头各 20 环管片。

（3）通过钢筋混凝土管片上的吊装孔进行二次注浆，每环管片选取 6 个注浆孔（本工程每环管片共 6 块）。为确保注浆效果，在管片设计中，增加 2 个（K 块除外）备用注浆孔，注浆时可根据实际注浆量、压力情况选择注浆孔位置和注浆量等。

根据工程水文地质情况，注浆浆液采用水泥单液浆，水灰比为 0.6～1.0。注浆压力控制在 0.2～0.4MPa，注浆量初步控制在 1.5～2.5m^3，以注浆压力为主控。注浆分次进行，若浆液由管片中渗出，应立即停止注浆。同时补浆期间严密监视地面隆沉值的变化，防止压力过大地面隆起值超标或浆液溢出地面，如果注浆压力变化异常、注浆量变化异常、设备异常以及注浆时隧道出现偏移、上浮或浆液从管片泄漏，应立即停止作业，待分析原因采取措施后方可继续作业。

（4）盾构通过后，在盾构隧道与止水帷幕交接的管片环处利用聚氨酯注浆材料进行二次注浆，封闭混凝土管片与止水帷幕之间的空隙，确保基坑开挖期间洞门处不漏水。

4.2 管片加固

为防止风井施工期间特别是管片拆除时应力释放使结构外侧管片和隧道变形，在下部土

方开挖前对风井结构两端头外侧各 10 环管片进行纵向和环向加固。在风井处管片未拆除之前进行加固完成,加固方法如下:

4.2.1 管片环向加固

(1)在隧道内部,环向加固采用碗扣式钢管支架和普通(扣件式)钢管支架作为支撑,支撑端部采用可调式顶托卡紧方木,方木贴紧管片固定。

(2)纵横向支撑体系基本搭设完成后,先不急于进行顶托紧固,先根据洞内空间及支架体系搭设情况,沿支架纵向、横向、水平方向架设剪刀撑,剪刀撑连续支搭,并与所有接触的杆件均用扣件进行连接紧固。

(3)剪刀撑全部架设、支撑完成后,再进行纵、横方向顶托紧固,方木与管片相接触部位不是一个平面,故可在顶托内加垫木楔,以保证管片、方木、顶托等全部落在实处,保证加固效果的可靠性和安全性,如图 5 所示。

图 5 管片环向加固

4.2.2 管片纵向加固

(1)管片纵向采用 5 号槽钢进行纵向拉结,即将钢制垫片与管片螺栓进行连接,然后再将垫片焊接在纵向布置的 5 号槽钢上,从而达到连接、紧固的作用。

(2)5 号槽钢在隧道内共布置 4 道,环向均匀布置,并与管片的纵向螺栓的位置相匹配。

(3)施作时先将管片螺栓的螺母和垫片去除,然后换上自制钢制垫片,并紧固、随后布设 5 号槽钢,并将槽钢与紧固后的垫片采用焊接的方法进行连接,使与洞门相邻的 10 环管片形成有效整体,从而避免由于应力释放产生位移而导致管缝漏水的现象产生,如图 6 所示。

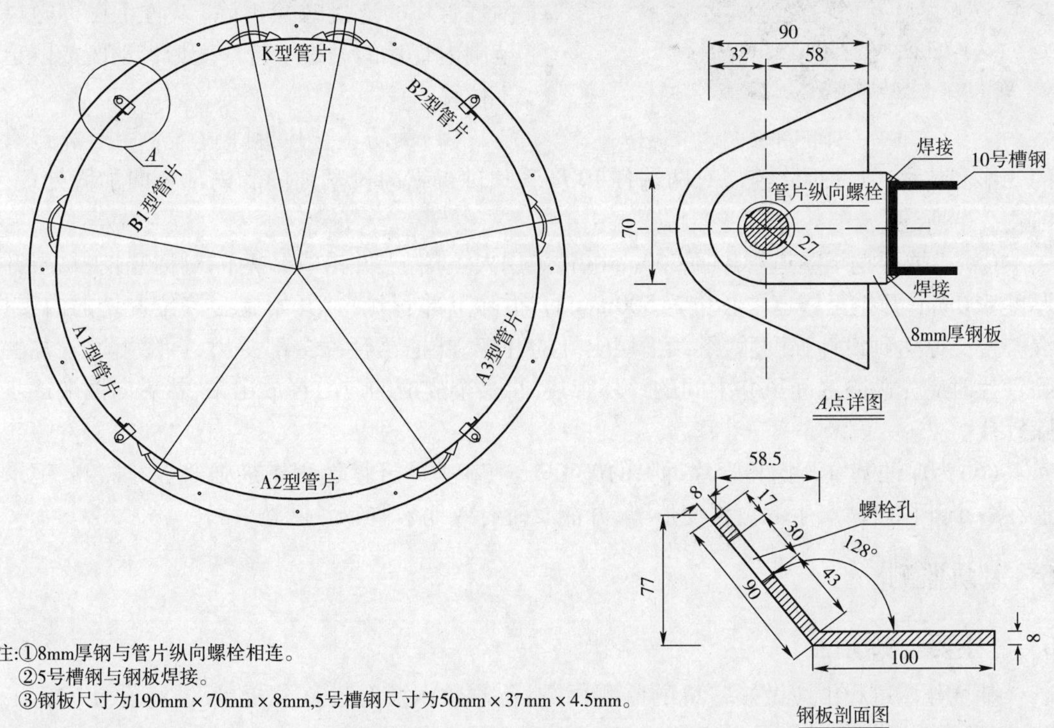

图 6 管片纵向加固横剖示意图(尺寸单位:mm)

4.3 管片下部基坑开挖

基坑基底标高低于盾构隧道管片底标高约2m,因此管片拆除后下部土体及盾构管片外土体的稳定性也是施工的难点。本工程采用了如下的应对措施:

(1)为保证基坑开挖期间隧道的安全,在盾构到达前对基坑两端头进行加固;同时,为保证区间隧道底部基坑开挖的安全,加固范围为管片四周3.0m。

(2)隧道洞口下部至基底2.0m深度范围内因无围护桩,且本处地层主要为粉细砂,故在开挖至该部位前采用磷酸—水玻璃双液浆从隧道内部打孔进行竖向注浆加固,开挖过程中采用双层$\phi8@150\times150$钢筋网片+C25喷射混凝土进行支护。同时开挖挖过程中对暴露的管片可采用带复紧装置的钢丝绳进行辅助悬吊保护。

4.4 管片拆除

管片拆除是本工程施工过程中的重难点,基坑开挖至下部时盾构隧道已经成型,上部土层开挖卸载和管片的拆除会改变盾构隧道的受力状态,风井两侧管片因结构范围内管片拆除会发生向风井结构方向收缩的现象,因此应采取措施保证风井结构外侧管片稳定性是施工的重点。

图7 区间风井现场施工图

(1)在盾构机通过风井段(见图7)过程中,一定要做好盾构掘进参数和盾构机姿态的监测工作,保证盾构掘进的线路准确,控制好盾构机推进速度。

(2)为拆除管片方便,风井范围内的管片需采用通缝拼接。

(3)开挖过程前,应将风井与隧道接口处两环管片的连接螺栓拆除,以防止在拆除风井范围内管片的过程中管片变形带动既成隧道产生位移。

(4)为防止管片拆除过程中引起邻近管片的变形和位移,管片拆除前需对两端各10环管片进行纵向拉紧加固和内部环向加固处理,如前4.2节所述。

(5)机械开挖至隧道管片顶300mm后,采用人工挖土,并沿管片两侧对称开挖,每层开挖厚度500mm,开挖至隧道中心位置500mm后,拆除上部管片,并开始施工该位置处的内支撑,混凝土支撑达到设计强度后,继续下层土方的开挖,开挖至管片全部露出,拆除下部管片。拆除管片时应先破除区间风井中间的一环管片,将整个隧道的应力释放出来,然后向两端逐步拆除管片。

(6)为保证基坑开挖和管片拆除的施工安全,在整个开挖过程中加强监控和监测,记录隧道在各个开挖阶段产生的位移变形等,并能及时有效地采取应急措施。

5 基坑监测

5.1 主要监测项目

基坑开挖过程中应做好基坑的监测,并对监测数据及时进行分析,反馈给设计和施工部门,根据监测数据调整设计方案和施工步序,实现信息化施工。

根据工程特点,本工程主要监测项目包括桩顶位移、深层土体位移、周边地表沉降、支撑轴力、基底隆起等,监测工程按照设计和规范要求确保精度和监测频率,同时加强盾构隧道的变形监测,区间风井监测平面布置如图 8 所示。

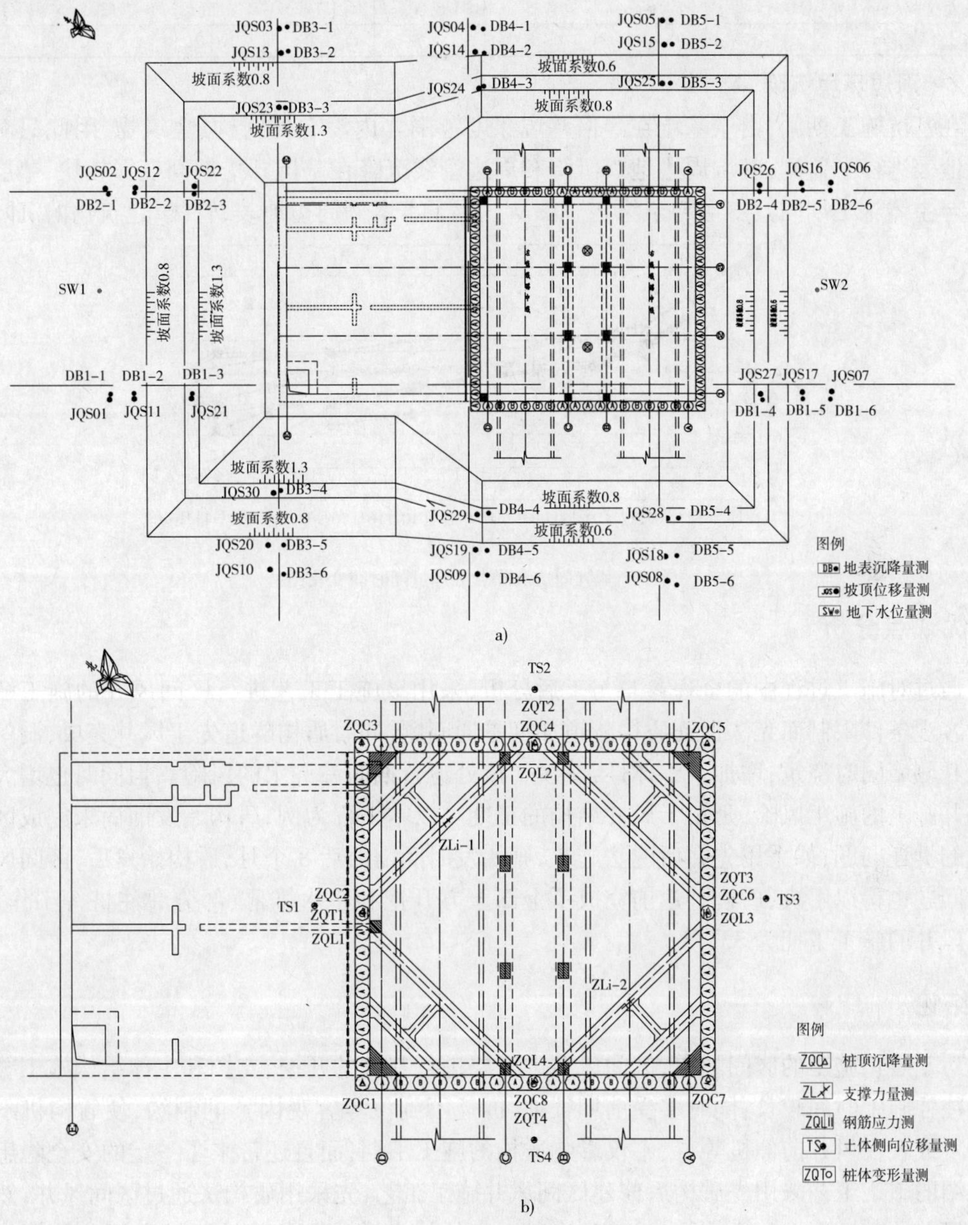

图 8　区间风井监测平面布置图

5.2　监测结果

5.2.1　土体水平位移

基坑开挖产生的内外压力差会使支护结构发生水平位移,在风井基坑一级边坡坡顶和二级边坡坡顶布设了 20 个坡顶位移点,在围护桩段钻孔灌注桩深度范围内布置变形点 4 个,测量其在基坑开挖及主体施工期间的坡顶(桩体)水平位移。基坑开挖期间放坡段的最大水平位移为 8 ~ 12mm,最大位移发生在基坑开挖至底期间,最大位移位置集中在 5 ~ 6m 的基坑深度范围内。土体深层位移如表 1 所示。

各测孔基本情况表　表1

孔号	JQS11	JQS12	JQS13	JQS18	JQS20	JQS22	JQS27	JQS29
最大位移(mm)	5	6	4.5	6.5	7	11	12.5	10.3
δ_{max}位置(m)	-8	-9	-8	-7	-8	-2	-12	-10

5.2.2　周边环境沉降

在基坑施工期间,由于基坑在5倍基坑深度范围之内没有任何构、建筑物,因此只对基坑周边地表进行了监测;基坑周边地表沉降和周边管线沉降在基坑开挖期间变形较快,垫层浇筑完毕至主体施工期间其变形趋于稳定。图9显示了本案例周边地表、管线、建筑物的沉降值。

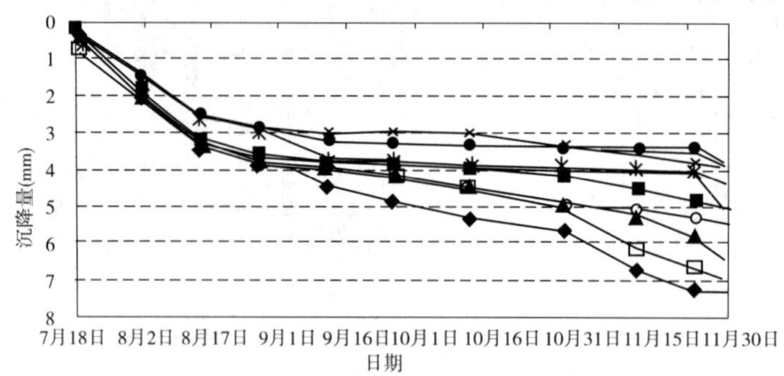

图9　基坑周边沉降点沉降量随时间变化图

6　优缺点分析

通过对施工过程中的全程参与与工后分析,采用该施工工艺进行区间风井的施工解决了因受客观条件限制而无法保证盾构隧道如期贯通问题,同时盾构隧道先于风井完成,洞门环梁与风井侧墙同时浇筑,增加了整体性,减少了该处运营期间渗漏水的风险。但同时也增大的区间风井施工的施工风险,延长了风井结构的工期。以本工程为例,盾构始发前尚未完成区间风井处的拆迁问题,如采用先井后隧法施工,则始发时间需滞后8个月,盾构始发后,区间风井的拆迁问题也得以解决,盾构到达前完成了上部土方开挖和止水帷幕、部分灌注桩等工作,整个区间风井的施工工期为338天。

7　结论

对于盾构施工的区间隧道,区间风井因需要进行基坑的开挖、支护和主体结构施工等多道工序往往施工时间较长,同时多受前期征地、拆迁不到位等客观因素的制约,使盾构机不能按期始发或者在风井前停机等待,不仅影响盾构的施工工期,而且还带来了一定的安全隐患。本文介绍的施工工艺采用先盾构后修建区间风井施工工艺,先采用盾构法通过区间风井,然后再进行风井的基坑开挖和主体结构施工,通过一定的技术措施避免基坑开挖和风井处管片拆除对成型隧道产生影响。该工艺可有效节约盾构施工工期,对工程前期无法进行风井施工和后建区间风井的工程具有实际意义。

参考文献

[1] 李围. 配合盾构法修建地铁车站的方案研究[D]. 成都:西南交通大学,2003.

[2] 路美丽. 盾构先行条件下拓展地铁车站的方案研究及风险分析[D]. 北京:北京交通大学,2007.

[3] 熊乾. 地铁先隧后井法施工技术[J]. 铁道标准设计,2009(12):106-111.

砂层地质小转弯盾构隧道施工技术浅析

丁宝华

（河南郑州一建集团　郑州　450004）

摘　要：在城市轨道交通建设中，多受客观因素的制约，越来越多的小转弯半径隧道被应用于盾构施工中，针对小转弯半径隧道施工中常见的问题，从管片选择及盾尾间隙控制、管片壁后注浆加固、管片纵向加强和螺栓复紧、盾构推进轴线预偏、盾构测量与姿态控制、盾构施工参数调整等控制措施进行论述，针对易出现的管片错台、盾尾管片外弧面碎裂、角部碎损等施工难题提出解决措施，并通过工程实例验证了实施效果，为今后类似工程施工提供了借鉴。

关键词：小转变半径；管片；盾构

1　引言

现代化城市的蓬勃发展带动了城市地下轨道交通事业的大力建设，地下轨道交通可以有效地解决大型城市的交通拥堵问题，并且对地下空间实现了综合利用。但与此同时，也受城市中既有建筑物和空间的限制，出现了大量小半径、大坡度的复杂线形，给工程施工造成了一定的困难和挑战。

在盾构进行小转弯半径隧道施工时，盾构机的反推力对曲线外侧土层造成挤压，同时因盾尾空隙的存在会使地层向隧道内侧位移；由于盾构推进是靠管片和地层反力掘进的，因此，在曲线段盾构推进时，会产生垂直于隧道方向的水平力，使隧道向曲线外侧位移，当隧道的纵向刚度和地层的刚度过小，可能会引起管片和外侧地层位移过大。因此小转弯半径曲线地段的隧道轴线控制难度较大，同时管片向外侧扭曲而挤压地层，使地层和管片结构均受到复杂的影响，造成盾构和管片姿态的偏差过大。因此，在盾构通过小转弯半径的隧道时，应加强施工控制，制定可靠的技术保证措施，保证最终成型隧道的施工质量。

2　工程概况

郑州市某地铁区间隧道采用盾构法施工，区间隧道全长约 2km，设两条平曲线，曲线半径分别为 450m、350m；盾构机采用德国海瑞克公司生产的土压平衡式盾构机（有铰接功能），隧道结构采用钢筋混凝土单层管片衬砌，衬砌管片内径为 5. 40m、外径为 6. 00m，管片厚度为 0. 30m、宽度为 1. 5 m，管片设计强度为 C50，每一衬砌环由 6 块管片错缝拼装组成，并采用 5. 8 级 M27 弯螺栓进行连接。

盾构隧道主要穿越细砂层和部分粉质黏土层，地下水位丰富。

3　小转弯半径隧道施工控制技术

3.1　主要工程流程

质构施工控制流程如图 1 所示。

作者简介：丁宝华（1966—　），男，本科，河南郑州一建集团总工。主要从事隧道盾构工程的施工管理。E-mail：dingbh9118@126. com

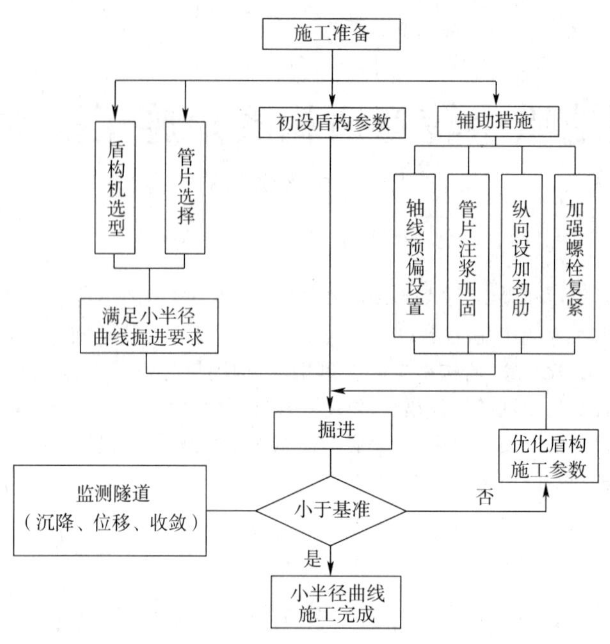

图1　盾构施工控制流程

3.2　主要控制措施

为保证平曲线段顺利掘进，从管片选型和拼装、盾构机推力、轴线预偏等方面采取必要措施，同时对地层采取了同步注浆和二次注浆相结合的辅助措施，以保证小转弯半径圆曲线段盾构施工中隧道轴线、成型管片的破损量、环向和径向错台都能符合规范和设计要求。

3.2.1　管片选型及盾尾间隙控制

盾构机的盾尾与管片间间隙的变化主要体现在水平轴线两侧，当盾构机转弯幅度大于隧道设计值，隧道外侧的盾尾间隙就相对减小；当管片楔形量过大且超前于盾构机转弯幅度时，隧道内侧的盾尾间隙就相对较小。所以，在无法通过盾构推进和管片拼装来调整盾尾间隙时，可考虑采用楔型管片和直线型管片互换的方式来调整盾尾间隙，以保证管片拼装质量。在本区间盾构施工时，盾尾间隙标准值为80mm，在圆曲线段掘进时盾尾间隙变化较大，可将盾尾间隙保持在80mm ± 20mm 范围内。

3.2.2　推力控制

盾构机在富水砂层小半径圆曲线掘进的过程中，对土体的扰动会显著降低周围土体的强度及自稳能力，饱和砂土的蠕变特性以及盾构推进时施加在管片的水平方向土体压力，管片在长时间承受千斤顶压力等情况下，很可能向外侧整体移动(见图2)。

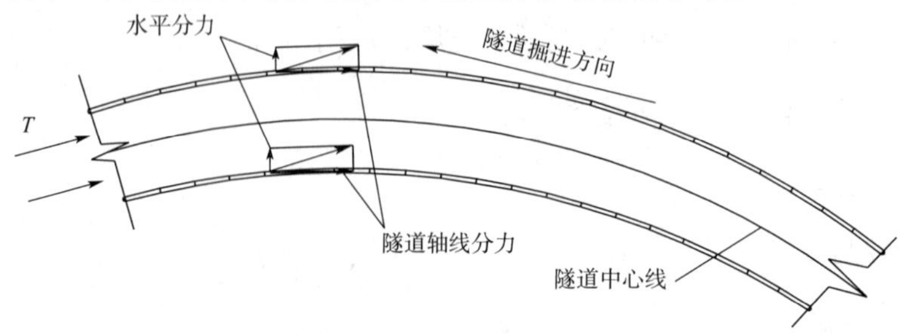

图2　管片受力分解示意图

根据相关文献显示,小半径曲线掘进可能带来的管片位移量 σ 的计算式如下:

$$\sigma = p\zeta = \frac{T}{R}\zeta$$

式中:T——盾构机推力的反作用力;

p——土体对管片侧面的附加应力;

R——转弯半径;

ζ——变形系数。

因此,从式(1)可知,当盾构机的推力越大时,管片侧向位移也越大;当掘进的转弯半径越小时,管片侧向位移也越大。所以,为减小在小转弯半径曲线段施工引起的管片整体移位所带来的隧道变形,掘进过程中应减小盾构推力。根据类似的施工经验,在本区间的圆曲线盾构掘进施工时,推力控制在1000~1300T,有效地保证了曲线段的盾构掘进,管片受力分解示意图如图2所示。

3.2.3 推进轴线预偏设置

在盾构掘进过程中,要加强对推进轴线的控制。曲线推进时盾构实际上应处于曲线的切线上,因此推进的关键是确保对盾构机姿态的控制。由于盾构掘进过程的同步注浆及二次注浆的浆液效果不能有效保证管片后土体的承载强度,管片在承受侧向压力后,将向弧线外侧偏移。为了确保隧道轴线最终偏差控制在允许的范围内,盾构掘进时应给隧道预留一定的偏移量。

在盾构机进入缓和曲线时即开始对掘进姿态进行调整,将盾构沿曲线的割线方向缓慢纠偏掘进,在盾构机整体进入圆曲线掘进时预留偏移量,水平偏差可根据曲线半径和盾构推力、周围土层情况及覆土深度和施工经验确定,在本工程中机头前点控制在设计轴线内侧30~40mm,后点控制在设计轴线内侧20~30mm。趋势控制在3左右(设计轴线内侧方向)。将盾构沿曲线的割线方向掘进,管片拼装时轴线位于弧线的内侧,以使管片出盾尾后受侧向分力向弧线外侧偏移时留有预偏量。

3.2.4 盾构姿态控制与调整

盾构机掘进过程中,难免出现姿态偏差,当出现偏差时可采用刀盘反转等方法进行纠偏,以长距离慢慢修正为原则,做到缓、小、勤、匀。

盾构机姿态调整(纠偏)方式主要有以下几种:

(1)侧滚纠偏。采用刀盘反转的方法进行侧滚纠偏。

(2)竖直方向纠偏。盾构机抬头时,可加大上部千斤顶的推度进行纠偏;盾构机叩头时,可加大下部千斤顶的推度进行纠偏。

(3)水平方向纠偏。向左偏时,加大左侧千斤顶推度;向右偏时,加大右侧千斤顶推度。

盾构掘进的纠偏量越小,则对土体的扰动越小。处于350m转弯圆曲线时,为防止盾构机抬头以及管片上浮及向圆曲线外侧移动,通过VMT系统调整盾构机姿态。根据管片监测情况,如管片上浮量较大,则垂直偏差可调整为-50~-40mm。同时应加密VMT移站频率,减少移站后出现的轴向偏差。

3.2.5 同步注浆及二次注浆

同步注浆压力略大于该地层位置的静止水土压力,注浆压力取1.1~1.2倍的静止水土压力,最大不超过0.4MPa;理论注浆量为7.29m^3/环,根据推进时实际地面监测结果,适当调整注浆量。推进时做到“掘进、注浆同步,不注浆、不掘进”,通过控制同步注浆压力和注浆量双重标准来确定注浆时间。注浆量和注浆压力达到设定值后才停止注浆,否则仍需补浆。同步注浆速度与掘进速度匹配。

为减少同步注浆浆液早期强度低、隧道受侧向反力影响大的问题,在管片出盾尾后,通过管片注浆孔向管片外周进行二次注浆,来填补同步注浆流失造成的空隙和抵抗侧向分力,为尽快稳定管片,二次注浆位置应尽量靠近盾尾,但太靠近盾尾又会损害盾尾刷,因此,选择在管片出盾尾 3 ~5 环位置进行二次注浆。

二次注浆浆液为瞬混性且具有较高早期强度的水泥—水玻璃双液浆。水泥浆水灰比为 1:1,水玻璃浓度为 30 ~40°Be',实验室凝固时间控制在 15 ~20s,凝固时间少于 15s 时,极易发生堵管,且易在管片背后注浆孔的周围形成“鼓包”,影响浆液继续扩散,使浆液不能充分地填充空隙;当凝固时间大于 25s 时,则会由于地下水的稀释作用使浆液不能及时凝固而产生较大的流失。二次注浆主要采用压力控制,压力控制在 0.2 ~0.3MPa。最大瞬间压力不能大于 0.4MPa,以免对管片造成损坏。

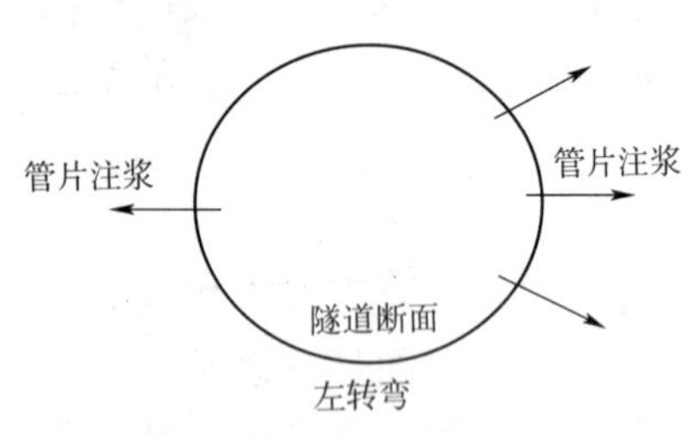

图 3　隧道在左转弯时注浆方式

另外,当隧道在左转弯时,注浆方式可采取图 3 的注浆方式。

3.2.6　隧道管片纵向加强及螺栓复紧

针对小半径曲线上隧道纵向位移较大,在隧道靠近开挖面后 40 ~50m 范围管片设置加强肋以增强隧道纵向刚度,减少其纵向位移。加强肋采用两根 I 22a 槽钢,用钢板焊接成型,用螺栓将其与管片的吊装孔进行连接,从而将隧道纵向连接起来,以增强隧道纵向刚度。

每环推进结束后,须拧紧当前环管片的连接螺栓,并在下环推进时进行复紧,克服作用于管片推力产生的垂直分力,减少成环隧道浮动。每掘进完成 3 环,对 10 环以内的管片连接螺栓再复紧一次。

3.3　其他控制措施

同时,盾构机在小半径曲线掘进过程中,还应加强对地下水的控制,防止土舱内水压过大造成的纠偏困难;保证成型隧道管片后的注浆效果,形成有效的止水环;降低盾构推进速度,减小盾构千斤顶推力,从而减小管片间作用力;合理选取盾构推进千斤顶编组,均衡盾构对每块管片的推力,避免作用力集中造成的管片破损;杜绝盾构千斤顶左右分区大推力差纠偏,保证管片受力均匀。

在盾构掘进过程中,还应建立有效的监测系统,通过对隧道内轴线偏差、收敛及周边地表、建(构)筑物沉降的监测,及时分析并不断调整盾构掘进参数,实现动态的信息化施工。

4　结论

在郑州市某盾构区间,通过以上施工措施的综合应用顺利完成 350m 和 450m 的圆曲线掘进,解决了小半径曲线段盾构掘进轴线控制和管片拼装问题,各项控制指标均在允许范围内。并对轴线偏差、管片破损和错台进行了调查,调查结构显示均能满足设计和规范要求,取得了良好的效果。通过本区间对小转弯半径隧道盾构施工控制技术的经验总结,为以后类似工程提供了借鉴意义。

参考文献

[1] 刘建航,侯学渊.盾构法隧道[M].北京:中国铁道出版社,1991.

[2] 郑坚.在软土层中应用盾构法施工的关键技术研究[J].建筑施工,2000(6).

[3] 汪挺.砂粘土层盾构施工几项技术的探讨[J].北京建筑工程学院学报,2001(51).

[4] 刘昌.盾构施工引起地表沉降的研究[D].西安建筑科技大学,2007.

[5] 邹羽中.盾构隧道同步注浆技术[J].西部探矿工程,2003(4).

下穿昆明火车站盾构施工技术

吴煊鹏

（中铁十六局集团有限公司　北京　100018）

摘　要：昆明市轨道交通首期工程第八标段环城南路站—昆明火车站区间隧道，需要下穿昆明火车站12条股道、6个站台及站台雨棚，风险施工风险等级评估为极高。隧道埋深浅，地质条件复杂，由于车站正常营运，没有地面加固的条件。在这种不均匀复杂地质、环境条件下实现了盾构下穿火车站施工时达到“5mm沉降”目标，在盾构施工技术方案优化，掘进施工参数优化、注浆加固、监控量测、盾构施工技术管理等方面的技术和经验。可为类似工程提供参考。

关键词：下穿；火车站；盾构；施工技术

1　引言

由于城市发展的日新月异，为了缓解城市交通压力，轨道交通建设如火如荼。但地铁区间隧道施工对既有建构筑物的影响很大，特别是下穿重要建构筑物时，即使采用先进的盾构施工技术进行施工，其风险仍是极高。因此，我们需要认真分析地质条件，研究建构筑物的特点，采用相适应的盾构施工技术和措施，尽量减少干扰附近地层原有的平衡状态，使地面的沉降变形在警戒数值之内，确保受影响范围之内的建构筑物的安全。

2　工程概况

2.1　设计概况

环城南路站—昆明火车站区间隧道沿北京路走向，区间隧道与昆明火车站形成57°夹角。区间最大坡度为22.763‰，最小转弯半径为400m。下穿地层主要为圆砾层、粉土粉砂层及黏土层。盾构隧道结构外轮廓覆土厚度为14.587～10.943m。线路左线全长958m、右线全长956m。区间最大坡度为22.763‰，最小坡度为3.00‰，覆土厚度为5.5～20.03m，左右线线间距最大为17.0m，主要穿越圆砾层、粉土粉砂层及黏土层。本区间为上下重叠近接隧道，两隧道最小净距为1.8m，上层隧道的最小覆土为5.5m。区间隧道穿越的建筑购物有昆明火车站站场、昆明火车站地下出站厅及出站地道、昆明站北广场站前建筑群（地下停车场、站前高架东引桥、铁路局客运综合服务楼、铁路局招待所）等。

昆明火车站地处贵昆线、成昆线、南昆线、昆玉线、内昆线的交会处，是云南省、昆明市重要交通门户的特等站。昆明火车站最高旅客聚集人数可达1万人左右，目前为西南地区最大的火车站。每天上下车人数最高可达75000人次。昆明火车站站场内有12条股道、6个站台和站台无柱雨棚，站场总宽度约为120m，除第12股道为碎石道床外，其余股道采用的是混凝土宽枕道床。左线隧道埋深12.418～9.5m，右线隧道埋深14.587～12.418m，火车站站场布置与区间隧道相对位置如图1所示。

作者简介：吴煊鹏（1957—　），男，本科，中铁十六局集团有限公司副总工，教授级高级工程师。主要从事工程机械、设备管理、TBM盾构隧道工程施工的研究。E-mail：xpw@ tom. com

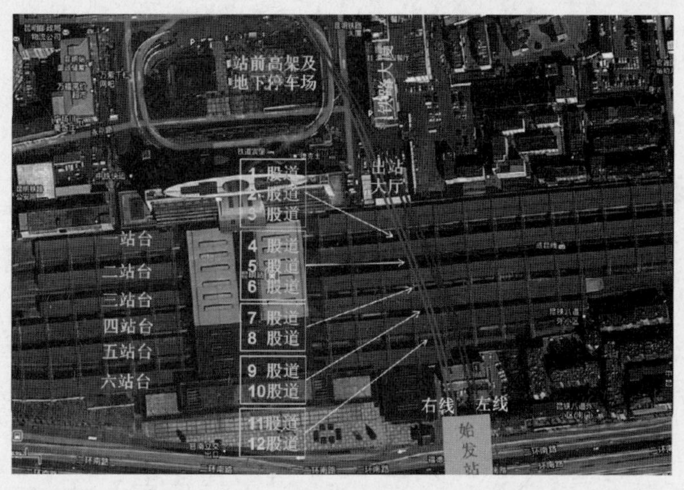

图 1　火车站站场布置与区间隧道相对位置

2.2　工程地质情况

环—昆区间右线盾构穿火车站站台、股道段地质勘察由上而下地层主要为杂填土、粉质黏土、粉土、粉砂、圆砾土、粉砂。盾构隧道掘进断面主要为圆砾土和粉砂土，粉砂土占主要部分。左线盾构穿火车站站台、股道段地质勘察由上而下主要地层为杂填土、粉质黏土、粉土、粉砂、圆砾土、粉砂。盾构隧道掘进断面主要为粉土、粉砂土和圆砾土。

2.3　水文地质情况

地下水水位为地表下 1.00 ~ 2.50m，潜水位为圆砾③$_2$ 层、粉砂③$_3$ 层水位，该两层含水层有水力联系。受含水层层面起伏影响，微具承压性。

2.4　地质评价

区间线路围岩无自稳能力，地下水量大，地下水位下的碎石类土易涌水、坍落，粉砂层易形成流砂。盾构开挖面上分布有软硬差异较大的圆砾层及粉砂、黏性土层，易因软硬不均、流动性差异造成盾构在线路方向上的偏离。左右两线间间距较小，洞间土体中大量分布流动性较好的粉砂层及圆砾层，需考虑合理的施工顺序，避免造成洞间土体的潜蚀、流砂、泥流及突涌现象，区间右线下穿昆明火车站地质剖面图如图 2 所示。

2.5　沉降与倾斜控制指标数值

轨道、无柱雨棚沉降、倾斜控制见表 1。

轨道、无柱雨棚沉降、倾斜控制表　　表 1

<table>
<tr><td colspan="2">地表隆起</td><td colspan="2">地表沉降</td><td rowspan="2">单轨 10m 沉降（mm）</td><td rowspan="2">两轨沉降差（mm）</td></tr>
<tr><td>最大值（mm）</td><td>最大速率（mm/天）</td><td>最大值（mm）</td><td>最大速率（mm/天）</td></tr>
<tr><td><5/2</td><td><2/1</td><td>< -10/ -5</td><td><3/2</td><td><3/2</td><td><4/3</td></tr>
<tr><td colspan="4">无柱雨棚沉降监测点</td><td colspan="2">无柱雨棚倾斜监测点</td></tr>
<tr><td colspan="2">最大值（mm）</td><td colspan="2">最大速率（mm/天）</td><td colspan="2">斜率</td></tr>
<tr><td colspan="2">+10 ~ -15/ +5 ~ -5</td><td colspan="2"><3/2</td><td colspan="2"><2‰/1</td></tr>
</table>

注：表格中前面的数值为铁路局的控制指标，斜杠后面的数值为项目部内部控制指标。

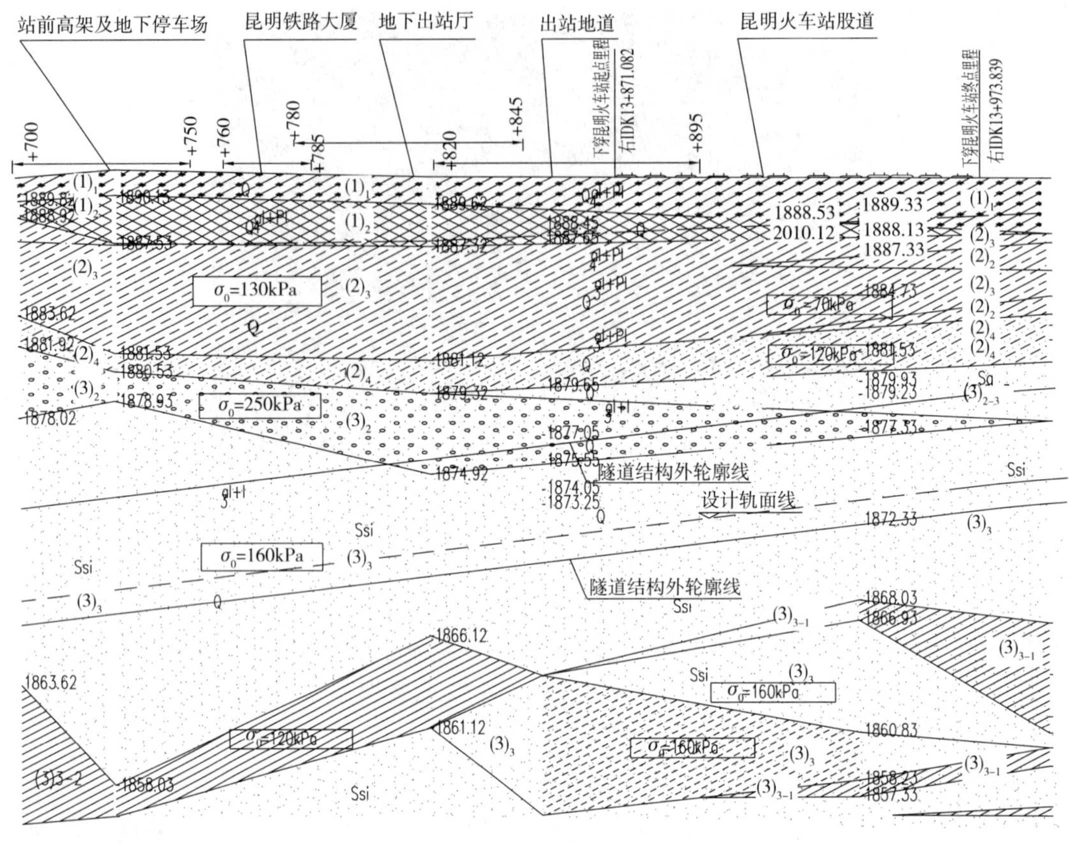

图 2　区间右线下穿昆明火车站地质剖面图(局部)

2.6　主要风险与对策

盾构隧道下穿车站站场,施工期间或遇停电、盾构机意外故障等造成盾构较长时间停机,有可能因为发生较大沉降、列车运行而造成下列风险:铁路股道整体沉降、差异沉降、纵向不均匀沉降;对铁路其他设备的损害;运行的铁路对盾构施工以及盾构隧道结构的影响。

盾构下穿铁路地面沉降预控值 6mm、预警值 8mm、报警值 10mm。即使达到预控值,也会停止施工,并进行开会分析论证,导致在路局给定的时间段内不能完成下穿。如果超过报警值,将导致铁路轨道线形超限危及行车安全。下穿重要地下管线涉及铁路线缆和电气化接触网,如果地面沉降过大,会导致管线及地面其他铁路设备受损。

采取的主要对策如下:加强铁路线路监护,优化盾构施工参数,土体改良,加强注浆,施工现场监测和信息反馈施工,盾构通过前进行参数优化试验,优化盾构掘进方案,项目部内部控制指标更严格,关键环节严格卡控,施工期间货车限速通过。

3　下穿昆明火车站盾构施工重难点与特点

(1)地质复杂,多种不均匀地层分布,埋深浅,地层承载力低,含水率高。

(2)特等车站下穿距离长,站场主要为混凝土宽枕道床,地面加固条件缺乏。

(3)车站正常营运,动荷载大,轨道、站台、无柱雨棚监控量测困难。

(4)曲线掘进,必须同时重视盾构姿态控制。

(5)下穿车站站场位于始发段,必须快速优化调整盾构施工参数。

(6)必须按照路局给定的时间节点,开始、结束盾构下穿车站的工作。

(7)不允许有较大的沉降、工后沉降,也不允许有隆起。

(8)两条隧道埋深不同、地层有差异,因此两台盾构的施工参数不同。

4 盾构施工关键技术

4.1 下穿火车站盾构机选型配置与管理

复杂地质条件下盾构施工必须选择合适的并有适当富裕性能的盾构机。根据昆明火车站地质情况、沉降控制严格、区间隧道地下有可能有桩基等障碍物等风险,盾构选型与配置按照可靠性、技术先进性、配置齐全的原则进行,保证盾构施工的安全、可靠、适用和具有优异的工作性能。我们在该标段投入了两台新的土压平衡盾构机,并具有以下特点:

(1)面板式刀盘及刀具须有高耐磨性,刀盘周边配置了保径刀具,满足一次长距离掘进的需求。刀盘功率达945kW,能够具有克服地下普通障碍物的能力。主驱动系统设计使用寿命满足掘进的需求,且具有高效的防水密封性能。

(2)泥土仓设有5个土压传感器。其他主要性能参数能确保盾构机长距离掘进作业的可靠性、安全性和工作效率。

(3)土体改良装置包括泡沫系统、膨润土浆液系统、高分子与聚合物注入系统;保证隧道土体开挖顺利进行。

(4)针对富含水的砂层,设计有HBW密封系统和较强的盾尾密封系统。

(5)后配套系统配置齐全,同步注浆、二次注浆系统都随机配置。

盾构下穿车站之前,还对盾构机及所有设备进行维护保养和检查。重点对盾构机的注浆系统、控制电路及液压系统、起重机、电瓶车进行维护。损坏的部件立即更换,存在故障隐患的部位及时排除,各润滑部位及时加注润滑脂或润滑油。

4.2 下穿昆明火车站前期技术措施

(1)确定项目部沉降内部控制指标。

为了保证控制指标的实现,我们制定了项目部内部控制指标数值(见表1),提前预警,提前采取各种技术措施。

(2)设置试验段。

为确保铁路线路安全,盾构在始发后刀下穿昆明火车站前,针对地层和盾构参数设置了50m试验段,在此试验段设置两处24h监测点,进行不间断监测,用以优化方案制定中的盾构下穿昆明火车站整体参数,为安全通过火车站提供保障。根据实验段情况,我们较大幅度地调整了盾构土压力数值、出土量控制数值。

(3)研究盾构施工沉降规律与超前采取措施。

影响盾构施工地面沉降主要因素有地质水文条件、盾构掘进施工土仓压力、掘进速度、出土量、盾尾注浆量及注浆压力等,而地表沉降是这些因素综合影响的结果。

地层沉降主要取决于地层类型、盾构机类型及施工状况。沉降历时曲线可分为4个阶段(见图3)。

由沉降发展曲线规律分析,主要采取的针对措施有以下几种:

①第一、二阶段沉降变化较小,主要与掘进主控参数土仓压力、推力、刀盘扭距、推进速度等有关;必须不断优化盾构施工参数。

②第三阶段是盾尾通过测量断面0～12m，这段时间沉降速率最快，主要与管片脱出盾尾产生盾尾间隙，未及时注浆有关，必须强化此阶段的注浆和二次注浆。

③第四阶段盾尾通过测量断面30m后，沉降速率变得非常小，趋于稳定。考虑到列车运行的动荷载影响，此阶段必须也作为重点考虑，二次注浆必须维持一段时间，直至趋于稳定。

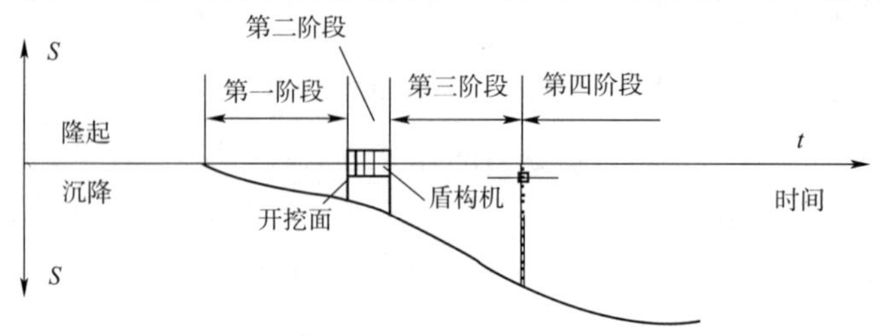

图3　沉降发展曲线示意图

(4)监控量测设计。

监测点布置选取能控制住整体建筑物的点位，后根据建筑物与隧道关系的局部特征，加以调节、加密。此外，在监测点布设时，还应综合考虑便于现场观测、长时间保存、周边荷载等要素。

盾构隧道掘进至昆明火车站区域时，从以下4个方面对昆明火车站站场内进行监测：轨面沉降监测；路基沉降监测；无柱雨棚沉降监测；无柱雨棚倾斜监测。并且做到24h不间断对监测点的监测。

变形监测点布置：为了达到理想的监测效果，在轨道面上，从隧道中心向两侧隔2m、5m、5m、5m、5m布设轨面沉降监测点，12条股道共布设约360个沉降监测点；在上下行线中间布设9个普通路基沉降监测点；在路基上布设约112个路基沉降监测点；在隧道影响范围内，无柱雨棚受力结构柱上布设16个建筑物沉降监测点和16个倾斜监测点，在盾构施工试验段设置2个24h不间断监测点。监测点的布设以现场实际情况为准并进行调整。根据盾构机与铁路相对位置分穿越前、穿越中、穿越后3个区域进行监测。不同监测点在不同的阶段采用不同的监测频率，见表2。

不同监测点在不同的阶段采用不同的监测频率(1～6次/天)　　表2

序号	监测项目	监测仪器	监测频率	
			距开挖面前20m、50m	距开挖面前后>50m
1	轨面沉降	精密电子水准仪铟钢尺	6次/天	2次/天，直至稳定
2	铁路路基沉降	精密电子水准仪铟钢尺	6次/天	2次/天，直至稳定
3	无柱雨棚、地下通道沉降监测	精密电子水准仪铟钢尺	3次/天	1次/天，直至稳定
4	无柱雨棚倾斜监测	全站仪	3次/天	1次/天，直至稳定
5	刀盘前5m、后15m	全站仪	跟踪盾构机检测线路中心点，每2h一次	

(5)对既有线路进行几何尺寸整正作业。

(6)加强下穿车站盾构施工技术力量。

4.3　下穿昆明火车站盾构施工参数控制

4.3.1　掘进施工参数选择的原则

保土压、控出土，为下穿昆明火车站控制的核心参数，合理选择土压力和控制出土量，以减小第一和第二阶段沉降；低扰动，控制总推力和刀盘扭矩，减小对周围地层扰动；合理选择推进速度，减小穿越段沉降；增加同步注浆量，及时填补盾尾间隙，持续二次注浆，减小第三阶段由于盾尾土体应力释放造成的沉降。

4.3.2 土压力

盾构在掘进施工中均可参照土压力理论计算方法来取得平衡压力的设定值,前期方案中选择环—昆区间穿昆明站6个断面,结合地质条件,计算了隧道埋深和土压力。具体施工设定值根据盾构埋深的变化、所在位置的土层状况的变化以及监测数据进行不断的调整。右线(车站段)埋深在12.418～14.587m,我们在试验段开始的时候,发现方案中设定的土压偏低,就迅速地由0.16MPa调高到0.19MPa。随着埋深加大,土压力参数调整到0.22MPa,最大为0.24MPa。

土压力的调整必须考虑减少沉降的因素,同时也必须防止地面隆起,地面隆起对于站场轨道来说,其控制指标更少。

保持土仓压力稳定是减少对地层扰动的控制难点。在盾构通过铁路时,必须按照满仓土压平衡模式掘进,1号传感器波动值一般应控制在±0.01MPa范围内。

4.3.3 出土量

管片外径为6.2m,环宽1.2m,经计算每环理论土方为38.97m^3,原方案考虑松散系数为1.2～1.3,每环为46.76～50.66m^3。经过试验段施工,最终确定了该段部分地层的松散系数为1.0～1.05,相应实际每环出土量将控制在38～41m^3。

对出土量的控制措施:控制好盾构机姿态,匀速推进,确保刀盘切削土体和螺旋输送器带出土体平衡;掘进时注泡沫剂,改善土体的和易性,排土顺畅;每环出土需要3个出土箱,我们按每环3个阶段来控制该环的出土量是否正常;记录每环主要掘进参数,观察土质情况,统计出土量,指导下一环施工。

4.3.4 其他参数控制

(1)刀盘扭矩、转速和推力控制。针对此地层中黏土、粉土、粉砂特点,掘进过程中,掘进刀盘扭矩控制在额定扭矩的60%以下,总推力控制在800～1200T,刀盘转速为0.8～0.9r/min,以减小对周围地层的扰动。

(2)掘进速度。推进速度过快过慢,同步注浆不易配合,对土体扰动产生影响。因此将速度控制在30～40mm/min。

(3)纠偏控制。在盾构进入昆明火车站铁路范围前将盾构姿态调整到最佳状态,同时加强人工复核盾构姿态。为了尽量减少对地层的扰动,必须控制好盾构推进轴线与盾构姿态,出现偏差时,应当控制纠偏幅度,勤纠,缓纠,避免盾构机频繁或大幅度调整姿态。每环纵坡变化小于2‰,水平姿态纠偏量不宜超过5mm/环,垂直姿态控制在3mm/环内。

(4)盾尾密封防漏。盾构始发前对盾尾密封装置进行检修更换,穿越期间选用优质油脂,加大盾尾油脂的注入力度,每环加注量控制在35～45kg,确保盾尾密封效果。

4.4 土体改良措施

盾构下穿昆明火车站地层既有粉土、圆砾层,也有饱和水粉砂层。土体改良的目的:提高土仓内渣土的抗渗透能力,避免在饱和水地层开挖面因喷涌导致土舱压力骤降而造成较大的地表沉降发生;增加土仓内渣土的流动性能,避免排土不畅而导致的闭塞事故的发生;提高土仓内渣土的塑性流动性,防止渣土黏附在盾构刀盘形成泥饼事故的发生。

本工程采用的土体改良材料有泡沫剂、膨润土、高分子材料,根据地层情况分别或混合使用,达到了预期效果。

注入系统采用单管单泵设计,有效防止管路堵塞现象。

4.5 同步注浆、二次注浆、径向补偿注浆

为了有效地控制地表沉降,注浆是一个重要的环节。注浆技术的要点是根据地层和工程要求选择合适的注浆浆液配合比、保证注浆量、控制注浆压力、及时进行二次注浆和根据需要补充注浆。

4.5.1 同步注浆

本工程土质渗透性强和含水率大,同步浆液采用活性浆液,其注浆材料为水 + 粉煤灰 + 膨润土 + 细砂 + 水泥。

施工采用的浆液配比见表3。

同步注浆浆液配合比 表3

名称	同步浆液配合比(kg/m^3)				
	P.O 42.5 水泥	优质复合膨润土	低钙Ⅱ级粉煤灰	细砂	水
可硬性浆	50	70	270	620	440

通过实验得到,浆液稠度为(11 ±0.5)cm,密度为(1.70 ±0.1)g/cm^3。浆液初凝时间为6h,24h后基本达到早期强度,一天抗压强度大于0.3MPa。满足下穿昆明火车站要求。

盾构隧道管片拼装后,每环壁后理论空隙为2.61m^3,实际每环注浆量控制在4.7m^3以上,注入率180%以上,注浆压力在0.35MPa左右,确保壁后空隙填充饱满,减少地面沉降。

4.5.2 二次注浆

二次注浆进行边推进边通过管片吊装手孔向地层注浆,达到同步二次注浆的加强效果,注浆点位选择3~9点孔位。注浆压力为0.35MPa。同步二次注浆液浆配比如表4所示。

二次注浆浆液配合比 表4

水泥(g)	水(mL)	水玻璃(mL)	初凝时间	终凝时间
150	100	108.4	2min40s	14min30s

4.5.3 径向补偿延伸注浆

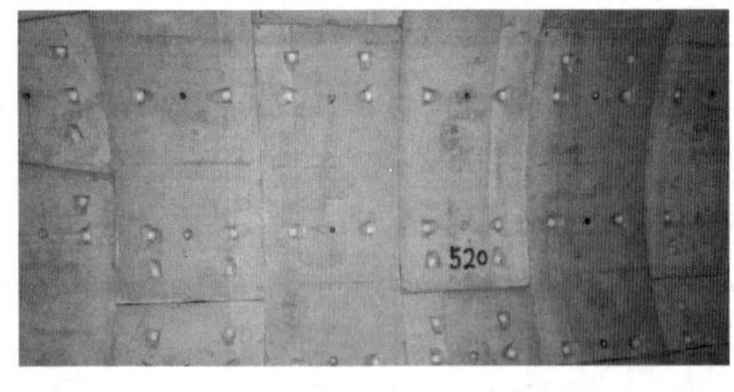

图4 管片径向延伸补偿注浆孔

为了控制地表沉降量,我们增加了径向补偿式延伸注浆加强措施(见图4)。下穿昆明火车站采用增设注浆孔的加强型管片,除F块外每块管片增加个注浆孔,每环管片增加10个注浆孔。

隧道内延伸注浆通过管片注浆孔打入长3mϕ20的钢花管,进行注浆加固稳定土体,隧道内延伸注浆优势:延伸至隧道结构外3m注浆可快速控制沉降,稳定土体。稳定隧道结构周边土体,有利于结构防水,可以有效抑制隧道结构上浮。

4.6 信息化施工

(1)监测信息循环。在盾构穿越昆明站过程中,根据实际需要可以进行24h不间断的跟踪监测。跟踪监测时,现场监测人员和工程部值班人员通过对讲机进行及时联系,值班人员对地面监测数据进行综合分析,得出结论,及时通过电话传达给盾构工作面,指导盾构施工参数的设定,然后通过地面变形量的监测进行效果检验,从而反复循环、验证、完善,保证施工过程

中昆明站的股道安全。

(2)盾构数据分析。在下穿施工过程中,每天都对盾构机实际参数进行整理和分析,结合监测数据,判别已经施工的隧道的沉降数值、沉降趋势、沉降速率,预测即将掘进的隧道的地层情况和受干扰程度。及时调整盾构施工技术参数,下达施工指令。

(3)根据同步注浆和二次注浆的效果以及地面沉降数值的变化,确定同步注浆的数量和二次注浆的范围和注浆量。

(4)与路局提前协商确定调度安排,按计划及时调整盾构施工速度,在能进入股道之前,尽量让盾构机停留在站台区间位置。

5 结论

昆明市轨道交通环—昆区间隧道穿越建构筑物很多,下穿昆明火车站盾构施工,其施工风险等级评估为极高。隧道埋深浅,盾构掘进断面地质主要为圆砾土和粉砂土,粉砂土占主要部分,地下水位丰富。由于车站正常营运,地面没有地面加固的条件。在这种复杂地质、环境条件下,最终实现了盾构下穿火车站施工时达到"5mm 沉降"目标 ,在盾构机选型、盾构掘进施工参数优化、注浆加固、监控量测、盾构施工技术管理等方面的施工技术和经验,可为今后类似工程提供参考。

西安地铁全断面富水砂卵石层盾构施工技术

康后金　廖杰荣　王林云

（北京住总集团有限责任公司轨道交通市政工程总承包部　北京　100029）

摘　要：全断面富水砂卵石地层基本结构松散、胶结程度差，当采用土压平衡盾构施工时，土仓内很难形成流塑性较好的土体，给盾构施工带来诸多困难。结合西安地铁2号线南延段盾构隧道工程，总结了在全断面富水砂卵石地层中盾构施工的关键技术，提出了采用膨润土在该地层中进行土体改良的技术措施。盾构在富水地层施工时防水是重点，盾尾间隙控制和油脂注入量控制是关键。

关键词：富水砂卵石地层；土压平衡盾构；膨润土；盾尾间隙；油脂

盾构法因其具有对周围环境影响小、自动化程度高、安全环保等优点，已经逐渐成为地铁区间隧道建设的主要施工方法。但盾构法施工有其自身的技术特点，必须与工程地质紧密结合，才能充分发挥盾构法的优势[1]。

纵观国内外盾构施工，成都地铁在一般砂卵石地层盾构施工已有较多成功实例[2]，但在西安全断面富水砂卵石地层中采用土压平衡盾构施工还是第一次，且西安地区的地层条件复杂，各地质成分所占的比例不同，级配也不一样，几乎没有成熟的经验可供参考。而盾构机在该地层中施工，土仓内不易形成流塑性较好的土体，经常会遇到不易建立实质性连续土压平衡，地表沉降控制困难，刀盘、刀具、螺旋输送机磨损严重，刀盘、螺旋输送机卡死，推进速度无法保证，推力及扭矩过大等安全风险问题。剔除设备自身原因后，地层土体性质是造成以上施工风险问题的主要原因，因此，土压改良对全断面富水砂卵石地层施工问题的改进与解决至关重要。

本文以西安地铁2号线航天城站—韦曲南站盾构隧道工程为背景，对西安地铁全断面富水砂卵石地层中盾构施工技术进行了总结。

1　工程概况

西安地铁2号线TJSG-25标盾构区间包括凤栖原站—航天城站、航天城站—韦曲南站。其中航天城站—韦曲南站盾构区间右线长1565.904m，左线长1489.731m，两条线均为全断面富水砂卵石地层，航天城站—韦曲南站断面布置图见图1。

2　工程地质

本工程勘探点地面高程431.05～433.80m，高差2.75m。线路为V字坡，最小纵坡2‰，最大纵坡25‰，区间采用盾构法施工。根据详勘报告，地层的组成自上而下为：人工填土、黄土状土、粉质黏土、中粗砂、卵石和粉质黏土、中砂组成。各层地基土分述情况见表1。

盾构主要穿越的地层为〈2-9〉卵石和〈2-6〉粗砂层。

作者简介：康后金（1984—　），男，硕士研究生，主要从事地铁施工技术质量管理工作。E-mail：kang-hou-jin@163.com

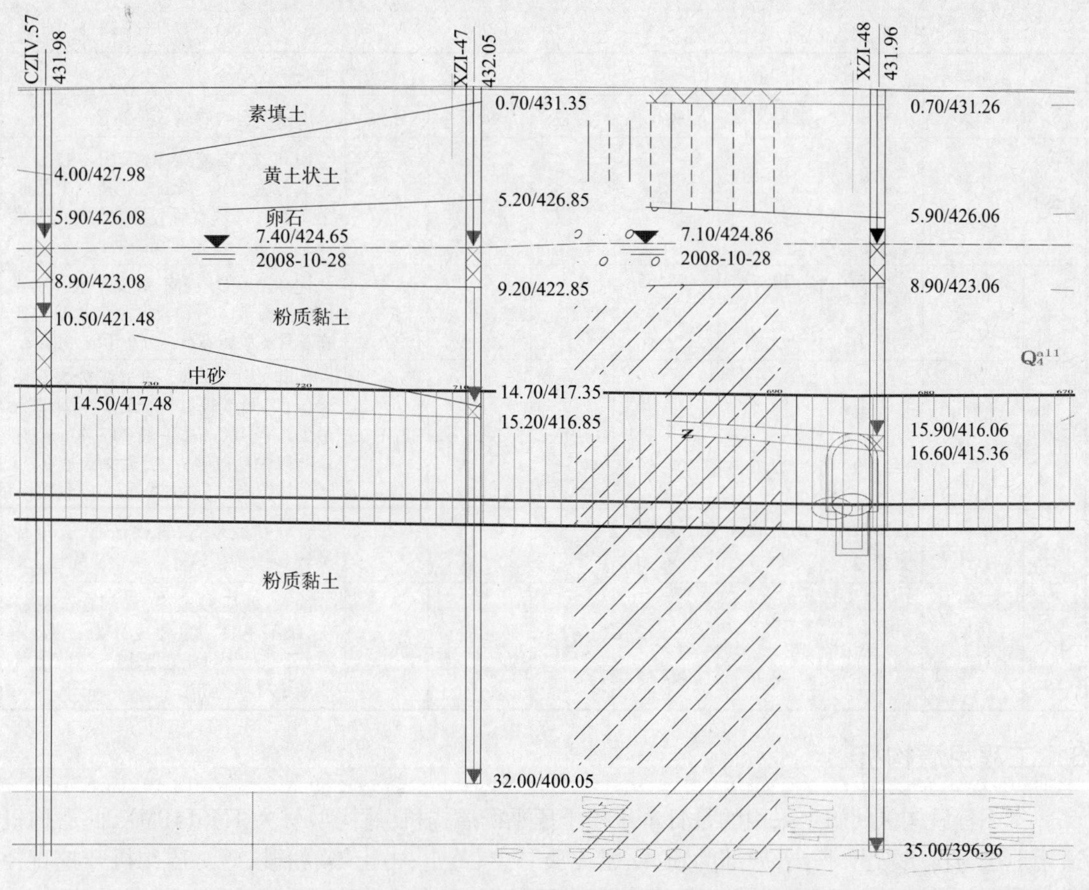

图1　航天城站—韦曲南站断面布置图

各层地基土分述情况　　表1

土层编号	土层名称	范围值（m）			岩性描述			
		层厚	层底深度	层底高程	颜色	状态	密度	包含物及其他特征
1-2	素填土 Q_4^{ml}	0.6 ~ 5.0	0.6 ~ 5.0	426.26 ~ 432.25	浅褐色	可塑	中密	以黏性土为主，含少量碎砖渣、炭渣、植物根系等，岩性不均，顶部为水泥路面，下部为路基垫层，局部为杂填土
2-1	黄土状土 Q_4^{al3}	1.2 ~ 6.1	2.9 ~ 6.7	425.28 ~ 429.95	黄褐色	上部硬塑 下部可塑	—	孔隙发育，个别虫孔被褐色黏性土团块充填。含铁锰质、云母片、砂粒及小圆砾等，局部具湿陷性，夹薄层中砂透镜体，属中压缩性土
2-2	粉质黏土 Q_4^{al1}	0.3 ~ 13.1	6.8 ~ 25.5	424.62 ~ 407.35	灰黄色	可塑	—	针状孔隙发育，含铁锰质、钙质结核、云母片等。属中压缩性土
2-5-1	中砂 Q_4^{al5}	0.5 ~ 12.5	4.0 ~ 29.0	403.85 ~ 427.62	灰黄色	—	中密	稍湿，砂质较纯净，局部含少量粉土，级配不良。主要成分为石英、长石、云母及少量暗色矿物。局部含砾，呈薄层状或透镜体状分布。分布在线路北段

续上表

土层编号	土层名称	范围值（m）			岩性描述			
		层厚	层底深度	层底高程	颜色	状态	密度	包含物及其他特征
2-5-2	中砂 Q_4^{al5}	0.5 ~ 12.5	—	—	灰黄色	—	密实	饱和，砂质较纯净，级配不良。主要成分为石英、长石、云母及少量暗色矿物。局部含砾，呈薄层状或透镜体状分布。分布在线路北段
2-6	粗砂 Q_4^{al5}	2.5 ~ 10.0	14.8 ~ 22.6	408.55 ~ 422.56	灰黄色	—	密实	饱和，砂质较纯净，级配一般。主要成分为石英、长石、云母及少量暗色矿物。含零星卵砾石。分布于线路南段
2-9	卵石土 Q_4^{al7}	1.1 ~ 17.9	14.8 ~ 22.6	425.95 ~ 404.53	杂色	—	中密	饱和，级配较好。母岩成分为花岗岩等，磨圆度较好，呈圆形 ~ 亚圆形，最大粒径 100mm，一般 20 ~ 40mm，充填物以中粗粒砂为主，含少量泥质，呈透镜体分布，局部夹粉质黏土透镜体
4-4	粉质黏土 Q_2^{al1}	揭露最厚 20.2	揭露最深 40.0	最深高程 388.50	灰褐色	可塑	—	针状孔隙发育，含铁锰质、云母片及较多钙质结核等。属中压缩性土
4-7	中砂 Q_4^{al5}	2.7 ~ 5.0	25.0 ~ 30.0	402.85 ~ 406.62	灰黄色	—	密实	饱和，砂质较纯净，局部含少量粉土，级配不良。主要成分为石英、长石、云母及少量暗色矿物。为薄层状或透镜体状分布

3 工程用盾构机

本工程盾构区间施工采用的是日本小松土压平衡盾构机，盾构型号为 TM614PMX，此盾构机适用地层为粉质黏土、粉土，局部为粉砂、淤泥质黏土、黄土、古土壤、粉砂、砂。盾构机开挖直径为 6160mm，盾体外径为 6140mm，全长 8680mm，最大推力 37730kN，刀盘最大扭矩为 5147kN · M。

欲使盾构机顺利穿过全断面富水砂卵石地层，必须对原来的刀盘刀具进行改造。刀盘刀具配备情况：中心鱼尾刀 1 把，强化先行刀 50 把，小先行刀 60 把，主切削刀 76 把，边刮刀（左右各 6 把）12 把，外周保护刀 12 把（保径刀），保径刀 18 把，超挖刀 2 把，如图 2 所示。

4 施工主要难点及解决措施

由于航天成站—韦曲南站盾构区间水位位于隧道上方 2 ~ 7m 处，水压大，且砂卵石层的自稳定性差，给盾构掘进施工和防水造成极大的难度。

4.1 富水地层盾构施工

由于盾构区间水位高，水压大，盾构掘进过程中要充分考虑到水的浮力和压力对开挖面土压力的影响，合理设置推进土压力，确保开挖面不失稳。

盾构掘进时加大油脂注入量和控制好盾尾间隙以达到防水效果。本工程盾构机盾尾间隙为 30mm，混凝土管片环宽为 1500mm，圆曲线段最小半径为 450m，这对盾构机调整姿态和盾尾间隙造成很大的困难，盾尾间隙调整不好会造成盾尾刷的破坏，对掘进防水是很不利的，因此控制盾尾间隙和加大油脂注入量是防水的要点。在盾构掘进时若出现盾尾漏浆和漏水情况，应适当加大盾尾油脂的注入压力和注入量，以控制漏浆和漏水情况，一般情况下油脂注入量控制在 125kg/环。

4.2 砂卵石地层盾构施工

砂卵石层盾构掘进会加快刀盘刀具的磨损，且砂卵石层自稳定性和流塑性差，需进行土体

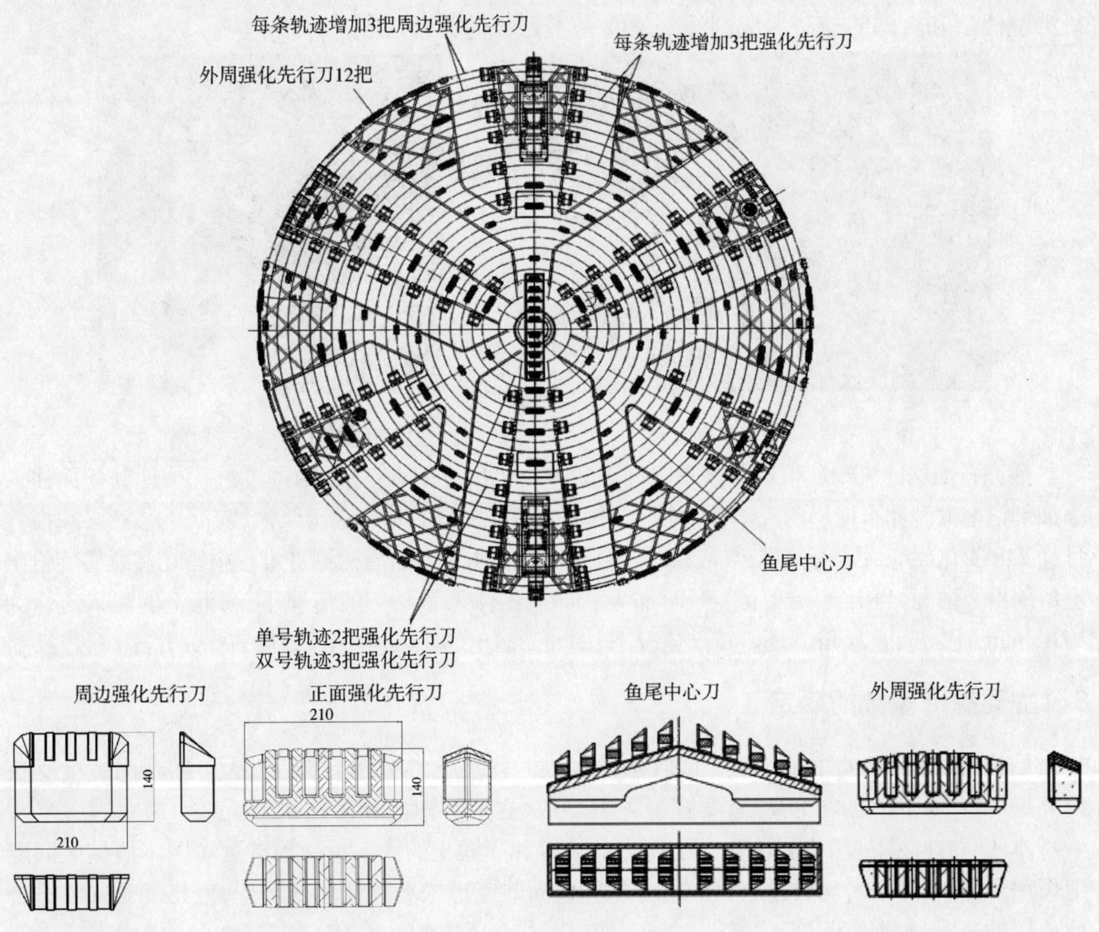

图2　盾构刀盘刀具布置图

改良，这给盾构施工带来极大的影响。

砂卵石地层是一种典型的力学不稳定地层，基本特征是结构松散、无胶结，呈大小不等的颗粒状。这种地层一旦被开挖，原来的相对稳定或平衡状态就很容易被破坏，致使开挖面和洞壁失去约束而处于不稳定状态。砂卵石地层颗粒之间的空隙大，颗粒之间的黏聚力 $c=0$。刀盘旋转切削时，地层非常容易坍塌，围岩熔石易发生扰动，当切削刀具的开挖力传递到开挖部位周围时，扰动的围岩范围就更大。围岩中的大块卵石、砾石越多，粒径越大，这种扰动程度就越大。特别是隧道顶部大块卵石剥落会引起上覆土地层的突然沉陷，后果非常严重。

砂卵石层对刀盘道具的磨损是相当大的，加大泡沫剂的注入量可减小刀具磨损程度。泡沫是用特殊发泡剂、泡沫添加剂和压缩空气通过泡沫发生器制成的 30 ~ 400μm 的细小齿状气泡。特殊发泡剂由各种表面活性剂经过特别调配制成，泡沫添加剂是以矿浆为主要原料的高分子水溶液。在砂卵石地层中，泡沫的支撑作用使切削土体的流动性增强，土仓内的渣土不会因压密而固结，不会产生拥堵，刀具或螺旋输送机的驱动扭矩减小，刀具磨损减小。在本工程实际施工当中，为了保护刀盘，将刀盘的总扭矩控制在 40% ~ 60%，泡沫剂原液流量为 5L/min，泡沫剂原液和水混合后的流量控制在 300 ~ 400L/min，较以往工程进行了适当上调以确保盾构机在砂卵石层中顺利掘进。在盾构机掘进过程中，一旦盾构机操作显示器显示扭矩过大，可通过加大泡沫剂的注入量来减小刀盘的摩擦，进一步减小刀盘扭矩。

盾构区间施工结束后，由图 3 和图 4 可知，盾构机刀盘的刀具磨损很小，这跟施工前盾构机刀盘改造和合理的控制泡沫剂注入量有密不可分的关系。

图3 盾构机刀盘整体磨损情况

图4 盾构机刀盘局部磨损情况

砂卵石地层的流塑性很差导致盾构掘进时螺旋机出土困难,在盾构掘进过程中往开挖面注入添加剂以增大砂卵石地层的流塑性,利于出土。本工程采用的是膨润土浆液,膨润土浆液必须搅拌且经24h膨化反应后才可使用,浆液相对密度控制在1.4左右。盾构掘进过程中密切注意螺旋机出土口的出土情况,当出土口出土不畅时加大膨润土的注入量。一般情况下,膨润土的注入流量为100L/min,注入总量为$4m^3$/环。特殊情况下,加大膨润土的注入流量至200~300 L/min。

5 主要掘进参数的确定

盾构始发前100m为试掘进段,盾构试掘进时用理论参数指导施工,从实际施工情况反映出问题,分析原因,总结经验,从而修正各项参数,达到盾构掘进最佳状态。

本工程在试掘进段主要调整了土压力的设置和膨润土的注入量两项参数。因本盾构区间隧道埋深较深,大于$2D$(D为隧道直径),土压力设置时考虑松动圈情况的发生,但是发现并不适合此地层的情况,根据实际施工情况,进行了修正,上土压控制在0.07~0.08MPa。因没有施工全断面富水砂卵石地层的经验,对膨润土进行渣土改良亦没有经验,所以在实际施工过程中我们不断地调整膨润土的注入量,以达到出土能满足掘进的要求,做到不超挖,不欠挖,确保开挖面的稳定。其他参数为推力设置<18000kN,刀盘扭矩控制为40%~60%,刀盘转速设置为2档或3档,力求在对砂卵石地层扰动最少的情况下进行施工。从实际施工情况来看,取得的效果不错。

6 结论

全断面富水砂卵石地层盾构掘进时需要重点考虑的问题有渣土改良、掘进时土压力地控制、掘进时的防水。渣土改良时要根据地层情况和螺旋机出土时的情况及时调整添加剂的注入量,添加剂的比重要合适,如比重偏小极易适得其反,会出现刀盘抱死的情况发生;掘进时土压力控制非常重要,要考虑到富水的水压力和浮力,结合砂卵石地层对开挖面起到的影响极易使土仓内的土压不稳定,所以设置土压力参数时要综合考虑多方面的因素;富水施工时防水是重点,盾尾间隙控制和油脂注入量控制是关键,要根据盾尾实际情况调整,盾构纠偏时切忌猛纠,从而无法保证盾尾间隙,造成盾尾刷的破坏,发生漏水情况。

参考文献

[1] 陈馈,洪开荣,吴学松.盾构施工技术[M].北京:人民交通出版社,2009:1-3.

[2] 杨书江.富水砂卵石地层土压平衡盾构长距离快速施工技术.现代隧道技术,2009.

盾构施工过程中控制系统的优化研究

唐　虎

（北京城建集团　北京　10088）

摘　要:北京地铁9号线6标军事博物馆站—东钓鱼台站区间选用罗威特盾构机,其PLC采用了美国罗克韦尔公司的1756硬件、1794硬件和Rslogix5000软件。该工程地层复杂,盾构机掘进穿越富水含大粒径卵漂石的砾岩层、卵石⑦层及两种地层的交界。在这种地层中掘进施工,对施工工艺是一种极大的挑战,同时对设备来说,必须长期在高负载状态下运行,掘进参数的实时优化调整在实际施工作业过程中成为必然。盾构机在实际运行过程中和在工厂调试过程中的参数不同,盾构机控制系统的网络优化及参数修正是适应施工生产需要和连续稳定运行的关键;网络的优化可使设备各系统相互间响应时间更短,参数优化使盾构机在实际施工生产过程中根据地层变化及时高效的适应并且保证机器的连续平稳快速运行。

关键词:PLC控制;盾构;掘进参数;优化调整

1　盾构机控制系统的网络优化

Device Net网络是一种现场总线网络,主要用于变频器驱动部分的控制。图1为Device Net的网络拓扑。由于PLC控制器的D网模块与设备之间存在物理传送距离,从通信距离上来说,高速高波特率传输的距离很有限制,为保证D网通信质量,将D网模块1756-DNB和受控模块ACS800 RDNA-01的传输速率由原先的500kbit/s降为125kbit/s(见图2),实际运行过程中,低速传输满足盾构分体始发时长距离通信,确保设备正常运行。

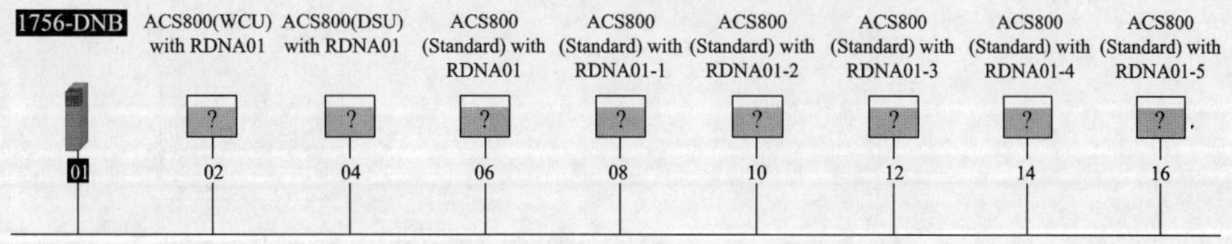

图1　PLC的Device Net组态图

Control Net网络是设备主要的通信网络,负责I/O(输入/输出)的数据交互,图3为Control Net网络的网络拓扑。正常状态下,每个站与站之间只要使用合适的通信电缆互相连接串为网络即可,如图4所示。

盾构机的运行需要保证数据传输地址的准确性,为了保证通信的及时高效,一般各工作站的地址应设置为静态地址,这样减少了重新分配地址及重新扫描等不必要的时间浪费。

作者简介:唐虎(1938—　),男,学士,助理工程师。主要从事盾构施工。E-mail:farewellmm@foxmail.com

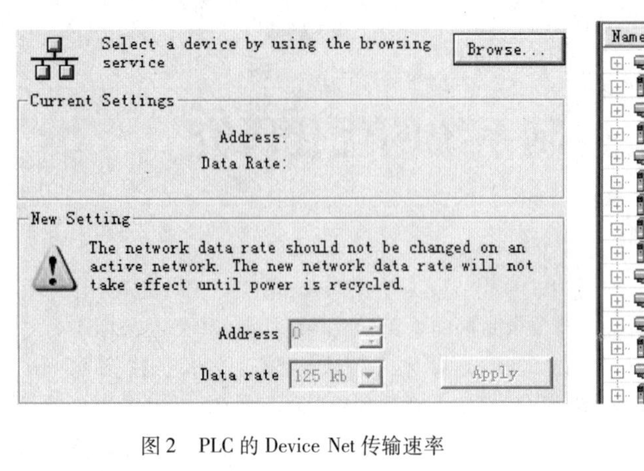

图 2　PLC 的 Device Net 传输速率

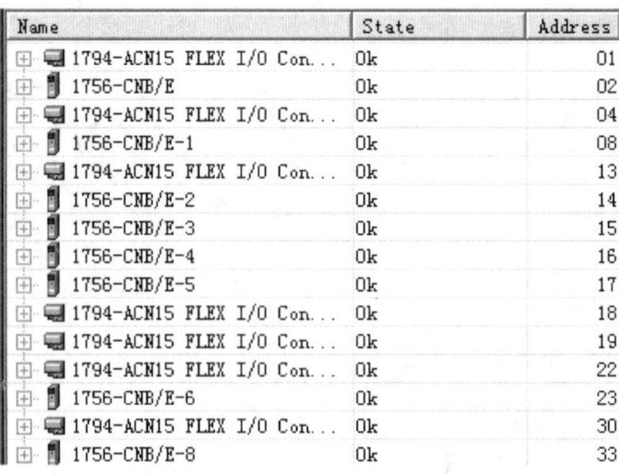

Name	State	Address
1794-ACN15 FLEX I/O Con...	Ok	01
1756-CNB/E	Ok	02
1794-ACN15 FLEX I/O Con...	Ok	04
1756-CNB/E-1	Ok	08
1794-ACN15 FLEX I/O Con...	Ok	13
1756-CNB/E-2	Ok	14
1756-CNB/E-3	Ok	15
1756-CNB/E-4	Ok	16
1756-CNB/E-5	Ok	17
1794-ACN15 FLEX I/O Con...	Ok	18
1794-ACN15 FLEX I/O Con...	Ok	19
1794-ACN15 FLEX I/O Con...	Ok	22
1756-CNB/E-6	Ok	23
1794-ACN15 FLEX I/O Con...	Ok	30
1756-CNB/E-8	Ok	33

图 3　Control Net 网络拓扑

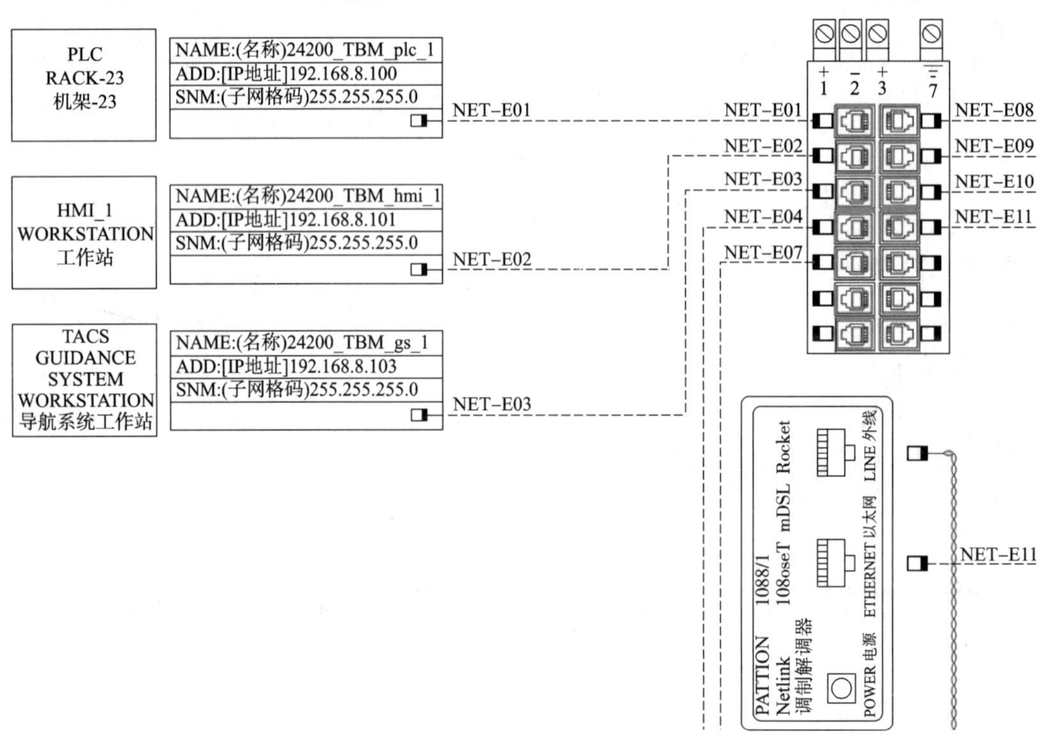

图 4　通过工业以太网交换机及工业调制解调器连接的各工作站

2　盾构 PLC 的监视编辑软件及安全联锁

RSLogix5000 是罗克韦尔 AB 公司的 ControlLogix 系列的 PLC 编程软件，罗威特盾构机采用 1756 和 1794 的模块进行 I/O 组态。将要连入的电脑 IP 地址设定为 192.168.8.11，子网掩码设定为:255.255.255.0。通过 RSLINX 组态软件将 PLC 进行网络组态，这样每个站的地址及属性都能够实现通信，罗威特盾构机 PLC 程序的标准地址及定义见图 5。

当设备出现某一故障时，不管是标签地址、程序段还是人机界面报警显示都会出现故障的报警。人机界面报警信息如图 6 所示。第一个警报为 MD_001，根据 MD_001 的标签查找 PLC 程序标签段，索引查找到 MD_001 为 Main Drive System Locked Out（主驱系统被锁定），这时就需要查找是什么原因引起的主驱系统被锁定。进入程序梯形图段，通过索引标签查到输出为 ALM_MD[1]的段程序（见图 7），查到警报的来源为 cb_CTRL_STATION[15]（主驱动或刀盘操作不允许),进一步追溯根源发现是操作室/人闸仓操作室的操作不允许。HSS0331 和 HKS3700 都是一个人工选择钮,当其断开时,不允许启动主驱动电机,只有当联锁解除时才可以进行主驱动的启动(见图8)。

Name	Value	Force Mask	Style	Data Type	Description
io_HJS04P02RR	0		Decimal	BOOL	Joystick Combination Control, Joystick, (SS Right) Master Control Propulsion Cylinder(...
io_HJS04P40E	0		Decimal	BOOL	Joystick Combination Control, Propulsion System, Selected Cylinders Extend (Cabin)
io_HJS04P40R	0		Decimal	BOOL	Joystick Combination Control, Propulsion System, Selected Cylinders Retract (Cabin)
+ io_HJS0601L	1632		Decimal	INT	Joystick Combination Control, Erector Axial Movement, Forward/Reverse
io_HJS0601P	102.5		Float	REAL	Joystick Combination Control, Erector Axial Movement, FWD/REV
+ io_HJS0601R	2608		Decimal	INT	Joystick Combination Control, Erector Axial Movement, Forward/Reverse
+ io_HJS0602L	1760		Decimal	INT	Joystick Combination Control, Erector, Rotational Movement, Clockwise/Counter-Clo...
io_HJS0602P	-102.50313		Float	REAL	Joystick Combination Control, Erector Rotational Movement, CW/CCW
+ io_HJS0602R	304		Decimal	INT	Joystick Combination Control, Erector, Rotational Movement, Clockwise/Counter-Clo...
+ io_HJS0603L	1904		Decimal	INT	Joystick Combination Control, Erector, Radial Movement, Up/Down
io_HJS0603P	102.5		Float	REAL	Joystick Combination Control, Erector Radial Movement, UP/DWN
+ io_HJS0603R	1872		Decimal	INT	Joystick Combination Control, Erector, Radial Movement, Up/Down
+ io_HJS0604L	-704		Decimal	INT	Joystick Combination Control, Erector, Segment Tilt, Left/Right
io_HJS0604P	-102.50313		Float	REAL	Joystick Combination Control, Erector Segment Tilt , Left/Right
+ io_HJS0604R	-592		Decimal	INT	Joystick Combination Control, Erector, Segment Tilt, Left/Right
+ io_HJS0605L	-1008		Decimal	INT	Joystick Combination Control, Erector, Segment Tilt,Up/Down
io_HJS0605P	102.5		Float	REAL	Joystick Combination Control, Erector Segment Tilt , UP/DWN
+ io_HJS0605R	896		Decimal	INT	Joystick Combination Control, Erector, Segment Tilt,Up/Down
+ io_HJS0606L	2720		Decimal	INT	Joystick Combination Control, Erector, Safety Latch/Unlatch
io_HJS0606LD	0		Decimal	BOOL	Joystick Combination Control, Erector, Saftey Latch, Disengage
io_HJS0606LE	0		Decimal	BOOL	Joystick Combination Control, Erector, Saftey Latch, Engage
io_HJS0606P	-102.50313		Float	REAL	Joystick Combination Control, Erector Segment Latch/Unlatch
io_HJS0606PD	0		Decimal	BOOL	Joystick Combination Control, Joystick Direction Control, Erector Safety Latch Diseng...
io_HJS0606PE	0		Decimal	BOOL	Joystick Combination Control, Joystick Direction Control, Erector Safety Latch Engagec
+ io_HJS0606R	2752		Decimal	INT	Joystick Combination Control, Erector, Segment Latch/Unlatch
io_HJS0606RD	0		Decimal	BOOL	Joystick Combination Control, Erector, Saftey Latch, Disengage

图5　罗威特盾构机 PLC 程序的标签地址及定义

报警信息

报警	报警描述
MD_001	主驱动系统被锁定
MD_522	主驱动1号电机,[M05] 电机控制器跳闸/故障
MD_527	主驱动2号电机,[M06] 电机控制器跳闸/故障
MD_532	主驱动3号电机[M07] 电机控制器 跳闸/故障
MD_537	主驱动4号电机[M08] 电机控制器 跳闸/故障
MD_542	主驱动5号电机[M09] 电机控制器 跳闸/故障
MD_547	主驱动6号电机[M10] 电机控制器 跳闸/故障
CH_014	耐磨指示器1号撕裂刀 回路压力损失
CH_018	耐磨指示器1号液压油管 回路压力损失
CH_020	耐磨指示器2号液压油管 回路压力损失
FS_027	土压传感器故障 [PTE0205]隔舱[左低部]
GCS_011	渣土改良系统,泡沫箱 水位过低警告

图6　人机界面显示的报警信息

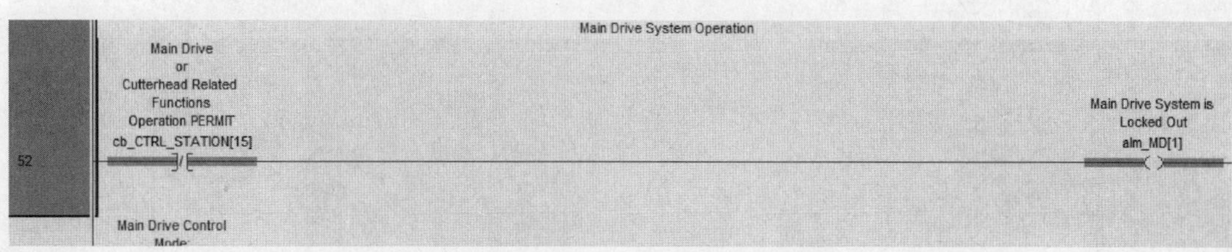

图7　主驱系统被锁定的警报 PLC 内部来源

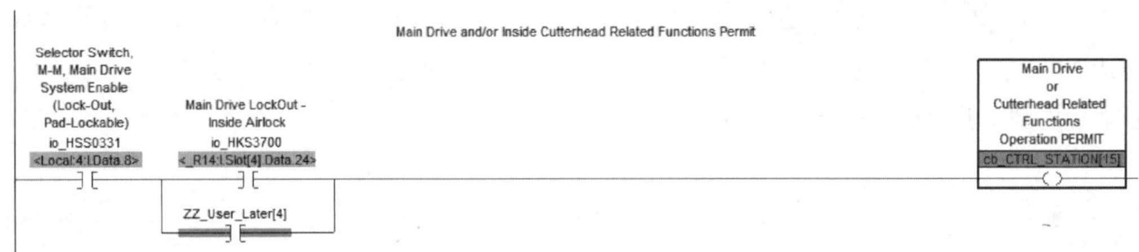

图 8　主驱电机人工给予启动权限

当然，有些故障并不反映在人机界面上，这时为了更好地排查故障就更需要通过 PLC。比如，操作室进行螺旋机正转操作，但是螺旋机并不旋转，这时就需要查找整个螺旋机的输入输出系统。首先，确保 PLC 各站之间的通信良好；其次，查找螺旋机正转的主要程序段，如图 9 所示。造成螺旋机没有旋转的原因是 cb_CTRL_STATION[15] 和 io_HPB0905R/E，由上述我们知道，只需要在操作室将主驱系统被锁定的旋钮打开就能获得权限，而 io_HPB0905R/E 则一样是需要在操作室及时选择好螺旋机正/反转。在主程序段里，所有串联及并联的程序指令及寻址都是对螺旋机正反转输出的一个控制。

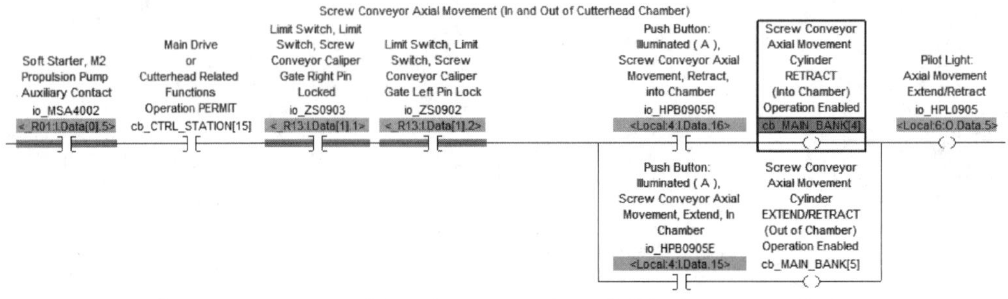

图 9　螺旋机正/反转主程序段

3　刀具耐磨检测

9 号线 6 标军东区间穿越砾岩、卵石⑦层，其间有直径 1.5m 以上的孤石。实时监测刀具磨损状态便于我们了解地层，同时对设备起到保护作用。这样从直观上显示出刀具的磨损情况，为土建施工提供了数据支持。刀具耐磨检测的 PLC 输入信号及内部联锁如图 10 所示。

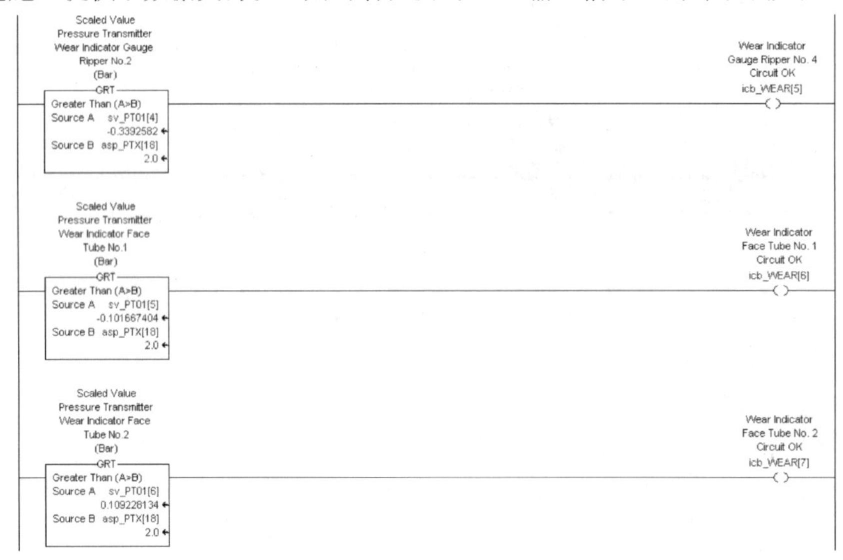

图 10　刀具耐磨检测的 PLC 输入信号及内部联锁

4 渣土改良系统

渣土改良系统总共8条管路,每一条管路由单独的变频电机驱动,在调试过程中,先针对设备本身进行调试。

图11、图12和图13是8号渣土改良管路远程独立控制时空气、水、泡沫和聚合物的输入值设置。在不同的地层进行掘进时,需要在渣土改良系统中输入不同的混合比参数,使特定渣土改良混合液的配合比匹配特定的掘进地层,达到快速、平稳地掘进穿越特定地层的目的。

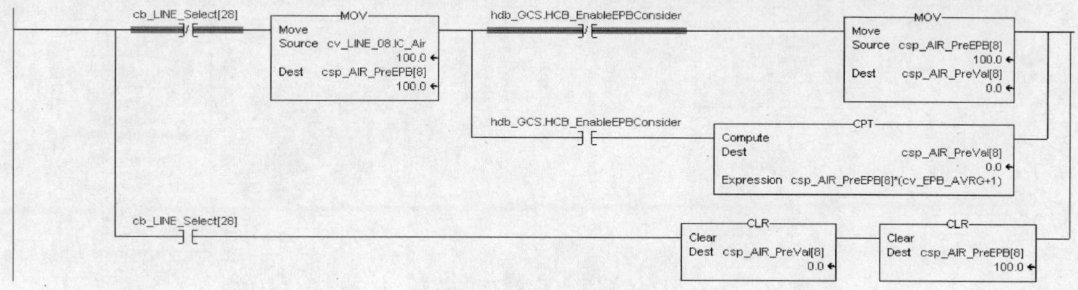

图11 空气压力输入设置

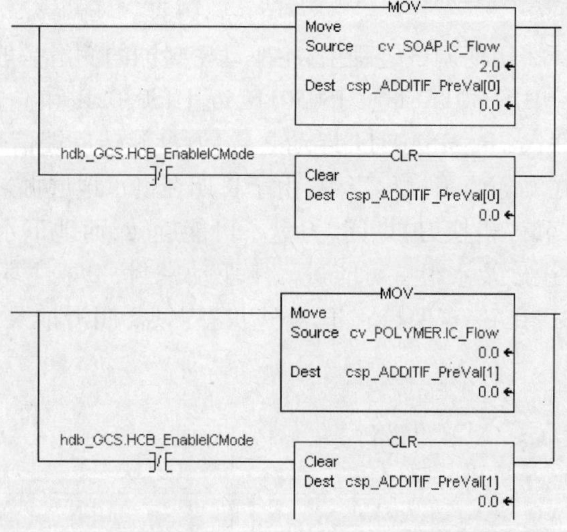

图12 泡沫及聚合物原液输入流量设置

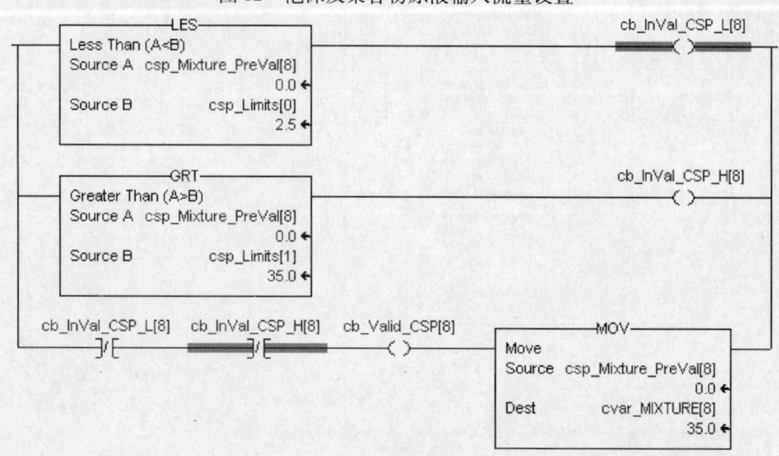

图13 水、泡沫及聚合物混合液流量设置

5 膨润土系统的参数设置

在膨润土控制系统中,分为手动控制和自动控制两个模式。在不同的地层,膨润土改良的流量预置值 cv_BENTIONITE[2]是随着工法及配合比的改变而改变的,如图 14 所示。当然,为保证设备的正常寿命,最高流量极限值应在 500 以下。

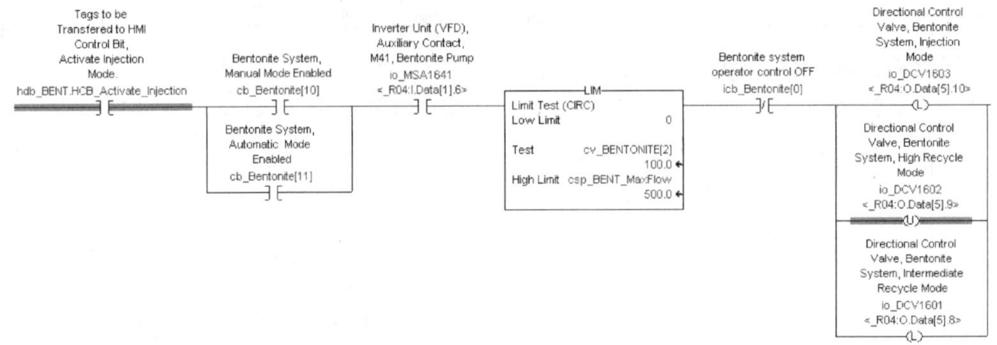

图 14　膨润土系统的软件控制

6 设备内部润滑及密封的控制

刀盘密封油控制系统在初期调试过程中,主驱动密封油的润滑一般是在刀盘正转/反转之后进行。图 15 所示的 io_HJS0301A,io_HJS0301B,io_HJS0302B 和 io_HJS0302A 为刀盘旋转方向的反馈输入信号并联,当 io_MSA0311 启动之后,刀盘旋转反馈信号输入之后才允许执行密封油润滑的动作。而在实际施工过程当中,由于长期在富水地层掘进,同时又考虑到静态维护(如盾构常规停机维护和停机换刀)期间,刀盘不可能旋转,而地下水一直在盾体上部,如果不做充分密封,土仓前方土砂及水很有可能进入主驱动密封,造成主驱动的损坏。因此,正常掘进过程中,将 hcb_LUBE[0]一直保持在恒“真”状态:只要润滑油泵 M11 启动,就立即开始密封油的循环泵送。

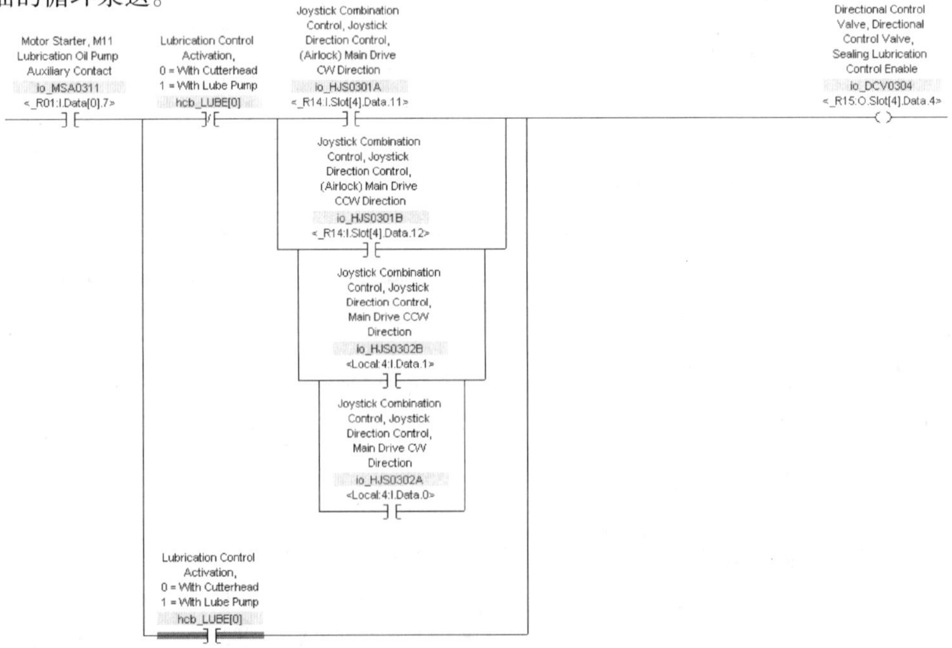

图 15　主驱动密封油启动方式

7 盾构脱困软件的调整设置

军东区间右线740环至749环，由于刀盘扭矩过大以致扭矩限制器扭矩过大、频繁脱扣、变频器温升过快过高停机、电流过大停机等。为保证机器的正常运行又能确保设备脱困，除在刀盘外采取清仓破石、加注改良材料、提高扭矩脱扣器的上限值等主要措施外，还可以利用盾构机软件辅助提高相应参数的极限值来配合盾构机的持续高温高扭矩运行。

将内循环冷却水温度上限由原先的47℃提高到50℃，如图16所示。由于实际温度SOURCE A≤SOURCE B设备才能正常运转，将SOURCE B提高至50。cv_TORQUE_MD[0]表示扭矩的实际值，cv_TORQUE_MD[1]为持续高扭矩值，CV_TORQUE_MD[2]为瞬时超高扭矩值。当实际扭矩值超过持续高扭矩值达到30s，盾构机就会停机保护；而当实际扭矩值瞬时达到或者超过瞬时超高扭矩值时，盾构机PLC系统就会瞬时中断信号停机保护。在盾构脱困期间，将持续高扭矩值由动态值573.5353t·m改为静态值600t·m；瞬时超高扭矩值由动态值716.91907t·m改为静态值800t·m。图17所示为软件设置扭矩极限。

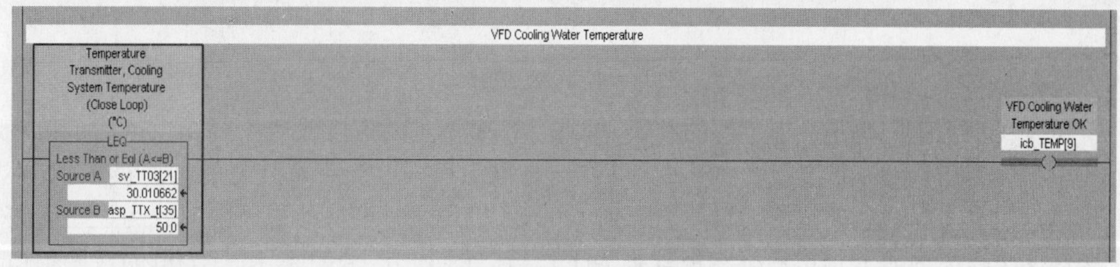

图16 内循环冷却水温度条件

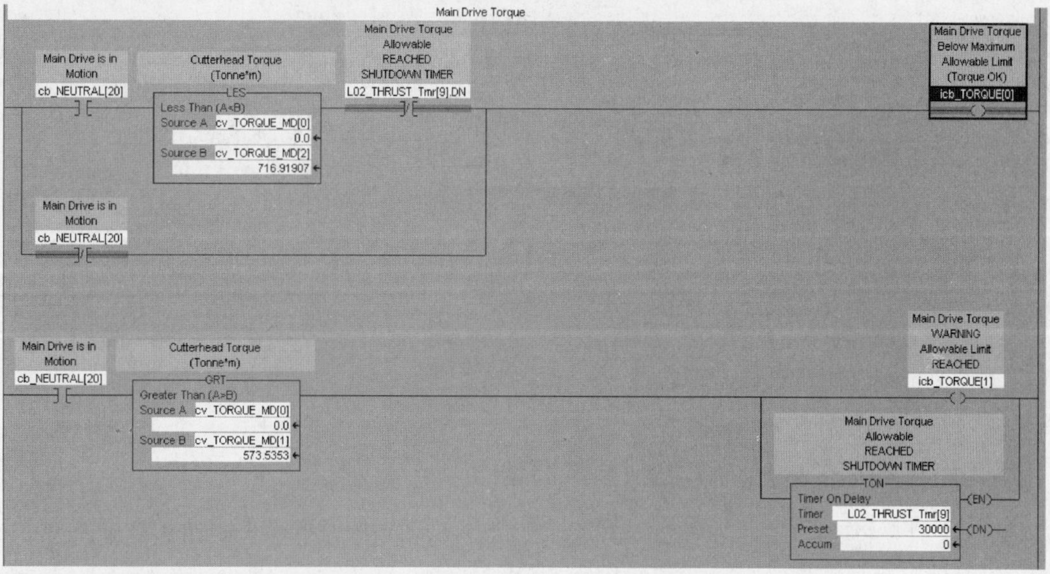

图17 主驱动扭矩极限

8 盾构机总推力上限调整

盾构机掘进过程中，推力中心值是不断变化的。由图18可知，实时推力中心有两个极限，1120为警报提示上限，1360为推力停止上限。改变上限值1120和1360，可以满足盾构在不同阶段的掘进问题，不至于一味地遵循程序的逻辑而与工法相冲突。

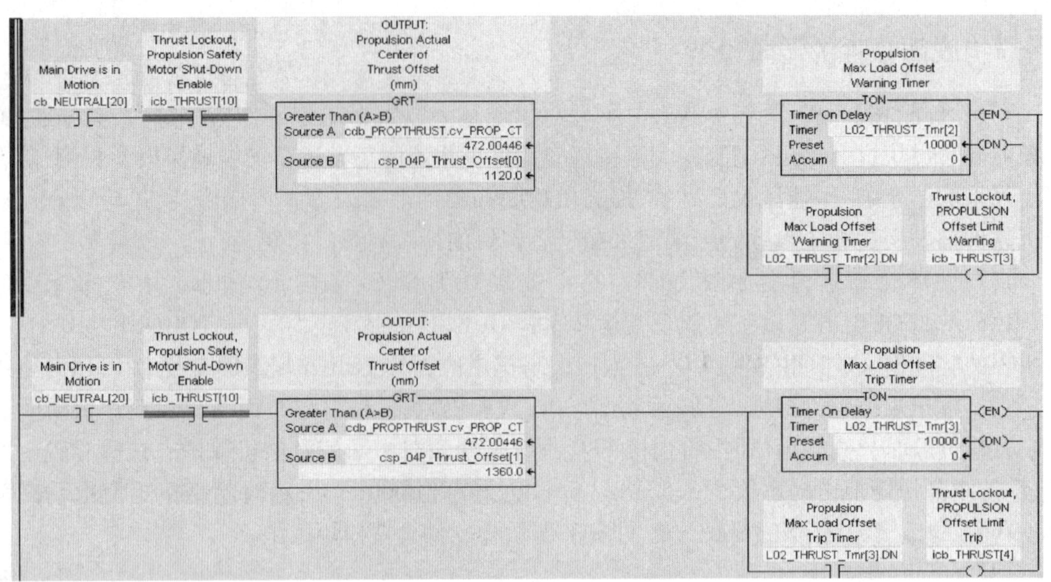

图 18　推力中心的控制

盾构机推力上限也是一个重要的参数,掘进过程中掘进的速度改变主要是由推力的改变来实现的。当盾构施工需要极大推力时,可将动态推力极限改为一个静态的推力极限(如在卵石地层时,土压很低,一般推力极限会降到 1200T 以下,这时可将动态极限值改为设备允许的 2000 ~ 2500T 内),允许盾构机在极限推力下运行。图 19 中 csp_04_Thrust[9]的极限值改为实际操作的经验参数 2000 ~ 2500 即可将总推力极限约束。

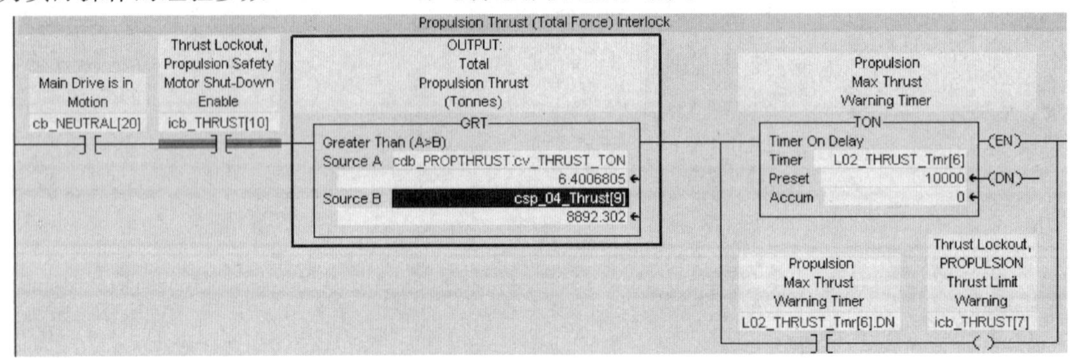

图 19　总推力上限控制

9　盾构脱困期间变频柜内部控制参数调整

盾构机刀盘脱困期间,将 6 台 200kW 的主驱电机的扭矩限制器的极限扭矩刻度全部调整到 9,使刀盘启动时满足最高瞬时扭矩限值。这时,须对 ABB 的 ACS800 变频柜参数进行调整,图 20 为变频器本地控制盘人机操作界面,重要参数修改通过界面操作进行,具体调整如下:

(1)开启内循环冷却泵,使内循环压力维持在 1 ~ 4bar 内。

(2)复位变频器故障。

(3)调整 M5 电机逆变器 ACS800 参数号 16.01,从 DI4 调整为 YES,将控制地改为 LOCAL

(本地),将 M6、M7、M8、M9、M10 电机控制盘参数由 REMOTE(远程)调整为 LOCAL(本地)。

(4)调整 M5 ~ M10 这 6 台主驱动电机的 SPEED REFERENCE(参考转速)为 100r/min,此时的电机频率为 2.5Hz,完全运转在恒转矩启动阶段,能够提供极限扭矩。

(5)选择 M5 ~ M10 电机正转,启动电机正转运行几分钟后停止,启动电机反转,多次正反转测试,使刀盘的活动空间增大,阻力减小。

(6)调试完成后恢复参数,全部控制地改为远程,M5 的参数号 16.01 改为 DI4,SPEED REFERENCE 恢复为 0,M6 ~ M10 的控制地改为 REMOTE,SPEED REFERENCE 恢复为 0。

在盾构机正常掘进的情况下,只需要通过操作室的控制电脑对设备的参数进行调整。在脱困这个非常规的阶段,我们需要对设备的整体运行参数进行完整的监控,这就需要通过 PLC 对设备的底层参数进行全部的监控及在必要的情况下作出实时的调整。

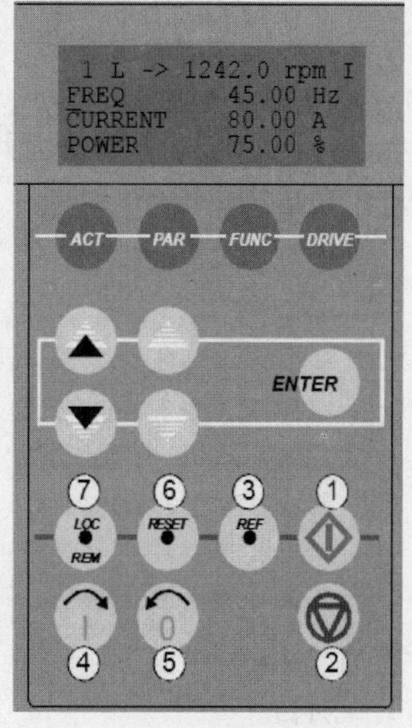

图 20　变频器本地控制面板

10　结论

盾构机的网络优化保证了通信的数据交互,同时在低波特率下增强了系统的抗干扰性能,保证盾构机在密闭空间、多辐射情况下的连续平稳运行。

在掘进困难及地层变化的情况下,对盾构机控制限值的实时监视和修改提高了设备的工作性能;辅助系统的参数调整是在土建工法的基础上进行的,确保了设备在穿越特殊地层和敏感区域时快速平稳地运行;盾构机脱困期间,提高极限值的做法为主驱动提供能够满足脱困的极限高扭矩,减少因频繁脱困对地层的干扰,降低了施工风险。

总体来说,为适应 9 号线 6 标军东区间复杂地层,设备是因地制宜地运用。在施工生产的过程中,渣土改良的技术措施、掘进主参数的控制、主驱动系统的大功率和高扭矩产生的对设备在卵石⑦地层的施工生产起到了良好的辅助作用。

参考文献

[1] 商啸旻,李琨,李文峰,等.关于北京地铁复合地层盾构选型的分析[J].铁道建筑技术,2011.

[2] 竺维彬,鞠世建.复合地层中的盾构施工技术[M].北京:中国科学技术出版社,2008.

叠落盾构隧道施工技术的初步研究

周国旺

（中铁十四局集团有限公司　济南　250002）

摘　要：北京地铁6号线一期工程南锣鼓巷站—东四站盾构区间始发段采用盾构叠落隧道施工方案，该施工技术在北京地铁市场上首次应用，并取得成功。叠落盾构隧道施工过程中须注意对已成型隧道的保护及减小两次盾构通过时地层二次叠加沉降，保护措施包括掘进参数控制、二次注浆加固、重叠段管片加强和支撑台车支撑加固等。对叠落式盾构隧道施工中的重要施工控制技术措施和关键施工工艺进行初步探索和阐述。另外，还对地层和管片内力的监测进行初步介绍。

关键词：叠落盾构隧道；先下后上；注浆加固；支撑台车；掘进参数；地层变形监测

1　前言

北京作为一个拥有一千多万人口的特大城市，为满足人们的工作、学习、生活需要修建了大量的地下构筑物，特别是在旧城繁华地区，各种地下管道均已年代久远，损坏严重，存在大量渗漏，给城市地铁设计和施工带来较大的影响[1]。城市地铁盾构法施工受场地限制明显，又因北京老城区拆迁费用高昂，无形之中增加了建设成本，这就促使占地较少的叠落盾构隧道施工法的产生。因叠落盾构隧道施工工艺较为复杂，施工控制技术要求高，施工难度大、风险高，很少采用[2]。

在国外，日本、新加坡对重叠隧道施工技术的研究与应用较早[3,4]。在国内，重叠隧道方面的经验主要集中在矿山法方面，如深圳地铁1号线一期罗湖站—国贸站—老街站—大剧院站区间单洞双层重叠隧道的成功建设[5-8]；盾构法重叠隧道的经验主要集中在力学数值模拟方面[9-11]，采用盾构法进行重叠隧道施工的经验较少，如深圳地铁3号线老街站—晒布站盾构区间因其小间距、长距离上下重叠的特点使得施工难度极大[5]，但采用重叠隧道施工取得较大成功，该技术在上海明珠线近距离交叠隧道施工中也得到成功的应用[12]。本文结合北京地铁6号线一期工程南锣鼓巷站—东四站盾构区间始发段的叠落盾构隧道施工方案，对该施工技术进行初步的研究。

2　工程概况

北京地铁6号线一期土建工程九标共包括三站三区间：平安里站、北海北站、南锣鼓巷站、平安里站—北海北站区间、北海北站—南锣鼓巷站区间、南锣鼓巷站—东四站区间（简称南—东区间），其中南锣鼓巷站—东四站区间是盾构区间。

南—东区间盾构始发井位于南锣鼓巷站东侧的空地内，场地两侧狭小，南锣鼓巷站呈“楔子”状，采用左右线叠落岛式站台形式。为实现与其同站台平行换乘，南—东区间局部采用上下叠落的布置形式（左线在上、右线在下），右 K11 + 204.2207 ~ K11 + 492.0298m 为叠落影响

作者简介：周国旺（1986—　），男，学士，助理工程师．主要从事地铁盾构隧道施工管理工作。E-mail：zhouguowang1234@163.com

段，长度约287.8m。叠落段左右线平面位于 $R=300$m 的小半径圆曲线上，两线间距为1.7～10.02m。左线隧道覆土厚度为13.375～15.340m，右线隧道覆土厚度为21.585～23.640m。

3 工程重难点

(1)左右线为曲线段始发，上下重叠间距小，最小处仅为1.7m；重叠段距离长，完全重叠段和过渡段达287.8m；线路曲线半径仅为300m，盾构姿态控制困难。

(2)线路穿越地层包含粉土、砂卵石、黏性土夹层、粉土、砂卵石、粉质黏土层、黏土层等地层，地层条件变化大；右线穿越北河，沿大街段地下有暗河(古金沟河故道，其上部和下部土壤正常固结，河床部分仍为淤泥质土，欠固结)通过，掘进时土压不易控制，容易出现超排导致地面塌陷等突发性工程事故；左线始发段下穿砖混结构居民建筑，为一级风险源；地下管线多，管路复杂。

(3)左线隧道盾构掘进时将会造成沉降二次叠加，并对已建右线隧道结构造成影响[5]，如图1、图2所示。

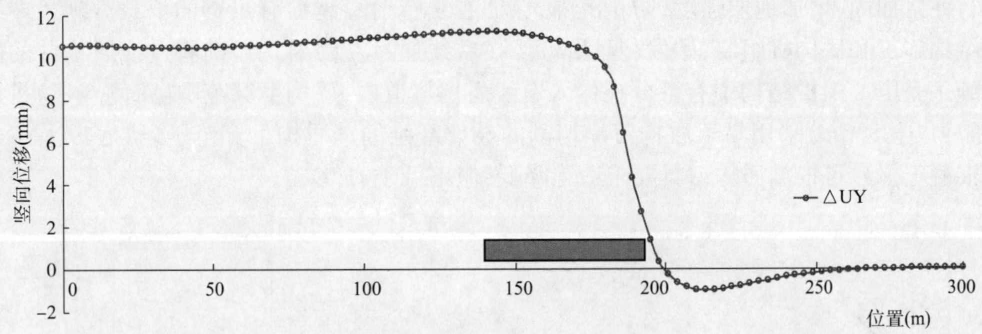

图1 左线掘进时右线管片拱顶的竖向位移纵向布置关系曲线(盾构刀盘位于195m处时)[5]

注：图中灰条指盾构机及掘进时的具体位置。

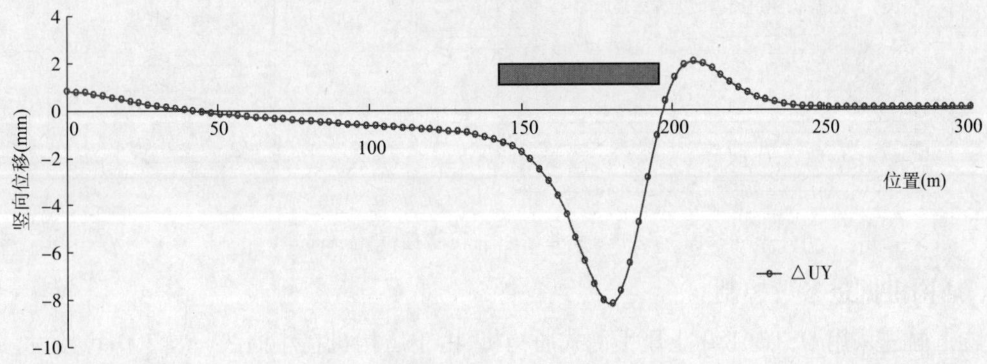

图2 地表轴线处竖向位移与隧道纵向距离关系曲线(盾构刀盘位于195m处时)[5]

注：图中灰条指盾构机及掘进时的具体位置。

4 施工方案

4.1 施工总体原则

施工总原则为“地层加固，先下后上，管片加强，勤于测量”。

左线盾构井施工时，先对井底地层进行注浆加固，减小右线掘进时对左线盾构始发井产生扰动影响，掘进后及时在下洞对夹层土进行注浆加固以减少地表沉降；为有效控制左线盾构掘进时产生二次沉降,采用“先下后上”的施工顺序。隧道管片设计时加强处理,施工时用支撑台车临时支撑加固来减少对先建隧道结构的影响。在沿地铁线路地面布设监测点,在施工时进行实时监控,根据监测数据及时调整盾构掘进参数,并确定是否需要采取地面加固措施。

4.2 施工顺序

采取先施工下方(右线)盾构隧道后施工上方(左线)盾构隧道的方案,保证左右线隧道施工对地层及成型隧道的影响最小,具体施工顺序如下:左线始发井注浆加固→右线隧道(下洞)盾构掘进→夹层土体二次注浆加固→下洞洞内支撑台车移动加固→左线隧道(上洞)盾构掘进→上洞二次注浆加固→下洞支撑台车拆除。

5 关键施工措施

5.1 左线盾构井施工措施

在左线盾构始发井围护桩施工前先对盾构井平面围护桩内部竖向底板下 10m 范围内地层进行注浆加固,增加地层强度,防止沉降,保证右线隧道穿越后有足够的承载力满足左线盾构井结构施工和盾构机组装、始发(见图 3)。在右线通过左线盾构井前将左线盾构井的围护结构施工完毕。围护结构中有部分桩侵入右线盾构隧道内,盾构下穿范围(每侧 6 根)桩体钢筋(桩底以上 9.5m)采用易于盾构刀片切割的玻璃纤维筋。盾构下穿范围(桩底以上 9.5m)桩体混凝土标号可根据盾构刀具要求适当降低,但不低于 C20。

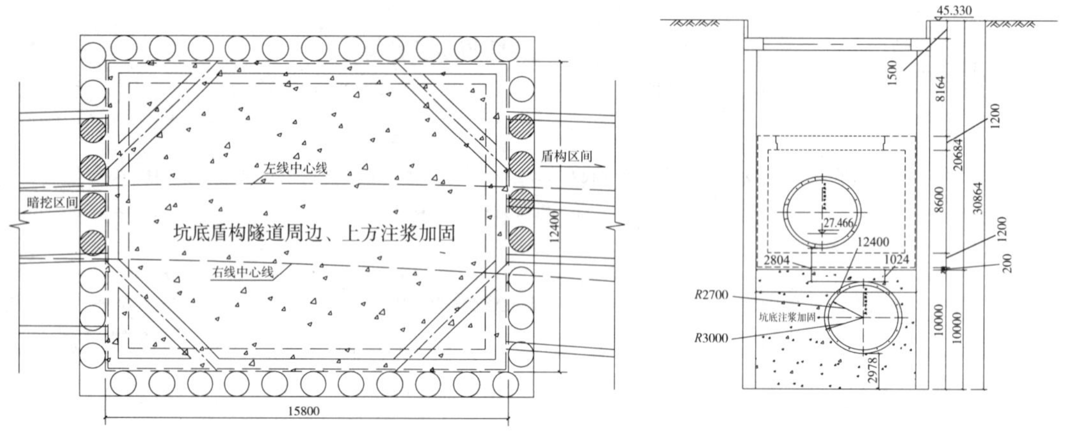

图 3 左线盾构井坑底加固示意图(单位:mm)

5.2 盾构机掘进参数控制

隧道掘进采用 HSTϕ6180 土压平衡式盾构机,由于盾构机在小曲线(R = 300m)始发,穿越地层复杂多变且管线较多,地面建筑物密布,风险源多,为保证盾构机安全、匀速、快速掘进,需要对掘进参数严格控制。

(1)掘进参数控制。土压设定根据覆土厚度、性质确定,并结合出土量、地表沉降、刀盘扭矩、总推力情况实时调整,以刀盘前方地层不产生隆起为设定原则。具体参数控制为:下洞土压 1.5 ~ 2.0bar,上洞土压 1.0 ~ 1.5bar;刀盘转速 0.96 ~ 1.5r/min;刀盘贯入量 5 ~ 45mm/r;刀盘扭矩 3000 ~ 4000kN · m;总推力 12000 ~ 20000kN;掘进速度 25 ~ 45mm/min。

(2)控制每环出土量。严格以每环理论出土量控制实际出土量,每环出土量偏差不得超过 2m^3,每掘进 40cm 检查一次出土量。

(3)控制盾构姿态。避免大幅度的轴线纠偏动作,盾构纠偏原则为"勤纠、少纠",施工阶段隧道轴线偏离设计轴线不得大于±50mm,且将姿态控制在转弯方向内±15mm。

(4)控制同步注浆量。同步注浆采用粉煤灰砂浆惰性浆液,每环注浆量不少于5m^3,并根据地表沉降情况适时调整注浆量,要求每环注浆压力达到0.3MPa。

(5)控制二次注浆压力。当同步注浆压力较小时需及时进行二次补浆,二次注浆采用水泥—水玻璃双液浆,以压力达到0.5MPa为控制标准。

5.3 右线隧道管片加强措施

对右线重叠段管片设计做加强处理,防止左线隧道盾构掘进和将来地铁运营等对右线管片产生影响。加强的主要措施是将管片的主筋进行调整,由普通环的ϕ20环向主筋调整为加强环的ϕ25主筋,如图4所示。螺栓的规格型号为C级M24,性能等级为8.8级;螺母的规格型号为C级M24,性能等级为5级。

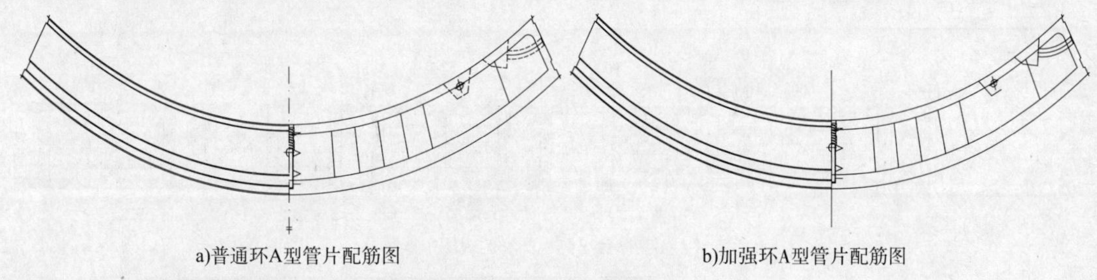

a)普通环A型管片配筋图　　b)加强环A型管片配筋图

图4　普通环与加强环钢筋对比图

5.4 对右线盾构隧道进行支撑

为减小后建隧道(上洞)盾构掘进时对先建隧道(下洞)产生的不利影响,在上洞掘进过程中需要对下洞隧道进行支撑加固。根据盾构推进的三维模拟数值分析,必须对先建隧道(下洞)进行临时支撑加固,并满足以下要求:

(1)抵抗上洞盾构机重量对下洞产生的剪力及盾构机施工时震动产生的应力。

(2)保证管片纵向连接的整体性,减小下洞垂直弯曲变形。

(3)下洞影响范围(24m)内的支撑不能卸力,必须提供持续支撑。

为此,经过专家论证采取洞内临时支撑台车对下洞进行临时支撑加固,台车外观如图5所示。该台车技术参数如下:

(1)液压系统为3套液压站:顶推缸为柱塞泵2套,顶推轮为齿轮泵1套。

(2)顶压橡胶轮压系统:液压缸ϕ100mm缸径,行程150mm/200mm。环向支点为9点、3点、12点。双轮结构,支点间距600mm,单车双轮为8×3=24组,5车组为120组双橡胶轮;11点、3点支点间距1200mm,为单轮结构,每车组8个支点,单橡胶轮8组。5车×8组=40个轮。液压油缸:单车组16个油缸,5车×16=80个。单缸顶推力10t,工作压力12MPa,齿轮泵,系统压力可调。

(3)柱塞泵液压系统为2套:其中一套为整体顶推移动用液压系统,顶推缸2组2个油缸,ϕ180mm缸径,行程1000mm;另一套为分车组顶推移动用液压系统,主要为车组顶推缸配置,各车组之间上下2组为4个油缸,4×4组=16个油缸,ϕ180mm缸径,行程400mm,有一套操作系统。

该支撑台车采用液压油缸顶推,采用橡胶轮作隧道支点,能够满足300m曲线段施工要求、纵向刚性连接要求,保证每环管片均有柔性支点支撑。其移动方式有两种:

(1)整体顶推移动:用车组最后面的三角支撑架顶推油缸作主推油缸,将整体车组不卸载顶推移动,最大行程 1000mm,工作压力为 22MPa。

(2)分车组顶推移动:由第四车组的 4 组油缸同步推第五车组移动,这样 3 推 4,2 推 3,1 推 2,与后三角架推 1 的方式进行不卸载顶推移动,每次推移行程为 400mm。

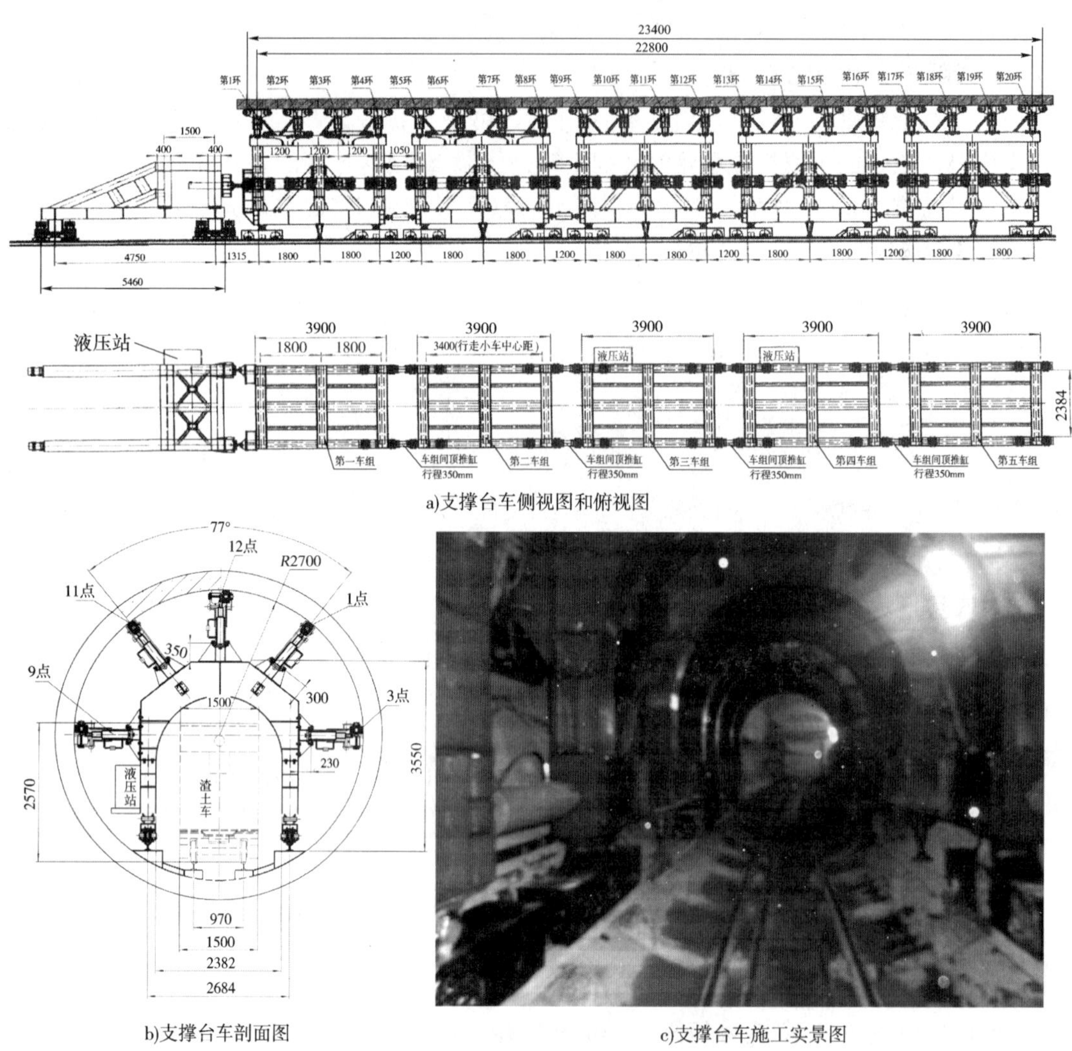

a)支撑台车侧视图和俯视图

b)支撑台车剖面图

c)支撑台车施工实景图

图 5　应用于右线的支撑台车(移动式)示意图(单位:mm)

5.5　对夹层土体进行加固

为保证夹层土体的强度和密实度,减小右线盾构通过后可能产生的地层沉降或空洞而引起左线盾构掘进过程中失稳、下沉,在右线盾构通过后,从右线隧道向两条线之间夹层土体打设注浆管对其进行加固。打设注浆管的位置在预制管片的过程中预留,B1、B2 型管片各多预留两个注浆孔,A 型管片多预留一个注浆孔,每环共 9 个注浆孔。注浆加固范围为隧道拱部 120°范围内、衬砌环外 3.0m 线以内的土体,通过钢花管向地层进行注浆。左线施工时,同时从管片底部的两块管片向两条线之间的土体再进行补充注浆加固,如图 6 所示。

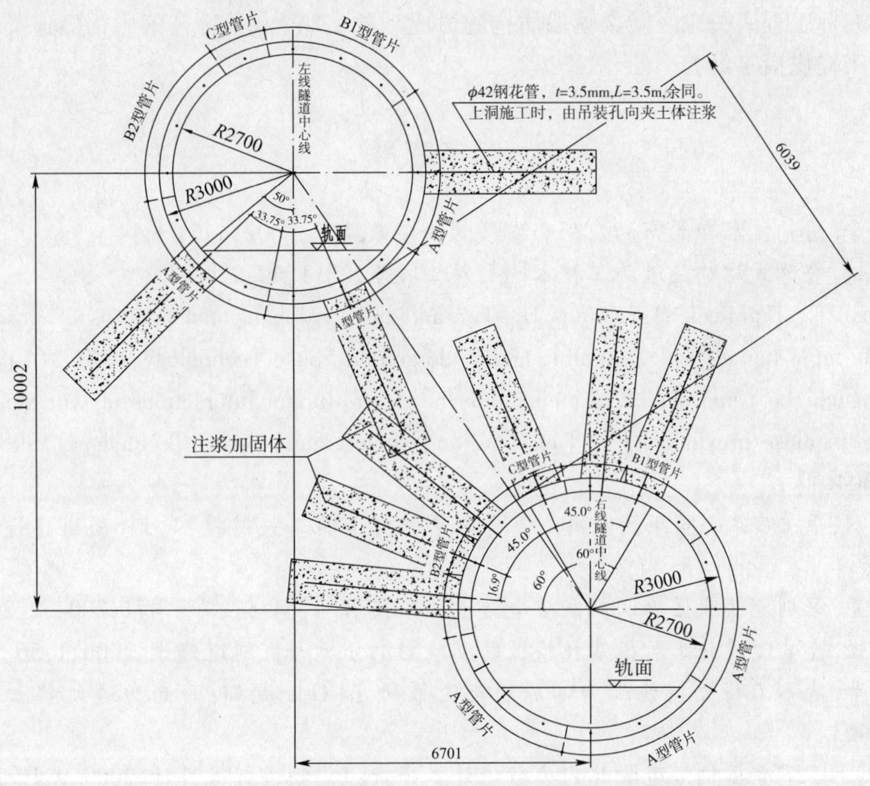

图6　重叠隧道内注浆管布置图(单位:mm)

6　叠落段施工监测方案

除一般地段监测项目和要求外,对重叠段右线隧道有如下重点要求:要根据监测要求对右线管片环向和纵向拼装缝张开量、管片错台、螺栓应力、土压力、管片径向收敛、管片裂缝等指标进行监测,当实测变形值大于下面允许变形的 2/3 时,必须及时通报相关单位,并采取相应措施:

(1)管片表面出现大于 0.2mm 的裂缝或挤压破损。

(2)管片环缝张开量大于 2mm。

(3)管片径向收敛超过 36mm(0.6% D,D 为隧道外径)。

(4)管片环缝或纵缝出现渗漏水情况。

(5)拱顶支撑轴力监测值超过控制值时(右 K11 +204.44 ~ K11 +328.266m 段,12 点位置支撑轴力控制值 296kN;右 K11 +328.266 ~ K11 +492.23m 段,11 点支撑轴力控制值 245kN)。

7　结论

在北京地铁六号线九标工程南—东区间叠落段盾构隧道施工中,为防止下洞已施工隧道管片变形及上洞施工时地层产生二次叠加沉降,以先下后上为施工原则,采取控制掘进参数、夹层土体注浆加固、下洞支撑层台车支撑加固等技术措施并取得成功,这和方东明在深圳地铁 3 号线老街站—晒布站叠落盾构区间的研究结果是一致的。此外,对右线穿越左线始发井地层注浆加固,始发段采用加强管片,进一步保证了下洞隧道结构的强度和稳定性,有效地控制了二次叠加沉降。随着我国城市化水平提高,将有越来越多的城市进行轨道交通建设,北京地铁六号线九标工程南—东区间叠落段盾构隧道成功的实施，为今后叠落盾构隧道类似工程的设计和施工提供借鉴经验。

参 考 文 献

[1] 乐贵平. 盾构技术在北京的应用和发展[J]. 市政技术,2002,4:5-11.

[2] 周建钢. 叠落式盾构隧道施工技术[J]. 施工技术,2011,40:274-278.

[3] Soliman E, Duddleck H, Ahrens H. Two-and three—dimensional analysis of closely spaced double-tuble tunnel[J]. Tunneling and Underground Space Technology,1993,8(1):13-18.

[4] Yamaguchi I. Yamazaki H, kiritani. Study of ground-tunnel interactions of four shield tunnes driven in close proximity[J]. Tunneling and Underground Space Technology,1998,13(3):289-304.

[5] 方东明,李平安. 小间距长距离上下重叠盾构隧道施工关键技术[J]. 隧道建设,2010,3:95-98.

[6] 潘明亮. 深圳地铁城区单洞双层重叠隧道施工技术[J]. 铁道工程学报,2004,2:21-25.

[7] 张文强. 重叠隧道施工对桩基托换区的沉降影响分析[J]. 隧道建设,2006,1:56-58.

[8] 仇文革. 地下工程近接施工力学原理与对策研究[D]. 成都:西南交通大学土木工程学院,2003.

[9] 石山. 上下重叠盾构隧道管片内力数值计算分析[J]. 铁道标准设计,2009,9:19-22.

[10] 郭晨. 近距离重叠盾构隧道施工影响的数值模拟[D]. 成都:西南交通大学土木工程学院,2009.

[11] 王志华. 叠交隧道盾构穿越中间井施工技术[J]. 中国市政工程,2011,4:48-49,53,95.

盾构穿越北京地铁 13 号线望京西站特级风险源的施工控制

李安云

（中铁电气化局铁路分公司　北京　100036）

摘　要：北京地铁 13 号线为运营既有线路，下穿的区域为望京西站下区域，为 15 号线一期西段区间穿越的特级风险源之一，其所在区域的轨道和站房沉降、均匀沉降控制方面要求非常高，施工难度极大；在充分和设计沟通研究后，认真落实施工方案，在施工方面通过周密的组织安排和施工部署，对盾构下穿的参数进行确定，确保盾构穿越过程平稳、安全。

关键词：特级风险源；盾构；施工参数；安全

1　下穿 13 号线望京西站的穿越施工概况

北京 15 号线 09 标段关庄站—望京西站区间采用盾构法施工，沿途下穿北辰高尔夫球场、沥青厂南路、京承高速、13 号线望京西站。13 号线望京西站为地面站，地上 2 层框架结构，柱距 8 ~ 10m，柱截面大小 600mm × 600mm，基础形式为柱下独立基础，基础底埋深 4.8m，基础间设置 400mm × 700mm 连梁，站内设置左右两线，线间距 5m，采用整体道床。区间与车站平面关系如图 1 所示。

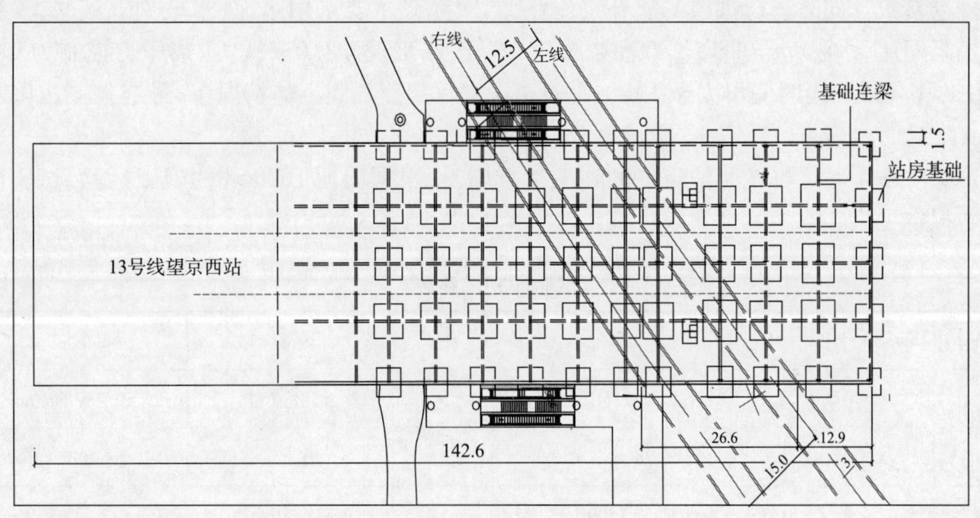

图 1　区间与车站平面关系

盾构隧道下穿 13 号线望京西站段地层主要为：粉质黏土、粉土、粉细砂层，覆土厚度约 12.5m。隧道拱顶以粉细砂层为主，稳定性差；洞身侧壁以黏性土为主，围岩稳定性差，开挖

作者简介：李安云，男，工学学士，工程师。主要从事盾构机电技术和盾构施工技术及管理工作。E-mail：anyunli@163.com

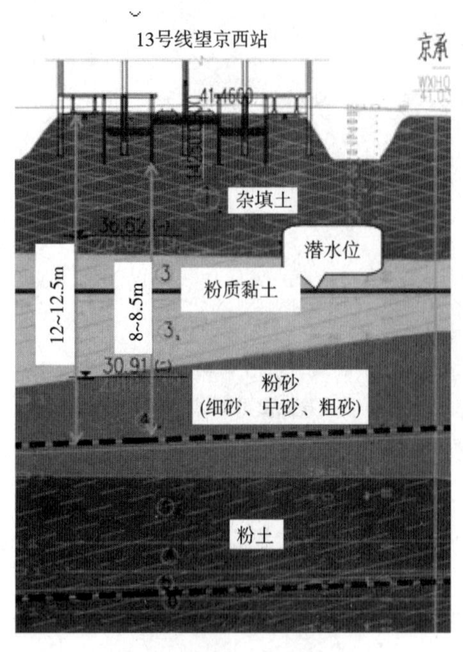

图2 望京西站段地层分布

后易发生侧向变形；地下水为上层滞水和潜水，水位线位于隧道拱顶以上，且望京地区地层为富水地层，地层偏软，地面沉降控制难；区间隧道顶距基础底约8~8.5m。地层分布如图2所示。

2 设计方案的思路及相关措施

设计方案在通过专家及各方讨论之后，思路定为：在盾构施工参数控制良好的前提下，选取相似地层施工试验段总结施工参数；在站外对车站结构及运行轨道道床底部进行注浆加固，同时留有预留袖阀管在轨道道床下加固区域；在推进过程中进行洞内径向注浆加固。

2.1 试验段施工及总结

因望京西站两侧为京承高速，高速路上的测量控制点难以布设，因此，试验段施工选取位置为京承高速西右K14+139.5~K14+192.5m作为试验段，试验段长53m，试验段内间隔约20m布置一个主测断面，共布置3个主测断面。在试验段盾构区间上方有ϕ1400mm壁厚140mm雨水管，右侧为2000m×1500mm雨水沟，均是监测重点。地层与望京西站下地层相似，通过试验，优化盾构掘进时土压力、刀盘扭矩、掘进速度、出土量、同步注浆量、注浆压力、浆液配合比等参数并进行具有实施效果的对比，选择地面沉降最小时的盾构掘进参数。同时进行拱顶二次补浆作业，二次注浆主要采用水泥、水玻璃双液浆，参数为①水泥浆配比，水泥∶水=1∶1；②双液浆配比，水泥∶水玻璃=1∶0.5；③注浆压力控制为0.4~0.5MPa；④浆液初凝时间不大于10s。计划在未进行超前加固土体情况下，最终控制沉降量≤10mm，隆起值≤3mm。

试验段施工时严格按照拟定好的施工参数施工，根据前面1000环的施工经验，试验段初始参数拟定见表1。

试验段初始参数　　表1

编号	名称	数值	编号	名称	数值
1	土压力	0.15MPa	5	推进速度	50~80mm/min
2	刀盘扭矩	≤2800kN·m	6	出土量	≤40m³/环
3	推力	≤1600t	7	注浆压力	0.2~0.3MPa
4	刀盘转速	1.5r/min	8	同步注浆量	5~6m³/环

在按照拟定参数施工的同时对盾构施工参数进行微调整，认真对试验段的地面沉降监测数据进行分析和总结，如图3所示（取一典型断面进行举例）。

砂层主断面共有两组DB45断面和DB46断面，施工单位自己加设断面DB44、DB43、DB54。盾构机在到达监测点位前均有轻微隆起，平均隆起为1.6mm；当拖出盾尾后10~24h，沉降速率较大;当拖出盾尾后 24 ~ 28h,监测点沉降达到基本稳定状态。轴线位置监测点沉降最为明显,砂层轴线位置沉降量可控制到 -6.35mm。

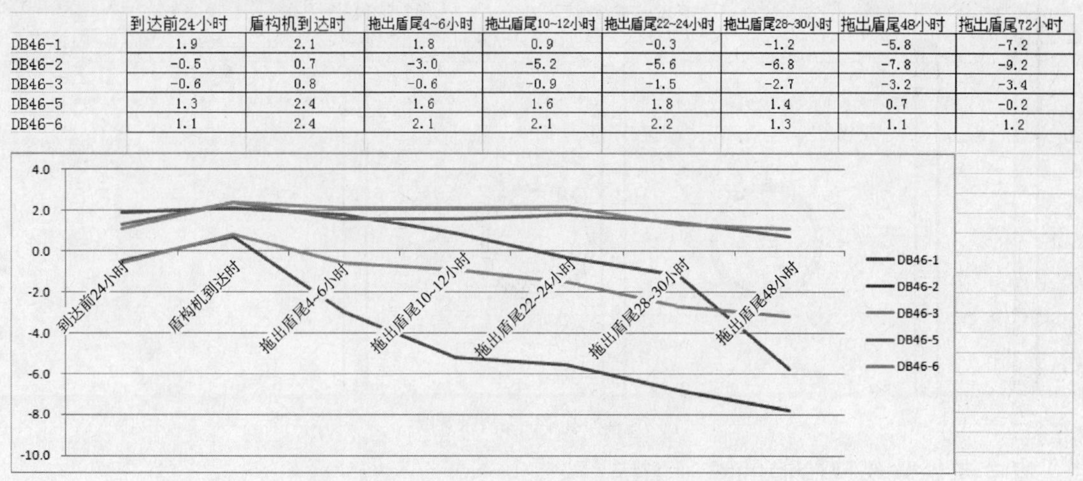

	到达前24小时	盾构机到达时	拖出盾尾4~6小时	拖出盾尾10~12小时	拖出盾尾22~24小时	拖出盾尾28~30小时	拖出盾尾48小时	拖出盾尾72小时
DB46-1	1.9	2.1	1.8	0.9	-0.3	-1.2	-5.8	-7.2
DB46-2	-0.5	0.7	-3.0	-5.2	-5.6	-6.8	-7.8	-9.2
DB46-3	-0.6	0.8	-0.6	-0.9	-1.5	-2.7	-3.2	-3.4
DB46-5	1.3	2.4	1.6	1.6	1.8	1.4	0.7	-0.2
DB46-6	1.1	2.4	2.1	2.1	2.2	1.3	1.1	1.2

图 3 关 ~ 望区间砂层 DB46 监测断面沉降曲线图

2.2 站外地面加固

在盾构机到达 13 号线望京西站前,利用京承高速公路两侧排水沟作为施工场地,向 13 号线望京西站下方粉细砂 3-3(该地层孔隙率 0.355)层打设袖阀注浆管西侧每排可打设 5 根,东侧每排可打设 6 根。部分注浆管由望京西站侧墙打入,避开基础和连梁,部分管由基础下方打入,由地面压注流动性好的浆液,对盾构上方粉细砂层进行加固。加固范围为拱顶 4m 厚的粉细砂层,车站东西方向剖面投影长度为 38m,加固宽度约为 22m。如图 4 所示。

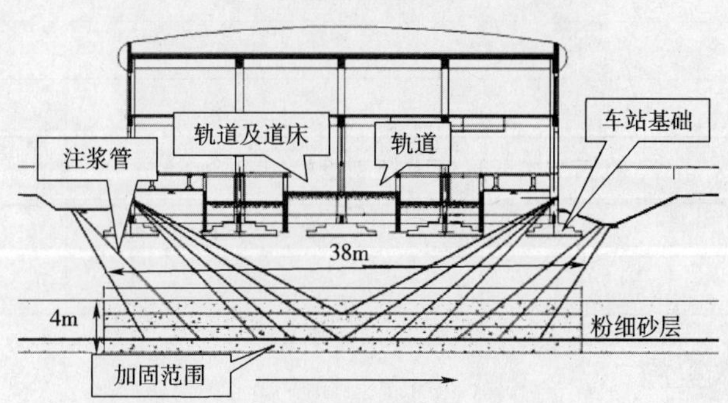

图 4 注浆孔剖面布置示意图

在地面车站两侧的水沟内进行布孔注浆,单侧的注浆孔为圆点,如图 5 所示(含拱顶加固隧道剖面范围)。

2.3 洞内径向二次补浆加固

此加固区域的管片设计特殊,在原有一个注浆孔的基础上增加两个注浆孔,以良好的二次补浆效果来满足施工要求;二次补浆严格按照参数执行,在执行过程中现场实际情况发生变化时需上报领导,采取相应调整。

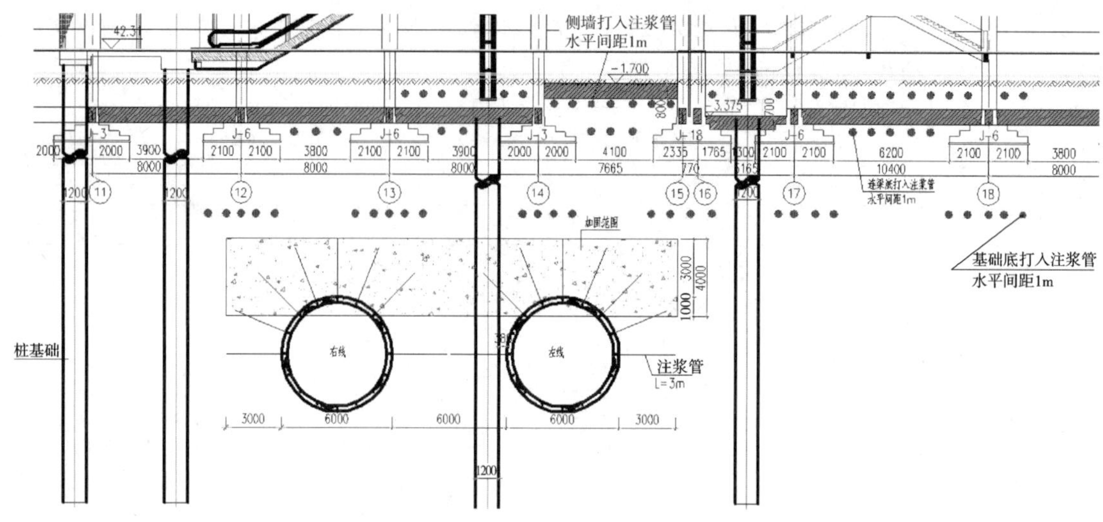

图5　注浆孔平面布置示意图

3　望京西站特级风险源的控制指标

望京西站特级风险源的控制指标表2、表3、表4。

地铁轨道结构最终沉降变形控制指标(单位:mm)　　表2

项目	预警值	报警值	控制值
轨道结构沉降	2.1	2.4	3.0
轨道横向变形	1.4	1.6	2.0
轨道结构隆起值	1.4	1.6	2.0

单线穿越后地铁轨道结构沉降变形控制指标(单位:mm)　　表3

项目	预警值	报警值	控制值
轨道结构沉降	1.4	1.6	2.0
轨道横向变形	0.7	0.8	1.0

轨道结构变形速率控制指标(单位:mm/d)　　表4

项目	预警值	报警值	控制值
轨道结构日沉降量	0.7	0.8	1.0

4　施工方案的具体实施

4.1　踏勘现场及站外注浆实施

在加固区域进行了现场实际踏勘,实际现场情况与图纸不符,水沟的位置宽度也对施工设备需要的空间有一定的影响;同时,车站结构的图纸与设计院提供的竣工图纸有一定出入。在充分考虑施工和加固要求的情况下,采取如下措施:

(1)为防止有未探明的管线,在水沟内沿盾构施工方向挖3m深的探槽两处,如未遇到原状土,需进一步加深。实际挖到2.3m时见到原状土,停止开挖并回填夯实,以免注浆过程中此区域被水浸泡,影响注浆操作。

(2)对结构基础用洛阳铲进行确认位置,探出基础下部约2m厚的砂卵石层,实际探明的柱下独立基础位置与图纸不符。这就需要对注浆孔进行重新布设,对布设角度进行适当调整,并在水沟内增加垂直注浆孔,取消结构侧墙的部分注浆孔,如图6所示。

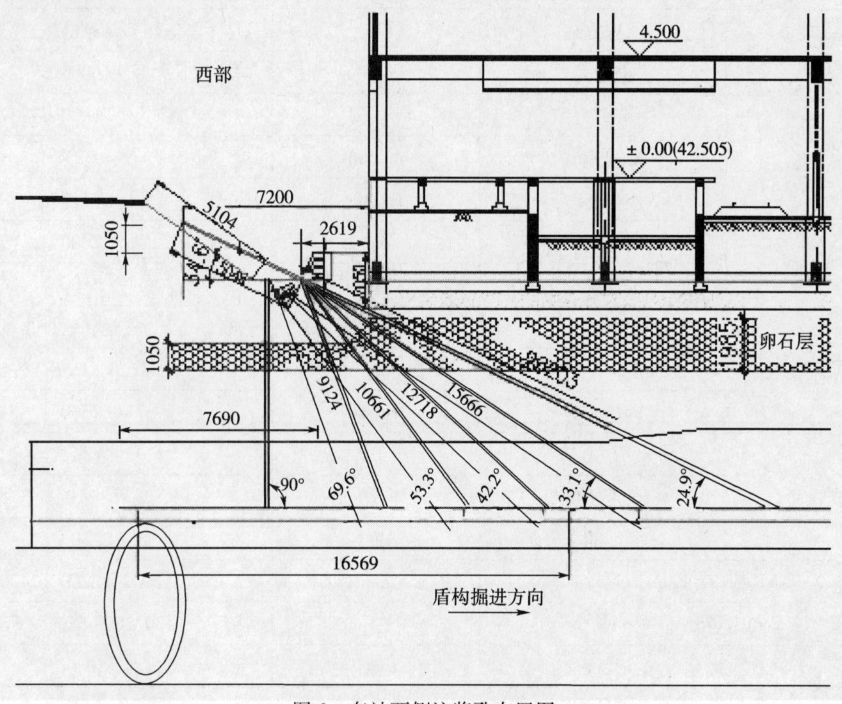

图6 车站西侧注浆孔布置图

(3)对加固区域及车站结构内进行雷达探测,探明是否存在其他管线。

站外加固采用的设备为日本生产的全液压钻机(型号:RPD-130C);其推进、冲击、行走等参数配置高,特别适合砂卵石地层的施工,主要参数见表5。

其他配套设备有灰浆搅拌机、液压注浆泵、液压钻孔机、发电机、静音电动机、双液注浆泵、水钻机、配电箱等,其参数设置为:加固点水平间距为1m,孔深按图纸要求为11~21m,注浆压力为0.2~0.5MPa。水泥浆的水灰比为1:0.5,水泥浆与水玻璃(波美度不小于20)比为1:1,如一次注浆不能达到设计强度要求,应多次注浆。加固施工完成后加固体强度不低于0.5MPa。

RPD-130C 的主要参数 表5

参数		单位	数值
钻径		mm	89~170(最大225)
钻深		m	100~400
钻孔作业范围	支撑油缸角度	度	-17~45
	支撑油缸摆动角度	度	左40 右50
	仰角	度	-90~45
	推进梁旋转范围	度	左右各-90~45
	推进梁滑行行程	mm	1400
动力头	型号		KD-800B-1
	冲击次数	bpm/min	2200(High) 3000(Low)
	冲击能量	kgf-m	75(High) 43(Low)
	转数	rpm	36~80
	扭矩	kgf-m	最大800

续上表

参数		单位	数值
推进装置	推进方式		液压和链条的组合方式
	推进力	kgf	6000
	牵引力	kgf	6000
	推进速度	m/min	6.5
	快进速度	m/min	30(最高)
	行程长	mm	2600
	推进梁长	mm	5500
钻杆自动拆卸装置	方式		液压式动力夹具和钻杆自动拆卸装置
	钻杆尺寸	mm	Max 216
	拆卸扭矩	kgf-m	2300
行走装置	方式		履带式
	行走速度	km/h	3.0
	爬坡能力	度	30
运输尺寸(*L*/*W*/*H*)		mm	6944×2200×2400
动力装置		PS/rpm	130/2000 柴油发动机
重力		kg	10400

在轨道下方预留 4 根注浆袖阀管,车站两侧各 2 根。现场留置一台灰浆搅拌机和一台液压注浆泵,在盾构穿越过程中实施站外应急补浆,浆液采用速凝双液浆。

注浆施工时,加强地下管线监测及注浆对站房轨道等的影响。在已知地下管线周边及站房布置监测点,每日监测,现场安排专人每天巡视布设在各地下管线和站房的监测点是否完整有效,如出现异常及时采取相应措施。

4.2 工期筹划

考虑到运营的高峰期时,客流量大、车次多的特点,认真分析每天进度,在 56 环外进行细致筹划,保证在停运时间(凌晨 0 点)时盾尾开始脱出第一道轨道至第二天早上高峰期时基本完全脱出运行轨道区域,具体日期环数如图 7 所示。

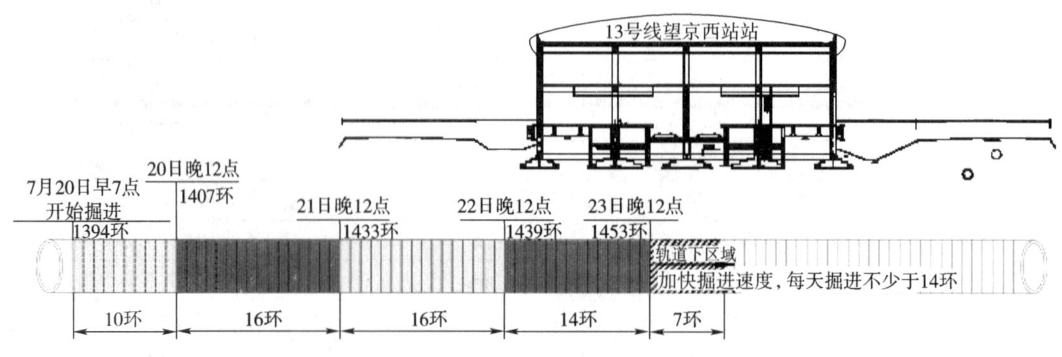

图 7　进度计划

4.3 盾构推进施工

做好穿越前的准备工作,在盾构穿越之前,对所有设备进行维保检修,确保穿越过程中设备的良好运行;对所使用的各种材料盘点和检测,确保材料的数量和供应及时。

按照施工筹划,控制好每天的进度,如有延误需进行相应的赶工措施,不得随意加快或放慢推进速度;确保穿越的具体日期,有利于各单位在此期限内的有效沟通。

盾构掘进时,尽量控制实际出土量在理论值的95%左右,把地层损失降至最小。刀盘直径6.28m,1.2延米的实际出土量控制在不大于35.5m²。加强同步注浆,通过添加添加剂和改善膨润土质量来提高浆液的质量,保证浆液的和易性、流动性和初凝强度。根据地层条件和掘进速度,现场试验加入促凝剂及变更配比来缩短胶凝时间,保证固结体强度一天不小于0.2MPa,浆液固结收缩率小于5%。实际盾构施工过程中的参数具体见表6。

实际盾构施的参数 表6

序号	名称	下穿13号线初拟参数	序号	名称	下穿13号线初拟参数
1	土压力	1.0~1.2bar	5	推进速度	60~80mm/min
2	刀盘扭矩	约2600kN·m	6	出土量	39m³
3	推力	约1600t	7	注浆量	5~6m³/环
4	刀盘转速	1.5r/min	8	注浆压力	不小于2.5bar

4.4 洞内径向二次注浆

洞内径向二次注浆采用双液注浆泵、双层搅拌机、快速接头高压注浆管、三通注浆头、3m注浆花管、注浆压力表等,采取3~5环选取拱顶1~3管片吊装孔为注浆位置,洞内径向二次补浆主要参数(依据试验段二次注浆参数)如下。径向注浆示意图见图8。

(1)浆液种类:无收缩双液浆,二次注浆主要采用水泥水玻璃双液浆,水泥:水=1:1,水泥:水玻璃=1:0.5。

(2)注浆孔直径为ϕ46mm,注浆花管壁上孔距约100mm交错布置,管长为3m。

(3)浆液凝结时间为10s~20s。

(4)注浆压力实际控制为0.8~1.2MPa。

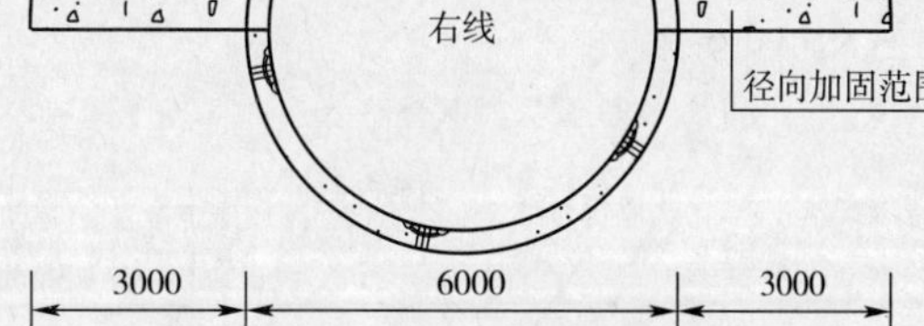

图8 径向注浆示意图(尺寸单位:mm)

受同步浆液的凝结时间、注入量、注入压力、地层情况的影响,可以依据现场情况对参数或孔位部署进行微调整,记录详细施工过程;同时,补浆时交替进行开孔注浆,并准备多个三通注浆头,以满足施工进度的要求。

4.5 组织措施

穿越特级风险源之前,组织业主、监理等五方会议进行沟通,确定具体日期及穿越时间点,确定各方沟通人员的配合及沟通流程,各方提出各自的具体要求。

组织项目内部全体会议,安排各项具体工作内容的落实,具体分成:①指挥组,其主要职责为现场所有施工生产和应急救援工作的领导和对内对外的协调工作;②施工生产组,其主要职责为现场的施工生产及洞内径向注浆,突发事故发生后洞内处理;③技术组,其主要职责为现场生产和事故发生后的技术处理;④巡察组,其主要职责为负责13号线望京西站地面注浆加固和现场生产安全隐患的排查;⑤测量组,其主要职责为及时监测数据进行分析后反馈,与第三方监测人员及时沟通;⑥应急救援组,其主要职责为负责将受到安全威胁的人员疏散到安全地带，确保人员安全；⑦物资保障组，其主要职责为保证生产及事故发生后的物资设备供应；⑧后勤保障组，其主要职责是为生产和测量等小组进行车辆、生活物资等调配。同时要求穿越期间的24小时内各小组成员坚守各自岗位，及时按照联系方式和沟通流程进行沟通联系。

5 施工控制成果

监测方法为自动化监测和人工监测相结合的方式。人工监测从全面监测角度考虑，监测项目从车站站房结构、轨道结构及轨道综合考虑。自动监测从重点监测角度考虑，主要针对地铁结构重点部位，监测项目为轨道结构竖向变形及差异变形。现场监测范围为15号线盾构左线向北40m、盾构右线向南40m范围内的既有地铁13号线望京西站，现场监测项目见表7。

13号线望京西站现场监测项目 表7

序号	监测项目	监测方法	监测精度(mm)	监测频率	监测周期
1	人工巡视	目测观察	—	施工关键期每10分钟记录一次数据；平时状态：两小时记录一次数据	施工前测得可靠的初始数据，施工结束一个月后停止
2	轨道结构竖向变形	自动化监测	0.1		
3		人工静态监测	0.3	施工期间每天监测一次，施工结束后一个月内每周监测一次，结束后两个月内每半月监测一次，之后两个月监测一次，最后根据监测数据调整频率	施工前测得可靠的初始数据，至结构施工完成，监测数据稳定后
4	站房结构竖向变形		0.3		
5	轨道结构水平位移		0.3		
6	轨道几何形位检查		0.1		
7	无缝线路钢轨位移监测		0.1		

注：1. 当盾构穿越时，加密自动化监测频率至少10分钟采集一次数据，并加强对应部位轨道结构人工巡查工作。

2. 因13号线望京西站基础形式为柱下独立基础，盾构下穿期间，加大对站房结构竖向变形的监测，调整频率为2次/天，其他时间按正常监测频率进行监测。

人工监测项目中右线通过后的监测结果（只有2个点没有满足单线盾构通过后的预警控制值）如图9所示。

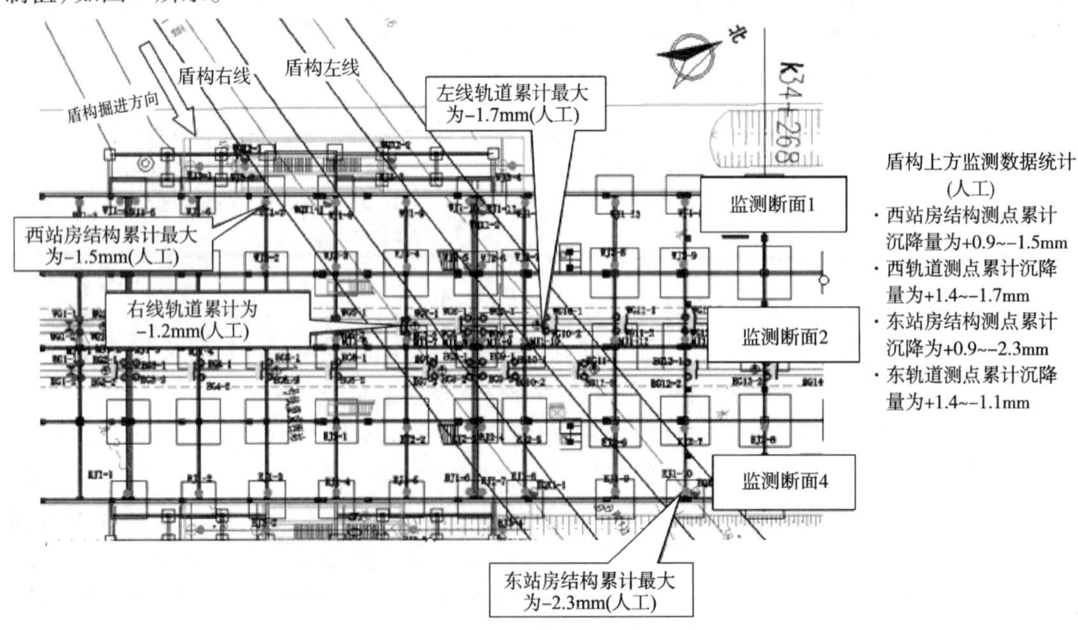

图9 人工监测项目（轨道及站房结构竖向变形）

自动化监测项目中右线通过后的沉降结果如图 10 所示。

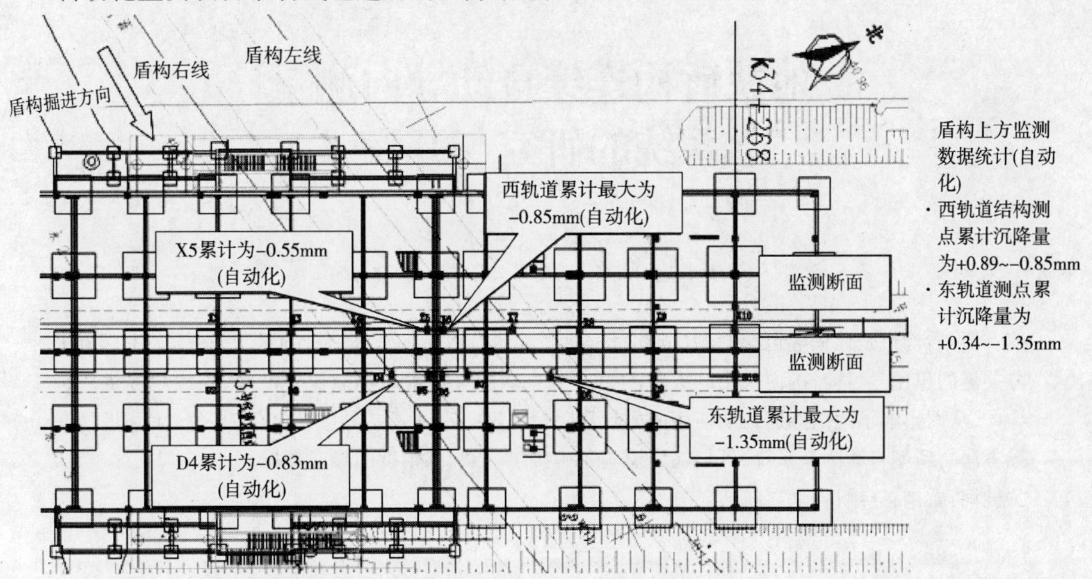

图 10 自动化监测项目(轨道结构竖向变形)

监测结论:

(1)该区域西侧轨道人工监测累计沉降量最大值 -1.7mm,超报警值(控制值 2mm),累计沉降量为 +1.4 ~ -1.7mm。该区域东侧轨道人工监测累计沉降量最大值 -1.1mm,累计沉降量为 +1.4 ~ -1.1mm。

(2)该区域西站房结构人工监测累计沉降量最大值 -1.5mm,超预警值(控制值 2mm),累计沉降量为 +0.9 ~ -1.5mm。东站房结构人工监测累计沉降量最大值 -2.3mm,超预警值(控制值 3mm),累计沉降量为 +0.9 ~ -2.3mm。

(3)在左线施工中,采取同样的控制方法和措施,并外加左线隧道内补强注浆的措施,最终成功穿越,控制值均在评估目标值之内。

6 结论

在盾构穿越特级风险源的施工中,对于实际地层和现场实际情况的把握一定要精准,然后采取多种的、适当的、必要的施工工艺相结合的形式实施施工方案,再在施工过程的控制中精益求精,在组织管理上安排细致周到,方可克服掉重重困难来保证盾构的穿越施工安全,保证地铁运营和人员的安全。

地铁盾构连续自动导向测量系统的研究与开发

李　炯

（上海地铁盾构设备工程有限公司　上海　200031）

摘　要:盾构机是地铁隧道挖掘的机械设备,而测量导向就好比是盾构机的眼睛,在施工中起着十分关键的作用。目前,国内采用的人工测量或者自动测量技术尚不能保证准确、连续地提供盾构导向,从而影响了地铁隧道长期使用的质量和生命周期。论述了一种整合光学测量技术和惯性制导方法的新型自动测量系统,可以在隧道施工中提供连续、高精度的导向数据。

关键词:盾构;连续;自动导向

1　概述

1.1　盾构导向技术的发展

近年来,为了实现城市地下隧道施工的高效率及安全性,我国盾构掘进机的自动化技术得到了发展。目前,大多数城市地铁隧道施工采用盾构机施工。盾构机地下施工与地面施工不同,无法用前方导向标志和周围相对位置标志以及卫星遥感测量定位取得行进导向,需要由始发井地面已知坐标点通过测量传递引到地下,并在已完工隧道内逐步设置测量参照点,利用参照点测量盾构坐标及姿态,指导盾构机操作人员沿设计线路挖掘行进。由于地铁线路设计需要考虑轨道敷设精度和线路车辆行驶平稳,整个区间隧道的导向精度要求很高;且考虑城市车站选址和施工进度要求,通常接收井在盾构始发时已经建造,盾构机在地下掘进 1 ~ 2km 后进入接收井预留口时轴线偏差必须控制在几厘米之内。

为保障地铁隧道施工中盾构机的导向精度,20 世纪 90 年代初我国施工人员已经掌握了一套人工测量、计算盾构姿态的有效方法。这套方法虽然随测量仪器升级换代有了很多变化,但仍然是隧道施工的必要工作环节。由于人工测量存在工作量大,容易产生观测、计算失误,以及测量时影响施工时间较长等缺点,不适合连续频繁开展。

世界上一些发达国家,如欧美国家和日本,较早的在地下隧道施工中应用了盾构掘进机,一些学者对盾构掘进的自动控制进行了研究,开发了一系列盾构自动测量导向系统。自动测量法具有人力投入少、测量频率高、对隧道掘进干扰小、测量速度快和数据处理及时等优点,还能够实时显示数据和模拟图像,是盾构隧道测量技术的发展方向。

1.2　现有盾构自动导向系统的原理和不足

上海地铁建设中曾先后引进英国的 ZED 系统、日本 TOKIMEC 系统、日本 ENZAN 系统、德国 VMT 系统,之后国内一些单位(如上海隧道股份,上海地铁盾构)自行开发的一些自动测量

作者简介:李炯(1975—　),男,硕士,工程师。主要从事盾构掘进机技术管理及相关部件研究、研制、技术开发,地铁建设相关科研课题研究。E-mail:18918108318@189.cn

也投入了工程应用。这些系统的测量原理主要分为光学测量和惯性制导两类。光学测量系统利用激光全站仪对安装在盾构机本体上的棱镜进行直接测量,通过测量获得的隧道内参照点坐标与盾构棱镜的相对位置以及盾构棱镜与盾构机本体安装时确定的相对位置关系,得出盾构机当前坐标。惯性制导系统采用高精度陀螺仪作为主要自动测量仪器,通过定期人工测量不断修正惯性制导起始点坐标,人工测量点之间的盾构机行进姿态由陀螺仪依照测得角度变化和盾构行进里程计算得出。以上两种自动测量方法都有自身优势和不足,其中,光学测量系统采用直接测量,具有静止测量精度高的优点,但是在盾构施工过程中易受机具、人员、粉尘等因素干扰,且测量周期较长,不适合连续测量;惯性制导系统能够实时连续测量,但由于其采用间接测算的方法,系统误差和累计误差较为明显,必须频繁使用人工测量数据修正。

1.3 研究开发地铁盾构连续自动导向测量系统的必要性

我国沿江沿海地区城市大多属软土地质,土体强度不高,盾构掘进中姿态变化较快,较难保持良好的姿态。如果盾构导向测量间隔过大,往往会使盾构机在设计轴线附近反复往返纠正偏差,造成隧道蛇行,增大了管片拼合缝隙,增加了隧道后期变形、渗漏的风险,影响隧道今后的运行质量和使用寿命。从上海市早期建成的轨道交通1、2号线后期维修保养情况来看,软土地质地铁隧道质量情况不容乐观。同时,较大角度的纠偏往往会使隧道衬砌管片因不均匀受力而产生碎裂问题。在工程实践中,为保证施工质量,提出了盾构纠正轴线偏差要"近纠、缓纠"的要求。因此,为保障地铁隧道长期安全使用,开发运用连续自动导向测量系统具有现实的必要性和迫切性。

2 地铁盾构连续自动导向测量系统的关键技术研究

2.1 地铁盾构连续自动导向测量系统的技术方案

为研究盾构连续自动导向测量系统的技术方案,我们对目前两种自动测量系统的优缺点进行了分析,见表1。

两种自动测量方法的优势和不足　　表1

序号	自动测量方法	优　势	不　足
1	光学测量系统	采用了直接位置测量原理,盾构停机时具有较高的测量精度和可靠性	需要足够的通视空间和良好的通视条件,盾构施工时易受机械、人员以及灰尘、振动、气雾干扰; 一次测量需要测得2个以上棱镜坐标,单次测量耗时较长,如在盾构掘进中测量由于各个棱镜坐标不在同一时间测得,计算盾构实际坐标时因盾构行进因素产生误差
2	惯性制导系统	不受盾构施工环境影响,可进行连续测量,短距离内测量精度可以达到控制要求	采用间接测量计算得出坐标,系统误差较大,实时采集盾构千斤顶行程作为掘进里程参与导向计算,跨环时累计误差较大,必须定期通过人工测量修正误差,只能作为参考数据使用,不能直接指导施工。如需达到较高精度,则人工测量次数过于频繁,系统自动化程度较低

通过对两种自动测量系统的对比,我们发现这两种测量方法的优势和不足是可以互相弥补的。设计一套结合两种自动测量方法的自动测量系统,可以发挥两者在连续测量和测量精度方面的优势,而且可以弥补各自存在的不足。但是,这两种自动测量系统的测量方法,参照基准,坐标计算方法各不相同,要在一个系统内整合两种测量技术,必须进行深入研究。

2.2 两种自动测量技术分析和整合方案

(1)盾构姿态描述

为研究两种自动测量系统的整合方案,首先要明确盾构姿态的描述方法。盾构掘进的线路反映着隧道实际中心线的位置。要使隧道中心轴线沿设计线路(DTA)前进并保证始终在允许的偏差范围内直至出洞,就必须使盾构在推进过程中的偏差控制在一定的范围内。

为方便起见,假定盾构切口中心点为O,盾尾中心点为C,A为初始状态下位于O点正上方的一点,A′为盾构发生滚动后A点的位置。则OC为盾构中心轴线,CO的方向代表了盾构前进的方向。

为了全面的了解盾构机当前的姿态,需要知道O点的里程,O点与设计轴线的水平偏差和竖直偏差,C点与设计轴线的水平偏差和竖直偏差,OC的方位角与设计轴线方位角的偏差,OC的坡度(即俯仰角)与设计坡度的偏差以及盾构机自身的滚动角,姿态参数示意图如图1~图3所示。得到了这8个盾构姿态参数,盾构司机就可以实施纠偏操作,调整盾构的前进方向,使之符合设计轴线的要求。

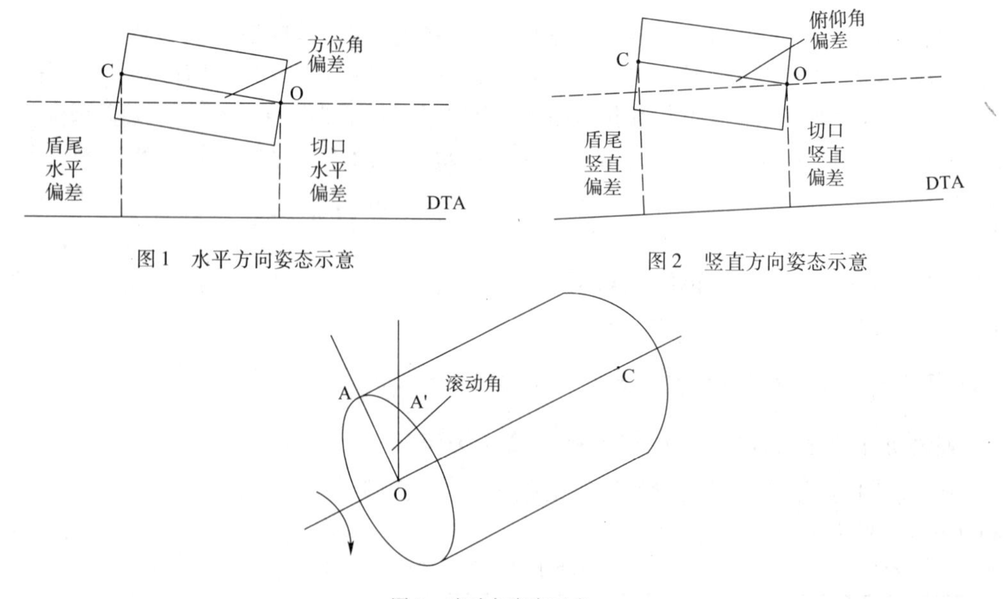

图1　水平方向姿态示意

图2　竖直方向姿态示意

图3　滚动角姿态示意

(2)光学测量系统原理分析

光学测量系统通过设置在已完工隧道内壁固定位置上的自动全站仪,对安装在盾构机上随盾构不断行进的几个目标进行测量,得出目标坐标,进而测得盾构机姿态数据。以上海地铁盾构自动测量系统为例,系统采用莱卡自动全站仪对安装在盾构机上的3个目标棱镜进行定时测量,每次测量可以得出3个目标的3位坐标,通过相对设计线路坐标的计算,可以准确得出上述描述盾构姿态的所有数据。

(3)惯性制导系统原理分析

惯性制导系统的核心测量仪器是陀螺仪,陀螺仪是敏感角运动的一种装置。通常,把陀螺仪定义为利用动量矩(自转由转子产生)敏感壳体相对惯性空间绕正交于自转轴的一个或两个轴的角运动的装置。以上海地铁引进的日本TOKIMEC自动导向系统为例,它包含一个陀螺仪和两个倾斜仪,安装在盾构机机头内,分别用于测量盾构机的方位角和倾斜角(包括俯仰角和扭转角),系统通过累计计算盾构机朝某个方向掘进多少距离来测出盾构的位置,主要技术指标如表2所示。

根据上述技术参数可以推算出该陀螺仪系统经初始修正后每导向1m里程的最大水平偏差约为0.87mm。

日本 TOKIMEC 自动导向系统陀螺仪技术指标(°) 表2

<table>
<tr><td rowspan="2">计 算 范 围</td><td>方 位 角</td><td>360 或 ±180</td></tr>
<tr><td>俯仰角/回转角</td><td>±10</td></tr>
<tr><td rowspan="3">精度</td><td>方位角静定精度</td><td>±0.05</td></tr>
<tr><td>方位角静止点误差</td><td>±0.2</td></tr>
<tr><td>俯仰角/回转角精度</td><td>±0.1</td></tr>
<tr><td rowspan="2">分辨率</td><td>方位角</td><td>±0.01</td></tr>
<tr><td>俯仰角/回转角</td><td>±0.01</td></tr>
<tr><td>允许倾斜角</td><td>俯仰角/回转角</td><td>±30</td></tr>
<tr><td rowspan="2">静定时间</td><td>方位角</td><td>电源打开 5 小时后</td></tr>
<tr><td>俯仰角/回转角</td><td>电源打开即可</td></tr>
<tr><td>外部输出信号</td><td colspan="2">RS422 和 RS232C</td></tr>
</table>

(4)两种自动测量方法的测量数据互补整合

由于光学测量系统可以独立准确获得盾构姿态数据,两种自动测量方法的数据互补首先考虑惯性制导系统所需修正数据。经分析,虽然两种自动测量系统的测量原理和计算方法各不相同,但是对盾构姿态的描述方法和表达是一致的。

由表 3 可知,利用光学测量系统盾构姿态数据修正惯性制导系统,数据项是充分、可行的。

惯性制导系统所需修正数据和测量数据表 表3

<table>
<tr><th>序号</th><th>数 据 项</th><th>数据修正来源</th><th>测量数据来源</th></tr>
<tr><td>1</td><td>方位角</td><td rowspan="4">光学测量系统</td><td>陀螺仪测得</td></tr>
<tr><td>2</td><td>俯仰角</td><td rowspan="2">倾斜仪测得</td></tr>
<tr><td>3</td><td>回转角</td></tr>
<tr><td>4</td><td>切口里程</td><td>盾构机千斤顶行程仪</td></tr>
<tr><td>5</td><td>切口水平偏差</td><td rowspan="4">已修正</td><td rowspan="4">由 1-4 项计算得出</td></tr>
<tr><td>6</td><td>切口竖直偏差</td></tr>
<tr><td>7</td><td>盾尾水平偏差</td></tr>
<tr><td>8</td><td>盾尾竖直偏差</td></tr>
</table>

考虑到光学测量系统在盾构推进中实施测量的多种不利因素,整合后的系统仅在盾构停机或拼装时实施全站仪测量,利用盾构机推进、停止、拼装信号控制光学测量系统的运行;每次光学测量系统获得测量数据后立即对惯性制导系统进行修正,在下次光学测量系统执行测量前,系统显示惯性制导系统连续测量数据。

目前,国内地铁隧道每环管片宽度为 1 ~ 1.5m,每环推进过程中有 2 ~ 3 次停机出土间隔,本系统理论上每环可以执行 3 ~ 4 次光学测量。按每环修正一次计算,惯性制导系统的最大误差约为 1.3mm,在实现连续输出测量结果的基础上完全能够满足施工控制要求。

3 地铁盾构连续自动导向测量系统的应用和展望

随着城市建设的发展,地下空间利用成为新的焦点。截至 2010 年,上海已建成地铁线路 400 余公里,今后的地铁隧道建设将面临超深埋、隧道近距交汇等新的不利因素,对隧道施工轴线控制精度将提出更高的要求。上海地铁盾构设备工程有限公司在原有自动导向系统基础上进行了研究开发,试制成功了盾构连续自动导向测量系统样机,并在地铁隧道施工工程实践中开展了试验,取得了良好的效果。该系统经进一步优化后,必将具有很好的应用前景。

上海地铁盾构施工信息远程实时传输系统设计与研发

李　炯

（上海地铁盾构设备工程有限公司　上海　200031）

摘　要：为适应我国城镇化发展建设需要，改善大型城市交通状况，国内各大城市纷纷开展了地铁建设。我国地铁建设虽然起步较晚，但相关技术发展很快。盾构施工汇集了新型机械装备和现代控制技术，是整个线路施工的关键一环，在大规模的地铁建设中如何通过现代信息化技术监控工程项目有序进行，从而降低工程风险、提高质量值得研究。总结了近年来上海地铁建设中研究开发盾构施工信息远程实时传输系统的一些经验，以期为今后的地铁建设工作带来一些帮助。

关键词：盾构；施工信息；实时传输

1　概述

近年来，随着城市地下空间开发的不断发展，盾构法隧道工程日益增多，特别是为了实现上海轨道交通 2010 年世博会前完成运营里程 400km 的目标，上海地铁建设面临一个超常规发展的时期。上海地铁盾构设备工程有限公司管理的盾构机数量将达到近 100 台。在这种形势下就有必要实现盾构机的信息化施工和管理。

上海地铁盾构施工信息远程实时传输系统是以计算机和网络通信技术为基础，配以传感器、仪器仪表和控制设备的实时系统，它的总体结构主要分为硬件和软件两部分。整个系统功能主要包括：盾构实时数据的采集、数据的输入与存储、数据的实时传输、数据的远程传输、数据报表的生成和数据的网上发布。

2　上海地铁盾构施工信息实时传输系统设计与研发

2.1　盾构施工信息实时传输系统设计原则

盾构施工信息实时传输系统以及时、全面、准确地掌握盾构工作面前方实时情况、盾构施工参数、设备运转情况以及综合处理地面地下信息为目的，达到统一监控、集中管理的功能，使得系统具有可靠性、开放性、先进性、可扩展性等特点。具体而言，应该遵守以下几点原则：

（1）系统通常都是工作在比较恶劣的环境中，各种干扰会对系统的正常工作产生影响，所以系统的可靠性放在第一位，以保证施工安全、可靠和稳定地运行。计算机尽可能采用工业控制用计算机，采用高质量的电源，采用各种抗干扰措施，采用多种冗余工作方式等，这些措施可以确保整个计算机系统的高可靠性。

（2）系统设计时做到以人为本，人机界面友好，方便操作、运行，易于维护。对于人机界面可以采用 CRT、LCD 或者是触摸屏，使得操作人员可以对现场各种情况一目了然。系统硬件

作者简介：李炯（1975—　），男，硕士，工程师。主要从事盾构掘进机技术管理及相关部件研究、研制、技术开发，地铁建设相关科研课题研究。E-mail：18918108318@189.cn

尽可能按模块化设计,系统软件开发应方便调整,在隧道施工过程中确保硬件和软件运行得顺畅。

(3)计算机网络应该分层次、分功能、分系统,完成统一监控、操作、通信、维护等功能,是一个多系统的集成。其中包括:数据采集、传输网络、数据发布、数据维护等子系统。各分系统与主系统间功能明确,且保持相对独立性,各个分系统均有自诊断功能,以便及时准确地发现异常和故障,并能迅速报警。

(4)系统必须具有一定的开放性,应尽可能采用通用的软件和硬件。例如,操作系统可以采用 Unix、Linux、Windows 2000/XP;数据库可以采用 SQL Sever、Oracle、Sybase;所采用的组态软件应该提供相应的数据库接口和通信接口。各种硬件尽可能采用通用模块。

(5)系统能够对盾构机上相关设备实施远程监控,使得施工状态数据直接显示,实现数据监测等工作,达到信息化施工目的。

(6)实现盾构施工现场与指挥中心等相关部门的远程通信,正确、及时、有效地传输盾构施工现场的相关信息,创建好相应的管理系统,并将施工数据发布到网上,做到施工信息的共享,提高施工效率。

2.2 盾构施工信息实时传输系统功能设计

整个系统功能主要包括:盾构实时数据的采集、数据的输入与存储、数据的实时传输、数据的远程传输、数据报表的生成和数据的网上发布。

(1)盾构实时数据的采集,我们所说的盾构实时数据主要是指盾构的施工参数,包括推进时间、环号、施工区间、盾构编号、实际土压、刀盘转速、千斤顶行程、千斤顶状态、推进速度、推进油压、总推力、注浆压力、螺旋机状态、电源状态等。我们采用组态软件将这些数据从盾构机上的监控 PLC 上采集出来。

(2)数据的输入与存储,主要是将隧道测量的数据、前方探测雷达探测的数据以及一些静态参数将和采集上来的数据一起输入到盾构监控室的实时数据库中并保存下来。

(3)数据的实时传输,是指施工现场的系统将盾构机上采集来的数据通过网络发送给现场监控室的实时数据库。

(4)数据的远程传输,是指将现场监控室的数据,通过公用信息网络发送到总部监控中心的数据库服务器上,数据库服务器将各工地的数据汇总后进行存储和分析。

(5)数据报表的生成,系统提供相应的报表模板,用户在电脑浏览的同时可生成和打印 Word 或者 Excel 格式的报表,满足办公的需要。

(6)数据的网上发布,是指在总部服务器上利用 ASP 动态网站开发技术配合 SQL Server2000 数据库做后台来创建一个网站,在网站的页面上显示所采集的相关施工参数,这样能方便地监控各个工地的施工状况,实现移动办公。

2.3 盾构施工信息实时传输系统的总体结构设计

盾构施工信息实时传输系统是以计算机和网络通信技术为基础,配以传感器、仪器仪表和控制设备的实时系统,它的总体结构主要分为硬件和软件两部分,如图 1 所示。

2.3.1 硬件结构

如图 2 所示,整个硬件配置分三个层次:网络中心层、节点层、终端站层。其中网络中心层主要是指总部监控中心,节点层是指施工现场的井上监控室,终端站层就是指施工现场的井下监控室。

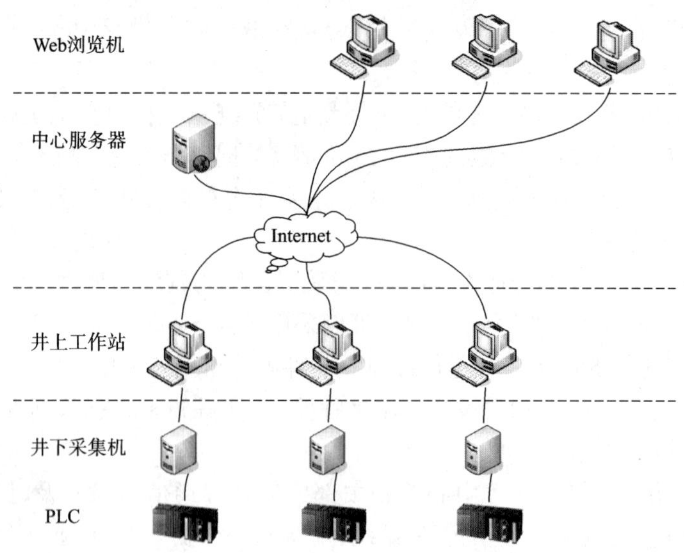

图 1　实时传输发布系统结构图

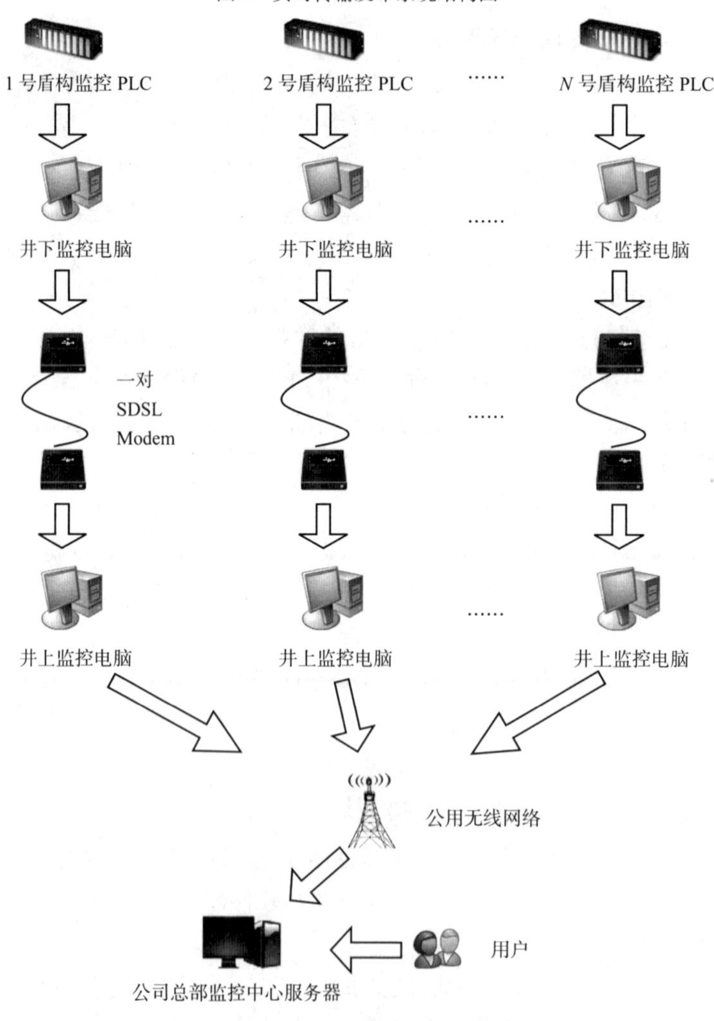

图 2　系统硬件构成图

在总部监控中心架设一台中央服务器,主要负责各施工现场数据的收集、存储、信息发布以及历史数据的管理,数据的传递过程通过公用无线网络完成。公司的用户可通过和服务器组成的内部局域网直接查看现场的施工情况。在外办公人员则可通过 Internet 网络了解现场施工情况。在每个施工现场的井上监控室设立一个工作站,主要实现数据的存储、备份及与总部监控中心的数据通信、网络安全管理等功能。在井下控制室放置工业计算机,用于数据的采集、接收、发送并显示,方便盾构机司机较直观的了解盾构机运行情况。

2.3.2 软件结构

软件系统由盾构采集给软件和中心服务器软件两部分构成。

(1)盾构采集站软件

操作系统:Windows XPE。

数据库系统:实时数据库。

通信软件:基于 UDP 协议的网络通讯接口软件。

采集软件:采用 VC 编写的采集程序(嵌入设备驱动)。

(2)中心服务器软件

操作系统:Windows Sever 2003。

数据库系统:SQL Server 2005。

通信软件:基于 UDP 协议的网络通信接口软件。

中心服务器人机界面和数据中间件软件:基于 Java 技术的互联网数据平台,含如图 3 所示的功能模块。

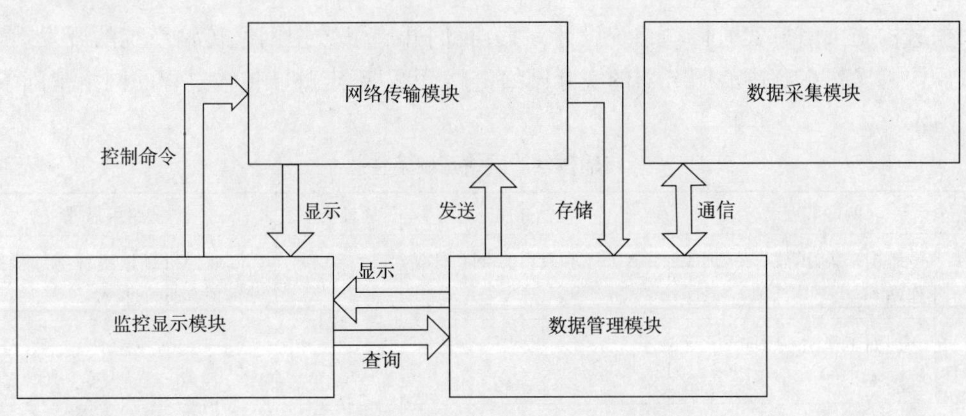

图 3 中心服务器软件模块图

方案以计算机监控与通信、Web 发布与浏览为主要技术手段,实现多层次的实时数据采集监测、实时画面 Web 浏览、历史数据同步存储、历史数据查询等功能。

方案采取实时数据与历史数据双数据流传输的方式,以保证实时数据的实时性和历史数据的完整性。实时数据由现场工作站单向发送至中心服务器,不需要建立应答,可以提高数据传输和处理效率;历史数据在各个节点具有完整的数据镜像,数据包带有完整性校验,并具备数据同步控制功能,保证因网络传输、断网等因素造成的数据缺失能够在传输网络恢复后自动同步完成。如图 4 所示。

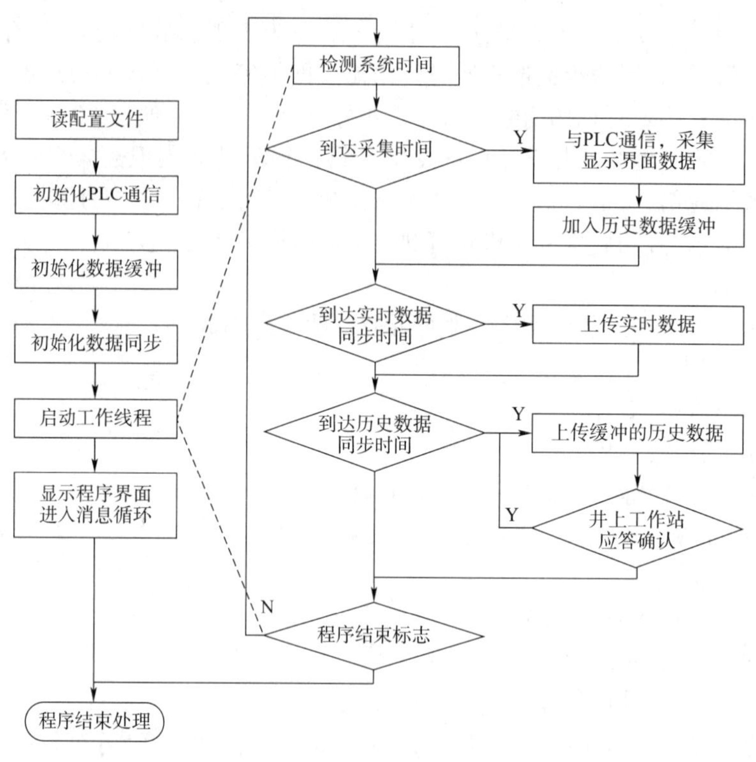

图4　盾构采集站采集传输软件流程图

2.4　盾构施工信息实时传输系统关键技术研发

根据盾构施工信息实时传输系统设计方案,我们开展了数据网络传输系统的开发。通过分析从盾构机操作室到中心服务器的实际网络链路,可以确定整个传输过程的网络基础条件,如表1所示。

传输过程的网络基础条件　　表1

链路编号	两端节点名称	传输介质	地址类型	链路可靠性
1	盾构采集计算机—地面工作站	XDSL承载以太网(铜双绞线)	内网	随盾构机掘进里程增加线路接续维护有通断过程
2	地面工作站—CDMA1x无线网关	UTP以太网		可靠
3	CDMA1x无线网关—运营商网关	CDMA数据网(无线)	公网	因无线信号情况可能有一定误码或丢包,区域用户数多时可能会发生断线
4	运营商网关—公司中心机房网关	Internet		基本稳定,但可能有网络攻击等不安全因素
5	公司中心机房网关—中心服务器	UTP以太网	内网	可靠

根据表1可以得出:

①数据网络链路2、4的安全性和可靠性有保障。

②链路1(盾构采集计算机—地面工作站)中的“盾构采集计算机”节点安装在盾构机控

制室,传输线路随盾构机掘进里程的增加而逐步施放、接续,且敷设环境为施工中的隧道,因而线路传输质量难以保证,存在必然的"接续—通断"、"故障—修复"过程,必须采取技术措施保证数据传输的完整性。通过在数据包结构上考虑完整性校验数据位并在两端节点收发控制程序增加校验算法,修复能够校验的数据,丢弃严重缺失的数据桢并要求重发,以解决断续期间和因线路质量问题而存在的数据不完整性。在盾构采集计算机节点设计缓存数据库并在两节点间设计历史数据同步程序,解决部分时间段线路维护不能传输数据的问题。

③目前新建地铁施工现场通常没有稳定的宽带连接,基于移动电信运营商的无线数据连接仍然是比较灵活快捷的数据连接方式。链路 3(CDMA1x 无线网关—运营商网关)受无线信号的不稳定性和施工现场周围干扰遮挡等影响,数据链路存在误码、丢包等,数据传输不完整。当局部区域用户数量较多时,持续时间较长的无线数据连接会被运营商基站断开(语音优先),影响本链路数据传输。针对以上问题,除了对该段数据采取数据校验措施外,对 CDMA 无线网关进行了二次开发和配置,增加了链路检测、信令检测,同时在网关内网侧每 10 秒向公网 DNS 发送一次 Track IP 包以检测链路实际可用性,在检测到链路失效的情况下,主动重新建立连接等功能。

④考虑网络和设备运行的安全性,在链路 2 的"CDMA1x 无线网关"节点内网侧和链路 4 的"公司中心机房网关"节点内网侧设置防火墙,通过安全策略和网络地址转换建立逻辑隔离,保证系统不受病毒和其他恶意攻击的破坏。

2.5 盾构施工信息实时传输系统的特点

该系统具有以下几大特点:

①由于施工现场条件恶劣,为防止由于线路损坏造成的数据丢失,井下和井上的采集传输程序在本地建立一个小型数据库,存储由于网络故障不能发送的数据,当网络恢复后再将数据同步发送至上层机器。

②在井下采用低功耗嵌入式设备,其无风扇、无旋转机构、看门狗等功能,可以保证设备在抗震、防尘以及实时性方面有很好的效果。

③采用嵌入式操作系统 Windows XPE,具有失电保护功能,兼容 Windows XP 平台的应用开发,同时可通过系统定制化去除可能引起病毒攻击和系统效率下降的多余功能。

④利用公用无线网络,将盾构施工现场的数据实时远程传输到总部监控中心的服务器上,实现在总部服务器上建立由各施工现场数据组成的盾构施工动态资料库。在传输过程中采用 UDP 封包,在传输网络不够稳定的情况下也能通过小数据包发送数据。

⑤通过对中心数据服务器的访问,使总部管理人员能对各个施工工地的盾构机进行远程实时的监控,实现盾构的信息化施工。

⑥通过 Internet 网络,可以异地访问总部建立的网站,使在外出差的公司高级管理人员能对盾构施工数据进行远程、实时的访问,实现盾构施工的移动办公与管理。

⑦采用新型 XDSL 调制解调器,可以达到比以太网更远的距离,也解决了由于使用光缆而频繁断线的问题。SDSL 设备可以自动检测线路通断以及可以自动协商调整传输速率,在距离比较近时可以在比较高的速率下运行,当距离比较远时可以自动调整传输速率,最大限度满足系统要求,保证传输质量。

3 上海地铁盾构施工信息实时传输系统的应用和展望

上海地铁盾构施工信息实时传输系统自 2009 年初完成一期开发并投入试运行后,在上海地铁建设管理中得到了大量工程应用，特别是在2010年世博会前。为保障承载上海轨道交通和世博会圆满举行重任的地铁施工建设，上海市聚集了六大建设集团的12家建设单位，100台盾构机的大规模建设力量。本系统在建设高峰管理中，针对关键节点和难点节点工程盾构施工实现了全程、实时施工信息传输，为建设高峰期的高效管理打下了坚实的基础。

本系统投入试运行以来，总体性能稳定。根据系统实际运行情况开展了应用分析，针对系统应用技术和性能瓶颈进行了优化，例如Web发布控件由Java向Activex的转移，提高了用户浏览器的兼容性；数据库由SPlserver转用工业实时数据库，减少了由于盾构机数量的增加引起的数据库操作竞争，提高了数据库效率。

本系统建立了上海轨道交通的盾构施工管理信息化平台，促进了上海盾构施工管理信息化模式的形成；为制定全国盾构施工管理信息化的行业标准，在全国范围内推广盾构施工管理信息化解决方案，推动国内盾构施工管理的模式升级做了有益的尝试。

狭小工作井条件下盾构施工筹划

崔建东

（北京城建集团轨道交通工程总承包部盾构管理中心　北京　100023）

摘　要：现代社会城市高速发展下，为缓解拥堵，大规模的地铁建设开始逐步转向城市重点地区，但地铁工程特别是盾构工程施工，均采用大型机械设备，需占用大面积临时施工用地，城市重点地区拆迁占地难度大、成本高。以北京地铁9号线军事博物馆—东钓鱼台盾构区间为例介绍了盾构始发井地上、地下场地狭小情况下的盾构施工组织，为类似工程施工提供了借鉴经验。

关键词：城市重点地区；盾构施工；狭小场地；前后暗挖

1　工程概况

1.1　盾构区间概况

北京地铁9号线06标段军事博物馆站—东钓鱼台站盾构区间工程（以下简称军—东区间），设计范围为K12+652.000~K13+864.027m，区间总长1212.027m，采用盾构法施工。在K12+960.000m和K13+338.000m处各设联络通道1处，其中后者通道下设区间排水泵房。该盾构施工区间整体呈南北走向，南段主要位于玉渊潭公园内，北段位于规划白石桥南路下方，隧道覆土17.4~22.4m，主要穿越永定河引水渠、玉渊潭东湖、北小湖及钓鱼台军事管理区等重要风险源。

1.2　盾构始发井施工现场概况

军—东区间在中华世纪坛东北角的绿地内设置区间风井，周边有八一大楼、军事博物馆、国家科技部、水利部等，属于北京市一类重点地区。区间沿线处于北京市西三环以内的城市重点地区，施工占地困难、拆迁难度大，故盾构施工借助区间风井作为盾构始发井，不能按常规盾构掘进进行施工。

盾构始发井施工占地仅为3190m²，内设置办公生活区、浆液站、门式起重机、渣土坑、充电间、物料存放区、供电和供排水设施等满足单台盾构机施工的全部设施，如图1所示。盾构始发井位于施工占地范围中部，始发井占地433m²，始发井内净空尺寸为21m（垂直线路方向）×13.8m（顺线路方向）×25.7m（高），为单台双始发盾构始发井，先进行右线隧道施工，右线隧道贯通后转场回来进行左线隧道施工。

2　解决盾构施工场地狭小问题的方法

2.1　盾构机分体始发

由于盾构始发井平面内净空尺寸仅为21m（垂直线路方向）×13.8m（顺线路方向），Lovat盾构机机体总长为83m，盾构机无法在始发井内整体始发，所以采用盾构机分体始发掘进的施

作者简介：崔建东（1985—　），男，本科，助理工程师。主要从事地下隧道工程施工技术管理工作。E-mail：cuijd603@126.com

工方案，即将盾构机盾体安装在盾构始发井内，后配套台车布设在盾构始发井施工现场内，盾体与后配套台车通过管线路连接（见图2），盾构机向前始发掘进时，通过延伸管线路的方式确保盾体向前行进，待隧道掘进长度满足后配套台车长度时，进行二次转接拆除多余管线路，将后配套台车与盾体重新连接，开始正常掘进。

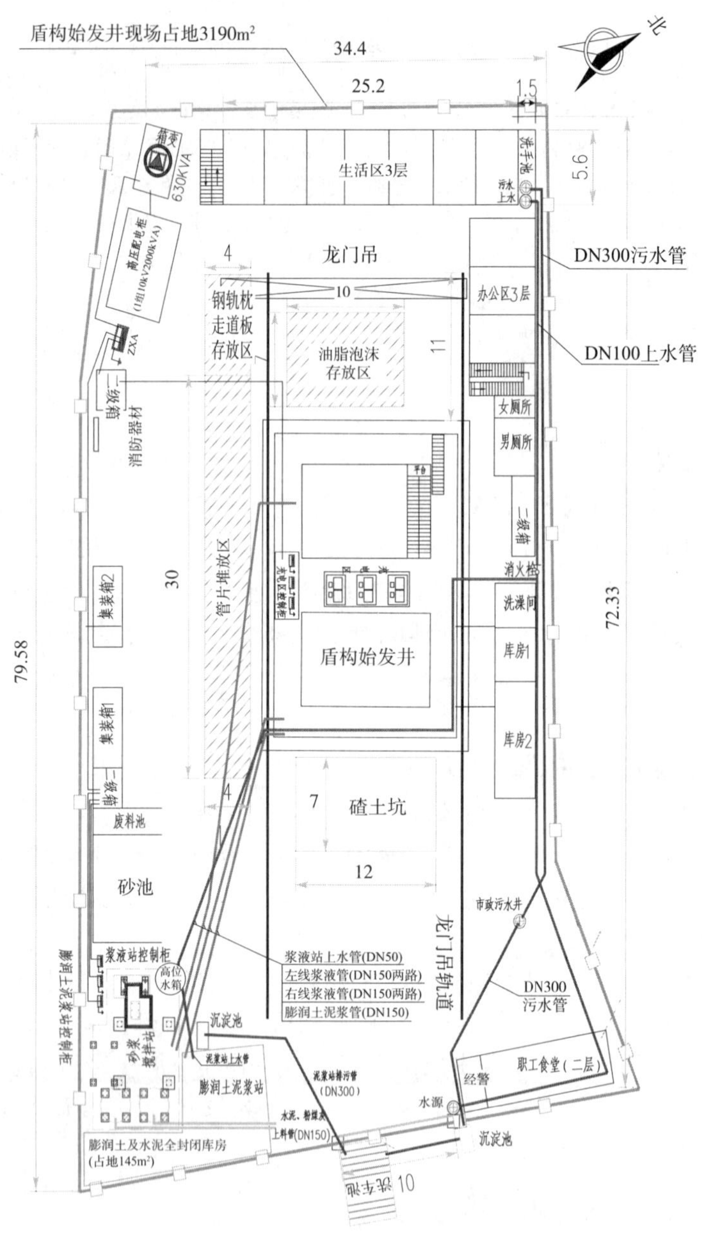

图1　军—东区间盾构始发井施工现场平面布置图（尺寸单位：m）

2.2　盾构始发井前后暗挖

盾构始发井内部尺寸有限，无法满足盾构螺旋输送机组装，且始发后垂直运输设备及盾构机后配套系统在原有结构空间内将会无法使用。为保证盾构机能够顺利组装及正常始发掘进、出土，确保整体工期，沿盾构左右线掘进方向及反方向分别做5m、35m双洞暗挖工程，采用矿山法施工工艺，暗挖起点为盾构始发井围护桩外侧。

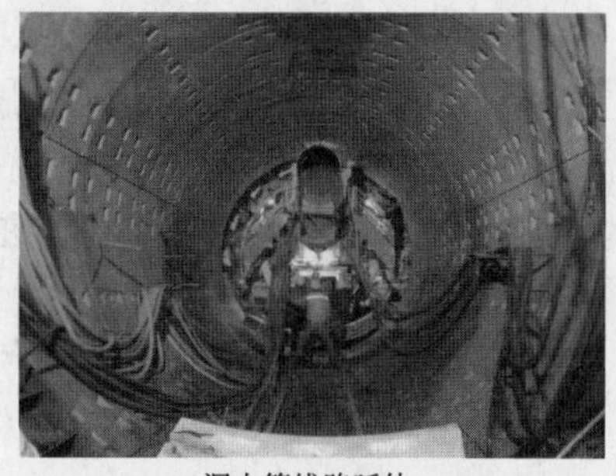
a)洞内管线路延伸

b)地面与井下连接管线

图2　连接井下盾体与地面台车的管线路

向盾构始发井前方暗挖施工5m(盾构掘进方向，见图3)基于两点原因：

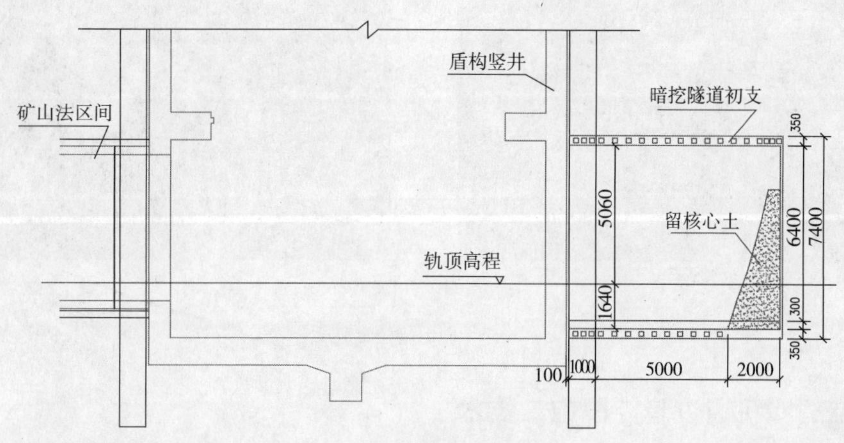

图3　向前暗挖隧道纵剖面图(单位:mm)

其一，盾构始发井结构内净空为21m(垂直线路方向)×13.8m(顺线路方向)，顶板及各层楼板预留盾构吊装孔有效空间为10.6m×6.8m。Lovat盾构机本体总长13.3m，前体、中体、盾尾组装时均为整环下井组装，故待前体、中体下井组装完成后，安装螺旋输送机(总长13m)，最后安装盾尾(3.5m)。以上各部件累加尺寸为13m(螺旋输送机)+3.5m(盾尾)+1.5m(吊装孔悬臂板)=18m。竖井内净空为13.8m，故采用向盾构始发掘进方向暗挖5m形成超前空间余量。盾构机组装时，前体、中体及刀盘安装完成后，顶推至洞内，刀盘紧抵掌子面，此时竖井内有足够空间可以满足螺旋输送机和盾尾安装。

其二，盾构机组装完成后，始发出土需要。盾构机组装完成后本体全长13.3m，盾构竖井内净空尺寸为13.8m，加上前边洞门0.8m，围护桩1m，净空尺寸为15.6m，盾构机后部有2.3m富余，顶板及各层楼板预留孔在盾构机尾部上方有1.5m悬臂板，所以，盾构机出土空间仅为0.8m，根本无法满足盾构始发出土需要。故采取沿盾构始发掘进方向暗挖5m，形成超前空间余量，待盾构机组装完成顶推至洞内后，盾尾后部剩余足够的空间满足始发出土需要。

盾构始发后，隧道内需有水平运输设备来运输渣土、管片、浆液等物资。竖井上方设置有垂直运输设备——门式起重机，由地面向隧道内的水平运输设备供给物资。地面垂直运输设备和隧道内水平运输设备是否能够协调配合得当成为盾构机能否高效运转的关键。

结合向盾构掘进始发方向暗挖5m的原因，如果盾尾后部不暗挖，盾构始发后水平运输只能用人工配合卷扬机拉推5m^{3}土斗出土。此矛盾在盾构分体始发阶段并不突出，因为此阶段隧道内没有足够长的水平运输通道。待盾构掘进距离满足盾构转接施工后，隧道内有足够的水平运输距离时，如盾尾后部不暗挖，水平运输设备编组最高限度可以改为一台牵引机车牵引一辆平板车或一辆浆液车，在运输时该平板车上可以交替放置土斗、管片。显而易见，上述运输方式同样可以完成盾构施工，但此方式将严重降低盾构施工效率，如按此方式来进行盾构施工，必然无法按时完成施工任务，而且所有机械设备、人工将严重降低效率。

如向盾尾方向能够暗挖35m（见图4），盾构转接完成后可投入一台牵引车、三台渣土运输车（17m^3 ×3，掘进每环出渣约50m^3）、一台浆液车、一台管片车组成水平运输设备编组，该编组长度共计39.7m。向盾尾方向暗挖35m，加上竖井内有效空间，可以满足上述水平运输设备的正常运转。此编组可以大大提高盾构施工效率，从而按时完成施工任务。

a)水平运输设备

b)反向暗挖隧道

图4　向后暗挖隧道

3　暗挖及盾构机通过暗挖段施工技术

3.1　暗挖施工技术

本实例考虑了围岩的类型和施工误差，将开挖断面设计为外放120mm，即暗挖隧道初支内净空半径为3250～3450mm（隧道下部需施做导台），并设置盾构机导台、导轨，如图5、图6所示。在暗挖施工段，除了注意施工安全外，还要特别注意控制好隧道的中心线，导台的弧度、高程及导轨的中心线，注意隧道的超挖、欠挖等。在盾构机顶推进洞前，应检查隧道的欠挖、导台的高程，如不符合设计要求，要立即进行处理，否则会影响盾构机的始发。

3.2　盾构机通过暗挖段的施工技术

盾构机通过暗挖段的主要工序为盾构机推进、管片背后回填（喷射豆砾石）和管片背后注浆[1]。

（1）盾构机推进。由于区间线路在盾构始发段为直线，故暗挖隧道内导轨按照机座导轨延长线的方向定位进行焊接，导轨起点为距洞门密封橡胶帘布内侧40cm处，终点为距暗挖掌子面1m处。中盾体、前盾体和刀盘在机座上组装完成后，开始向前顶推，顶推进洞过洞门密封橡胶帘布后开始上导轨，在推进过程中盾构机姿态的控制，主要依赖导轨的施工质量。由于本实例盾构顶推进洞处于盾构机组装阶段，长度较短，无需拼装管片，故无需考虑在盾构机前方提供反力以保证管片的安装质量和防水效果。

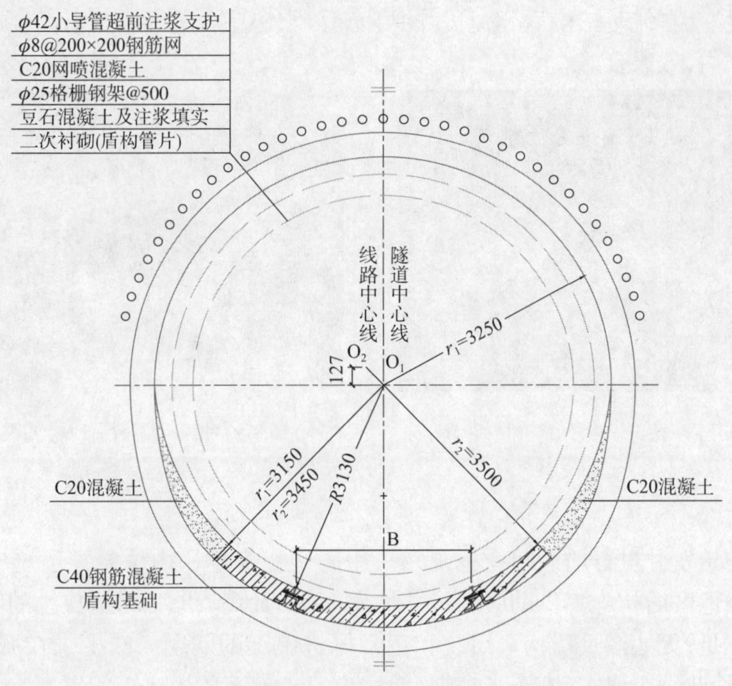

图5　向前暗挖隧道横剖面图(尺寸单位:mm)

a)导台钢筋绑扎施工

b)导台混凝土浇筑施工

图6　向前暗挖隧道内导台施工

(2)管片背后回填(喷射豆砾石)。管片拼装完成后,要及时对管片与初衬间的空隙进行回填,防止管片下沉。管片背后回填时,在洞门密封橡胶帘布下方向隧道内插入喷射管,向洞内喷射粒径为5～10mm的豆砾石骨料,每推进一环,向管片背后喷入豆砾石,以确保管片背后回填密实,如图7所示。根据管片与初衬的空隙计算出需要喷射豆砾石的理论量,以指导施工。

(3)管片背后注浆。本实例暗挖段处于盾构始发段,为防止洞门漏水、漏浆,采用凝结时间较短的水泥－水玻璃双液浆,水泥浆与水玻璃溶液(40波美度)的配合比为1:1。注浆在每环管片豆砾石骨料回填后进行,通过从洞门橡胶帘布下方向洞内插入注浆管的方式进行注浆,如图8所示。当注浆压力达到设定值(0.1～0.2MPa)时,即可暂停注浆。管片拼装10环后,从管片吊装孔开口检查注浆效果,若注浆效果不理想时,进行补充注浆。补充注浆采用水泥浆,同样在注浆压力达到设定值时停止注浆。

盾构机通过左、右线暗挖段后,对管片的姿态、渗水和错台进行了检查,各项指标均控制在规范允许范围之内,效果良好。

图7 暗挖段管片背后喷射豆砾石

图8 暗挖段管片背后回填注浆

4 结论

通过对盾构始发井进行前后暗挖施工及采用盾构机穿越矿山法暗挖段施工技术,成功解决了在城市重点地区盾构施工借助区间风井始发面临的地上、地下场地狭小的问题,特别是盾构始发井尺寸不足,无法满足盾构机组装和正常掘进施工的问题。减少了在城市重点地区拆迁占地的工程量,节约了成本,缩短了工期,为城市重点地区盾构施工积累了宝贵经验。

参考文献

[1] 竺维彬,鞠世健.复合地层中的盾构施工技术[M].北京:中国科学技术出版社,2006.

盾构近距离穿越高大建筑物技术控制措施分析

张建军

（北京建工土木工程有限公司　北京　100028）

摘　要：目前，地铁盾构穿越城市密集区的机会越来越多，且范围越来越大，而地铁沿线一般又存在大量地下城市生命线工程和地上敏感建（构）筑物，盾构不可避免的需要安全从其下部和旁侧近距离穿越。结合北京地铁10号线潘家园—十里河区间的实践，以盾构在近距离安全穿越船舶重工酒店为例，阐述为确保大厦和隧道安全，保障施工进展顺利而采取的措施，为以后类似施工提供借鉴经验。

关键词：地层变形；船舶重工；掘进参数；控制措施；同步注浆；加固

1　工程概况及引言

潘家园站—十里河站区间设计范围为：右线 K25 + 343.304 ~ K26 + 253.750m，长910.446m；左线 K25 + 343.250 ~ K26 + 213.498m，长 870.248m。在 K25 + 822.000m 处设联络通道一处，通道下设排水泵房，采用矿山法施工，除此之外全部采用盾构法施工。

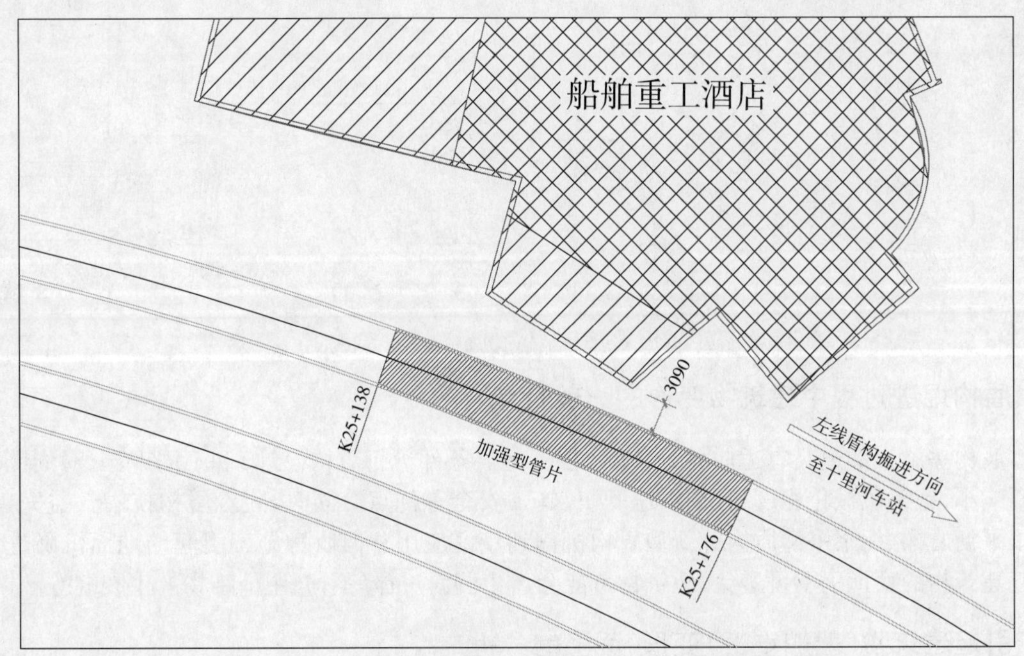

图1　隧道左线与船舶重工酒店地基基础平面关系

作者简介：张建军（1982—　）男，学士，工程师。主要从事地铁盾构隧道施工管理。E-mail：zhangjianjun6949@163.com

该区间始点为潘家园站南端，沿东三环向南，终点为十里河站北端。在 K25 + 343 ~ K25 + 880m 段，线路位于东三环主路西侧；在 K25 + 880 ~ K26 + 200m 段，线路斜穿东三环；在 K26 + 200 ~ K26 + 253m 段，线路位于东三环主路东侧（已出三环路）；在 K26 + 57 ~ K26 + 92m 段，远期 14 号线盾构区间上穿。

沿线周围地面建筑物较多，且多为高层建筑物；地下各类管线密集。隧道主要侧穿 23 层的汽车科贸中心（地上 21 层，地下 2 层）、华威桥、22 层的船舶重工酒店（地上 20 层，地下 2 层），下穿过街天桥桥桩等。对于地层变形和地面沉降的控制要求极为严格，因此很有必要对盾构掘进过程中地层变形和地面沉降的规律进行细致分析，并采取相应的施工方法与技术措施进行控制，以满足盾构施工过程中的环境要求。本文主要结合作者在本标段盾构工程施工中的近距离侧穿船舶重工酒店（见图 1、图 2）的一些体会和技术措施，与同行切磋，希望能够给大家起到借鉴作用。

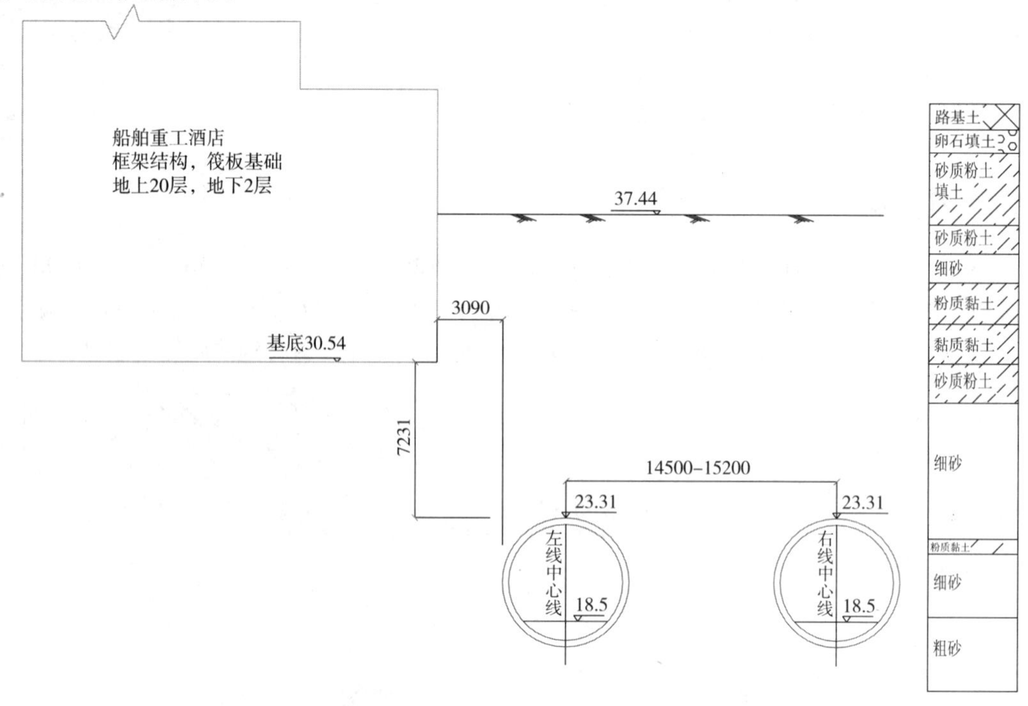

图 2　隧道左线侧穿船舶重工酒店（尺寸单位：m）

2　盾构掘进过程中建筑物变形的一般特点

盾构法施工隧道具有适应各种地层（根据地层条件进行盾构设计）和不同埋深、对周围环境影响小、施工机械化程度高、掘进速度快、施工安全等优点。同时，随着盾构技术日益完善，土压平衡盾构、泥浆平衡盾构等新型盾构机得到广泛应用。但盾构施工引起的地面沉降进而引起建筑物的变形仍不可避免，建筑物可能会产生测斜、沉降不均、主体结构产生裂缝等。

3　引起建筑物（船舶重工）变形、沉降的分析

根据盾构法隧道的施工过程和特点分析，盾构法隧道施工引起建筑物变形的基本原因可归纳为以下几个方面：

（1）开挖面土体的移动

当隧道掘进时，开挖面土体的水平支护应力大于或小于原始侧压力，开挖面前方土体从而

会产生隆起或下沉。

(2)建筑空隙引起的沉降

土体挤入盾尾空隙，由于向盾尾后面隧道外围建筑空隙中压浆不及时、注浆量不足、压浆压力不适当，使盾尾后坑道周边土体失去原始三维平衡状态，引起地层损失；盾构在曲线中掘进或纠偏掘进过程中实际开挖断面不是圆形而是椭圆形，故引起地层损失；盾构机在土体中移动，盾壳表面黏附着一层黏土，推进时盾尾后隧道外围形成的空隙大量增加，如不相应增加注浆量，地层损失将增加。

(3)衬砌变形和沉降

在土压力作用下，隧道衬砌产生的变形也会引起少量地层损失。当隧道衬砌沉降较大时会引起不可忽略的地层损失，衬砌渗漏亦引起沉降。

(4)受扰动土体的固结再沉降

由于盾构掘进过程中的挤压作用和盾尾注浆作用等因素，使周围地层形成超孔隙水压区，需经过一段时间后才能消散复原。在此过程中，因地层发生排水固结变形而引起地面沉降。

4 技术控制措施

针对本标段盾构区间线路上建筑物实际情况，在盾构施工过程中，我项目部加强对周边建筑物的监测，必要时采取顶撑临时加固建筑物和跟踪注浆等措施来控制建筑物的沉降变形，并制定以下预案，确保万无一失。建筑物沉降的主要控制标准及保护措施见表1。

建筑物沉降主要控制标准及保护措施 表1

序号	项目	控制标准	应采取的保护措施	备注
1	建筑物沉降	20~30mm	注浆	实际根据建筑物自身的结构、裂缝等情况综合判断
		30mm以上	顶撑加固等	
2	建筑物倾斜	①混凝土基础倾斜：基础倾斜方向两端点的沉降差与其距离的比值超过0.004； ②框架结构、桩相邻基础沉降差：超过0.002L(L为相邻桩基的中心距离，单位为mm)	注浆(或顶撑等加固措施)	

4.1 地层状况及沿线建、构筑物调查

若要在施工过程中达到有效控制地层沉降及确保建、构筑物稳定的目的，首要任务就是在盾构隧道掘进之前对隧道施工影响范围内的地层状况及沿线建、构筑物进行调查。在获得相关的原始资料后，对地层条件及沿线建、构筑物的状态进行评价分级，并结合相关规范要求，进而确定在施工过程中应达到的控制标准。

4.2 优化匹配盾构掘进参数

在确定了本段地层及相关建、构筑物的控制标准之后，就要根据控制目标调整盾构掘进参数，从而使得盾构机在施工过程中达到最优控制掘进状态。

最优盾构掘进是指掘进对周围地层及地面的影响最小，如地层强度下降小、地层受到的扰动小、超空隙水压力小、地面隆起或沉陷小、盾尾脱出时的突起或沉陷幅度小。

要达到上述最优状态，必须在盾构掘进过程中根据隧道埋深、地质条件、地面荷载、设计坡度、转弯半径、轴线偏差及盾构姿态等情况，选取合理的参数指导施工。但各参数既是独立的，

又存在相互匹配、优化组合的问题，宏观上表现在地表变形地控制。为此必须进行沿线监测地表变形值，据此不断进行优化组合，指导穿越建筑物的掘进施工，使之真正达到优化施工参数的目的。

4.3 土仓压力的设定

在整个隧道掘进过程中，土仓压力的设定是一个非常关键的参数，因此在这里单独提及。土压设定值偏小则导致地层下沉量增大，反之，则会导致地层发生隆起现象，具体如图3、图4所示。

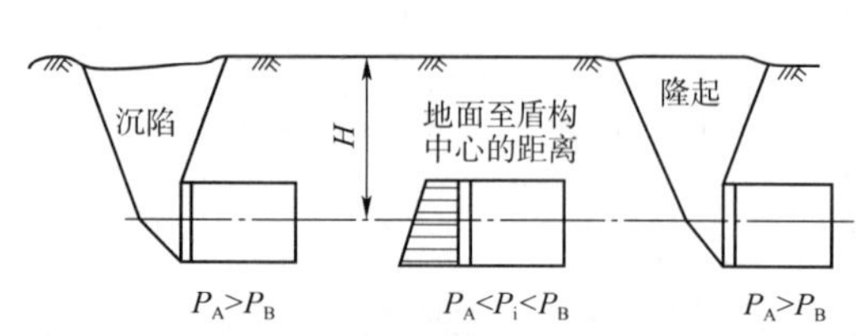

图3 开挖面地层支护压力示意图

P_A-主动土压；P_B-被动土压；P_i-设定土压（土层稳定土压）

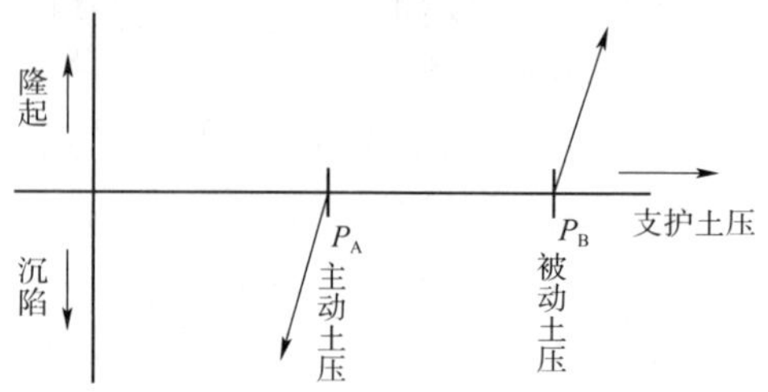

图4 地面变形的关系示意图

一般来说，掘进作业面水土压力的理论计算有3种常规方法：一是根据传统的郎肯-库仑土压力理论进行计算，这种计算方法一般来说应用于埋深不大的情况；二是利用太沙基理论进行计算，这种计算方法适用于埋深较大且能够在隧道上方形成自承载拱的情况；三是村山计算方法，这种方法是对太沙基理论的一种改进。

在北京地铁10号线二期01标段的盾构施工过程中，由于地处三环附近，穿越东南三环，且地下管线密集，因此地层变形地控制非常严格。我单位在土压力理论计算结果的基础上，结合试推段的经验数据，认为土仓压力的设定一般为理论值的105%～120%。

4.4 确定盾尾同步注浆参数的最佳值

盾构掘进过程中，以适当的注浆压力和浆量、合理配比的注浆材料等，在脱出盾尾的衬砌背面环形建筑空隙进行同步注浆，这是控制或减小地层变形的关键措施。

盾尾同步注浆过程中的关键控制参数主要包括如下几点：

(1)合理配比的浆料：稠度值控制在14.5～18.0，保证注浆顺利进行。

(2)注浆压力：合适的注浆压力约为3～4bar，因实际注浆量大于计算注浆量，超体积浆液必须用适当高于计算的注浆压力方可注入盾尾土体空隙。

(3)注浆时间：盾尾注浆的压入时间对于注浆施工效果影响明显。若注浆不及时，尤其是在地层变形已发生之后再进行注浆则达不到预期的注浆效果。因此，浆液的注入时间应以管片拖开盾尾同步为最佳，匀量注入浆液的时间应与管片推进一环的时间相同。

(4)注浆量：一般来说，盾尾同步注浆量的控制可根据盾尾间隙的计算而求得。但在实际注浆过程中，由于盾尾土体不密实或存在空隙等情况，同时由于盾构施工对于周边土体的扰动作用，从而导致实际的盾尾同步注浆量要远大于理论计算量。

(5)注浆位置的分配：有目的地选择等角度分布于盾尾外壳的注浆管进行注浆，根据不同的地质条件及控制标准确定各个注浆管的注浆压力与注浆量，能使“漂浮”于浆液中的隧道尾端产生可控位移，既可改善隧道轴线原有的偏差，又可有效改善管片与盾尾的挤卡状况。

(6)当发现建筑物变形速率较大后，立即打开建筑物位置对应的管片二次注浆孔，进行二次注浆。浆液应急材料及设备见表2。

浆液应急材料及设备表　　表2

材料及设备	数量	备注	材料及设备	数量	备注
水泥(TGRM)	2 t	堆放在场地内	注浆管路	200m	—
水玻璃	10 桶	堆放在场地内	混合器	4 个	—
双液注浆泵	2 台	其中 1 台备用	压力表	4 个	—
浆液搅拌桶	4 个	—	冲击钻	1 台	—
地质钻机	2 台	1 台备用	小导管	40 根	—
异型接头	4 个	—	球阀	20 个	—

浆液采用水泥 + 水玻璃,凝固时间几十秒至十几分钟不等,具体根据沉降速率来调整,注浆压力 0.2 ~ 0.5MPa。注浆过程对建筑物加强监测,必要时每小时监测一次,及时反馈信息,指导洞内二次注浆施工。

(7)注浆加固。

①注浆孔布置:注浆孔布置于建筑物周边桩与地梁的周边,主要在桩周布置,间距 1.5m,孔深根据建筑物桩基深度确定。

②注浆浆液:采用水泥浆 + 水玻璃双液浆,由稀到浓逐级变换。浆液配合比初步确定为:水灰比控制在 0.8:1 ~ 1:1,水玻璃浓度 35 ~ 40°Bé;水泥浆与水玻璃的体积比为 1:0.6。具体的浆液配合比通过在注浆前及起先几个孔注浆时的现场试验确定。

③注浆量及压力:注浆以加固土体,提高建筑物基础承载力为目的,同时注意建筑物的安全。施工过程中加强监测,缓慢加大注浆压力。注浆压力一般控制在 1 ~ 2MPa;注浆量根据地层加固区需充填的地层孔隙数量及现场试验来确定。

④注浆步骤:

A. 注浆孔采用钻机钻孔后插入小导管(或用冲击钻破除混凝土硬化面后打入小导管),用双液注浆泵注浆,浆液在进入小导管前混合。

B. 加工注浆管:在 ϕ50 钢管前端 2m 范围内布设直径 8mm 左右的梅花型注浆眼,间距 20cm 左右。把加工好的注浆管与注浆塞一起放入注浆孔内。

C. 注浆前先注水试压,注水压力 1MPa,持续 20min 左右。

D. 根据选定的参数配制注浆浆液,水泥浆液配好后用筛过滤一遍。按设计连接注浆管路并做好注浆系统地检查,浆液采用集中制浆方式。集中制浆站设立灰浆搅拌机、3 台送浆泵,并铺设送浆管、回浆管和送水管,采取措施使浆液温度保持在 5 ~ 40℃。水泥浆液的水泥采用合格新鲜水泥,所用水泥细度要求满足通过 80μm 方孔筛的筛余量 <5%。

E. 压稀浆试验:压稀浆压力由低到高,终压达设计终压的 1.2 倍,试验时间 15 ~ 30min。

F. 压稀浆结束后,立即按设计压力和注浆量及时注浆。注浆时,压力逐渐由低到高,排量逐渐减少,并逐渐趋于平衡,可视为正常。时刻注意泵口及孔内压力、流量变化。若压力不升、流量不减或注入 30min 后压力上升过快、流量减少亦快,调换浆液配比或调整浆液凝胶时间,并防止堵管事故的发生。

G. 当每个孔段达到终压之后,且注浆量单液浆小于 20 ~ 30L/min,稳定 20 ~ 30min 后即可结束注浆。双液浆泵量小于 30 ~ 40L/min,持续 20min 后可结束注浆。

(8)顶撑加固。

对变形超过警戒值的建筑物加密监测频率,根据监测结果和建筑物变形情况决定是否进行顶撑加固。如果变形过大,首先疏散楼房内的人员,确保人身安全,再进行加固。

顶撑加固要根据现场条件和建筑物变形的情况进行。在一楼地面上铺设钢板,选择用门型支架或钢(木)支撑在选定的柱子周边对梁进行顶撑加固,分散地基承载,减轻不均匀沉降,控制建筑物变形。施工时,先对沉降过大的柱子周边进行顶撑,在竖向支撑底部设千斤顶加力或用木楔楔紧,具体根据现场实际确定。

5 结论

本文结合北京地铁10号线二期01标段的盾构工程实践,从盾构施工过程中提前准备应对各种状况着手,通过地层变形原因和监控两侧数据分析,有针对性地提出了一些盾构施工过程中对于地层变形进而对建筑物产生影响的控制措施。经过实践检验,施工效果较好。主要经验如下:

(1)地层变形的主要原因是由于开挖改变了地层的初始应力状态,且盾构推进对周围地层产生了一定程度的扰动,造成地层中孔隙水压力变化及土层刚度、强度指标的降低。

(2)尽管盾构施工具有诸多优点,但盾构施工引起的地层变形仍不可避免。因此,通过施工过程控制从而使得盾构施工对于地层变形的影响达到最小显得尤为重要。

(3)为使盾构施工对地层及周围环境的影响降到最小,前期对盾构施工影响范围内地层、建构筑物情况的调查工作至关重要。因为这是精心组织施工、完善施工管理体系的前提。

(4)掘进参数的优化与匹配,尤其是土仓压力、同步二次注浆及加固措施等重要参数的合理制定是确保地层变形在可控范围之内的重要基础。

(5)信息化反馈施工可使得掘进参数的设置达到更加合理、匹配。

参考文献

[1] 徐永福.盾构推进引起地面变形的分析[J].地下工程与隧道,2000,1.

[2] 陈馈、洪开荣、吴学松.盾构施工技术[M].北京:人民交通出版社,2009.

[3] 陈湘生、李兴高.复杂环境下盾构下穿运营隧道综合技术[M].北京:中国铁道出版社,2011.

BIM 技术在地铁车站机电设备安装施工中的应用

张　君

（上海隧道工程股份有限公司）

摘　要：简单介绍了 BIM（Building Information Model）即建筑信息模型的定义及价值。主要通过 BIM（Building Information Model）技术的三维建模、设备及管线综合碰撞校验及优化设计、施工指导及图库建立来论述了 BIM（Building Information Model）技术在地铁车站机电设备安装施工中的作用。

关键词：BIM；三维模型；族库

1　概述

BIM（Building Information Model）即建筑信息模型，是创建并利用三维数字模型对项目进行设计、建造及运营管理的过程。BIM 技术是一种应用于工程设计建造管理的数据化工具，通过参数模型整合各种项目的相关信息，在项目策划、运行和维护的全生命周期过程中进行共享和传递，使工程技术人员对各种建筑信息做出正确理解和高效应对，为设计、施工以及包括运营单位在内的各方建设主体提供协同工作的基础，在提高生产效率、节约成本和缩短工期方面发挥着重要作用[1]。

BIM 技术主要通过 Revit Architecture 及 Revit MEP 软件进行建筑及机电管线的三维建模。同时可通过 REVIT MEP 软件自带的碰撞检测功能或借助第三方软件（如 NAVISWORKS）进行各类管线的碰撞检测。

BIM 技术在欧美发达国家建筑业的应用已经比较普及，但在我国建筑业仅限于一些大型项目，施工单位在机电设备安装方面的应用处于起步阶段。

地铁车站机电设备安装工程包括动力照明、给排水及消防、通风环控专业的设备及管路安装。它同时牵涉信号、通信、装饰装修、屏蔽门等其他专业，施工场地狭小且管路布置众多，具有高集成、高密度、复杂多元化的特点。因此，运用现代 BIM 技术的空间信息特征在机电设备安装阶段进行优化工艺设计及施工指导，对提高施工效率，节约施工成本，保证施工进度具有重大意义。

2　BIM 技术在施工中的应用

2.1　建立 BIM 模型

目前，施工图纸均是以 CAD 方式出图，它是二维线条组成的一系列抽象符号的集合，是项目信息的抽象表达，是一种建筑业专业人士的“专业语言”。在项目施工时，技术人员只有深入施工现场，认真研究图纸后，才能在脑海里大致形成项目的空间结构、管线走向及设备布置等，遇到空间复杂、管线众多的更是难以形成立体空间布局。BIM 技术的三维可视化模型可以很好的解决这一问题。BIM 的三维模型包含了项目的几何、物理、功能等完整信息[2]，将以往

作者简介：张君（1980—　），女，本科。主要从事隧道、地铁、高速公路等大型设备安装。E-mail：13661585604@163.com

的线条式构件形成一种三维的立体实物图形展示在人们的面前,表达形象、立体直观。

例如,地铁车站的机电设备安装,按系统分为通风与环控、给排水及消防、动力与照明,按空间又分站厅层、设备层、站台层、区间,有的车站还包含商业开发区、换乘通道区域,设备及管线众多,布局复杂。利用BIM技术建立三维模型,全面直观地展现了不同空间区域内各系统设备及管线布置。图1、图2分别为地铁车站三维综合管线布置模型和冷冻机房三维布置模型。

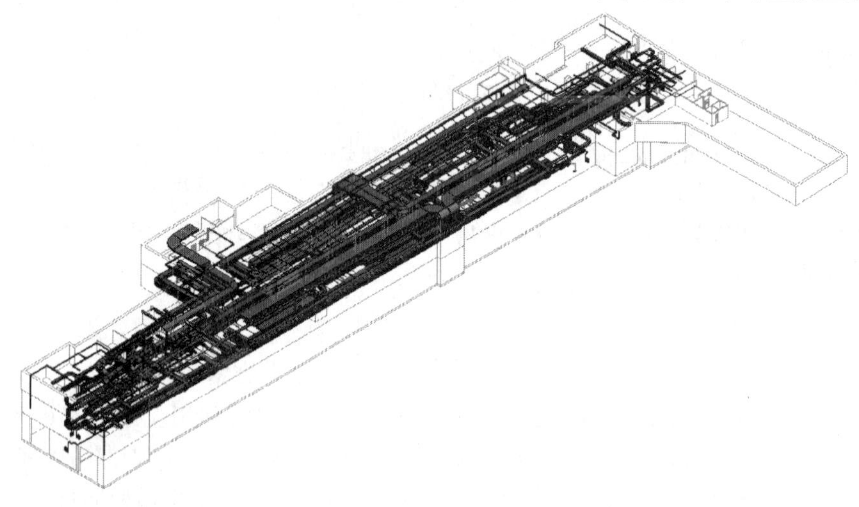

图1 地铁车站三维综合管线布置模型

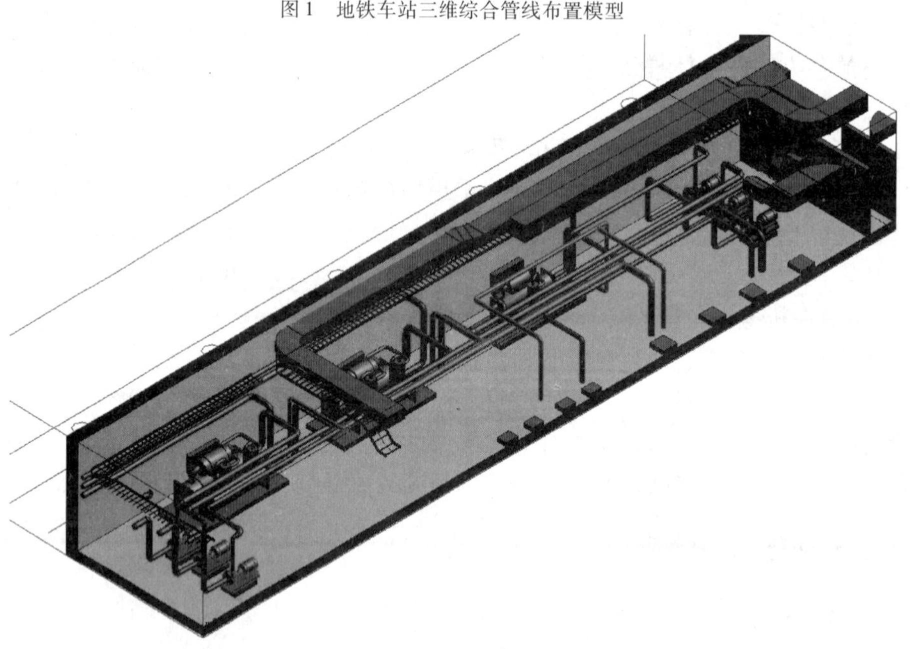

图2 冷冻机房三维布置模型

利用BIM技术建立三维可视化模型的另一优势还在于通过Revit Architecture、Revit MEP软件与CAD图纸链接,根据CAD图纸可以精确地建立该项目的建筑结构模型、设备及管线布置模型。在实际施工过程中,采用BIM的项目,各专业施工人员都在一个三维协同的环境中共同工作,设计深化、修改都可以实现联动更新。当设计院的施工图因为现场施工条件、空间大小等因素发生变化后,只要对Revit软件中图形源文件进行修改,相应链接的图形均会做出相应变化,这就保证了所创建的三维模型与各专业修改同步,也与施工实际情况保持一致。

2.2 BIM 技术的优势及应用

随着现代机电设备安装工程的投资及规模越来越大，施工难度不断增加，各专业交叉施工情况越来越普遍，施工成本越来越高。传统的施工管理主要依靠管理者的丰富经验，在材料、人力、设备的安排上依靠事先的施工组织设计。但这在施工中已无法满足工程发展的需要，因而对施工管理中如何确定合理的施工方法，优化选择施工机械及配套组合，制订切合实际的施工进度计划，降低施工成本提出了更高的要求。

BIM 技术正好适应了大型工程施工管理的客观需求，以可视化的三维模型为基础，在施工前对项目的功能及可建造性等潜在问题进行预测，包括施工方法试验、施工方案优化等，达到先试后建、消除设计错误、排除施工过程中的冲突及风险、降低施工成本的效果。

2.2.1 优化工艺设计

在大型复杂的机电设备安装工程中，管线的布置由于系统专业繁多、布局复杂，虽然设计院已对管线做了综合布置，但 2D 图纸往往不能全面反映个体、各专业、各系统之间的碰撞可能。在实际施工过程中，经常出现各系统专业管线之间或管线与建筑结构之间、管线与装饰装修之间发生碰撞的情况，造成返工或浪费，甚至存在安全隐患。

BIM 技术的运用，可以有效避免二维图纸综合管线布置的局限性，通过搭建的三维建筑模型及设备管路综合布置模型，能真实地反映空间状态，并直观地观察三维模型，检查出模型中的碰撞点。同时也可以利用 Revit MEP 软件自带的碰撞检测功能或借助第三方软件（如 NAVISWORKS）进行碰撞检测，不但能够彻底消除碰撞点，减少了各专业之间的摩擦，避免了返工误工现象，减少了人力和物质的浪费，而且还可根据实际空间大小及标高要求，重新布局设备及管线走向，优化其工艺设计。

（1）优化工艺设计流程图（见图 3）

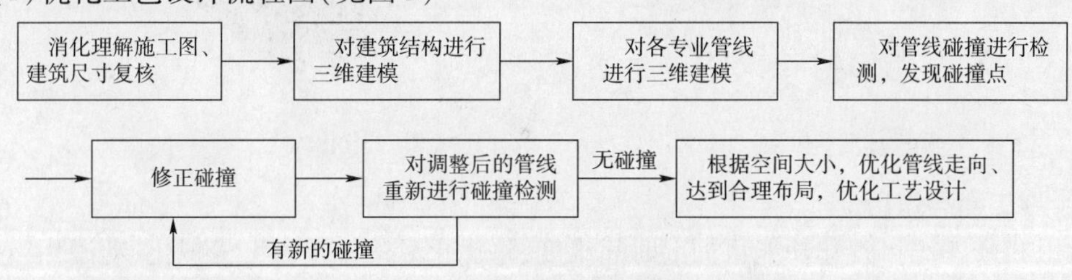

图 3 优化工艺设计流程图

（2）工程实例分析

某地铁机电设备安装改造项目，地下一层公共空间原为地铁车站公共区的一部分，现改造为三线共享的控制中心设备机房及管理用房。

本次安装为改造项目，在保证原地铁线路正常运营的情况下施工。施工场地狭小，为原地铁服务的过路管线众多，且实际走向与综合管线图差异较大，工期紧，协调难度大。

传统的施工过程一般是根据施工图纸预制风管、水管、支架等，根据图纸中的管路标高、位置、走向等进行安装。只有当工程实体部分安装后才能发现管线碰撞，对于管线碰撞点，也往往依靠施工人员现场测量观察及经验判断，难以进行全面及准确的分析，碰撞无法完全暴露及避免。很多时候，对管线的碰撞处理均为局部调整，很难将管线的连贯性考虑进去，可能会顾此失彼，解决了一处碰撞，又带来新的碰撞。这种施工方式，不仅浪费人工，浪费材料，而且无法保证施工进度。

鉴于本次改造工程的特殊性，为保证工程的顺利进行，在施工前，根据图纸对改造区域的建筑结构尺寸进行现场复核，确保专业管线建模的三维空间与施工实际情况相一致。用 BIM

技术绘制出建筑模型、需安装的各种设备及管线模型和为原地铁车站服务的管线模型，利用碰撞检测功能，查出所有碰撞点，并结合空间位置，重新调整，合理布局。

本次改造工程需对原车站已运营的冷冻水管进行改造，改造后的管路接入原系统。原设计图纸的冷冻水管路路径专业设备房间接入原系统的预留口。但为避免水管检修、漏水等原因影响专业设备的正常运转，所有冷冻水管道均安装在走廊内，这就与走廊内的风管、水管、桥架、冷媒管道、吊顶标高等发生冲突。通用综合管线的三维模型建立，能够将实际施工遇到的矛盾暴露在我们面前，通过 BIM 技术，将走廊内的各种管线重新调整布置（见图4～图7），在保证功能的前提下合理布局。这样就能达到先试后建，避免了大量人力与材料的浪费，有效保证施工进度。

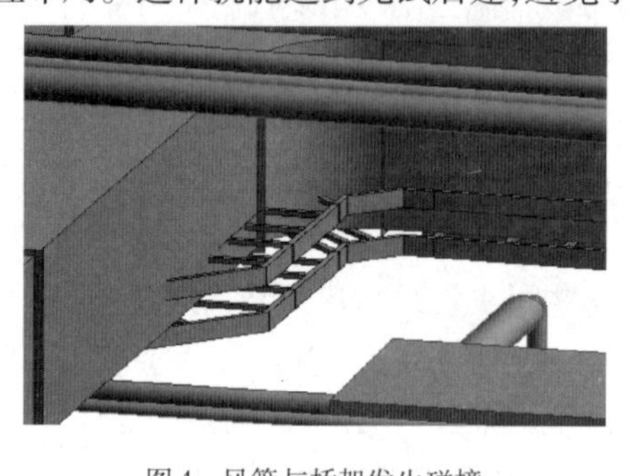

图4　风管与桥架发生碰撞

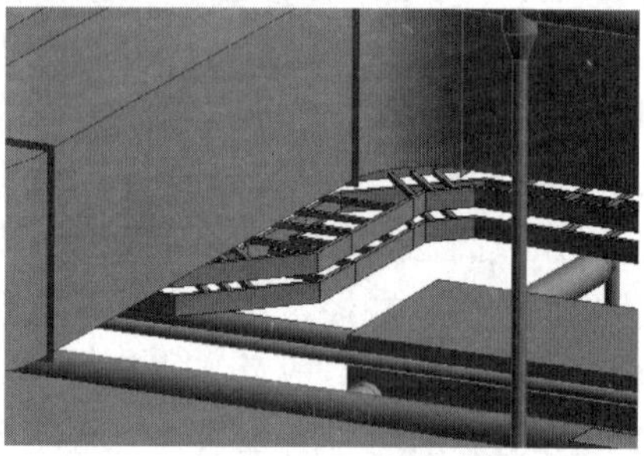

图5　优化调整后

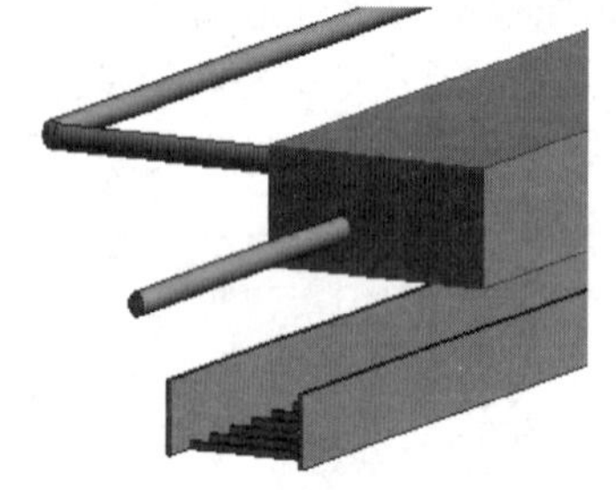

图6　水管与风管发生碰撞

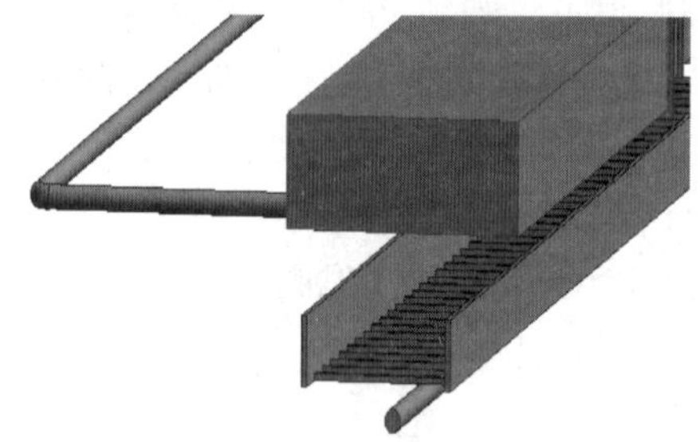

图7　优化调整后

2.2.2　施工指导作用

运用 BIM 三维可视化功能再加上时间维度，将优化后的施工方案模拟化、动漫化，对施工人员进行技术交底，不仅形象直观，结合施工组织设计对施工中的施工工序、难点重点、施工工艺、施工方案都可深入剖析。

（1）施工场地的平面布置

在虚拟现实系统中，利用 BIM 技术建立统一实体属性数据库，存入各实体的位置坐标、存在时间及设备型号等信息，包括临时设施、材料堆放场地、材料加工区、仓库、生活文化区等设施实体的占地面积，能存放数量及其他各种信息。通过漫游虚拟场地，不仅可以直观地了解场地布置，通过鼠标放置看到各实体的相关信息，同时还可通过修改数据库的信息来更改不合理之处。这为规范施工场地布置提供极大的方便。根据虚拟的施工场地，施工人员可以更合理地制定运输路线、确定吊装方案等。

（2）优化安全文明施工方案

通过 BIM 的可视化三维模型，施工人员可以对洞口、临边、电梯井等存在安全隐患的位置，布置上安全围栏。施工前，对施工人员进行安全交底，形象直观，让施工人员对安全隐患位置有深刻印象，确保施工过程中无安全事故发生。

(3)施工设备及材料的管理

结合 BIM 技术,以优化后的设备及管路布置为基础,在实际施工中,施工人员对所需安装的工程实物了如指掌。这样,可以精确落料,避免人力及材料的浪费。而且根据软件,不仅可以对各种设备及材料定义其尺寸、类型、型号、参数、厂家等属性,而且可自动生成设备材料明细表,对施工中的材料管理起到促进作用。

2.3 族库建立

Revit 软件中自带的族库是由美国 Autodesk 公司所开发,其中部分设备及构件缺失,族库既有的设备及构件外观及尺寸并不能很好地满足施工中的实际需求。为了更真实地还原施工场景,更精确地做到管线布局,更直观地进行施工指导,利用 Revit 软件的"新建族"功能,可以根据实际施工需求,建立各种族库模型,使得新创建模型的形状、外观尺寸、技术参数与实际施工的设备材料完全一致,如图 8 所示。

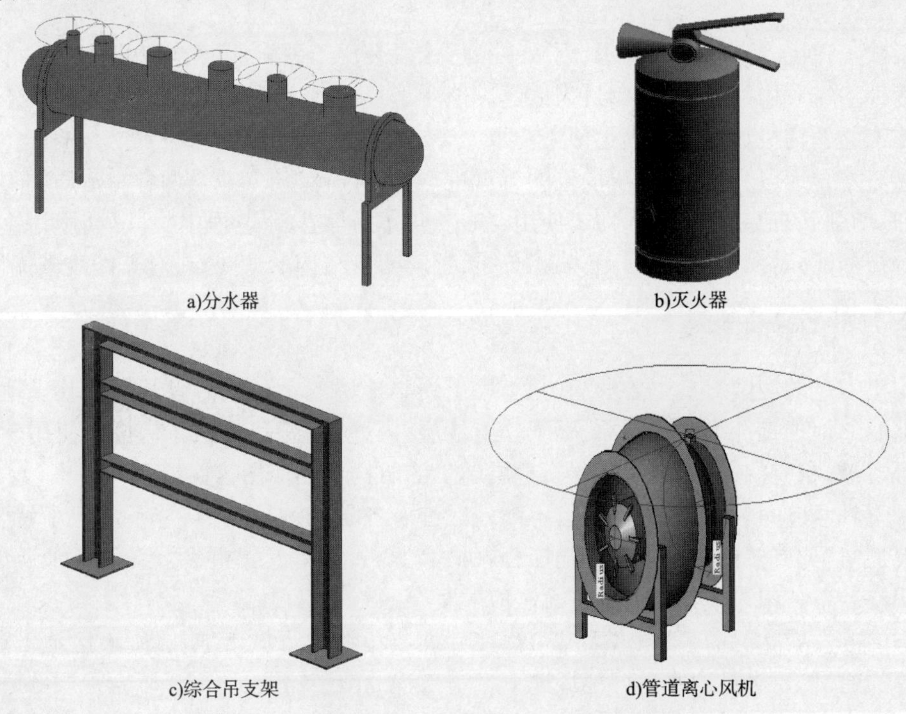

a)分水器　b)灭火器　c)综合吊支架　d)管道离心风机

图 8　自建族库实例

3 结束语

BIM 的应用不仅仅局限于施工阶段,而是贯穿于整个项目全生命周期的各个阶段。随着 BIM 的推广和不断发展,建筑工程管理信息化、过程化、精细化将成为可能,并不断地得到完善。现代化的信息技术和 BIM 系统的出现必将推动建筑业进入革命性的时代。

参 考 文 献

[1] 何关培. BIM 总论[M]. 北京:中国建筑工业出版,2011.

[2] 曾旭东,王大川,陈辉. Rhinoceros Grasshopper 参数化建模[M]. 湖北:华中科技大学出版社,2011.

南京机场线复合地层刀盘设计研究

钱　峰

（上海隧道工程股份有限公司　上海　200062）

摘　要：为解决南京机场线盾构机刀盘切削岩土复合地层问题，设计了相应的复合地层刀盘，以满足施工需要。介绍了复合地层与普通软土地层的区别，以及据此设计的复合刀盘的特点，并利用有限元软件对设计结果进行模拟分析，对细节作改进优化，完善设计。根据地质情况设计刀盘、利用有限元计算强度，两者结合的成果在实际施工中得到了成功的验证。

关键词：复合地层；刀盘；全断面切削；有限元模拟

用于软土地层隧道施工的泥水、土压平衡盾构机及用于硬岩地层隧道施工的 TBM 盾构机是当前两种主流盾构机形式，应用最为广泛。但对于复合地层隧道施工来说，单纯用于软土或是硬岩施工的盾构机显然不能满足使用要求。

为应对复合地层，首先要对盾构机的刀盘进行重新设计，使其兼具两种主流盾构刀盘的特点，能同时切削砾石和软土，并且便于使用、稳定、可靠。在设计过程中，可以利用计算机软件的强大分析功能，对设计模型进行有限元分析，了解刀盘结构的薄弱点，对其作改进优化。

1　复合刀盘的设计背景

盾构机刀盘的切削刀具主要分为两类，用于硬岩地层的盘面滚刀以及用于软土地层的切削刀。上海的地理特征为冲积平原，属于软土地层，因此，上海的地铁盾构机都使用软土切削刀具布置刀盘；相应的，在北方一些岩石地层施工的盾构机则使用盘面滚刀。

两种刀具对应两种地层，但事实上不同地区都有各自的地层特点，并不局限于硬岩、软土这两种典型情况，更多的是软硬复合地层，砂砾、黏土、岩石等交错混杂。在这些地质条件下，继续使用安装单一用途刀具的刀盘将无法应对复杂的施工工况。

就国内的发展状况而言，很多大城市都在计划或正在进行城市地铁、闹市区地下通道、越江隧道等的建设，要满足这些不同地域地下掘进工程的施工需要，适用于复合地层的盾构机无疑是必须具备的先决条件。而设计研制复合盾构机使用的复合刀盘，正是其中的关键部分。

南京机场线地铁隧道工程是南京市政府规划的一项大型城市基础设施建设项目，起于禄口国际机场，止于南京南站，线路全长约 34.9km，其中地下段长约 16.3km。南京地区大地构造属扬子准地台的下扬子凹陷褶皱带，从震旦纪以来长期交替沉积了各时代的海相、陆相和海陆相地层，因此整条地铁线路的地质情况较为复杂，是黏土、砾岩夹杂的复合地层。经过实地勘探，施工路线上分布着由淤泥、粉质黏土、夹沙、夹砾石黏土土层及风化程度不同的闪长玢岩、粉砂岩、安山岩等岩石层交错组成的地下区域，盾构机推进时将交错遇到砂岩、黏土地层，甚至在一台盾构机的不同切削高度可能同时遇到不同的地层和土质。针对这种复杂地质状况，我们设计了相应的复合刀盘，以应对岩土混杂出现的施工工况。

作者简介：钱峰（1972—　），男，本科，隧道股份设备租赁公司总经理，主要从事盾构法隧道施工工作。E-mail：kuangzhanw@hotmail.com

2 复合刀盘设计[1]

复合刀盘的刀具布置同时使用滚刀与刮刀这两种刀具，滚刀负责碾压破碎岩石，刮刀则负责刮削软土，如图1、图2所示。

图1 盘面滚刀

图2 刮刀

滚刀与刮刀按一定规律交错布置在刀盘上，这样可以保证在切削复合地层时，两种刀具可以按各自的分工去切削砾石和软土，克服地层中岩、土含量不断变化的施工难题。

因为滚刀与刮刀都需独立完成对两种地质的切削，所以在设计上必须同时遵循刀具全断面布置的基本原则，即保证在刀盘切削范围内，任意区域都能同时被滚刀轨迹及刮刀轨迹覆盖，并且切削轨迹覆盖范围越大，刀具布置越密。

如图3所示，刀盘采用辐条式结构，在辐条中间布置滚刀，两侧安装刮刀。各辐条之间以组成圈状的环形钢板加固，从内至外共有4圈环板。当刀盘旋转切削土体时，最外侧的环板会与周围土体不断接触摩擦，因此在刀盘最外侧安装有耐磨条，起到保护外圈环板、保证盘体结构稳定的作用。

图3 复合盾构刀盘

在布置切削刀具时，为保证滚刀与刮刀的切削过程不会相互干涉，必须对两者进行“分层”布置。滚刀的切削平面要比刮刀的切削平面略高，在遇到砂砾及岩石时，可以先一步将其碾压破碎，避免刮刀直接撞击岩石导致刀片崩解；当刀盘在软土区域运转时，滚刀被软土包裹而不起切削作用，土层漫过滚刀后被刮刀切除，这就是复合刀盘的切削原理。

3 复合刀盘结构强度的有限元分析

3.1 对刀盘作有限元分析的作用

刀盘位于盾构机的最前端，在施工时最先与土体接触，是切削砾石、泥土的关键部件，受力情况最为复杂，在工作中主要受土体的正面压力、滚刀碾压岩石的反作用力、旋转切削的阻力等，而刀盘的连接固定方式为悬臂，刀盘的各种作用力传递到连接牛腿还会产生一定的倾覆转矩。因此，在确定刀盘的设计方案之后，必须对其结构强度进行验算，确保使用时安全可靠。

在验算时，我们可以借助计算机有限元软件的分析功能来模拟可能的工况与结构应力。

计算机有限元分析是一项成熟的模拟分析方法，与手工计算相比较，它操作方便，烦琐的计算过程由电脑取代，适用于分析复杂结构的受力状况。计算结果以分布图的形式显示，因此可以通过看图直观了解刀盘各处应力、应变的大小，能直接找出结构中应力集中的最危险区域，为后续的方案改进与完善工作提供了依据。

3.2 模型建立、约束与荷载的确定

在强度验算过程中，对于盘面滚刀，可以将其碾压岩石所受的反作用力直接加载于滚刀刀箱上，由刀箱传递作用力至刀盘；而对于刮刀，因其刮削土体时受力产生的摩擦转矩由刀盘扭矩克服，两者大小相等，且刮刀布置大致均布在刀盘表面，因此可以直接将刀盘扭矩均布在盘面来进行等效。不论是滚刀本体还是刮刀，其自身对结构本体并没有加强作用，因此在建模时直接省略。根据这些原则，在对刀盘强度作三维分析验算时，先对刀盘总体进行简化，保留滚刀刀箱，去除滚刀、刮刀及边缘耐磨条，直接对刀盘主体结构进行分析。

图 4 是保留滚刀刀箱的刀盘主结构模型，在刀盘背面有六块平板，是刀盘与驱动的连接端。刀盘在连接端与驱动牛腿连接，牛腿将驱动扭矩传递给刀盘，并对整个结构起到支撑固定作用。刀盘旋转时与土体相对转动，从建模角度来看，土体固定、刀盘旋转与刀盘固定、土体旋转的模型在受力分析以及结果计算方面是完全等效的，所以我们将牛腿连接端看作支点，该支点提供固定约束。

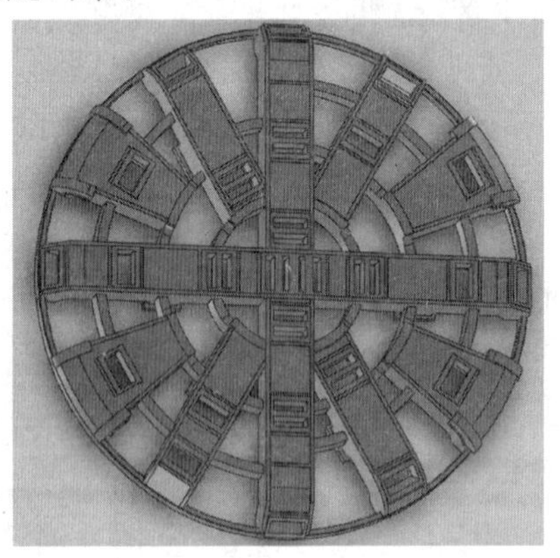

图 4 刀盘主结构的正视图、后视图

刀盘切削土体产生的主要作用力依次如下：

(1)刀盘正面土压力

刀盘正面土压力垂直刀盘正面，其大小随刀盘埋深增加而增大，具体数值可以按刀盘所处埋深的竖直方向土压乘经验系数得到(考虑土体的自立性)。在本次计算中，结合工程实际情况，将刀盘中心埋深定为 30m，换算出刀盘的正面土压大小，刀盘侧面的土压力也按相同方法计算，然后按计算结果进行压力加载。

(2)刀盘旋转切削时的扭矩

刀盘旋转切削时，不论是刮刀刮削土体还是土体与刀盘表面摩擦，都会产生相应的阻力矩，方向与刀盘旋转方向相反。因为刀盘是匀速转动，所以其阻力矩与动力矩始终保持平衡，两者大小相等、方向相反。驱动能提供的最大扭矩为 500T · m，取极限情况，阻力矩也按该数值加载，作用于刀盘正面，力矩中心即刀盘中心。

(3)重力

重力是刀盘自重产生的应力，数值大小直接以设计结构的质量来计，方向竖直向下。

(4)滚刀碾压岩石所受的反作用力

与刮刀切削土体会产生阻力矩不同,滚刀是依靠正面压力压溃岩石进行切削,因此它受到的反作用力是垂直刀盘向后的碾压反力。碾压反力首先由盘面滚刀传递到刀箱,再由刀箱传给刀盘主体,因此,在加载时可将力直接作用在刀箱上。滚刀在不同的工况条件下对岩石的正压力及反力都是在变化的,为计算需要,我们可以取滚刀工作中所能承受的最大正压力值 50T 来作为最大碾压力。

当刀盘正面全岩石覆盖时,所有滚刀同时受力,此时虽然总应力较大,但力矩平衡,合力为正压力,对结构变形影响较小。当岩石覆盖区域只占刀盘部分表面时,滚刀碾压反力分布不均,受力中心不在刀盘中心,将产生一定的倾覆力矩,对结构失衡影响较大。覆盖区域越靠刀盘边缘,倾覆力的力臂越大,但倾覆力合力也会随切削岩石面积的缩小而衰减。简单考虑一下,不难发现,如果岩石区域只占刀盘盘面的三分之一,这时候滚刀所受的反力矩和对刀盘变形的影响趋近极限。

3.3　有限元分析预处理

按上文分析的约束与荷载情况对刀盘进行加载,并对刀盘进行有限元网格划分,网格形式采用四面实体网格。在有限元计算时,网格划分得越细,计算结果越精确,但运算量也会急剧增加,甚至超出计算机运算范围,所以必须设定合适的网格大小,或直接使用程序推荐值。由于刀盘主结构的不同部位尺寸大小不同,因此,在一些尺寸较小的区域需要应用网格控制,使用更细小的网格划分,这样既能保证局部应力分析的准确性,又不会过分增加模拟运算时的计算量。应力加载及网格划分如图 5 所示。

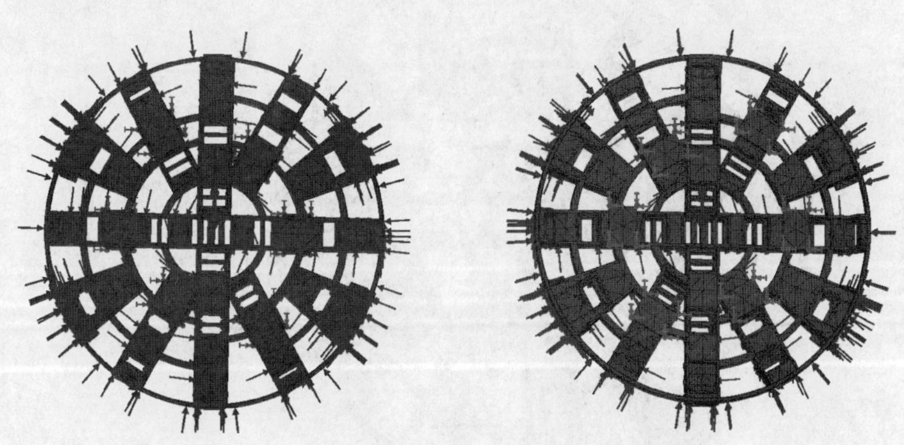

图 5　刀盘所受约束、载荷及有限元网格划分

3.4　有限元分析结果

经有限元计算分析,可以得出刀盘个部分的应力及位移变形大小。

图 6 是刀盘有限元分析得出的应力分布结果,显示颜色从蓝到红代表应力逐渐增大,不同颜色所对应的应力数值见图右上方的图示。刀盘材料 Q235 能承受的最大应力为 235MPa,但图中最大应力却达到了 456.5MPa,显然红色应力区域的结构有屈服破坏的危险。

图 7 是刀盘的位移变形情况。从计算结果可以看出刀盘的最大位移为 4.7mm,发生在受倾覆力矩侧的边缘,其余大部分区域变形范围都在 2mm 以内,说明刀盘整体变形处于正常范围内。

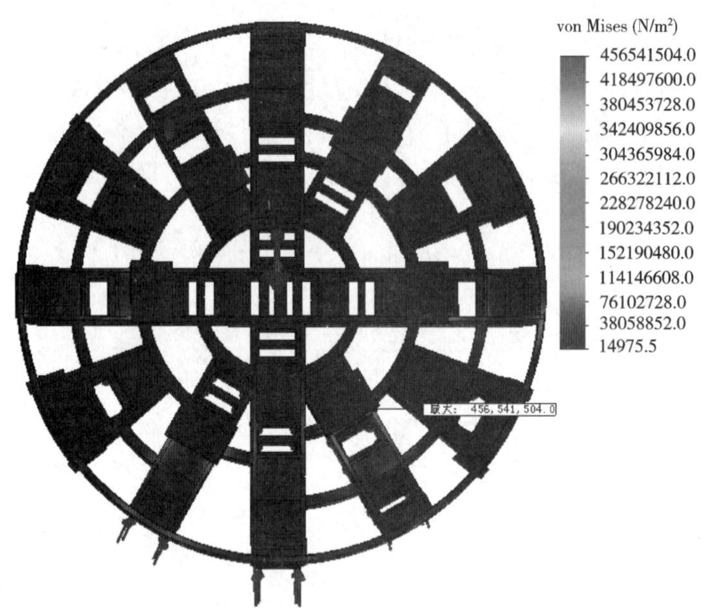

图6　刀盘应力分布图

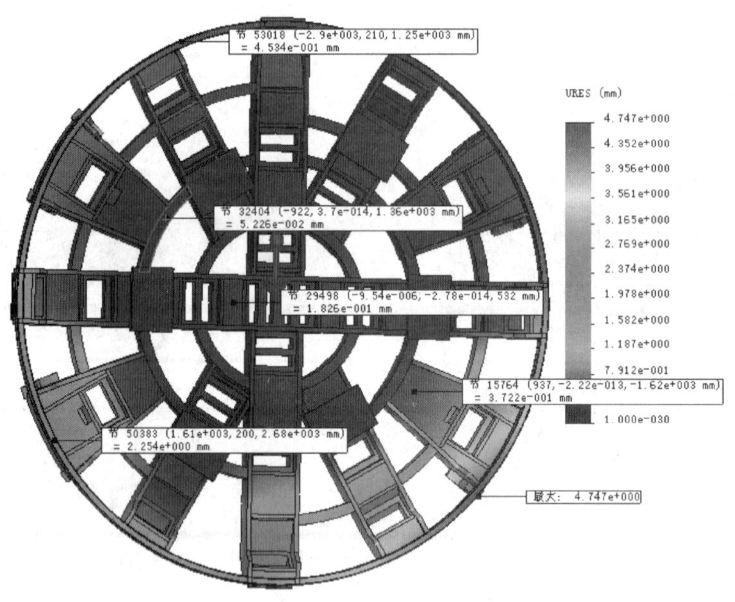

图7　刀盘位移分布图

再看刀盘的安全系数分布(见图8)。安全系数的定义是材料屈服点与计算应力的比值,显然,安全系数值越大表示越安全,小于1则表示材料应力超出其正常使用范围,有破坏的危险。为了显示更加直观,将所有安全系数大于3的部分均以蓝色显示(认为安全系数大于3均为足够安全),不做区分。结果发现,应力最大(安全系数最小)处为刀盘辅梁与牛腿连接板的连接处,且集中在刀盘下半部,显然是为抵抗倾覆力矩所造成的应力集中,而刀盘其余结构安全系数基本都大于3,证明总体设计强度达到要求。

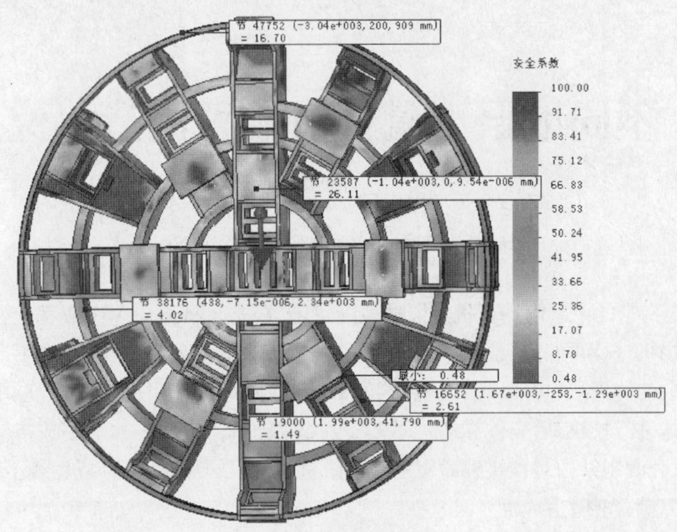

图8　刀盘安全系数分布图

3.5　根据分析结果对设计进行改进

对于有限元分析所发现的问题，决定使用增加斜撑板的方法对局部进行加强，如图9所示。增加斜撑后，滚刀受力产生的倾覆力能通过斜撑板传递到牛腿，减小梁侧板与牛腿连接处的应力集中，保证刀盘结构的安全、稳定。刀盘设计制造后，在实际施工应用中取得了良好的切削效果，验证了分析结果的准确性及改进方案切实有效。

图9　牛腿连接处增加的斜撑板

4　结论

根据复合地层的施工需要，设计了复合地层切削刀盘，采用滚刀与刮刀交错结合、分层布置的方式，使刀盘能互不干扰的同时切削岩石与软土。在设计的同时，利用有限元软件对设计结构进行分析，找出应力集中的薄弱点，作针对性改进，能够简捷有效的对设计做出优化改善，保证结构的可靠性与施工安全。

将按实际需要进行设计的原则与利用计算机软件分析进行强度检验的方法相结合，可以使设计成果更切实有效，保证结构的稳定可靠。

参考文献

[1] 乔世珊.全断面岩石掘进机[M].北京:石油工业出版社.

不同地层下复合盾构再制造研究

梁賨露

（上海隧道工程股份有限公司　上海　200233）

摘　要：为适应南京的南京南站至机场段城轨隧道施工需求，将原应用于成都地铁1号线施工的海瑞克复合盾构机进行再制造，根据实际地质情况重新加工刀盘盘体，并布置不同的刀具用于土体切削。对于前壳体进行包壳处理，通过对其轴向和周向荷载作用进行分析，应用三维应力分析软件对改制壳体进行校核，后壳体和盾尾进行壳体重新加工，对推进油缸和铰接油缸位置进行重新安排，依据盾壳改制结构对铰接和盾尾密封系统进行重设，以适应南京机场线工程施工需求。

关键词：盾构；刀盘；壳体；适应性

近年来，随着我国经济高速增长，城市基础设施在我国经济建设中的作用将更为突出，仅在2011至2020年间，预计我国各类盾构机的市场需求将在1000台左右，潜在市场将超过500亿元[1]，所以市场需求量大。另外，从目前我国隧道建设的基本状况来看，使用盾构技术所面临的成本压力比较大，不仅费用昂贵，盾构机拆装及转运工作量也大，使盾构机的效率不能够得到充分利用，甚至影响了盾构机的使用周期和使用寿命。因此，推广盾构机改制及再制造的进程并将其应用到实际中去刻不容缓。此次研究为盾构机的互换改制，这项技术的应用不仅将增加盾构机使用率、降低工程成本，且对环境影响小，将推动盾构产业的发展，对上海乃至中国地下车站、地下高速和地下商业空间的开发有重要的意义。

1　工程概况

我国地铁隧道管片外径存在着ϕ6200mm和ϕ6000mm二种规格。原复合盾构机是针对成都复杂地层设计的，适用于ϕ6000mm管片。成都施工段地层为〈3-7〉卵石土（中密）和〈4-4〉卵石土（密实）卵石土层，该土层含水量大、渗透性强、卵石强度高，隧道沿线需穿越大量建筑物，这类在复杂地层中掘进地铁隧道的施工实例在国内很罕见，在欧洲和日本的盾构隧道工程中也很少见。

现需要原复合盾构机适用于Ø6200mm管片隧道，用于南京城轨的轨道建设，则必须针对南京地质条件，对刀盘、壳体重新制作，对盾构机内的系统部件进行互换装配。这样，不仅满足施工要求，也提高了原复合盾构机的利用率，使其适用于不同地层，不同管片隧道的施工，节省了工程成本。

1.1　南京地质条件

南京地区属于丘陵地形，整条地铁线路的地质情况为复合地层，经过实地勘探，施工路线上存在由黏土、夹砾石黏土、风化的粉细砂岩及不同程度风化的安山岩交错组成的地下区域。盾构机将交错遇到砂岩、黏土地层，甚至在一台盾构机的不同切削高度都可能同时遇到不同的地层和土质。

作者简介：梁賨露（1988—　），女，学士，助理工程师，主要从事盾构设计工作。

针对南京复合施工条件，将原应用于成都地铁1号线的海瑞克复合式土压平衡盾构机进行改制，以适应不同地层施工的需求。盾构机的刀盘和壳体主要负责支撑和切削土体任务，其设计要求对土层条件十分敏感，是施工过程中非常重要的环节。

1.2 原盾构机校核

原刀盘驱动的额定扭矩为4700kN·m，最大扭矩为5300kN·m，转速0~6r/min，符合改制后要求；原推进系统的最大推力为34000kN，额定推力为27000kN，推进速度为0~80mm/min，行程为2200mm，为保证改制后满足螺旋机、皮带机出土要求及同步注浆要求，把推进速度改成0~60mm/min；原螺旋机的转速为0~22r/min，额定扭矩为190kN·m，最大扭矩为220kN·m，出土量为285m^3/h，符合改制后要求；拼装机平移2000mm，提升1000mm，符合改制后要求；皮带机的出土量为400m^3/h，符合改制后要求。

2 复合盾构再造

原成都地铁运用的ϕ6250mm复合盾构，适用于$\phi 6000 \times 300$mm管片。现要应用于南京机场线隧道施工，其管片尺寸为$\phi 6200 \times 350$mm，因此开挖直径增大，且根据之前南京施工地段地质条件评估，对盾构设备的适应性需要进一步分析研究。

2.1 盾构机刀盘再造

原盾构机刀盘最大切削直径为ϕ6280mm，根据南京地铁工程要求最大切削直径需改成ϕ6450mm，因此刀盘盘体需重新设计制造，才能满足施工需要。

2.1.1 刀盘结构

刀盘采用辐条式结构，在辐条中间布置滚刀，两侧安装刮刀。各辐条之间以组成圈状的环形钢板加固，从内至外共有4圈环板。当刀盘旋转切削土体时，最外侧的环板会与周围土体不断接触摩擦，因此在刀盘最外侧安装耐磨条，起到保护外圈环板、保证盘体结构稳定的作用。

2.1.2 刀盘刀具布置

复合刀盘的刀具布置同时使用滚刀碾压破碎岩石和刮刀刮削软土，按一定规律交错分层布置在刀盘上，以保证在切削复合地层时，克服地层中岩、土含量不断变化的施工难题。

针对50MPa以上硬岩层，刀盘设计四联滚刀1把、双联滚刀13把、单联滚刀14把、周边圆弧刀16把、大宽度割刀32把、周边保护条2道。四联滚刀、双联滚刀、单联滚刀及刀箱重新设计制造，周边圆弧刀、大宽度割刀按原有盾构机刀具测绘制造，重新设计周边保护条，每1度增加1块硬质合金，共360块。

2.2 刀盘壳体再造

盾构机壳体是保护人员和设备免受周围压力（土、水）影响及支承各类操作设备的构件，是盾构机的重要部件。通过对技术和经济进行分析对比，保留铰接装置、改制前壳体、重新设计制造后壳体及盾尾为最佳实施方案。

如图1所示，盾构机壳体由外壳板及其加固部件组成，从开挖面开始，依次分为切口环、支承环、盾尾三个部分[2]。设计时一般都假设界面内力最大值作用于盾构机的全周，根据盾构机外壳结构，一般考虑用支承环承受盾构机上的全部荷载，荷载主要包括垂直和水平土压力、垂直和水平水压力、自重、上覆荷载、变相荷载、开挖面前方土压等。切口环是保持开挖面稳定，将切削下来的土砂向后方移动的通道，可作为一端固定于支承环[4]，支承环是盾构机的主体结构,是承受作用于盾构机上全部荷载的骨架[2],切口环和盾尾都是在假设支承环足够刚性来设计的。

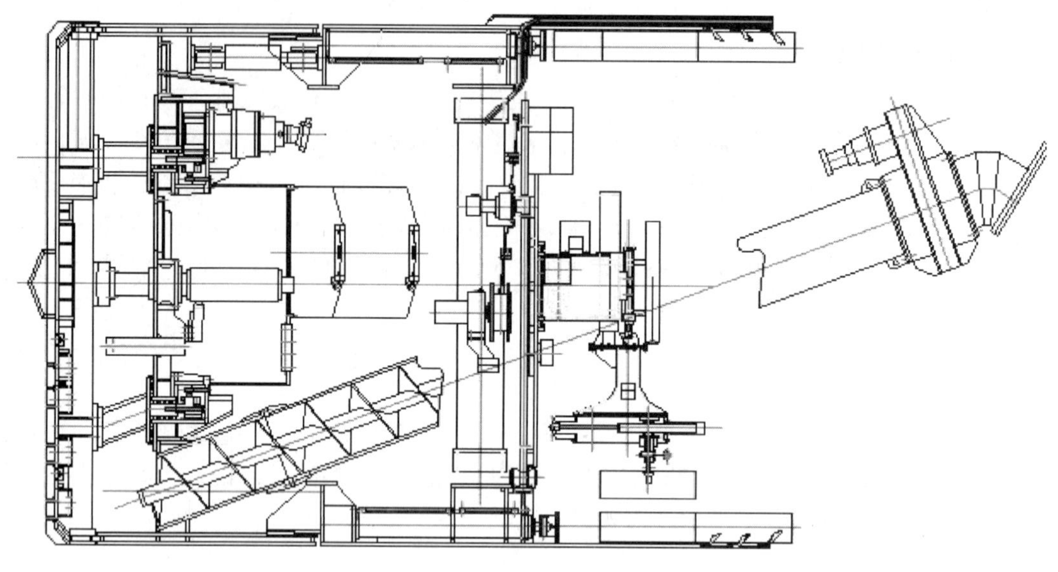

图1　盾构壳体结构图

2.2.1　前壳体再造

前壳体(切口环、支承环前段)直径为 ϕ6250mm,与前壳体连接的后壳体(支承环后段)直径为 ϕ6240mm,盾尾直径为 ϕ6230mm。根据管片直径,现改为:前壳体(切口环、支承环前段)直径为 ϕ6420mm,与前壳体连接的后壳体(支承环后段)直径为 ϕ6410mm,盾尾直径为 ϕ6400mm。

前壳体集成安装了刀盘驱动结构、刀盘牛腿以及螺旋机输送机构等部件,如重新设计新的盾壳,工艺相对比较复杂,工期较长,相对成本也较高,故考虑采用在盾壳外部进行包壳处理以满足开挖隧道直径要求。前壳体采用保留原有切口环、支承环并在其外侧加焊钢板和支承条的方式,使其直径达到 ϕ6420mm。这使得壳体外部形成类似网状的筋板加强方式,能够抵御外部土体对壳体的挤压作用,且防止切口环壳体变形过大,所以筋板之间间距需进行合理设计。壳体外包钢板环以45°切割分为8块,厚度为25mm;轴向支承条以15°均布于外壳圆周,厚度为30mm;在包环片结合处采用厚度为60mm的筋板支撑,使其便于焊接施工,筋板与外包壳进行均匀塞焊。另外,为了防止管片注浆液前串,在支承环外侧安装1道倒向钢板刷以达密封效果。

筋板的厚度和焊接疏密程度直接决定整个壳体的承压能力,通过三维应力分析软件对改制壳体进行校核。图2及图3为盾壳轴向和环向受力模型,在沿轴向方向上,壳体受到均匀荷载作用;在环向方向上,不同位置的水土压力大小不同,壳体受挤压力及变形程度也均不同,顶部壳体主要承受上方水土荷载作用,侧方壳体主要受到水土侧向压力荷载作用,根据深度递增,侧压力作用注浆增大,下侧壳体主要承受下方水土及盾构机自重的共同作用。在保证包壳厚度能够满足加工制造的强度和弯度要求下,尽量减少筋板的数量,以达到最大的优化设计效果。采用24根厚度为40mm纵向筋板和6根50mm的环向筋板组成网状支撑结构,如图4所示。对三维实体模型应力作用和变形效果进行校核,取覆土70m工况下最大荷载对其进行分析,其应力和变形效果如图5和图6所示。

应力最大点位于筋板边缘棱角处，主要是应力集中造成，其值大小为941e+003，仍小于所用材料的许用屈服力，壳体变形也均在2mm范围之内，其安全系数能够达到2.3，符合前壳体塑性变形和屈服破坏的极限要求。图7为前壳体再加工制造照片。

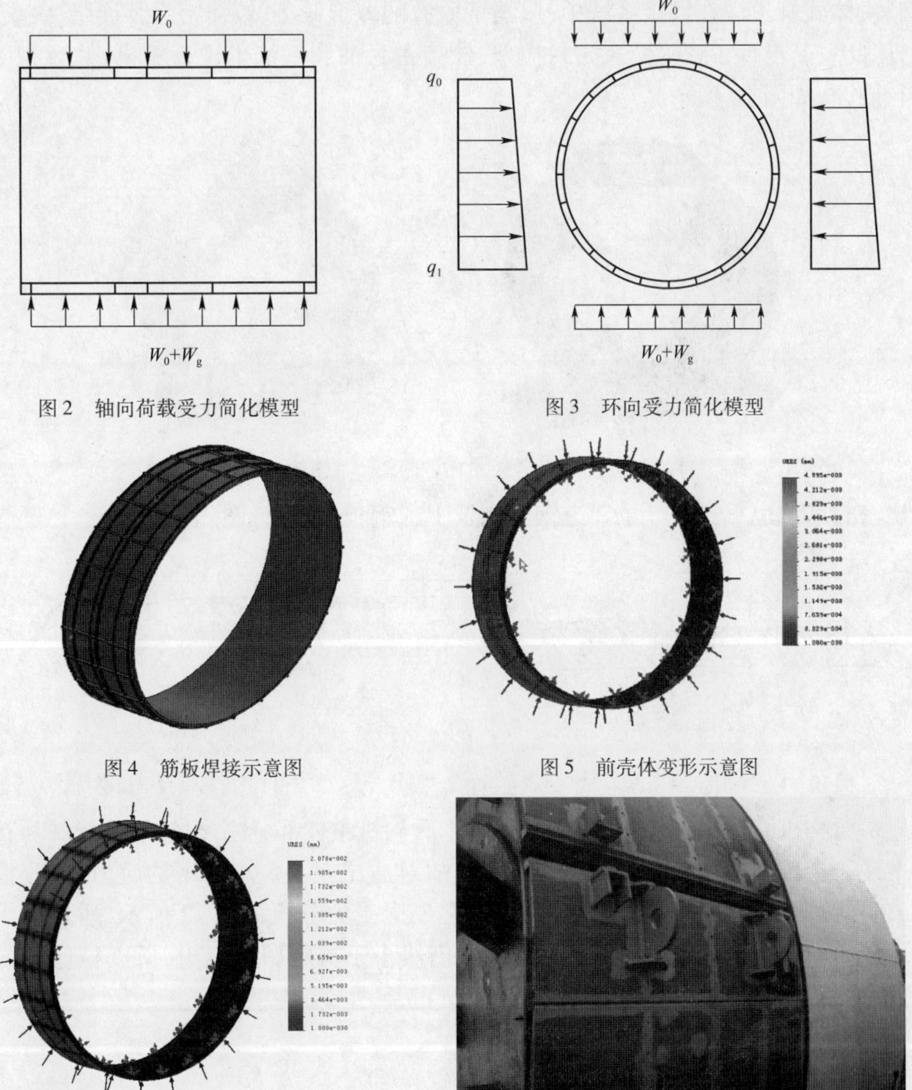

图2　轴向荷载受力简化模型

图3　环向受力简化模型

图4　筋板焊接示意图

图5　前壳体变形示意图

图6　盾壳应力分布分析

图7　前壳体改制加工照片

2.2.2　后壳体再造

后壳体即是支承环后段，与前壳体通过四个定位销进行连接定位，采用焊接相连。后壳体内布置环形筋板，用于推进油缸托架的安装和固定，并在后壳体的环形筋板上提供足够的表面以实现与拼装机横梁的可靠连接，壳体后端面焊接支座用于固定铰接油缸和承受纠偏加载作用。根据长度不变、直径达到ϕ6410mm的改造要求，决定重新设计制造后壳体，保留安装拼装机支承梁的"H"梁，与"H"梁连接的支承环圈按推进油缸新的布置重新设计，推进油缸按南京地铁提供的管片分块重新布置。后壳体再造模型图如图8所示。

2.2.3　盾尾再造

盾尾(见图9)处于盾构机主壳体的后端，其末尾安装有盾尾密封刷。因为盾尾是管片拼装区域，所以在该部位没有筋板，仅在安装盾尾刷处有用于对其定位的环圈起到一些加固作用。所以，盾尾的结构相对简单，根据南京施工要求，对于盾尾进行重新制造，使其直径达到 ϕ6400mm，长度达到 3925mm。铰接油缸也需要重新布置，并设计制造 4 条内置式同步注浆、盾尾油脂一体式管道。在铰接系统中，取消了原有的球形铰接、铰接密封及油脂、气囊，改成平面铰接，因此重新设计了密封圈及密封挡条，铰接密封油脂系统也进行重设，并对相应的控制系统进行修改，如图 10 所示。

图 8　后壳体再造模型图

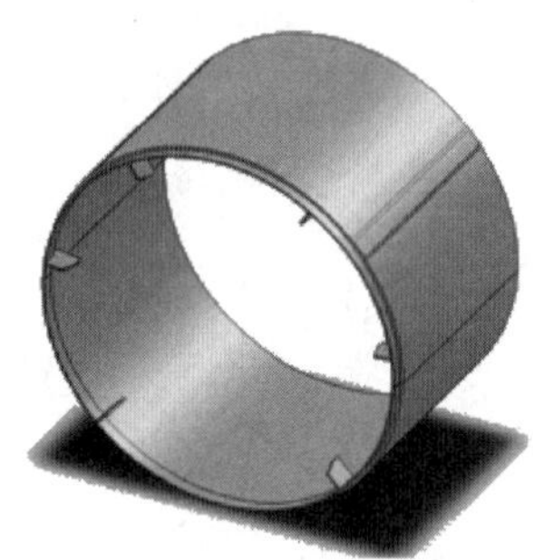

图 9　盾尾模型图

盾尾密封系统也重新设计了 2 道钢丝刷及 1 道钢板刷，设计图如图 11 所示。

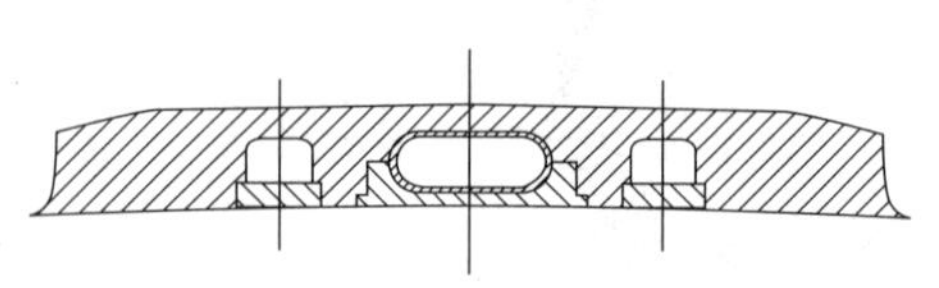

图 10　盾尾油脂式管道

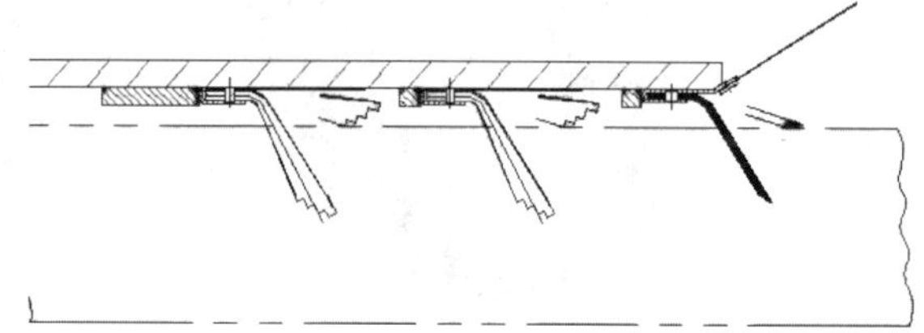

图 11　盾尾密封钢板刷

盾尾是盾构机壳体中最薄弱的部分，相对于盾构机主体部分刚度较低，为了解盾构机壳体在施工中是否会出现塑性变形，能否安全使用，故对盾尾在一定埋深下的应力、应变情况进行分析[3]，以作为判断盾构机总体安全性的依据之一。受力分析如图 12 所示，盾尾在土体压力最强的埋深 70m 工况下，所受最大应力点的值仍然小于材料屈服应力，所以整体结构能够满足施工需求。

2.3　改制后参数对比

改制后参数对比见表 1。

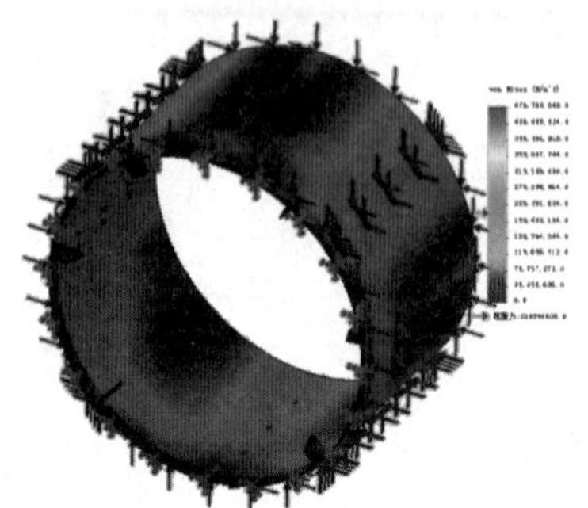

图 12　盾尾应力分布示意图

改制后参数对比　　表 1

内　容		改前(mm)	改后(mm)
壳体	隧道外径	ϕ6000	ϕ6200
	前壳体外径	ϕ6250	ϕ6420
	前壳体长度	2110	1690
	后壳体直径	ϕ6240	ϕ6410
	后壳体长度	2580	2580
	盾尾直径	ϕ6230	ϕ6400
	盾尾长度	3595	3035
刀盘直径		ϕ6280	ϕ6450

4 结论

不同地层的复合盾构机再制造技术，将形成一整套完善的盾构机再制造工艺，掌握其核心技术，能完成不同型号盾构机的改制及再制造，促进标准化的技术研究和拓展，满足各类施工环境的要求；能增强盾构机的实用性，通过优化系统提升盾构机的人工智能化，使盾构机在控制地表及地表建筑物沉降方面发挥更大的作用；提高盾构机租赁产业在国际同行中的竞争能力，继续保持领先地位，提高我国在国际隧道掘进行业中的竞争优势，将我国盾构隧道掘进设备与技术提高到一个新水平。

现有盾构机改制及再制造应用的成功，既是隧道建设的需要，也是提高我国盾构隧道技术的需要。

参考文献

[1] 刘宇宣. 盾构技术的发展与展望[J]. 施工技术，2013，42(1)：20-23.

[2] 周文波. 盾构法隧道施工技术及应用[M]. 北京：中国建筑工业出版社，2004：24.

[3] 王伟钢. 超大直径盾构盾尾钢体结构稳定性研究[J]. 市政技术，2011，29(s2)：228-231.

[4] 周松，彭少杰，李怀洪. ϕ11.58m 泥水平衡盾构改制技术[C]//大直径隧道与城市轨道交通工程技术. 2005 上海国际隧道工程研讨会论文集. 上海：同济大学出版社，2005：417-42.

基于压力 & 位移复合控制的液压支撑监控系统

刘　峰

（上海隧道工程股份有限公司　上海　200235）

摘　要：随着城市高层建筑和地下交通的发展，传统式基坑钢支撑支护方式已经满足不了大型深基坑施工的需求。针对现场施工的要求，开发设计了一套计算机自动控制的液压支撑系统，通过实时采集现场泵站的系统压力、油缸无杆腔压力以及油缸活塞杆行程等参数，并经 PLVC 控制器和可视化界面实现对钢支撑轴力自动化控制及钢支撑支护变形监测，经现场使用后证明，该套压力-位移的液压支撑自动化监控系统不仅界面友好，操作简单，可靠性高，并具有良好的灵活扩展性等特点，完全可以满足基坑支护施工的安全稳定性和经济适用性要求。

关键词：液压支撑；基坑；支撑轴力；PLVC

随着城市高层建筑和地下交通的发展，大型深基坑施工技术应用越来越广泛。基坑施工一般采用内支撑方式，最常用的支撑是钢支撑，每根管撑均在一端设置活络头，以便安放千斤顶和加力，安装就位后，用移动式千斤顶对支撑施加预应力，然后在预留的管端与冠梁间的间隙处加钢楔以支撑墙体，这种支撑施工简便，被广泛应用于长条形基坑工程中。在实际应用中，由于大型深基坑的支撑力大，在施工中发现支撑的钢楔在轴力的作用下出现明显的塑性变形，随着基坑长期的施工和养护，由于开挖使土体压力产生变化等因素，支撑轴力出现明显的衰减，进而造成了明显的支撑变形和失稳现象，这种变形随放置的时间而增长，当钢支撑发生较大的变形和位移时，就会引起基坑边坡失稳，严重时会造成邻近建筑物破坏或支撑脱落等重大事故[1-2]。为了满足更高标准的安全施工要求，为基坑开挖提供更可靠稳定的支撑支护保障，开发设计了可视化的液压支撑自动控制系统。

1　系统简介

整个系统主要包括可视化控制操作台、液压系统动力站、液压加载油缸和手动应急工具箱等。可视化控制操作台是液压支撑自动化控制时实现人机交互的主要手段，既可以通过各种传感器实现对现场支撑轴力变化、油缸位移的实时监测，而且根据需要可以完成对现场各控制元器件的操作，并对采集的数据进行存储、分析和查询等。液压系统动力站由一套高压小流量的液压泵站集成比例溢流阀、截至式电磁换向阀以及压力传感器等组成，通过高精度压力传感器可以远程实时监测各支路油缸后腔的加载压力值，将监测到的实时压力值传至控制器与设定压力值进行比较，对液压油缸加载以实现对钢支撑轴向力精确控制。现场液压油缸内置位移传感器通过监测活塞杆行程反映开挖基坑槽壁的实时变形情况，从而使施工人员及时了解钢支撑支护状况便于进行现场安全施工，当实际位移量超出预设的报警限值时，液压站现场警

作者简介：刘峰（1986—　），男，硕士研究生，主要从事隧道工程设备电液控制系统的研发设计工作。E-mail：liufeng-zju07@126.com

报器和远程监控界面同时进行报警提示。另外,在通讯故障或现场控制站不能进行正常使用的情况下,可以使用手动应急工具箱直接操作泵站进行手动调压操作,通过按键对整个支撑系统进行控制,起到了一道安全保障的作用。

2 液压系统原理设计

液压支撑的液压控制系统主要由电机泵组、无泄漏电磁球阀、比例溢流阀、压力传感器、位移传感器(内置于液压缸)和耐震压力表等几部分组成。采用径向柱塞泵和浸油式电机组成紧凑型液压泵站,有效减小了设备占地空间,在空间狭小的现场施工环境中有很好的适应性,液压泵最高输出压力可达到40MPa,输出流量为2.39 L/min。在主油路上设置比例溢流阀,通过电子放大器提供比例电磁铁的驱动电流,调整溢流阀的工作压力,实现对油缸的实时远程压力控制。电磁换向球阀采用了锥形无泄漏密封结构,密封性好,有效保证现场油缸的良好保压性能[3]。液压系统控制原理图如图1所示。

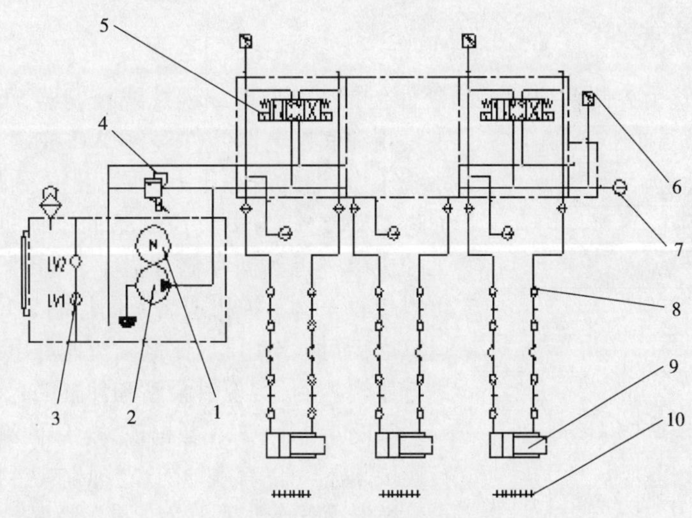

图1 液压系统控制原理图

1-电机;2-液压泵;3-液位计;4-比例溢流阀;5-电磁换向阀;6-压力传感器;7-压力表;8-快换接头;9-油缸;10-行程传感器

在溢流阀进口和液压缸无杆腔连接口处装有压力传感器和耐震压力表用于监测各支路上的液压加载力,并实时将压力传感器信号传至控制器与设定压力值进行比较,如图2所示。当实时压力值处于设定压力值范围内时,加载电机不启动,换向阀和溢流阀等无动作;当实时压力值小于设定压力值范围时,相应液压站电机启动,比例溢流阀对应目标值电流进行加载,同时电磁换向阀换向至油缸后腔加载位,此时油缸后腔压力逐渐增大至目标设定压力值后,电磁换向阀回至中位,比例溢流阀和液压泵卸载;当实时压力值大于设定压力值范围时,对应液压站电机启动,比例溢流阀加载,同时电磁换向阀换向至油缸后腔加载位置,此时油缸后腔压力逐步减小至目标设定压力值后,电磁换向阀回至中位,比例溢流阀和液压泵卸载并停止。

另外,集成式油箱内装有液位继电器,可以实现低液位报警和超低液位停机控制。液压泵站和液压缸油口连接端采用快换接头连接方式,便于现场进行快速拆装和维修作业,满足了更长距离的使用范围。

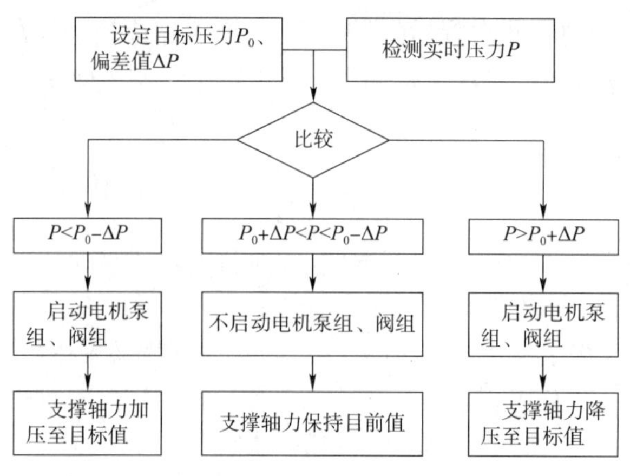

图 2　液压支撑压力控制示意图

3　控制系统设计

3.1　硬件设计

如图 3 所示，整个控制系统的控制硬件包括 PLVC 可编程总线控制器、工控机、手动控制工具箱和底层电器元件等，PLVC 控制器监测液压泵站系统压力、油缸后腔压力、油箱液位及油缸行程等参数，通过 CAN 总线与中央控制站的工控机进行通信，并在工控机中进行数据存储和显示。同时，PLVC 控制器也可以接收来自工控机或者手动控制工具箱的命令，经过运算之后可以对电机、比例溢流阀和电磁换向阀等元件进行逻辑控制，实现对泵站和油缸的自动操作和控制。

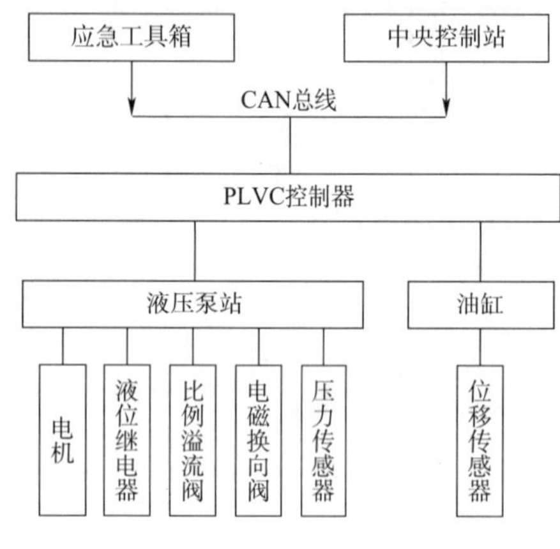

图 3　控制系统硬件结构图

如图 4 所示，CAN 数据现场总线两端通过终端电阻进行连接，这样可以有效地防止数据在达到总线终端时像回声一样干扰原始数据，从而保证了数据传输的准确性，而且各 PLVC 控制器单元 B-E 以星形方式与上位机通讯模块 A 进行连接，即使某个 PLVC 控制器出现故障也不会影响其他控制器与主控制台的数据通信。

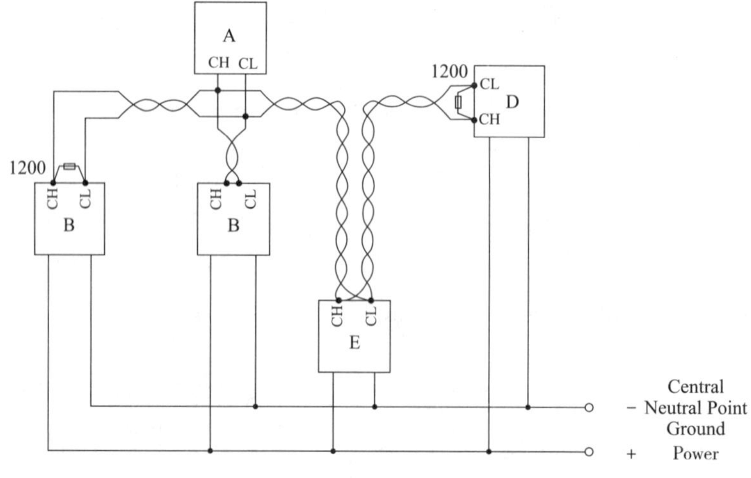

图 4　现场控制总线连接示意图

3.2 软件设计

远程监控计算机采用 VB 底层编程语言开发具有强大监控与操作能力的液压支撑监控程序,配置控制系统组态软件用于完成人机界面接口连接,并按支撑安装拆卸、自动控制补卸压、自动监测保压等几个不同运行状态段来记录、显示、处理和存储液压支撑运行时的所有监控参数。通过监控界面对整个液压支撑动力站、现场油缸工作状态和运行参数进行监视,可以及时准确地了解整个控制系统的实时状态,按要求对系统运行参数进行设置和对现场工作设备进行控制[4]。监控界面(见图 5)按照功能设计特点和操作方便等要求,包含几个主要功能:

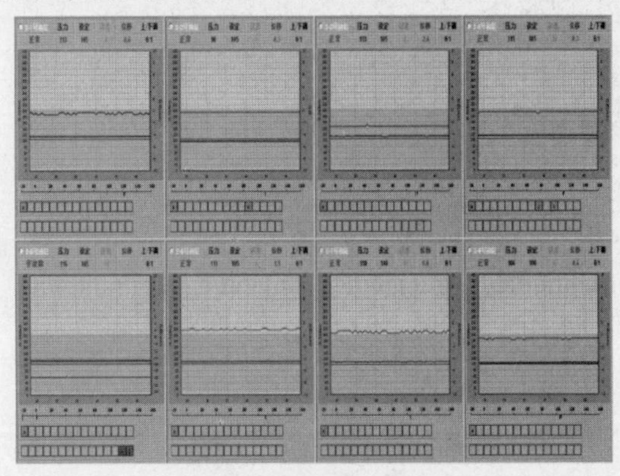

图 5　液压支撑系统监控界面

(1)实时状态监控

通过与底层控制单元进行通信,完成对现场数据的采集,并在主界面中通过数值显示和图表曲线两种方式将油缸加载压力、油缸设定压力、油缸位移等信息进行实时动态显示,使现场操作人员及时了解和掌握液压支撑的工作状态。

(2)实时控制操作

所有油缸和泵站都具有选择功能,选中需要控制的油缸或泵站后,可以完成相关控制操作,包括压力上限补压设置、压力下限补压设置、压力上限报警设置、压力下限报警设置、油缸位移上限报警设置、油缸位移下限报警设置、油缸伸缩控制、压力自动控制启闭等。根据操作安全性的要求,对于关键参数设置操作的人员需具备一定的专业操作权限,在提出操作申请并输入权限密码后方可进行参数设置和运行操作。

(3)故障报警监测

现场系统故障和报警信息主要包括参数超限报警、状态变化报警、设备故障报警等几种,为使现场操作人员能够及时发现并做出相关处理,现场以声音报警和灯光闪烁方式进行提示。在主界面中,故障和工作状态以颜色变化方式进行显示,每个泵站和油缸对应两排状态信息空格,上方空格显示工作部件的工作状态和信息,下方空格将显示故障状态和报警信息,如某个油缸处于自动补压控制启动状态下时,对应空格以蓝色标记字母 A 进行显示,而当其处于自动补压控制停止状态下时,对应空格以白色并无文字进行显示。另外,通过对历史故障和报警信息进行分析,以文本形式定义报警类型和内容,包括报警时间、报警标识、报警类型和恢复状态等,为现场工人进行下一步操作提供指导和帮助。

(4)数据存储和查询

在系统中建立完善的数据库系统用于监控数据和状态信息的存储和查询。在监控计算机内建立独立数据库用于对液压支撑运行数据及状态进行记录存储,内容包括存储时间、实时油缸压力、设定油缸压力、实际油缸行程等信息,并可通过连接打印机以报表形式进行打印查看。同时,如图6所示,操作人员可选取某一日期内的历史数据进行查询或监测,压力及位移变化趋势通过曲线图形式进行显示,从而可以对当天的支撑工作状态进行直观了解,为今后的工作提供相关参考依据。

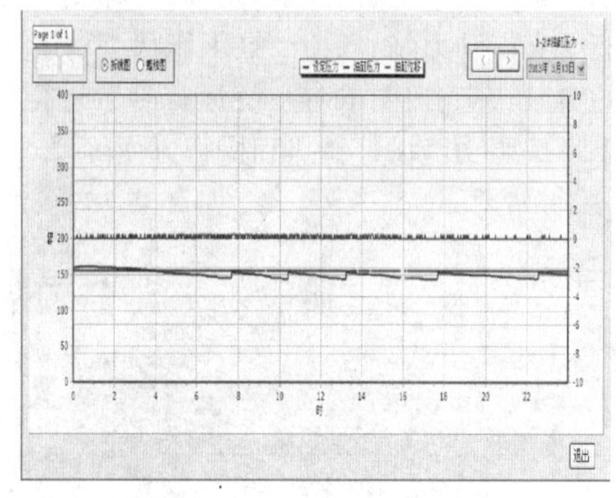

图6 监控系统查询功能界面

4 结论

液压支撑自动监控系统集比例液压控制技术、PLC 自动化控制技术及传感器技术为一体,并在复杂的工地施工环境中得到了较好的应用。在使用过程中,整个系统操作界面直观,自动化运行程度高,不仅可以实现支撑轴力的自动化补偿控制,而且可以对基坑槽壁的变形进行监测预警,增强了基坑支撑施工的安全性和可靠性。

参考文献

[1] 刘建航. 基坑工程手册[M]. 北京:中国建筑工业出版社,1997:212-217.

[2] 李军,孙昌龄,李剑. 论深基坑支护设计[J]. 合肥学院学报(自然科学版),2009,19(1):66-69.

[3] 雷天觉. 液压工程手册[M]. 北京:机械工业出版社,1990:1041-1085.

[4] 王亚民,陈青,刘畅生等. 组态软件设计与开发[M]. 西安:西安电子科技大学出版社,2003.

矩形掘进机壳体设计分析

王伟钢

（上海隧道工程股份有限公司　上海　200062）

摘　要：为满足异形断面地下通道的施工需要，设计研制了6.9m×4.2m断面的矩形掘进机。在设计矩形壳体的过程中，针对矩形结构各向受力难以相互抵消的特点，配置了相应的筋板来增加壳体强度、改善结构应力分布。完成方案设计后利用三维有限元软件进行分析，计算出壳体的应力、位移分布及其最大值，并根据计算结果对设计方案进行检验和改进。

关键词：矩形掘进机；壳体应力计算；有限元分析

异形掘进机是指切削断面不是规则圆形的掘进机，在现实中并不常见。一方面，掘进机主要用于地下隧道的建设，而地下隧道基本上均为圆形，这样能使结构受力更合理，便于抵抗土体压力；另一方面，圆形掘进机技术成熟，施工简单方便。因此，圆形掘进机是目前地下施工的主流选择。

但是，圆形掘进机在具备施工优势的同时也有其相应的使用缺陷，即空间利用率不高。地下隧道的使用空间大致为矩形的区域，使用圆形隧道会不可避免的造成剩余空间的浪费，为了提高空间的利用率，最根本的解决办法就是使施工断面形状趋近使用空间，这一需求促成了异形掘进机的产生与发展。

在地下空间施工中，应用最广泛的地铁隧道、地下公路隧道以及地下人行通道，其有效使用空间均为矩形，因此，设计适用的矩形掘进机无疑是异形掘进机最具潜力与实用价值的研究方向。

1　矩形掘进机与圆形掘进机壳体的差异及设计难点

矩形掘进机与圆形掘进机相比，在设计上最大的不同点就是壳体结构的差异。

圆形因为本身就是良好的受力结构，能将自身所受的外部水土压力进行分散抵消，因此，圆形掘进机壳体强度好、结构稳定。对于矩形掘进机，因为壳体形状不像圆形那般为圆弧结构，所以在受力上存在较大的强弱差异。

矩形掘进机四边所受的水土压力主要垂直壳壁，各成90°角，无法相互抵消，必须依靠壳体的自身刚度来抵抗四壁压力。在四边的交汇处，转角设计成圆弧过渡，壳体成拱形，因此刚度较好，相应的变形量小；在壳体四边区域，壳壁均受垂直方向的正应力，受力形式类似两端固定的简支梁受压，产生同向变形且不断累积；在四边中心区域，壳体刚度最小，此时正压力产生的变形达到最大，是需要用筋板重点补强的区域。由此可以看出，如何在壳体不同部位采用不同结构、如何合理利用筋板对应力集中区进行补强，是壳体设计中首要解决的难题。

2　掘进机总体结构设计

2.1　掘进机壳体三维模型

掘进机外壳体设计方案如图1所示。壳体由前后两部分组成，前后壳体依靠铰接系统进行连接，其中前壳体又分成前壳体1、前壳体2两部分，两者之间以螺栓连接。矩形掘进机四

作者简介：王伟钢（1984—　），男，本科，科员。主要从事机械设计工作。E-mail：kuang zhanw@hotmail.com

角为圆弧形,可以改善转角处的应力集中,提高局部结构的刚度;壳体四边均为平直面,这样可以使掘进机断面空间最大限度拟合地下通道的使用空间,提高空间利用率,同时,四边互相垂直可以使壳体的加工更方便,利于控制精度。当然,就如上一节所分析的那样,在这种结构下,四边中心部分的土压力将垂直作用在壳体表面,无法相互抵消,易造成较大变形。

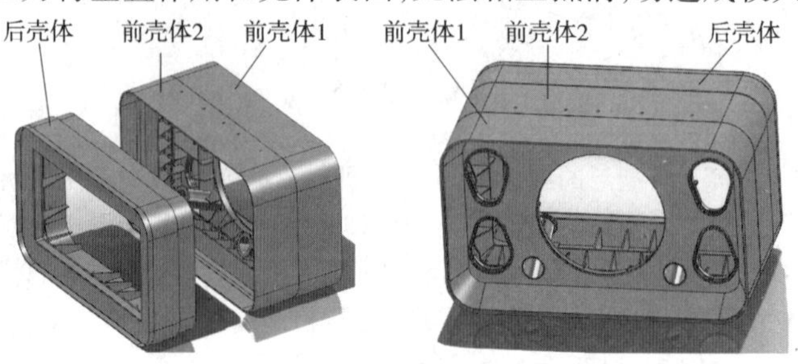

图1　矩形掘进机壳体模型

2.2　掘进机前壳体的筋板布置

为改善掘进机四边的受力变形问题,必须利用筋板对结构进行加强。图2是掘进机前壳体1的筋板布置图,前壳体1中含有沿顶管机横截面布置的胸板,将壳体四边连接成一个整体,胸板上开有一个大刀盘驱动安装孔(中央)和四个偏心驱动安装孔(两侧),以及两个螺旋机安装孔(下部),用于安装大刀盘驱动、偏心刀盘驱动和螺旋机。因为孔所受应力有沿半径向外发散的趋势,所以在孔的周边布置筋板时应尽量使筋板方向朝向圆孔中心,这样可以使筋板沿长度方向受正应力,避免侧向受力使筋板及焊缝受剪破坏。同时,在四边的中心以及上下长边两侧的1/4处,布置有较长的主筋板,这些主筋板起主要支撑作用,其他辅助筋板则连接主筋板、壳体及驱动安装孔,这样主筋板、辅助筋板以及壳体可以有效连成一个整体,将结构应力不断分散、抵消,形成一个均匀的网状加强结构,增强结构的整体刚度。

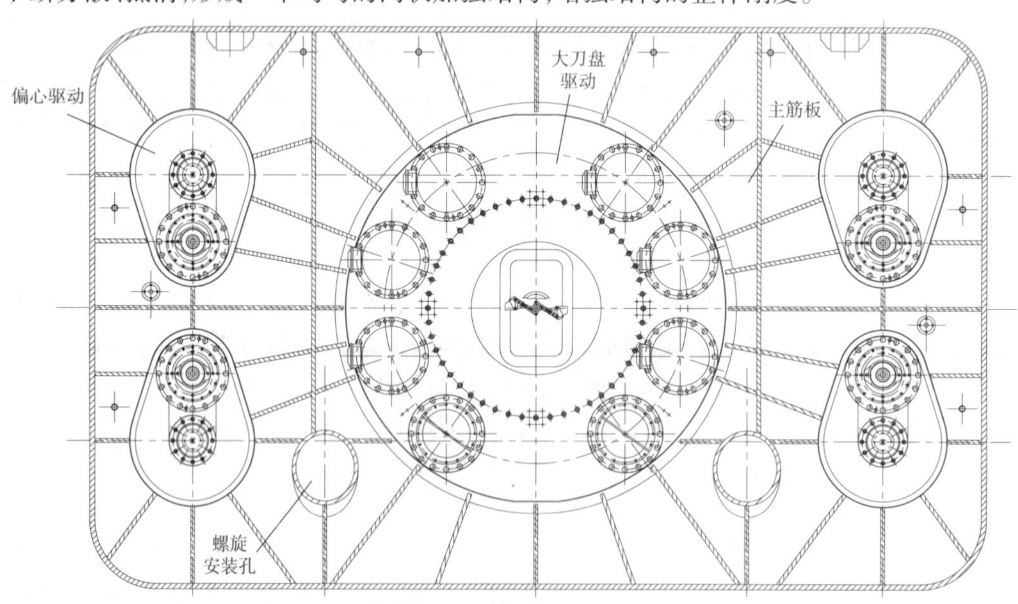

图2　前壳体筋板布置

3　掘进机壳体的有限元分析[1]

掘进机壳体是顶管机最重要的防护层,起着保护内部系统、抵抗土体挤压力的作用,如果壳体发生变形破坏,将造成工程失败的严重后果,因此,在设计时必须确保壳体强度满足施工要求,以保障工程的安全实施。

掘进机壳体结构比较复杂,内部有不同形状的筋板及连接板,如果采用手工计算的方法来校核强度,不但计算量大,而且容易产生疏漏和出错,影响结果的准确性。如果用有限元模拟计算,将大大简化计算步骤和时间,快速准确的获取应力分析结果。

掘进机正常顶进时,除四周受土体压力外,刀盘与土体的接触面将受到顶力的反作用力,这一反力最终由正面的土仓胸板承担,同时,胸板还要受土仓中的土压力作用,因此前壳体是掘进机壳体中所受应力最大的部分,检验壳体强度时首先以前壳体为例作分析计算。

3.1 前壳体模型的荷载加载与网格划分

如图3,单独建立前壳体的三维模型,按设计方案配置相应的安装孔及筋板,使模型结构与设计图纸相符。随后在模型上各处施加荷载与约束,包括正面土压力、驱动安装部位受到的顶进反作用力、四面土压力、壳体自重等,各项力的数值大小依照顶部埋深10m、掘进机额定顶力2700T为依据计算获取,设定完毕后进行有限元网格划分。

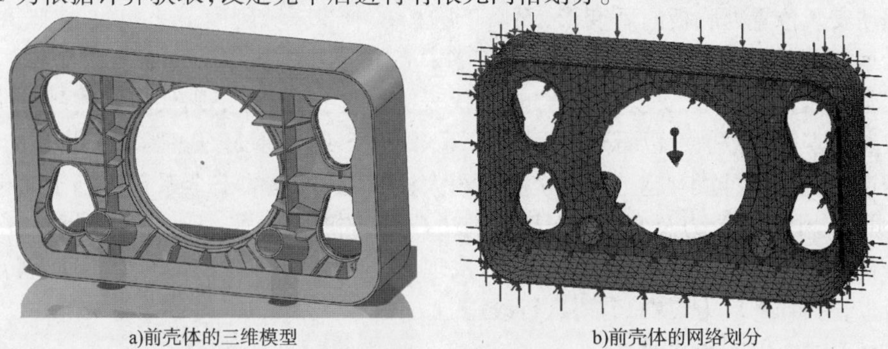

a)前壳体的三维模型　　b)前壳体的网络划分

图3　前壳体的三维模型及网格划分

3.2 壳体应力分布

在完成先期的数据预处理后,有限元软件可以按程序计算出前壳体的应力、变形等结果数据,壳体应力分布如图4所示。

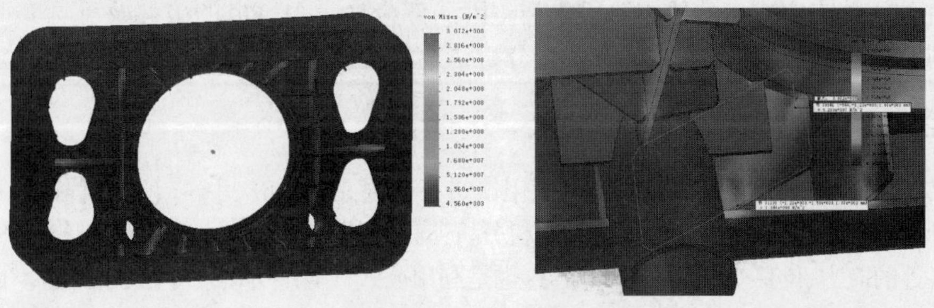

图4　前壳体应力分布

从左图壳体的整体应力分布发现,结构的最大应力约为300MPa,超出了普通碳钢的屈服强度220MPa[2],说明壳体局部区域应力过大,大于材料的屈服极限。将应力最大处进行标示(见图4),发现该点位于中部左、右下方大刀盘驱动安装孔边沿的加固筋板上,筋板在该处形成直角台阶来固定驱动安装环板,以抵抗驱动受到的顶进反力。对该处附近区域的应力进行探测,发现周边应力数值大致保持在100MPa以下,显然该点属于局部应力集中,应力作用区域极小。仔细观察壳体的整体应力分布可以看出,除类似处的筋板拐点处以外,壳体主结构部分的应力均小于50MPa,远小于材料的屈服极限。

3.3 壳体变形及安全系数分布

壳体的变形情况与安全系数如图5所示。

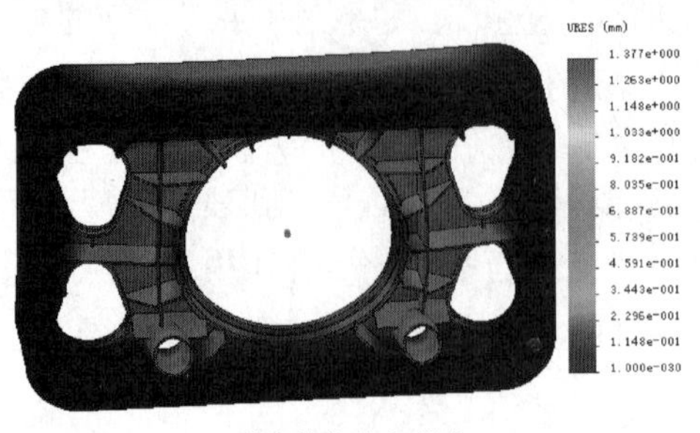

a)前壳体位移变形图

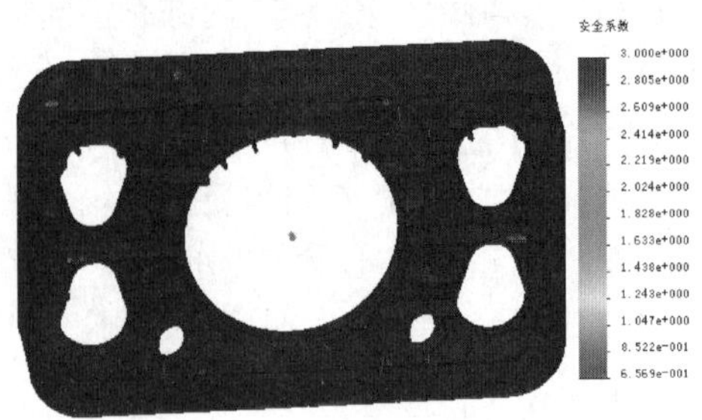

b)前壳体安全系数分布图

图5 前壳体变形量及安全系数分布

在变形量分布图中,最大变形为1.4mm,处于大刀盘驱动安装孔的两侧,这与实际情况相符。因为掘进机埋深较浅,周围的土压力远小于正面的顶进反力,所以最大变形是由顶进反力造成的驱动安装位置处胸板向后变形,而由于胸板在中部区域刚度最小(离四边壳壁加固区域距离最远),因此变形量在驱动安装孔两侧的中心位置达到最大值。

在安全系数分布图中,安全系数值越大,代表结构越安全,越小则代表结构越危险。从图中所取数点的安全系数值可以看到,最小安全系数0.65发生在大刀盘驱动安装孔的筋板处,离中心越近,安全系数越小,越远则安全系数约大,同时筋板上的安全系数要小于面板上安全系数,说明壳体中心的受力及变形情况要比周边严重,同时筋板受力要大于面板,这与应力及应变的分析结果相符。从所选点的数据可以发现,安全系数小于1的区域处于筋板转角处,说明在筋板上存在局部应力集中,需要进行改进。

3.4 根据分析结果改进设计

从有限元分析结果可以知道,壳体的原设计方案会在筋板局部区域产生集中应力,集中应力最大值约300MPa,超出材料的拉伸屈服极限。为解决这一缺陷,在筋板转角部分使用合适半径的圆弧过渡,避免直角转折,这样可以有效改善应力集中,提高筋板性能。在改进设计后,掘进机壳体在加工完成后的使用阶段未产生因局部应力集中造成的破坏及可见变形,结构强度完全满足工况需要,验证了三维有限元分析结果的准确性。

4 结论

与传统的利用公式计算结构应力方法相比,进行有限元分析时,手工计算过程被计算机取代,因此在计算过程上更加简便快捷,而且计算机分析所得到的结果更详尽直观,能以分布图的形式显示模型各处的应力、位移变形及安全系数,这也是利用公式计算应力时所不能比拟的。在设计复杂结构时,结合有限元分析方法对设计方案进行分析,能够快速准确地获取模型各处的应力、位移情况,以此找出设计中的不足之处,对方案进行改进和完善,增强结构的可靠性,提高设计效率。

参考文献

[1] 吴高阳,任国权,胡仁喜. SolidWorks 2010 有限元、虚拟样机与流场分析从入门到精通[M]. 北京:机械工业出版社,2011.

[2] 成大先. 机械设计手册[M]. 北京:化学工业出版社,2004.

大直径高扭矩盾构螺旋输送机研究

王　兴

（上海隧道工程股份有限公司　上海　200333）

摘　要：通过对南京机场线螺旋输送机改制的研究，实现了对螺旋输送机驱动内部密封件的设计，增强螺旋输送机螺杆叶片的强度及耐磨程度，根据密封设计检查密封性能是否达到预期效果。介绍了螺旋输送机结构特点、驱动的计算方法等，分析了密封件设计和安装应用原理，为螺旋输送机正常使用和施工中疑难解答提供依据。

关键词：螺旋输送机；密封件；螺杆；驱动

在软土地质下开挖隧道，一般采用盾构法施工，主要有泥水平衡盾构与土压平衡盾构两种方法。土压平衡盾构属封闭式盾构，当盾构机处于推进状态时即通过安装在盾构机壳体中的推进油缸向后推压管片使盾构机向前顶进时，前端刀盘旋转切削地层土体，切削下来的土体进入土舱，由螺旋输送机将渣土排送出去，保持被动土压与开挖面压力基本相同，故切削面实现平衡。

1　简介

在土压平衡盾构施工中，当盾构机处于推进状态时，由螺旋输送机运送土舱中不断被刀盘切削下的土，同时可以调整螺旋输送机的旋转速度控制其出土量以及盾构机推进速度来维持盾构机切口环的土舱压力与开挖面水土压力互相平衡的效果。例如，当盾构机土舱压力小于开挖面水土压力时，可以在维持原有螺旋输送机出土量下，通过增加盾构机的推进速度或在保持原有推进速度下减少螺旋输送机的出土量来使土舱压力上升。压差特别大时，可同时调整螺旋输送机出土量和盾构机推进速度使其尽快达到平衡效果。

2　螺旋输送机驱动设计

根据南京盾构的总体要求，螺旋输送机采用轴向出土，总长度为11m。南京地质勘查报告显示，地质层中多存在砾石、砂粒等物质，需要提高螺旋输送机的扭矩。并在设计螺旋输送机的螺杆及螺杆座时，增加其耐磨性。

2.1　驱动设计计算

螺旋输送机每小时弃渣量：

$$Q = \pi D_a^2 V/4 = 109.7 \quad m^3/h \tag{1}$$

式中：D_a——刀盘直径；

V——最大进给量。

$$n = 4Q/(60\pi D^2 S K_\alpha K_\beta) = 9.2 \quad rpm \tag{2}$$

式中：K_α——充填系数；

K_β——倾角系数；

作者简介：王兴（1987—　），男，本科，科员。主要从事盾构、顶管部件的机械结构设计。E-mail：wangxingwill@163.com

D——套筒直径。

螺旋节距：

$$S=0.8D=0.8\times800=640\quad \text{mm} \tag{3}$$

螺旋机极限转速：

$$n_j=A/\sqrt{D}=30/(0.8)^{1/2}=33.6\quad \text{rpm} \tag{4}$$

式中：*A*——物料综合系数。

螺旋轴所需功率：

$$N_0=kQ(W\cdot L\cdot \text{con}\alpha+L\cdot \sin\alpha)/367=52.5\quad \text{kW} \tag{5}$$

式中：*W*——物料阻力系数

螺旋机扭矩：

$$M=974N_0/n=5560\quad \text{kgf}\cdot\text{m} \tag{6}$$

螺旋输送机驱动分为两种形式：一种是利用油马达驱动，另一种是利用带有变频装置的电动机驱动。南京螺旋输送机使用油马达驱动减速器的形式。为了能够达到土压平衡的目的，无论是采用哪一种动力，都必须使螺旋机的排土转速保持在一定的范围内，且可以随时调节。

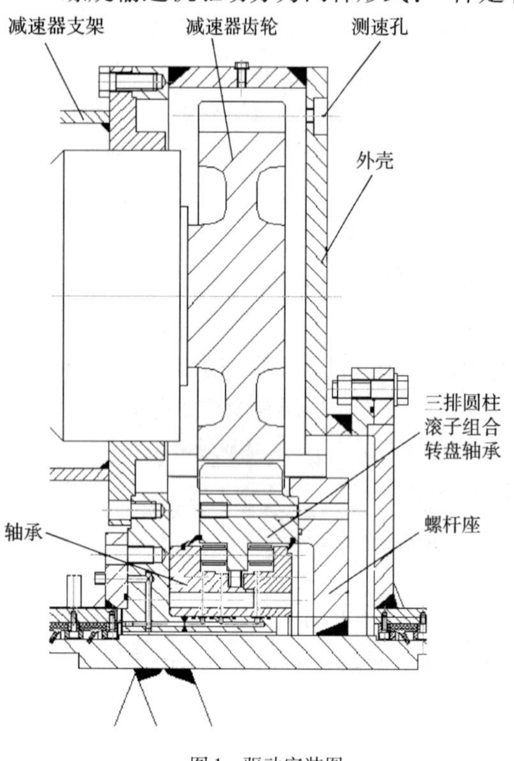

图 1　驱动安装图

2.2　驱动部件连接

可见驱动安装图 1，先将减速器用螺栓固定在减速器支架上，再通过油马达驱动减速器小齿轮，由小齿轮带动外齿式三排圆柱滚子组合转盘轴承，并使用高强度螺栓将轴承与外壳连接。最后通过高强度螺栓将螺杆座与三排圆柱滚子组合转盘轴承连接，由轴承旋转带动螺杆及螺杆座旋转。在外壳减速器安装的部位开有测速孔，可通过安装测速传感器监测减速器转速。施工时根据出土量的要求，使用比例阀调整减速器转速，使螺旋输送机转速控制在要求范围内。

2.3　驱动密封

螺杆座旋转时与驱动槽体之间存在相对运动，形成间隙。在螺旋输送机排土时，渣土不断被挤压，会由此间隙进入到驱动内部，所以要在间隙处装入密封圈防止泥沙进入驱动磨损轴承，以防螺旋输送机传动失效，可见图 2。首先，在前壳体与中壳体之间的缝槽间隙形成一道迷宫密封，阻挡大颗粒渣土进入。中壳体与螺杆座的间隙处则安装三道密封圈，密封圈的叶缘方向由驱动内部朝外安装，可通过密封圈自身的机械结构阻挡外界水土压力。每两道密封圈间的密封压板上开有加油脂孔加注密封油脂。在加注油脂时，由于内部压力逐渐升高，油脂会顺着叶缘方向朝外流出，使每一道密封圈的内部压力高于外部压力，当第一道密封圈损坏时，后两道的密封圈的内部压力也能阻止水土不进入驱动内部。此外，泥沙还会因为密封圈光滑面与壳体黏结处存在轴向窜动而进入驱动。所以密封圈在安装时需要涂抹黏结剂与槽体黏结，并要避免其黏结处存在轴向窜动现象。

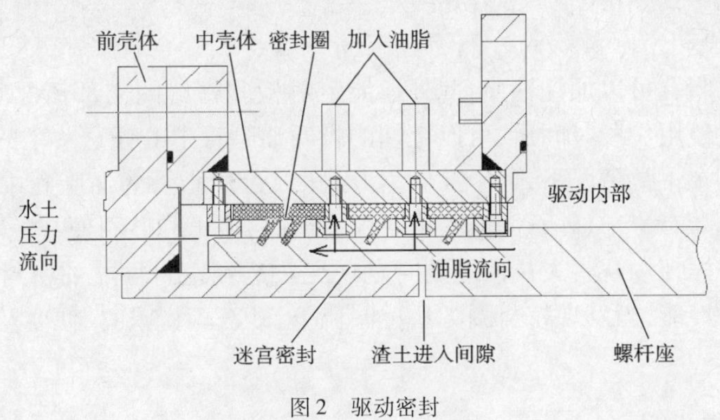

图2　驱动密封

2.4　密封件安装

由以上介绍所知，密封圈叶缘朝向需要由内向外安装，并且装配密封圈时，为了防止密封圈叶缘在装入壳体时翻折损坏影响密封效果，需要顺着密封圈叶缘方向装入壳体中。如图3所示，在密封圈光滑面涂抹黏结剂并使用压板将其固定在中壳体上，保证其光滑面黏合处不会有轴向窜动，避免土沙从密封圈平面端和外壳黏合处进入驱动内部。为了保证黏结剂的黏合效果，需要使用反应型黏结剂，避免使用挥发型黏结剂。在密封圈装入壳体前先将密封圈叶缘空隙处涂上润滑脂，当螺旋机正常工作时，可在中壳体与后端槽体的8个G3/8”螺纹孔中通入集中润滑油脂；再将已装入三道密封圈的中壳体与后端壳体从外壳两边插入并用螺栓与外壳连接（注意必须顺着密封圈叶缘的方向装入，避免密封圈在装入时叶缘受到损坏）；最后，将前壳体与后壳体分别安装到位即可。

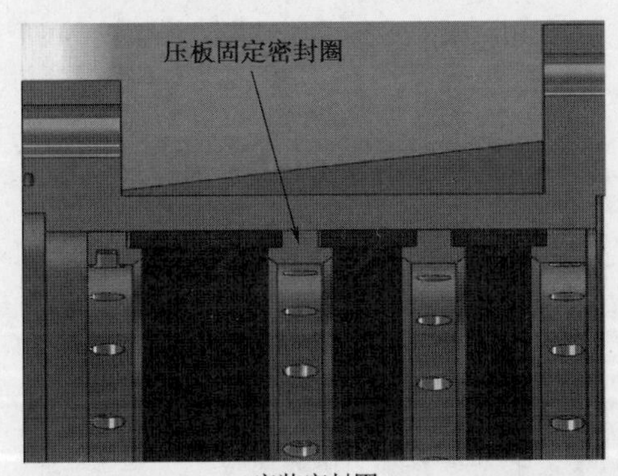

a)安装密封圈

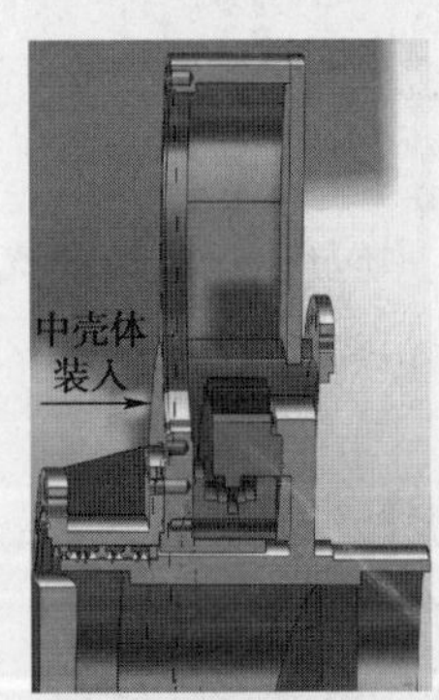

b)插入中壳体

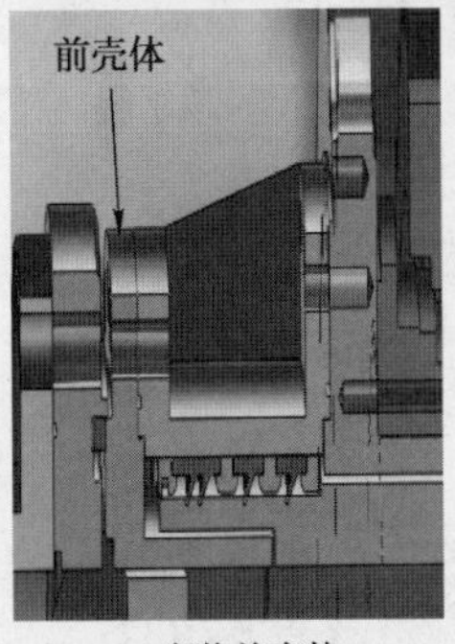

c)安装前壳体

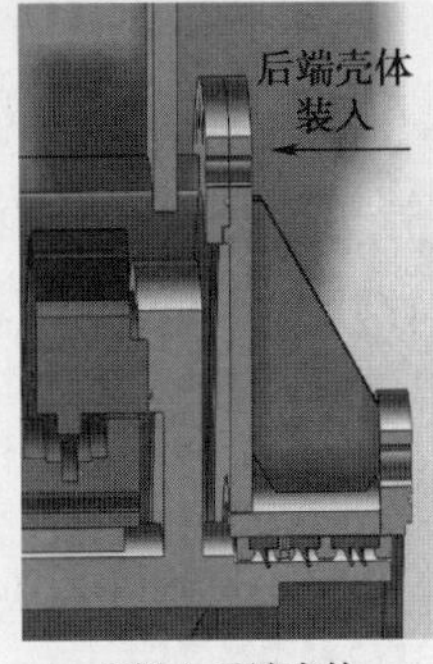

d)插入后端壳体

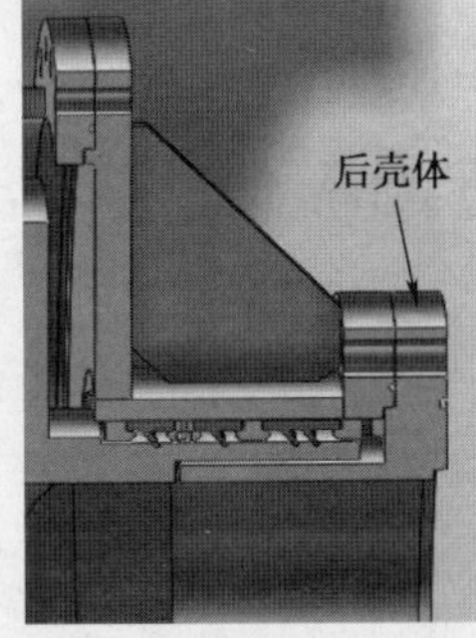

e)安装后壳体

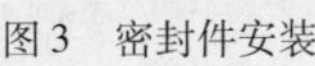

图3　密封件安装

2.5 密封性能检验

密封圈压板油脂孔可以加注油脂,此外还能定时检验密封圈内部情况确认是否达到预期效果。当螺旋机在使用一段时间后,可以定期的将两油脂管中的任意一个拆卸下,往另一个油脂管中加注油脂。在正常情况下,当内部压力升高时,无油脂管的油脂孔中会流出密封油脂。然而,当密封圈损坏,有流土、砂石等流入密封圈内部时,流土和砂石便会随着密封油脂一起从油脂孔中流出。这样现场观察人员便能及时发现无法达到密封性能的密封圈,以此可以检验每道密封圈的密封性能,当发现密封圈无法控制流土、砂石等侵入时,便要及时采取措施,避免轴承损坏。

3 螺杆及螺杆座设计

3.1 螺杆及螺杆座结构

南京螺旋输送机螺杆叶片直径790mm,采用中心轴式,螺杆及螺杆座的结构包括螺杆芯轴、螺旋叶片、螺杆座等部件。根据南京地质探测报告显示,螺旋输送机输送的地下物质主要包括砾石、泥砂等对扭矩要求高、磨损性强的颗粒物质。为了增加螺旋叶片的耐磨程度,避免螺旋叶片的磨损,需要在螺旋叶片上加装焊接耐磨板、支撑块来提高硬度,耐磨板主要由两块硬质合金钢与底座组成,可见图4。一个螺距,同一个面耐磨块数量为18件,支撑块18件。螺旋叶片前4个螺距耐磨块正反安装并且交错,后4节螺距安装在迎土面上。

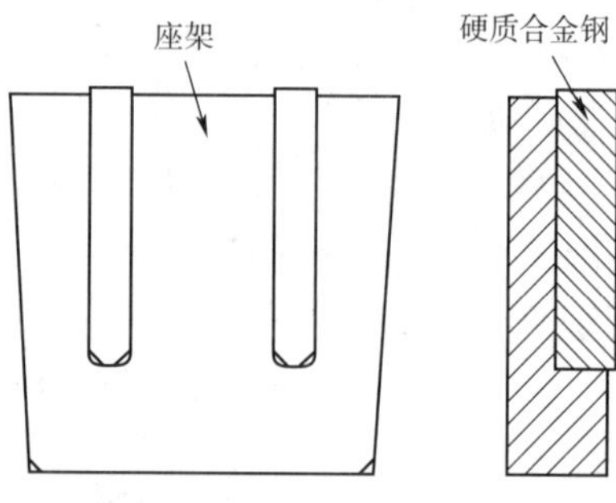

图4 耐磨板结构图

3.2 螺杆及相应部件计算公式

计算螺旋机当量直径 D_0:

$$D_0 = K_z \left[Q/(K_a K_\beta) \right]^{1/2.5} = 0.628\text{m} \tag{7}$$

式中:K_z——泥沙综合特性系数;

K_α——充填系数;

K_β——倾角系数。

当量面积:

$$A_0 = \pi/4 D_0^2 = 0.31\text{m}^2$$

取螺杆 $D = 800\text{mm}$, $d = 203\text{mm}$,验算螺旋叶片有效面积:

$$A' = \pi/4(D^2 - d^2) = 0.47\text{m}^2 > A_0$$

4 螺旋输送机安装

螺旋输送机通常安装在切口环土舱隔板后,进土口处筒体用螺栓与预先焊在盾构机隔板上的螺旋输送机套筒相连,再使用拉杆与筒体后端的吊攀连接,拉杆的另一端则与盾构机壳体相连。拉杆两端安装铰链螺母,使用时可以旋转铰链螺母调整拉杆的总长度,可控制螺旋输送机的水平角度。这样便把螺旋机固定在盾构机壳体中。

5 结语

在土压平衡盾构施工中,为避免出现螺旋叶片磨损和密封损坏等情况的发生,对不同地质的螺旋输送机设计要求也不同。文章根据南京盾构机使用参数介绍了驱动设计计算书,驱动各部件的连接方法,根据地质要求增加螺旋叶片的耐磨性等。

螺旋输送机密封要从根本上阻止细小砂质等进入驱动内部损坏轴承。密封圈的安装也会对其以后的密封性能有直接影响。此篇论文详细介绍了南京螺旋输送机的密封原理,从最初安装密封圈步骤到其密封性能检验等,为密封圈的安装和使用提供理论依据。

参考文献

[1]《运输机械设计选用手册》编辑委员会.运输机械设计选用手册[M].北京:化学工业出版社,2004.

超大粒径砂卵石地层中刀具的使用分析

郭明华

（中铁十六局集团地铁工程有限公司　北京　100124）

摘　要：在不同地层中，选用合适的刀具是盾构掘进至关重要的第一步。中铁十六局集团在北京地铁 10 号线二期 11 标施工中，在莲花桥站—六里桥站、六里桥站—西局站区间施工中，穿越卵石⑦层。卵石经筛分确定一般粒径为 20～300mm，粒径大于 20mm 颗粒物含量约占 90%。粒径大于 100mm 颗粒物含量占 50%～60%。其中：100～200mm 颗粒物含量占 40%；超过 500mm 的大粒径漂石频繁出现，目前已发现的颗粒物最大粒径为 1650mm。通过对刀具合金块布置形式和合金材质选用的分析优化，并结合经济性择优选用，在 1000m 隧道掘进中，只更换了两次部分刀具。特别是经过优化后，在这种超大粒径砂卵石地层中，一盘刀具推进 730 环（即 876m）。

关键词：北京；盾构；砂卵石；刀盘改造；刀具选型

1　引言

随着时代的进步，对盾构法施工进度的要求也越来越高，尤其在超大粒径砂卵石这一不稳定地层中进行施工，选择最适合的盾构刀具是当前盾构法施工的一个重点。本工程采用盾构法施工，通过采用优化刀具形式、各种加固技术，对刀盘进行加固保护，经过不断试验，选择最适合的刀具，减少盾构施工中换刀次数，保证连续掘进。

2　地层概况

2.1　莲花桥站—六里桥站区间

盾构隧道主要穿越卵石⑦层，卵石经筛分确定一般粒径为 20～300mm，粒径大于 20mm 颗粒物含量约占 90%。粒径大于 100mm 颗粒物含量占 50%～60%。其中：100～200mm 颗粒物含量约占 40%；超过 500mm 的大粒径漂石频繁出现，目前已发现的颗粒物最大粒径为 1650mm。水位位于底板以下 100～200mm。

2.2　六里桥站—西局站区间

盾构区间隧道主要穿越第四系沉积土中的⑦卵石层，一般粒径为 200～300mm，大于 20mm 颗粒物含量约占 80%，级配较好，充填物为中粗砂，含砂量约为 30%，在盾构井、暗挖段及盾构掘进施工中，超过 500mm 的大粒径漂石频繁出现，目前已发现的颗粒物最大粒径为 1100mm（见图 1）。

作者简介：郭明华（1978—），男，本科，中铁十六局集团地铁工程公司副总工程师。主要从事地铁盾构施工。E-mail：mihghua－guo2006@163.com

图1　盾构隧道穿越地层中揭露的部分卵石照片

3　原装刀具的形式

本工程采用由海瑞克公司生产的直径为6.28m的土压平衡式盾构机[1]，刀盘结构形式为复合式(辐条加小幅面板)，刀盘开口率为30%，海瑞克产品出厂时根据地层需要所配置的刀具有单刃滚刀、双刃滚刀、齿刀、刮刀、贝壳刀，如图2所示。

图2　原装刀盘照片

4　砂卵石地层中刀具的使用分析

4.1　对刀具磨损情况分析

图3　单刃滚刀偏磨照片

针对开仓后拆卸的刀具磨损情况进行分析，总结出单刃滚刀90%为偏磨；中心双刃贝壳刀99%为严重性磨损；齿刀82%为合金碰撞磨损和刀具正面磨损；边缘刮刀95%为边缘合金块碰撞磨损[2]。如图3所示为在推进西六盾构区间时，在144环位置开仓后所拆除的刀具，单刃滚刀为偏磨。

中心刀磨损为偏磨，如图4所示。

切刀磨损为碰撞磨损，如图5所示。

图4　中心刀偏磨照片

图5　切刀磨损照片

4.2　对刀具分析优化

本工程结合工程地层特点对各种刀具的磨损情况进行分析，通过对刀具合金形式的分析和合金材质的分析，对刀具的种类配备进行全面优化。

4.2.1　切刀(齿刀和边缘刮刀)

切刀是软土刀具，布置在刀盘开口槽的两侧，其切削原理是在盾构机向前推进的同时，切刀随刀盘旋转，对开挖面土体产生轴向(沿隧道前进方向)剪切力和径向(刀盘旋转切线方向)切削力，在刀盘的转动下，刀刃和刀头部分插入地层内部，不断将开挖面前方土体切削下来。切刀一般适用于粒径小于400mm的砂、卵石、黏土等松散体地层。

普通的软土切刀刀具一般采用小尺寸硬质合金，直至只敷耐磨层，在砂卵石的全断面地层中，一般只能掘进300~400m，不能满足砂卵石地层中长距离掘进需要，更换刀具不仅需要花费较大的成本，而且不可避免风险。

针对砂卵石地层特点，开挖面整体单轴抗压强度较低，土质疏松，在缘刮刀及正面齿刀的主切削刃上，特定设计大尺寸、大圆角的硬质合金块，提高刀具的耐磨及耐冲击的能力，同时加大硬质合金块的角度，形成“锋利”的效果，使之有效插入土层，减弱刀具在切削时的振动。主切削刃硬质合金块与渣土接触面积大，减小钢基体的磨损量，增加刀具的使用时间。

刀具安装形式不发生变化，各刀具高度差也未进行调整，基本保证刀盘设计的刀具分布结构。在刀具工作在反转过程时，长距离工作的刀具的后刀面磨损严重，因此，在刀具后刀面位置增加若干硬质合金，有效地削弱了渣土对刀体的磨损。

刮刀刀具式样和渣土流动轨迹线及切削后角磨损分析图如图6所示。

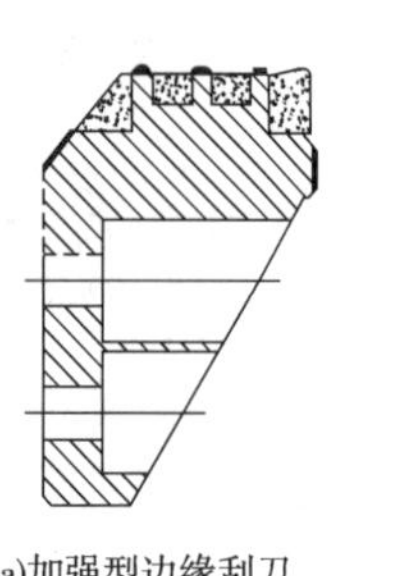
a)加强型边缘刮刀

b)加强型正面刮刀

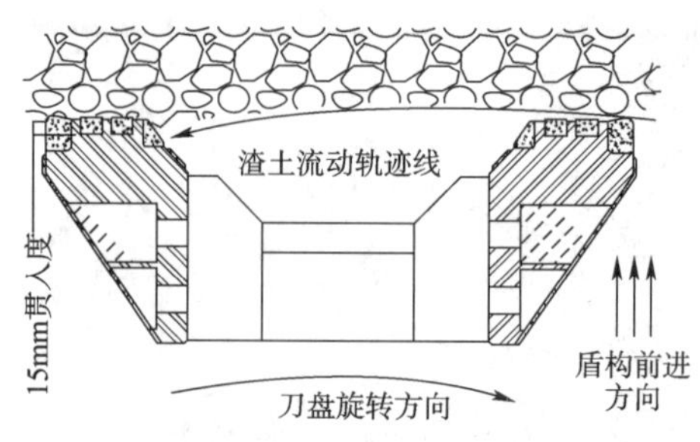

c)渣土流动轨迹线及切削后角磨损分析

图6　刮刀刀具式样和渣土流动轨迹线及切削后角磨损分析图

4.2.2 贝壳刀

贝壳刀实质上是先行刀，刀盘配置有两种贝壳刀：一种是可更换式贝壳刀，替代正面滚刀使用；另外一种是焊接式贝壳刀，焊接在刀盘上，主要分布在刀盘上大半径区域，交错分布。盾构机穿越砂卵石地层，特别是大粒径砂卵石地层时，若采用滚刀型刀具，因土体屑为松散体，在滚刀掘进挤压下会产生较大变形，大大降低滚刀的切削效果，有时甚至丧失切削破碎能力。贝壳刀主要先行于刮刀松动地层，因而可有效地保护好刮刀，防止刀盘磨损。由于本地质富含超大砂卵石的典型特点，对刀具的冲击磨损非常大。为应对这种对刀具高冲击、高磨损地质，设计出焊接式强化先行刀，其工作高度高于切刀和边缘刮刀，与滚刀一致。为防止刀具的超前磨损，发挥其高耐磨特性，特设计成工作截面相对较小，且刀体两端焊接超大硬质合金，这样可以得到更小的分配扭矩。超大合金具有高耐磨性及高耐冲击性，可以对工作面先进行犁沟式破碎，当遇到较大卵石时，还能相应实现对卵石的"锤击"破碎，如图7所示。

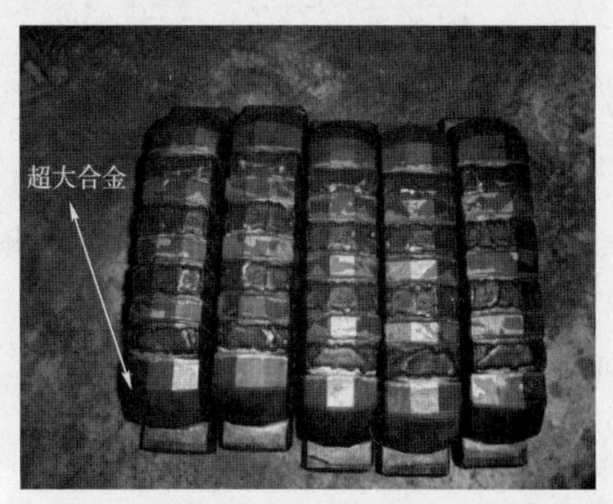

图7　焊接式强化先行刀

4.2.3 外周保护刀

外周保护刀，顾名思义就是安装或焊接在刀盘外周，对整个刀盘外周圈进行保护，防止刀盘直径在磨损中变小，导致开挖直径变小。外周保护刀的刀高以高出外周耐磨板5~10mm为宜，一般等分45°焊接刀盘外周，如图8所示。外周保护刀在设计中主要考虑为大尺寸硬质合金块，并与其他外周耐磨板组合协同工作。采用外周保护刀，可显著减少渣土对外周耐磨板及外周刀箱箱体的磨蚀，在松散体地层，尤其是砂卵石地层，外周保护刀的使用效果十分明显。

图8　外周保护刀照片

4.2.4 中心刀

由于在砂卵石地层中，含有一定程度的黏土，并且此刀盘中心开口率小，中心刀具线速度低，在盾构推进过程中，难免会由于中心刀的选择不好而易结成泥饼，致使整个泥沙全部堆积在中心部位，造成整个刀盘开口率下降，为此，在这种地层中选择好中心刀具显得尤其重要。本工程最初安装的中心刀具为双刃中心滚刀，经实践证明，滚刀由于轨迹半径小或启动扭矩的原因，经常出现偏磨及结泥饼现象，造成滚刀偏磨。为此，经改造，将初装刀具更换为贝壳型中心撕裂刀。这样既可解决中心部分土体的切削问题，改善切削土体的流动性和搅拌效果，又大大提高了盾构整体掘进效果。

4.2.5 滚刀

在纯硬岩地层掘进时，通常采用滚刀破岩。滚刀破岩的原理是依靠刀具滚动产生冲击压碎和剪切碾碎的作用达到破碎岩石的目的。滚刀的类型、数量、布置方式、位置、超前量根据岩层的强度和整体性、掘进距离、含砂量等特点确定。穿越松散地层但有大粒径的砾石(粒径大于400mm)，并且含量达到一定量时，需采用滚刀型刀具。由于刀盘边缘位置线速度高，刀圈接触面积较大，能使滚刀在低岩石强度中转动，特别是，在隧道地质条件复杂多变、岩石与一般土体（或黏土或砂土）交错频繁出现的情况，保留边缘位置的滚刀有利于正常掘进（即在复合式盾构机中采用）。在硬岩地层掘进中，滚刀受刀盘向前的推力，在开挖面滚动，直接由开挖面提供转动力矩，几乎没有阻力力矩。而在砂卵石地层，刀箱里容易挤满砂土，经过压密结块，产生阻力力矩，阻止滚刀滚动，造成滚刀偏磨或弦磨而失效。掘进中滚刀受力情况见图9。

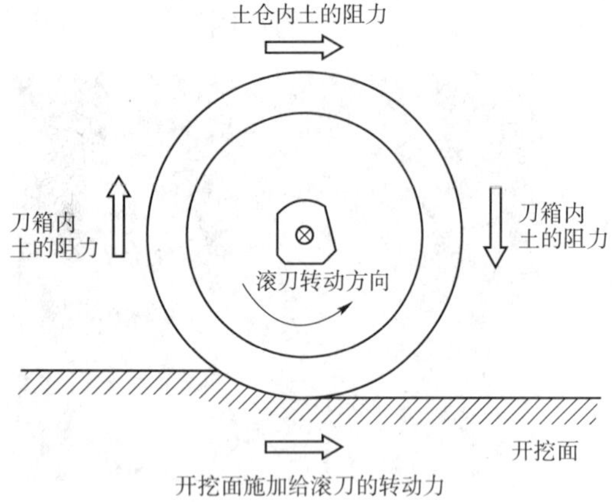

图9　掘进中滚刀受力情况示意图

滚刀刀圈的材质是滚刀能否胜任掘进的关键要素，盘形滚刀刀圈一般有以下4种类型：

（1）耐磨层表面刀圈。适用于掘进硬度为40MPa的紧密地层，硬度为80～100MPa的断裂砾岩、砂岩、砂黏土等地层。

（2）标准钢刀圈。适用于掘进硬度为50～150MPa的砾岩、大理石、砂岩、灰岩地层。

（3）重型钢刀圈。适用于掘进硬度为120～250MPa的硬岩，硬度为80～150MPa的高磨损岩层，如花岗岩、闪长岩、斑岩、蛇纹石及玄武岩等地层。

（4）镶齿硬质合金刀圈。适用于掘进硬度高达150～250MPa的花岗岩、玄武岩、斑岩及石英岩等地层。

对于莲花桥站—六里桥站区间这种砂卵石地层条件，保留边缘位置的滚刀，同时加刀圈厚型，增加刀圈的耐磨性及接触面积，扭矩调整在25N·m左右，其掘进可较顺利地推进。

4.2.6　耐磨保护板

耐磨保护板的作用是保护整个刀盘的箱体及刀箱，与耐磨焊条堆焊起到同等的效果，主要作用是减少砂卵石对刀盘和刀箱的磨损，实际使用效果明显，有效地避免了刀盘和刀箱先于刀具失效造成刀具的非正常磨损。

4.3　刀具的轨迹及刀具高差分布

4.3.1　刀盘轨迹分布

盾构机刀盘刀具的分布是盾构机设计时的一个重要参数，其值选用是否得当直接关系到盾构机的切削效果、出土状况和掘进速度。对于土压平衡盾构机，盾构机各大生产厂商经过大量工程实践已给出的经验值取值范围在80～100mm。刀具布置时应按照牙型交错连续排列的原理，确保盾构机刀具的切削轨迹布满开挖全断面；另针对不同切削要求（包括不同地质的要求），需设置切削刀、超前刀、盘圈贝型刀、中心刀等几种刀具。本工程刀具布置及轨迹分布如图10所示。

4.3.2　刀盘刀具高差分布

根据北京市地质条件，以及我集团公司在北京市砂卵石地层采用盾构法施工实际经验，笔者认为在砂卵石地层，特别是在砂卵石地层中盾构机刀盘旋转切削围岩（砂卵石）时，盾构机刀盘刀具高度最好为3～4层，这样，不仅增加刀具由于高差减少各种刀具的磨损，也间接提高了盾构机的使用寿命，其技术经济更为合理。

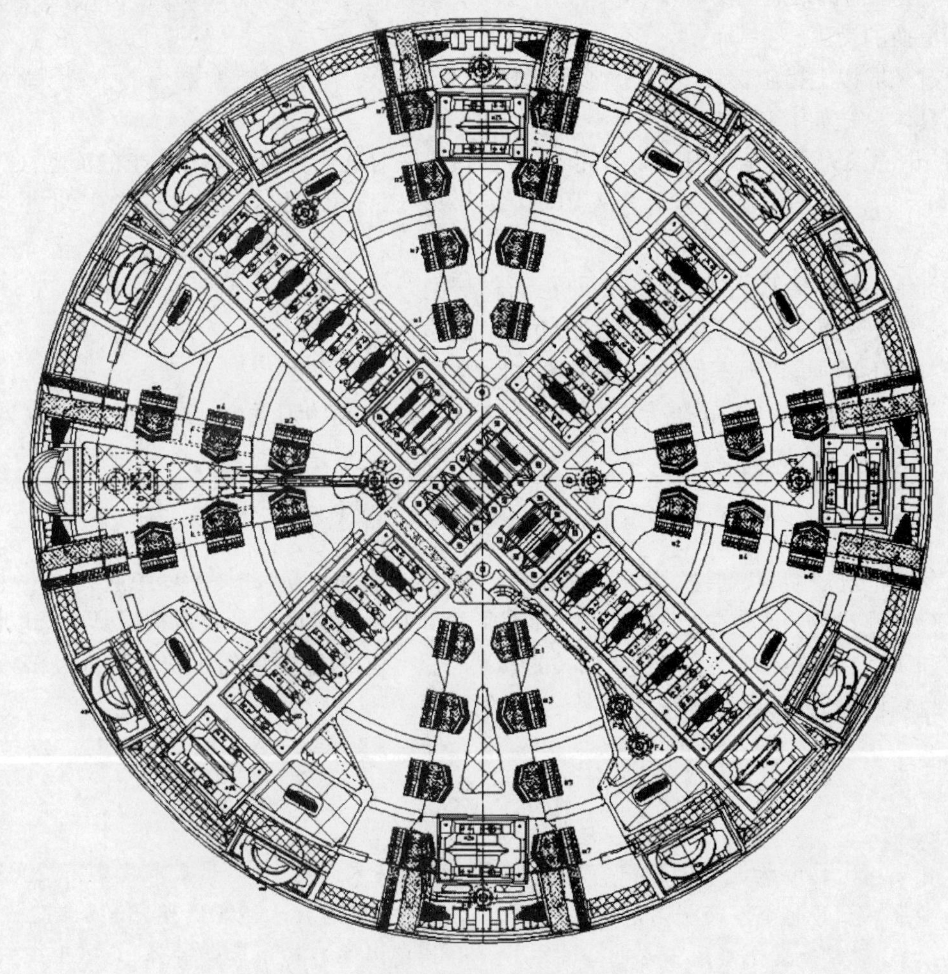

图10 本工程刀具布置示意图

5 盾构刀具在砂卵石地层掘进的耐磨损(耗)措施

根据本工程盾构法施工的经验,在北京地区砂卵石地层中采用盾构法施工时,盾构机的刀盘、刀具、密封舱内壁以及螺旋输送机的磨损(耗)比较大,特别是在石英砂含量较多、卵石(砾石)粒径较大的情况下,磨损极为严重。为保证盾构机在砂卵石地层掘进时刀具切削正常,实现长距离掘进,笔者查阅国内外有关刊物中关于砂卵石地层施工的技术资料[3-8],并请教国内外有关盾构技术专家,提出盾构机设计时应采取以下措施:

(1)使用耐磨及韧性好的矿用刀具材料,除在刀具刀口部分考虑嵌入超硬材料(如碳化钨合金等大合金块)外,切削土砂(卵石)沿刀具向后流动所经过的刀具表面也适当给予加强(刀背部增加焊接部分耐磨的导流刀等)。

(2)考虑采用增加刀高层数切削土体,其基本思想是,利用主副刀不同的切削高度差(高差值约为20mm,可经过磨损计算确定),延长刀具的使用寿命。当第一层刀具(如焊接式贝壳刀)的高度磨损大于20mm后,第二层刀具开始工作。这样,延长了刀具的磨损长度,大大提高了刀具整体抗磨损(耗)能力。

(3)在盾构机刀盘盘圈后端、密封舱内壁以及螺旋输送机内均采用耐磨材料，并考虑便于维修和更换的措施。

通过采取以上措施，有效地保护了盾构机刀盘及刀具，增加其抗耐磨损能力，提高了掘进能力。具体总结如下：

(1)中心滚刀和正面滚刀采用贝壳式先行刀，保证刀具的切削效果和渣土的流动性。

(2)刮刀(齿刀)主切屑刃合金采用“7”字形焊接，背角焊接合金条，保护主切屑合金和刀体。

(3)刀盘大半径区域配置焊接式贝壳刀，保护刮刀及刀盘。

(4)刀盘外周配置外周保护刀，保证切屑半径。

(5)在刀盘面焊接刀座保护刀、耐磨板、堆耐磨焊，保护刀盘。

(6)盾构机掘进遵守“预防为先，合理的推进速度，合理的刀盘转速”，保证贯入度低于合金的高度，防止刀体磨损。

6 结论

目前工程进展顺利，通过对工程前期初装刀具的改进和更换，和在工程中遇到的一些实际问题进行有针对性的改进，更进一步加深了我们对北京地区砂卵石地层盾构刀具的选取、布置的理解和认识，以及对刀盘上与刀具相关的安装件的保护的重要性的认识。工程经济效益明显，成果显著，对以后类似工程提供一个经典的案例。

参考文献

[1] 乐贵平. ϕ6.14m 加泥式土压平衡盾构掘进机引进技术总结[R]. 北京市政集团,2002.

[2] 乐贵平,等. 穿越全断面砾石层的盾构施工[J]. 现代隧道技术,2001,38(5);9 – 12.

[3] 侯景岩. 北京地区浅层地下水的分布与地下铁道隧道工程施工方法选泽[C]. 中国土木工程学会隧道与地下工程学会第十四届学术交流会论文集, 北京: 中国科学技术出版社, 2000.12.

[4] 乐贵平. 土压平衡式盾构机简介[J]. 建筑机械,2000(6).

[5] 杜文库,闻永和. 北京地铁五号线盾构实验段工程盾构法施工概述[R]. 中德隧道(盾构)技术研讨会资料,2002.

[6] 乐贵平. 亮马河北路污水隧道盾构法施工技术研究[R]. 北京市政集团,2000.

[7] 乐贵平. 盾构技术在北京的应用和发展[J]. 市政技术,2002.

[8] [日]土木学会. 隧道标准规范(盾构篇)及解说[M]. 朱伟,译. 北京: 中国建筑工业出版社,2001.

大直径城际铁路盾构隧道成型管片渗漏水控制浅析

李宜房

（中铁十六局集团北京轨道交通工程建设有限公司　北京　101100）

摘　要：盾构隧道成型管片质量直接影响着隧道耐久性和安全性，所以在施工时对其质量的控制尤为重要。以广东省某城际铁路大直径盾构隧道为背景，对隧道成型管片的渗漏水成因进行了分析，并提出了相应的预防及处理措施，以供类似盾构隧道施工参考。

关键词：城际铁路；盾构隧道；渗漏水控制

1　引言

随着城际轨道交通的大力发展，各个大型项目争先上马，且要求工期紧，所以盾构法在其轨道路线穿越城市区的路段应用越来越多。城际轨道交通隧道完全不同于地铁隧道，首先，其隧道成型管片要求质量高且日后行车速度高，而且一旦通车后列车将不间断运行；其次，由于城际轨道的此类直径盾构国内应用少，可以参考的施工经验不多。而成型管片渗漏水会极大影响隧道的整体耐久性和使用安全性，所以，对此问题进行彻底的解决是当前此类施工项目的当务之急。

2　工程概况

某城际铁路隧道区间段右线单线长2859m，由DK54+500~DK51+605（由大里程至小里程方向掘进），采用ϕ8810mm盾构施工，管片外径为8500mm，内径为7700mm。区间地质主要为花岗岩全风化层，DK53+700~53+900为花岗岩强风化层，52+300~52+359为花岗岩弱风化层。隧道浅埋始发，始发试掘进初步设定90环，而后拆除负环，进行正常施工。试验段时，各项参数设定如下：

推力：1800T。

刀盘转速：1.05r/min。

刀盘扭矩：≤40%。

土仓压力：1~2.5bar（1bar=10^5Pa，随覆土深度变化和地面监测情况逐渐变大）。

推进速度：2~4cm/min。

同步注浆压力：1~2bar（第四环开始少量注浆，视地面及止水帘布情况逐步增大）。

浆液配合比：每立方浆液含砂715kg、粉煤灰310kg、膨润土110kg、水250kg、膨胀剂41kg、水泥100kg。

试验段由于单列车出土，且需要对人员的管理和机器的控制适应，施工比较缓慢，日均2~2.5环，成型隧道质量基本可控。待掘进90环完成后，对负环进行拆除，新增一列列车编组并

作者简介：李宜房（1984—），男，本科，项目副总工。主要从事盾构施工管理及成型隧道总体质量的控制及研究工作。

重新设定掘进参数如下（浆液配合比未变）：

推力：2400～3000T。

刀盘转速：1.05r/min。

刀盘扭矩：≤50%。

土仓压力：2.5bar（随覆土深度变化和地面监测情况逐渐变大）。

推进速度：4～6cm/min。

同步注浆压力：2～2.5bar。

此时施工进度明显加快，日均3～5环，但隧道个别环出现了环缝、纵缝，管片裂缝渗水甚至漏水的情况。

3 隧道成型管片防渗漏的重要性

成型管片渗漏水，就会影响隧道内的附属结构，增加隧道的维护成本，减少隧道的使用年限；管片产生裂缝（或贯通裂缝），管片钢筋就会暴露在空气和水的环境中，进而改变混凝土的环境pH值，钢筋生锈膨胀会使管片进一步开裂，影响隧道的使用寿命，甚至威胁日后行车安全。所以，对上述问题进行彻底的根治和解决是当务之急。

4 隧道成型管片渗漏水的成因分析

4.1 管片止水条损坏引起漏水

本隧道所用管片皆为本标段自建管片场生产的管片，管片预制完成后，由车辆运输至施工现场保存，使用时由地面吊送至隧道电瓶车运入隧道内。管片止水条在运输、保存、吊送时被破坏，失去原有防水功能，进而使成环管片漏水（见图1）。

a)

b)

图1 管片橡胶止水条和外层遇水膨胀止水条损坏

4.2 管片错台、裂缝引起渗漏水

4.2.1 管片错台成因分析

（1）盾构机本身存在的问题。

此隧道采用日本奥村盾构机进行施工，奥村盾构机盾尾间隙仅为30mm，而本标段另一区间采用的海瑞克盾构机盾尾间隙为50mm，盾尾间隙过小，盾构机轴线与成环管片轴线稍有偏差，盾尾即对管片产生挤压，使成环管片产生变形，产生错台，进而导致漏水；此盾构机推进液压缸共有30个，但只有4个分区，分区过少，导致调整姿态时分区压力差过大，压力大一侧管

片受过力挤压,使管片沿液压缸轴线方向产生移动,进而产生错台漏水。

(2)管片上浮。

线路坡度和流体的浮力是引起管片上浮的根本原因。下坡段盾构机推进千斤顶与水平方向产生夹角(等同于坡度),千斤顶对管片的推力存在竖直向上的分力。此隧道 DK54 +500 ~ DK54 +050 段为 28‰下坡,如以 25000kN 总推力计算,竖向分力约为 672kN;如砂浆密度按 1.6g/cm^{3}考虑,在浆液注满的情况下,每环管片受到的浮力约为 710kN,而每环管片自重仅 450kN,两者相差 932kN,比较容易上浮。

(3)注浆压力偏差。

由于盾构机直径较大,位于盾尾顶部和盾尾底部的注浆压力由于浆液受到重力的作用,压力偏差较大,一般表现为下部压力大于上部压力 0.5 ~ 1bar,此压力差也对管片的错台起到了正作用。

4.2.2 管片裂缝成因分析

经观察,管片裂缝分为两种:

(1)分布在新成环管片的迎千斤顶一侧,开裂长度 20 ~ 50cm,未纵向贯穿整块管片,此种裂缝是由于管片旋转,造成千斤顶撑靴骑缝,而背千斤顶一侧由于止水条的存在具有可压缩性,产生径向位移,使管片迎千斤顶一侧产生平行于环面的拉应力,进而导致管片开裂漏水(图示和受力分析见图 2、图 3)。

图 2 推进液压缸千斤顶撑靴骑缝

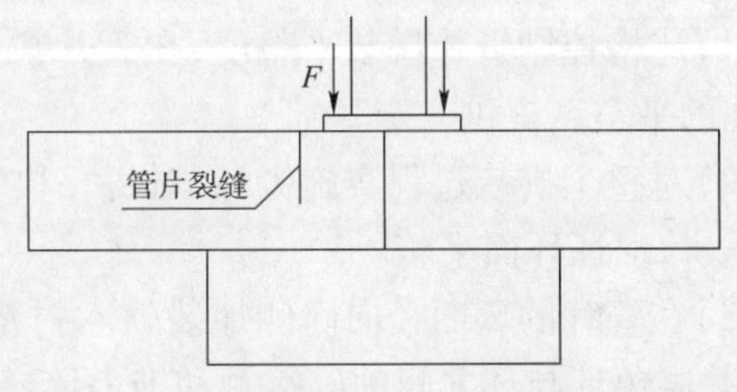

图 3 盾尾内管片开裂受力分析

(2)分布于盾尾 3 ~6 环,沿环向分布,迎千斤顶及背千斤顶一侧都出现此情况(见图 4)。

此种情况是由于盾尾间隙不好,盾尾对管片过分挤压导致整环管片变椭,局部环面不平整。当受到千斤顶的压力作用时,致使管片局部承受过大拉应力,导致开裂,个别管片甚至整块开裂(见图 5)。

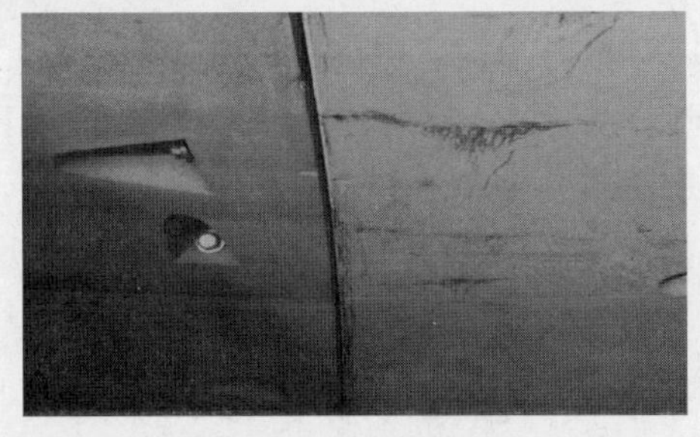

图 4 出盾尾后管片开裂

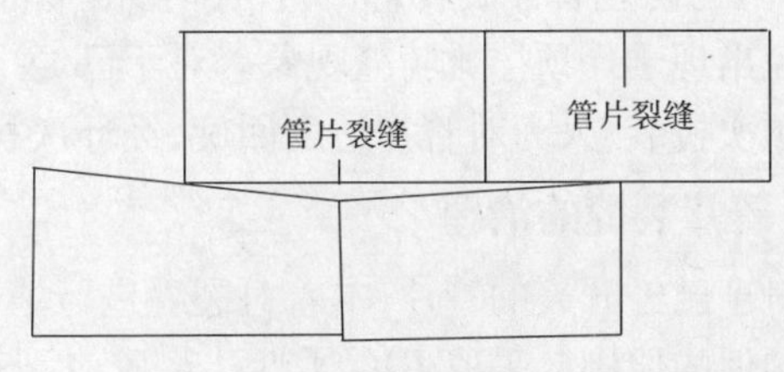

图 5 脱出盾尾后管片开裂受力分析

4.3 其他原因

盾尾油脂注入量、盾尾同步注浆量不足也会引起管片的渗漏水。

5 预防和治理措施

5.1 控制进场管片止水条质量

(1)设定专人对管片进场验收把关,确保运到现场的管片完好无损。

(2)井下存放管片止水条和粘接胶水,对发现止水条损坏的第一时间进行修复。

5.2 管片错台的预防

(1)合理控制盾构机姿态,防止出现错台。

盾构机操作手定人,并从日本奥村机械聘请专家,对盾构机操作进行系统专业的指导,使我方操作手熟练掌握盾构机姿态的控制。

(2)调整注浆区域、压力,防治错台。

盾尾同步注浆区域调整。

关闭盾尾同步注浆下部的两个分区,使浆液注入盾尾时由上部基本自由流入下部;保持盾尾注浆的同步性,控制盾尾注浆压力稳定在2~2.5bar,避免局部注浆过多或者局部注浆不足。

缩短浆液凝结时间,及时二次注浆补强。

每立方浆液中多加入水泥100kg,加快浆液凝结时间,对刚脱出盾尾的管片利用盾构机自带注浆系统于管片的11点至3点位注双液浆,使管片稳定。

5.3 管片裂缝的预防

(1)严格控制管片拼装平整度,在管片拼装前仔细检查止水条,对脱落的及时粘贴,为环面之间的平整度提供一定基础。

(2)对整个拼装过程实施旁站,对每一块管片的拼装过程进行监控,对拼装不好的个别块拆掉重拼,保证环面平整。

(3)在管片的环面径向内侧加装软木衬垫,减小管片止水条带来的管片之间的局部高度偏差,并避免环与环之间的应接触和推力传递的应力集中现象。

(4)调整盾构机姿态时,盾构机推进液压缸分区压力从下到上尽量基本保持线性,避免相邻分区压力差过大,使管片产生错动且应遵循"缓纠勤纠"的原则,避免一次纠偏过大,使盾构轴线和管片轴线产生较大夹角。

(5)控制注浆压力平稳,保证管片背侧承受压力稳定。

(6)控制注浆同步、足量,使盾体与管片之间的间隙及时得到充填,减少成型管片初期和后期移动导致产生环面不平整。

(7)为防止管片旋转,拼装管片时,由下部开始,而后左右对称拼装,最后装封顶块,基本可避免出现千斤顶撑靴骑缝现象。对于已经出现旋转的管片,拼装时由底部开始,同向于旋转方向顺次拼装,人为对管片适度回旋,经环次积累可使管片回正。

5.4 管片裂缝的治理

对于已经开裂的管片,本着对裂缝进行填补,补足原有混凝土性状的同时,又不伤害内部钢筋构件的原则。采取JHG柔性注浆胶对裂缝进行封闭,JHG柔性注浆胶是一种低黏度、无溶剂的改性环氧树脂,其固结体硬度低并具有极好的弹性 。用胶封闭后,能完好地将外部空气和水分隔离,长久地使内部钢筋保持原有性能。

(1)确定裂缝长度及准确位置。用煤气喷灯将漏水位置烤干,而后再从湿渍的产生位置对裂缝进行准确定位。

(2)开孔。用冲击钻沿管片裂缝一侧开始,每30cm打一个直径1cm的注浆孔,而后安装带单向阀的注浆头。

(3)注浆。待注浆头安装完毕以后,用专用注胶泵对管片裂缝进行注胶,待胶由裂缝处饱满冒出为止,待胶液凝固后将注浆头拔除,并对裂缝处外观进行处理。

6 结论

经过对管片进场质量控制、盾构机操作改良、注浆位置调整、管片拼装质量4个方面进行改进,继续掘进20环后,渗漏现象基本得到了控制。而且在此掘进过程中,既有管片裂缝,也并未发生变化,整体效果良好。

7 结语

城际轨道交通飞速发展,此类项目争先上马,市场前景广阔;但此类直径盾构在国内刚开始,盾构机械设计方面不够成熟,技术人员对相应控制技术掌握较少。因此,在施工过程中出现各种质量问题在所难免,本文通过实际的施工过程,从多角度、全方位对出现的问题进行研究、分析,并进行解决,且取得了良好的效果,为今后类似的工程施工提供了一定的经验。

参考文献

[1] 唐元宁,唐经世.掘进机与盾构机(第2版)[M].北京:中国铁道出版社,2009.

[2] 池伟杰,何炳泉.地铁盾构管片检漏试验技术研究与应用[J].广东土木与建筑,2009(11).

[3] 中国工程建设标准化协会标准CECS 25:90 混凝土结构加固技术规范[S].北京:中国工程建设标准化协会.

[4] 王铁梦.工程结构裂缝控制[M].北京:中国建筑工业出版社,1997.

盾构长距离顺穿既有铁路施工技术

丁银平　郭明华

（中铁十六局集团地铁工程有限公司　北京　100124）

摘　要：城市地铁盾构施工长距离顺穿西长上下行线路及北京丰台机务段站场，盾构总共穿越长度715m，属特级风险源，施工及沉降指标要求极高，再加上地层复杂，该标段采用先进的盾构施工技术，确保安全稳定地穿越。在盾构施工过程及背后等不同阶段采取各种注浆方式，针对砂卵石复合地层合理利用各种添加剂改良地质，提高掘进效率。这在国内地铁施工中尚属首例，为今后类似工程提供参考。

关键词：地铁；下穿铁路；盾构机；施工技术

1　引言

随着国内经济实力的不断提高，为了缓解日益增长的交通压力，地铁的施工在诸多城市建设中可以说是方兴未艾。“盾构施工技术”属于隧道施工领域中的高新技术，主要适用于城市隧道、过江过海隧道等地下工程施工。盾构机技术体现了计算机、新材料、自动化、信息化、系统科学、管理科学等高新技术的综合和密集，反映了一个国家的综合国力和科技水平。

城市地铁发展的日新月异，地铁线路的错综复杂，不可避免地出现新建结构物与既有结构物邻近、侧穿或下穿等情况，加上地层的复杂性和不稳定性，地铁施工会干扰附近地层原有的平衡状态，引起附近地层应力重分布和变形，构成对周边既有结构和设施的附加荷载，使其发生附加变形等种种不利影响。因此，为了使地铁施工能够在保护好既有城市建筑环境的前提下安全有序地进行，就迫切需要研究地铁施工期间如何控制与其邻近的各种建（构）筑物的沉降变形[1-3]。

北京地铁十号线（二期）莲花桥站—六里桥站盾构区间（以下简称六—莲区间）线路下穿既有地铁，主要穿越力学稳定性较差的砂卵石地层。砂卵石地层是一种典型的力学不稳定地层，其基本特征是结构松散、无胶结，卵石粒经大小不等，在这种地质条件下，盾构施工极其困难。由于砂卵石地层的稳定性差，同时，盾构机密封舱内建立土压平衡比较困难，甚至实现不了土压平衡的功能，开挖工作面极易出现坍塌现象，同时，大粒径砂卵石不但切削或破碎困难，而且切削下来的渣土经螺旋输送机向外排出也十分困难。而且，当砂卵石处于密封舱内、螺旋输送机内以及盾构周围时，对盾构机的扰动振动很大，不利于掘进参数的调整，包括推进千斤顶的压力、螺旋输送机的转速及排土门的开度、盾构机位置及姿态控制等。在这种地质条件下要实现长距离顺穿既有铁路的“零沉降”，对盾构机的选型尤其是刀盘刀具的选型、盾构掘进施工参数、注浆加固以及监控量测等辅助措施都提出了更高的要求。同时地铁，盾构穿行铁路715m的距离，这在国内地铁应用中尚属首例，将为今后类似工程提供参考。

作者简介：丁银平（1978—），男，本科，中铁十六局集团地铁工程有限公司副总工程师。主要从事地铁盾构施工方面的研究。E-mail：zt16-88@163.com

2　工程概况

2.1　设计概况

六里桥站—莲花桥站(六—莲区间)从六里桥站出发,下穿京石高速后沿莲怡园东路向北敷设,过吴家村路后向北东方向下穿北京铁路分局北京西机务段,折向西三环中路,向北下穿莲花桥后至莲花桥站。右线盾构设计范围为右 K46 + 338.844 ~ 右 K47 + 238.146;左线盾构设计范围为左 K46 + 338.844 ~ 左 K47 + 246.586。其中从 K46 + 539.929 到 K47 + 201.185 为区间下穿北京西客站机务段。其间,区间下穿京广上下行线、24 组道岔、多处接触网塔柱、30 余次地下管线及多处地上建筑。

2.2　工程地质情况

本场地土层自上而下依次为人工填土层,杂填土①$_1$ 层、粉土填土①层、圆砾填土①$_3$ 层;第四纪新近沉积层,粉土②层、②$_1$ 粉质黏土层、粉细砂②$_3$ 层;第四纪晚更新世冲洪积层,卵石⑤层、中粗砂⑤$_1$ 层、卵石⑦层、中粗砂⑦$_1$ 层、粉质黏土⑧层、细中砂⑧$_3$ 层、卵石⑨层、粉质黏土⑩层;基岩为下第三纪长辛店组中等风化砾岩⑪层、泥岩⑪$_1$ 层和强风化砾岩⑪$_3$ 层。

2.3　水文地质情况

根据本次勘察结果,存在二层地下水,为潜水(二)层和孔隙水(五)层。

区间起点:水位埋深 23.30 ~ 23.50m,标高为 23.51 ~ 23.68m。区间终点:水位埋深 13.2m,标高为 30.69m。根据地下水位,潜水水位位于隧道结构底板以下 0 ~ 1.5m 处。

2.4　风险工程

盾构区间需下穿铁路西长上下行线、北京机务段、北京西站与机务段、客车整备厂间的联络线等共计 21 股道,全长约 700m。盾构由莲花桥西南角的始发井出发,由东北向西南以半径 320m(330m)曲线依次下穿西长上行线、K3 线(西站 2 道)、K2 线、K1 线、出库线、入库线、安 1 线,然后转为与铁路基本顺行穿越机 2 线、机 1 线、机 3 线、安 2 线,再以半径 320m(330m)曲线穿越机 4 ~ 机 12 线,从北京机务段干沙间、信号楼、运转外勤车间下方穿过后,最后下穿西长下行线。其间,需要穿越北京西站至客车整备场、北京机务段、北京机务段机 15 ~ 机 23 场的 3 个咽喉区,穿越时与各条铁路交角范围为 8° ~ 44°。

西长线为北京铁路枢纽中重要干线之一,为京广铁路线列车进出北京西站的运输大通道,具有客车流量大的特点;北京机务段承担着北京枢纽地区的大量机车检修、维修任务,也承担着进出北京西站机车整备的任务;客车整备厂承担着进出北京西站客车整备的任务。

3　本工程存在的问题和难点

3.1　地质情况

3.1.1　地层特点

砂卵石地层是一种典型的力学不稳定地层,颗粒之间的孔隙大,没有黏聚力,其基本特征是结构松散、无胶结,卵石粒径大小不等,且卵石空隙多被中、粗砂充填等。在无水状态下,颗粒之间点对点传力,地层反应灵敏,刀盘旋转切削时,刀盘与卵石层接触压力不等,导致刀头震动,在顶进力作用下容易破坏原来的相对稳定或平衡状态而产生坍塌,引起较大的围岩扰动,使开挖面和洞壁失去约束,从而引起较大的地层变形。围岩中的大块卵石、砾石越多,粒径越大,这种扰动程度就越大,特别是隧道顶部大块卵石剥落会引起上覆地层的突然沉陷。另外,本区间隧道顶部存在潜水,局部为粉细砂层,这将更容易产生松动、坍塌等不利后果。

3.1.2 砂卵石地层盾构开挖面的失稳特征

砂卵石地层在未受扰动条件下,土层颗粒仅依靠摩擦咬合作用维持本区域土体稳定,因此,盾构在砂卵石地层掘进过程中,若出现开挖面压力不足、大块卵石并排排出或螺旋输送机的排土量大于刀盘切削土量等情况,在刀盘前上方就会产生较大的空洞区域,卵石或砾石将相继松动,快速在开挖面上方引起较大的塌落区。另外,上覆含水砂性土层很容易产生比较明显的松动,甚至出现流砂、坍塌现象,将引起很大的局部地表沉降,出现上方土体的突然冒落。因此,盾构掘进如何控制顶部富含潜水的砂卵石地层的稳定,将是施工中的重点和难点[4-5]。

3.2 盾构穿行既有铁路的距离长达715m

盾构垂直下穿铁路和短距离下穿,在盾构施工中是很常见的,但是顺穿铁路715m的情况,在全国乃至全世界都属于首例。在盾构掘进之前,首先我们对刀盘的设计、刀具的改造、盾构注浆、土体改良等进行了优化;其次,我们对在保证地表沉降的情况下,下穿铁路时如何始终保持一种掘进模式,进行了试验段施工。

3.3 盾构下穿铁路的同时,还要下穿许多风险源

区间有接触网电化杆92根、电力杆5根,电化杆形式不一,有混凝土杆、钢结构杆等,种类多样,有普通电化杆,同时也有端杆、锚杆等;另外还有灯塔2座、高矮信号机共34座、加油机6台。盾构影响范围内其他铁路设备及用房有通信电缆50条、信号电缆76条、轨道电路19条、电力电缆2条、污水管7条、供水管6条、暖气沟2条、供油管5条、机车检查地沟14处、洗车器2处、洗车房1处、箱变一座、电力检测器1台、1~4.45m框架桥1座、通信机站1座、生产办公房屋7处(其中干沙间、信号楼、运转外勤、变电房屋均为2层楼房,热力站为3层楼房)。六一莲区间下穿铁路段左右线共计下穿36次地下管线。

3.4 监控量测难以进行

由于西长线为北京铁路枢纽中重要干线之一,为京广铁路线列车进出北京西站的运输大通道,具有客车流量大的特点;北京机务段承担着北京枢纽地区的大量机车检修、维修任务,也承担着进出北京西站机车整备的任务;客车整备厂承担着进出北京西站客车整备的任务,所以无法进行人工现场检测。因此,我们采用现代最先进的全站仪自动检测系统进行检测。

4 解决措施和关键技术

4.1 在砂卵石地层中盾构机的掘进措施

4.1.1 刀具改造

为了增加刀盘的耐磨性和实用性,我们参照北京、成都、广州等地的类似工程中刀盘和刀具的磨损特点[5-8],对海瑞克原装刀盘进行了优化改造:对刀盘刀圈和所有齿刀均增设了耐磨层和耐磨保护板,将部分滚动扭矩较大的原装滚刀更换为转动扭矩在25N·m以下的新滚刀、并按照同心圆法在不同的轨迹线上布置先行贝壳,见图1。

先行贝壳刀比原装刀具高出2~4cm,贝壳刀前端镶焊耐磨合金块,以增加其耐磨性。贝壳刀为先行切削土体的刀具,刀具切削土体时,贝壳刀在滚刀切削土体之前先行切削土体,将土体切割分块,为滚刀创造良好的切削条件。采用贝壳先行刀,可显著增加切削土体的流动性,大大降低切削刀的扭矩,提高刀具切削效率,减少切削刀的磨耗。

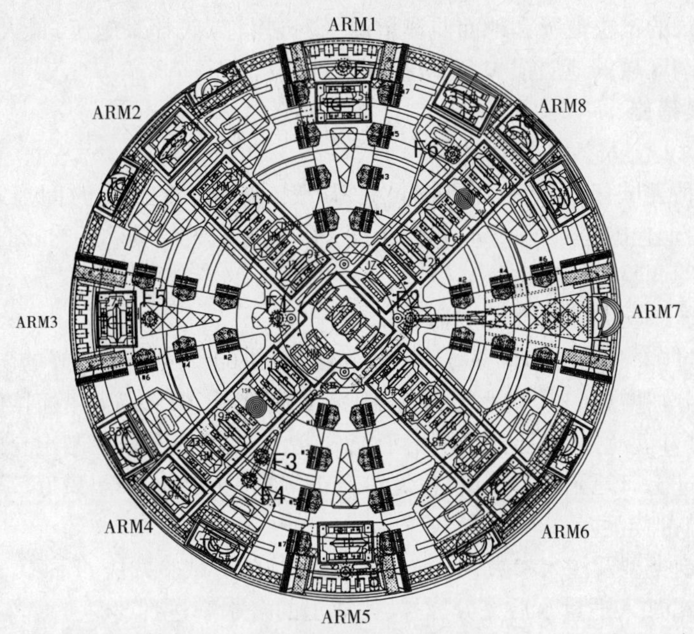

图1　改造后刀盘正面图

4.1.2　除同步注浆、二次注浆外，还进行了径向补偿注浆

为了控制地表沉降量，我们在进行同步注浆的同时，又增加了径向补偿式注浆与二次补浆相结合的措施。为填充同步注浆空隙，并对刀盘扰动的周围径向 3～4m 的土体进行有效加固，减小隧道在施工过程中的沉降量，在管片脱离盾尾后进行径向补偿式注浆。径向补偿式注浆每 5 环进行一次，在管片脱离盾尾第五环时进行，此时管片位于盾构机连接桥处，有足够的空间可进行注浆施工。径向补偿式注浆采用前进式注浆法进行：为防止地下承压水渗漏，先将与管片吊装孔配套外有螺纹长 50cm 的钢管安装在管片吊装孔中，钢管安装时螺纹处用生料带缠绕，钢管外露 10cm 并接上单向球阀。采用 YT28 气腿式凿岩机进行钻孔，钻杆顶进时，注意保护管口不受损、变形，以便与注浆管路连接。钻孔过程中每循环钻进 50cm 便进行注浆加固，加固成型后再进行钻进施工，如此循环钻孔和注浆两个步骤，逐步深入，直至钻孔、加固至隧洞径向 3m。注浆位置选在每环管片如图 2 所示的 4 个注浆孔位置。

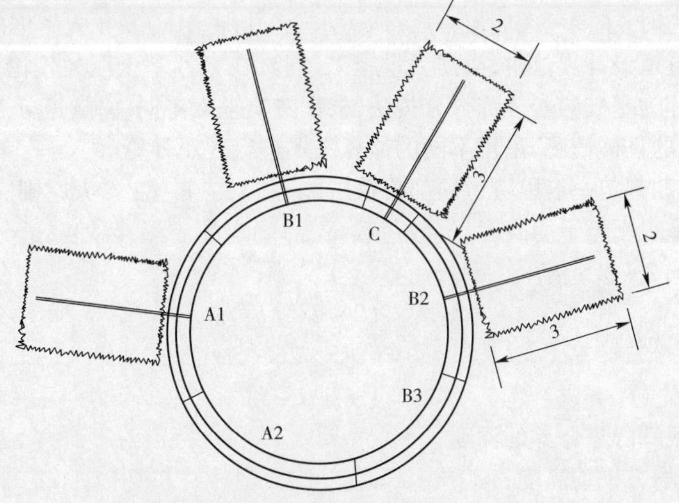

图2　隧道内径向补偿式注浆加固示意图(尺寸单位:m)

根据掘进记录的出土情况和地面监测情况及时进行二次补浆施工，最大限度地补偿盾构机掘进过程中扰动区域的地层损失，有效控制了地表沉降[9]。

4.1.3 土体改良措施

（1）优化膨润土注入参数

我们经过多种尝试，改用钠基优质膨润土，调整了膨润土的发酵时间及黏稠度，一般在每环掘进过程中，向土仓内注入5～7m^3发酵至少24h以上黏稠度为50s的膨润土。并对现场膨润土配制及黏稠度调整进行全过程监控。

（2）加入高分子、分散剂和聚合物

在地面上经过多次试验，HHZ-A分散剂溶液对泥饼的形成有着良好的防治效果。在盾构掘进时向土仓内分别增加注入TAP聚合物、HHZ-Z高分子、HHZ-A分散剂溶液及Rheosoil143发泡聚合物，通过刀盘搅拌，使所注入的溶液充分混合，这样能有效控制土仓内泥饼的形成，而且有效控制刀盘进土口处泥饼的形成，将泥饼对正常掘进的影响降至最低。

（3）优化泡沫剂类型及注入参数

为优化泡沫剂类型及注入参数，我们经过大量的试验，试验方法如下：

①取渣土1kg，加入适量水后充分搅拌，使渣土的含水率达到30%。

②取SLF30+10%SLFP1型泡沫剂溶液10g配成3%浓度的泡沫剂溶液，将配好的泡沫剂溶液加入喷壶（喷壶的原理与发泡枪的原理相似）中。

③在渣土内按体积比掺入30%的泡沫，充分搅拌后，发现渣土的性状发生明显的改变，加入的水与渣土和泡沫充分地融合在一起呈流塑状，渣土的黏性明显降低。

优化后的泡沫剂添加剂，从以前单纯的泡沫剂更换为SLF30+10%SLFP1型泡沫剂，同时加入了Rheosoil143发泡聚合物及HHZ-02分散型泡沫剂，按照一定比例调配，采取了多种改良材料共同对掌子面土体进行塑流化改良的措施，在这几种措施的综合作用下，掌子面土体的流塑性得到了有效改善，土压平衡得以真正建立，刀盘的扭矩也由以前的250bar降至140bar，并且排土顺畅，效果明显。

4.2 盾构长距离穿越铁路时，盾构机如何掘进

盾构机在推进过程中，除了进行合理的土体改良，更重要的是进行土压的保持，但是在推进过程中到底土压保持多少呢？

在设定土压力时，主要考虑底层土压、地下水压（孔隙水压）及预先考虑的预备压力。

在我国铁路隧道设计规范中，根据大量施工经验，在太沙基土压力理论的基础上，提出以岩体综合物性指标为基础的岩体综合分类法，根据隧道埋深不同，将隧道分为深埋隧道和浅埋隧道，在根据隧道的具体情况，采用不同的计算方式进行土压计算。

深、浅埋隧道的判定一般以隧道顶部覆盖层能否形成“自然拱”为原则。深埋隧道围岩松动压力值是根据施工坍方平均高度（等效荷载高度）确定的。深、浅埋隧道分界深度通常为施工坍方平均高度的2～2.5倍。

$$H_p=(2\sim2.5)h_q \tag{1}$$

$$h_q=0.45\times26-S\omega \tag{2}$$

$$\omega=1+i(B-5) \tag{3}$$

式中：H_p——深、浅埋隧道分界的深度；

h_q——施工坍方平均高度；

S——围岩类别，S取6；

ω——宽度影响系数，ω 取 1.04；

B——隧道净宽度(m)；

i——以 $B=5\text{m}$ 为基准，B 每增减 1m 时的围岩压力增减率，当 $B<5\text{m}$ 时，取 $i=0.2$，当 $B>5\text{m}$ 时，取 $i=0.1$。

所以，$H_p=(2\sim2.5)\ 0.45\times26-S\omega=(2\sim2.5)\times0.45\times2\times1.1=1.98\sim2.475\text{m}$。

在深埋隧道中，按照太沙基土压力理论计算公式以及日本村山理论，可以较为准确地计算出盾构前方的松动土压力。在实际施工过程中，可以根据隧道围岩分类和隧道结构参数，按照我国现行的《铁路隧道设计规范》(TB 10003—2005)中推荐的计算围岩竖直分布松动压力 q 的计算公式计算。

$$q=0.45\times26-S\gamma\omega \tag{4}$$

式中：γ——围岩重度。

则 $q=0.93\times21.5=19.99\text{kN}\cdot\text{m}^2=0.1999\text{bar}$。

地层在产生竖向压力的同时，也产生侧向压力，侧向水平松动压力的计算见表 1。

侧向水平松动压力计算 表 1

围岩分类	Ⅵ~Ⅴ	Ⅵ	Ⅲ	Ⅱ	Ⅰ
水平松动压力 σ_a	0	$(0\sim1/6)q$	$(1/6\sim1/3)q$	$(1/3\sim1/2)q$	$(1/2\sim1)q$

在浅埋隧道中，静止土压为原状的天然土体中，土处于静止的弹性平衡状态，这时的土压力为静止土压力。在任一深度 h 处，土的铅垂方向的自重应力 σ_z 为最大主应力，而水平应力 σ_x 为最小主应力。

$$\sigma_x=k\sigma_z=k\gamma h \tag{5}$$

$$k=\nu/(1-\nu) \tag{6}$$

式中：k——侧向土压力系数；

ν——岩体的泊松比。

一般采用下列经验公式计算。

已知经验值：卵石层中，$k=0.18$；$\nu=0.15$。

则

$$\sigma_x=k\sigma_z=k\gamma h=0.18\times21.5\times17=65.79\text{kN}\cdot\text{m}^2=0.06579\quad\text{bar}$$

所以，卵石⑦层围岩分类为水平松动压力 $\sigma_a=0\text{bar}$。

在浅埋隧道的施工过程中，由于施工的扰动，改变了原状天然土体的静止弹性平衡状态，从而使刀盘前方土体产生主动或被动土压力。

盾构推进时，如果土压力设置偏低，工作面前方土体向盾构刀盘方向产生微小移动，土体出现向下滑动趋势，为阻止土体的下滑趋势，土体抗剪力增大，当土体的侧向应力减小到一定程度，土体的抗剪强度达到一定值，土体处于主动极限平衡状态，与此相应的土压力称为主动土压力。但主动极限平衡被破坏，地面将下沉。

盾构推进时，如果土仓压力设置偏高，刀盘对土体的侧向应力逐渐增大，刀盘前方土体出现向上滑动趋势，为抵抗土体向上滑动，土体抗剪力逐渐增大，处于被动平衡状态，与此相应的土压力称为被动土压力。被动极限平衡被破坏时，地面将隆起[10-11]。

4.3 近百处风险源的穿越是本工程的又一难点

首先对其中重要的风险源进行了评估分析：

运转外勤楼于 1995 年 10 月竣工。该楼为二层砖混结构,外勤楼建筑平面尺寸 39.6m × 12.3m,层高 3.6m,楼层总高度为 7.86m。楼盖及屋盖板采用预应力钢筋混凝土板。基础为片石条形基础,基础埋深 1.2m。建筑物外墙墙厚 370mm,内墙墙厚 240mm,墙体采用 25 号砂浆、75 号砖砌筑,现浇混凝土采用 200 号。抗震等级按 8 级设计。

墙砖砌体设计抗压强度为 1.19MPa,设计弯曲抗拉强度沿齿缝 0.17 MPa,设计抗剪强度为 0.09 MPa,对结构墙体的抗拉压和抗剪能力进行验算。

工况 1:在结构中心线最大沉降为 8.64mm,如图 3 所示。

工况 2:在结构西北角最大沉降为 12.3mm,如图 4 所示。

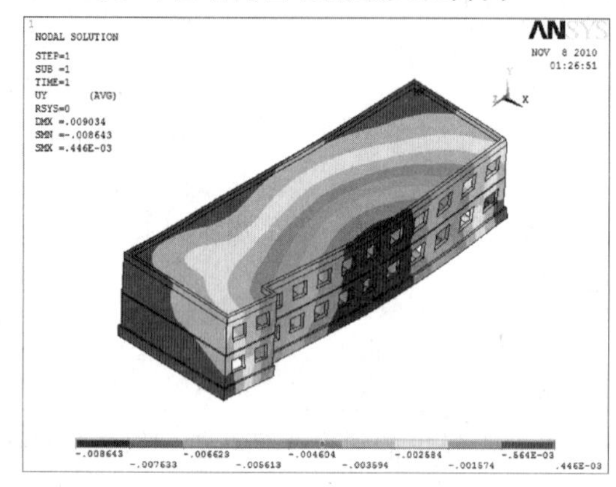

图 3　房屋变形分析(一)

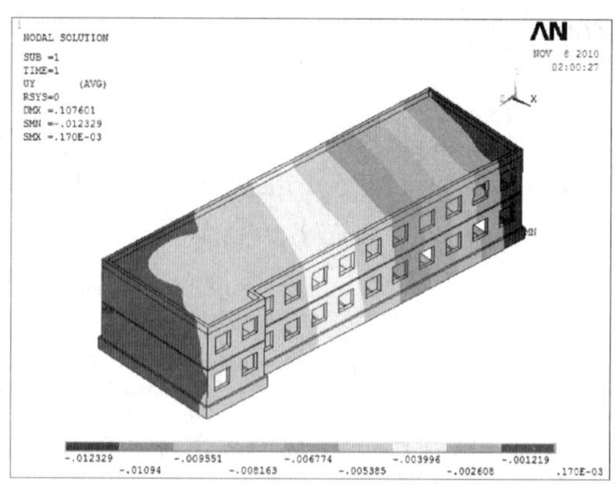

图 4　房屋变形分析(二)

4.4　在这繁忙的铁路线上,如何进行监控量测

在繁忙的铁路线上进行人工监控量测存在以下问题:

①线路上来往机车频繁,监测人员安全很难完全保证。

②监测效率低,盾构下穿铁路属特级风险源,施工工程中需要随时掌握地面沉降情况,以便及时调整盾构参数,在 715m 的铁路线上监测势必不能满足施工要求。

③人工消耗大。考虑到以上问题决定采用先进的全自动监测系统来完成监控量测任务。铁路线上机车来往频繁,风险源繁多,如何全面及时地进行监控量测,监测的布设便是考虑的重点。考虑到盾构推进工程的节点进度,我方决定以盾构出洞后的前 200m 范围(即第一次换刀盘处)作为准备工作开展的重点,后续的监测点、监测传感器、观测设备的安装工作将在项目实施的过程中同步进行。

4.4.1　建筑物监测点布设

建筑物沉降可使用建筑物永久沉降监测标;若无,则在房脚适当位置埋设"L"形钢筋,在房顶适当位置埋设倾斜点(即棱镜监测点)。距屋顶约 5cm 处打入膨胀螺栓,与棱镜连接;距地面约 5cm 处打入膨胀螺栓,与沉降观测标连接。沉降观测标采用房屋通用沉降监测标志,外露部分长约 5cm,高 3cm。

4.4.2　管线监测点布设

在管线点正上方钻直径 18cm 的孔,后放入金属管套;将一根钢筋垂直打入至相应的深度;回填细黄沙并夯实。放置测点保护盖,与路面齐平。

4.4.3　杆状物监测点布设

主要分塔杆和混凝土杆,塔杆在基座 4 个角和中部各设一个棱镜;混凝土杆在底部设两个棱镜,中部设一个棱镜。

由于电化杆属于带电设备,中部棱镜的安装需要带电作业,故需专业人员上杆两次安装。第一次采用工程胶水安装棱镜底座,待底座稳固达到所需强度后,实施第二次上杆作业——安装棱镜,调整棱镜角度。

4.4.4 信号灯监测点布设

把监测点布设在信号灯的基座上。用工具将信号灯底座磨净;用高效胶水将棱镜与信号灯底座胶结。

4.4.5 转辙机监测点布设

把监测点布设在转辙机基座的4个角上。转辙机底座四角黏贴沉降监测标,确保稳定。

4.4.6 检查地沟监测点布设

在地沟内采取连续布设电子水平尺来测定地沟的纵向沉降曲线。每个地沟平行布设两条监测面,单根电子水平尺的长度为2m。

电子水平尺安置于离沟槽顶部下方0.3m处,两侧对称安置;每2m顺序安装,安装处用膨胀螺栓固定于侧壁;每把电子水平尺的数据线集束排线,外套PE护管,沿墙固定至地沟台阶处集线箱,集线箱贴墙固定。

4.4.7 地表监测点布设

沿隧道轴线方向按30m间距连续布设轴线沉降点,沿轴线每隔30m布设地表沉降断面。双线每断面7~13个点。该沉降点均采用深层沉降点,钻穿碎石层后,将连接棱镜点的木桩埋设于原状土中,木桩埋设深度为40~50cm。并采取必要的保护措施,防止测点破损。

4.4.8 轨道监测点布设

轨枕上布设监测点时应用进口强力胶水黏贴,经过试验,能达到预期效果,但凝固时间比较长,大概在4~5天,若是木枕的话,先把棱镜用螺杆连接到特质木块上,然后用木材专用胶水使之与枕木黏贴,并且棱镜监测点的顶端不高于轨枕。

4.4.9 观测墩架设

自动化监测选择了7处位置,全站仪观测墩具体位置结合图5所示。

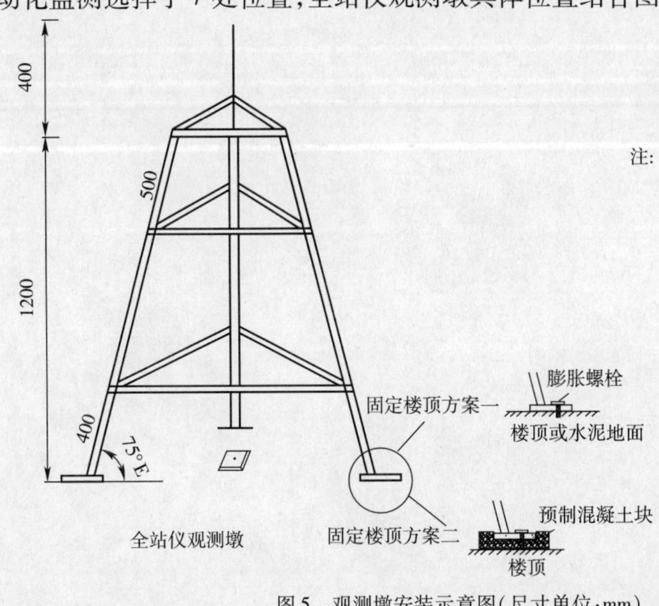

注: 1.观测墩事先按照图示尺寸预置,使用时整体安装,暂估约30kg。

2.与屋面的连接可采用两种方式。

①测墩底部焊接有固定角铁,其上有连接用的钻孔。可直接在屋顶打入5cm膨胀螺栓,后将膨胀螺栓与测墩连接。

②在屋顶凿毛约30cm×30cm,浇筑厚10cm的混凝土(其强度等级尽量与屋面混凝土材质相同),后将混凝土墩与测墩连接。

图5 观测墩安装示意图(尺寸单位:mm)

5 结论

北京地铁十号线作为国家重点工程，具有工期紧、难度大，该地层对刀具的撞击、磨损相当大等难题，我们从盾构机、刀盘刀具等选型上入手，施工中采取超前、同步、二次注浆和径向补偿注浆等措施，合理利用地质改良添加剂及半土压—半气压的掘进技术，提高掘进效率。这在国内地铁施工中尚属首例，为近距离穿越高等级既有线路提供了参考。

参考文献

[1] 王梦恕. 地下工程浅埋暗挖技术通论[M]. 合肥：安徽教育出版社，2004.

[2] 刘建航，侯学渊. 盾构隧道[M]. 北京：中国铁道出版社，1991.

[3] 刘建航，侯学渊. 盾构法隧道. 中国铁道出版社，1991.

[4] 漆泰岳. 富水软土地层地铁开挖地表沉降离心模型试验[J]. 西南交通大学学报，2006，41(2)：184－189.

[5] 张国京. 适用于砂卵石地层的土压平衡盾构研究[J]. 市政技术，2004，22(增刊).

[6] 周文波. 盾构法隧道施工技术及应用[M]. 北京：中国建筑工业出版社，2004.

[7] 佐佐木道雄. 土压系列盾构施工法[M]. 上海：上海交通大学出版社，1999.

[8] 李建斌，陈馈. 先进机械施工新技术及案例[M]. 中铁隧道集团有限公司，2003.

[9] 孔恒，张汎，汪波. 砂卵石地层盾构法隧道关键施工技术[J]. 市政技术，2005，12.

[10] 竺维彬，鞠世健，等. 复合地层中的盾构施工技术[M]. 中国科学技术出版社，2006.

[11] 陈馈，洪开荣，吴学松. 盾构施工技术[M]. 北京：人民交通出版社，2009.

盾构近距离穿越金刚桥施工技术

钟荣华　范慧峰

（中铁十六局集团地铁工程有限公司　北京　100018）

摘　要:通过天津地下直径线大直径盾构段穿越金刚桥的工程实例,论述了大直径泥水盾构近距离穿越既有桥梁,在风险性大,对盾构姿态控制、地面沉降控制要求极高条件下的盾构施工技术。

关键词:泥水盾构;近距离;穿越桥梁;施工技术

1　引言

随着我国地下空间的开发利用的不断发展,盾构法在我国地下隧道工程中得到了越来越广泛的应用。盾构在掘进过程中不可避免地会扰动周围土体,从而对邻近的建(构)筑物产生不利影响,严重的甚至会破坏建(构)筑物安全和稳定。如何保证盾构顺利掘进又不影响邻近建(构)筑物安全的施工技术,是当前地下隧道工程施工技术中的一个难点和热点。

2　工程概况

2.1　天津地下直径线概况

天津地下直径线线路全长约5.005km,其中隧道长3.312km。线路西起天津西站,上跨规划地铁六号线;穿越志诚快速路立交桥后,在规划泰达城北侧沿子牙河南马路下穿慈海桥、工业博物馆、明珠泵站、引滦入津纪念碑及南运河到达金刚桥;沿张自忠路下穿地铁四号线、狮子林桥、海河及李叔同故居到达规划嘉海二期小区;在城东变电站与琴海公寓之间下穿胜利路及京山铁路后露出地面,上跨五经路地道在城际与普速车场之间进入天津站。

线路出天津西站后以20‰下坡至工业博物馆,并以3.4‰继续下坡至张自忠路,随后以23‰上坡出地面到达天津站(见图1)。

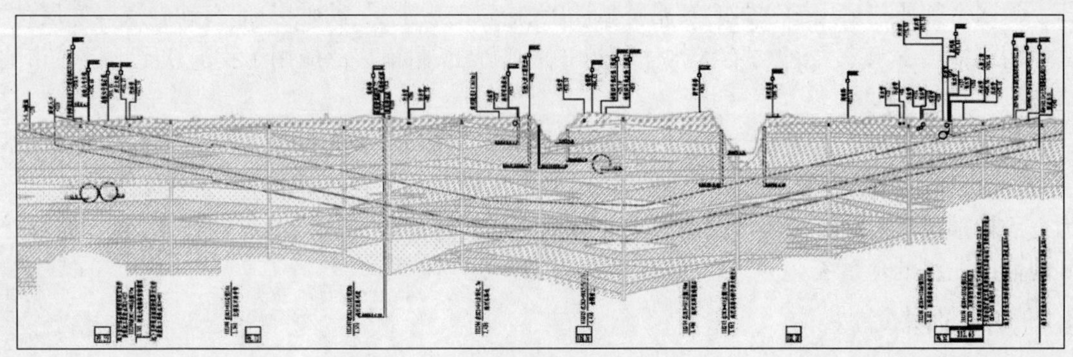

图1　天津地下直径线断面图

作者简介:钟荣华(1981—),男,本科,工程师。主要从事盾构施工技术研究。

隧道设计为单洞双线,采用明挖法、盾构法等综合施工方法,有效减少了对周围环境的影响(见图2)。

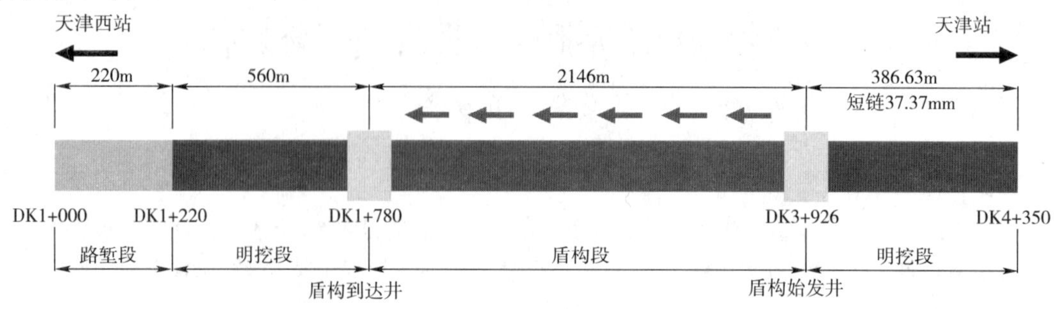

图2 天津地下直径线施工工法示意图

盾构长度为2146m,明挖及路堑段1166.63m。盾构隧道采用一台直径为11.97m的泥水盾构机从天津站端始发,盾构隧道管外径为11.6m,内径为10.6m,每环管片纵向长度为1.8m。

2.2 金刚桥段工程概况

天津地下直径线海河隧道起讫里程为DK1+219.63~DK4+540,隧道全长为3.283km,其中,盾构隧道起讫里程为DK1+790.5~DK3+915.5。

金刚桥上跨海河,1996年改建完成,为双层桥,下层利用旧桥墩改建为三层钢与混凝土组合的箱梁桥,上层桥上部结构为三跨中承式无推力钢管混凝土拱桥,为刚性拱柔性杆结构体系。天津直径线在DK2+991~DK3+017段从金刚桥上层桥6、7号桥墩间穿过,该段盾构隧道轨面高程为-33.305~-33.393m。7号墩为上层桥主墩,其桩基础采用ϕ2000m钻孔灌注桩,桩底高程为-58.599m,隧道结构与7号墩桩基础最小水平距离为2.015m,隧道结构底距7号墩桩底竖向距离为21.739m;6号墩桩基础采用350m×350m压入桩,桩底高程为-17.299m,隧道与6号墩桩基础的最小水平距离为1.795m,隧道结构底距6号墩桩顶竖向距离为7.961m。

3 泥水盾构工作原理

3.1 工作原理

泥水平衡盾构适用于软弱的淤泥质黏性土、松散的砂土层、砂砾层、卵石砂砾层等底层,尤其适用于地层含水率大,上方有大水体的越江隧道施工,目前广泛应用于我国软土地区城市隧道建设。

泥水平衡盾构的基本工作原理是在盾构的前部刀盘后侧设置隔板,与刀盘之间形成泥水压力室,将加压的泥水送入泥水压力室,通过加压作用和压力保持机构,平衡开挖面的水土压力。盾构推进时由旋转的刀盘掘削下来的渣土经搅拌破碎后形成高浓度的泥水,经管路输送到地面的泥水处理系统。

3.2 开挖面稳定

泥水盾构施工稳定开挖面的机制如下:

(1)以泥水压力抵抗开挖面的水土压力以保持开挖面的稳定,同时控制开挖面的变形和地基的沉降。

(2)泥水循环再开挖面形成弱透水性的泥膜,保持泥水压力有效作用于开挖面。

3.3 建筑空隙的填充

泥水盾构掘进时,由于刀盘超挖、盾壳挤压、盾体偏离设计轴线等,盾尾不断产生建筑空隙,泥水盾构采用同步注浆对该空隙进行填充,以抑制由于地层损失而引起周围地层的位移。盾尾脱离已拼装的管片后,由于建筑空隙的产生,短时间内地层接近于无支护状态,同步注浆效果的好坏直接影响着地面沉降。

4 地面沉降的控制技术措施

4.1 盾构机的准备

在穿越桥区前,即在距桥体 50m 左右时停机检修,对盾构机的机械设备进行检查和保养,保证穿越桥区时施工的连续性,避免因设备消耗而导致的施工停顿。包括保障盾构机掘机的配套设备的状态良好,如起重机、电瓶车、充电机以及泥水处理系统等。也要保障物资的供应的充足和及时,如管片的储备、注浆材料(如水泥、粉煤灰、膨润土等),以及盾构机掘进所需材料如(盾尾油脂、EP2、HBW、轨枕、泥浆管等)等。

4.2 泥水系统参数

泥水处理系统要保证供给浆液的良好,好的浆液是顺利掘进的保障,浆液相对密度过高或黏度过高会导致泵送能力差,会带来爆管、刀盘糊死、扭矩过高等一系列不可预知的问题,给盾构机的掘进带来难度。而浆液的黏度过低,开挖面无法形成高质量的泥膜,对掌子面土体扰动过大,容易发生过量超挖的现象。所以应该密切关注泥水的质量,把浆液的参数控制在一个很好的范围,根据地层的因素适当在浆液里添加化学药剂从改良浆液。

(1)浓度 $\rho = 1.04 \sim 1.20 \mathrm{g/cm^3}$。

(2)黏度 $\nu = 15 \sim 25 \mathrm{s}$。

(3)脱水量 $< 15\mathrm{mL}$(100kPa,30min)。

(4)pH 值:7 ~ 8。

(5)流量:$1200\mathrm{m^3/h}$。

4.3 泥水压力

泥水盾构泥水压力控制的好坏直接影响开挖面的稳定,泥水压力控制不当,不足以平衡开挖面水土压力或者压力过大时,将导致开挖面失稳,引起周围地层过大的位移,进而危及上部的桥梁结构。

盾构机掘进时,刀盘压向掌子面,齿刀压入土体,此时土体受到压缩,其支撑力应大于水土压力及各项阻力,其中土压力要考虑最不利工况及安全因素,取最大静止土压力远小于被动土压力,即处于弹性平衡状态。支撑土压力的推力值建议取静止土压力的 1.4 ~ 1.6 倍。

对于本案例来说,金刚桥处覆土厚度约为 30m,泥水压力应该保持在 3.1 ~ 3.3bar,气垫仓的压力要根据气垫仓液位的不同而调整,确保泥水压力的稳定。

原则上根据理论计算确定,施工中要根据桥基的沉降情况及时做出调整。

4.4 刀盘转速

一般取 1.0 ~ 1.2,它与盾构机掘进速度是决定贯入度的重要参数,而在土体切削过程中,贯入度的大小直接决定着盾构机对土体的扰动大小。因此,必须在盾构机掘进过程中密切与测量结果相结合,关注参数对土体桥基的影响。

4.5 掘进速度

适当降低盾构机的推力,采用中低速(15~20mm/min)掘进,可以使土体将盾构机掘进所产生的应力充分释放,避免产生应力过大或者过于集中,而对周围的土体产生影响。

4.6 盾构机姿态的控制

盾构机在穿越桥基前应该调整好姿态,减少超挖,在进入桥区后尽量减少过大纠偏,以"小纠偏,勤纠偏"为原则,以减少土体扰动对桥基产生的影响。

参考国内外已有大直径盾构设计、施工经验,综合考虑施工偏差为±135mm,线路拟合误差为±10mm,局部为±15mm。

在实际施工中,由于地质突变等原因盾构机推进方向可能会偏离设计轴线并达到管理警戒值;在稳定地层中掘进,因地层提供的滚动阻力小,可能会产生盾体滚动偏差;在线路变坡段或急弯段掘进,有可能产生较大的偏差。因此应及时调整盾构机姿态、纠正偏差。根据可视化界面的姿态进行全方位的调整。

4.6.1 滚动纠偏

当滚动超限时,盾构机会自动报警,应采用盾构刀盘反转的方法纠正滚动偏差。

允许滚动偏差≤1°,当超过1°时,盾构机报警,提示操纵者必须切换刀盘旋转方向,进行反转纠偏。

4.6.2 竖直方向纠偏

控制盾构机方向的主要因素是千斤顶的单侧推力,当盾构机出现下俯时,可加大下侧千斤顶的推力,当盾构机出现上仰时,可加大上侧千斤顶的推力来进行纠偏。

4.6.3 水平方向纠偏

与竖直方向纠偏的原理一样,左偏时应加大左侧千斤顶的推进压力,右偏时则应加大右侧千斤顶的推进压力。

4.7 盾构机推进时地层损失率的控制

盾构机推进时地层损失率要求控制在5%以内。

通过计算盾构机掘进时的出渣量,其公式为:

$$Q=(Q_1-Q_2)t$$

式中:Q——实际掘削量(m^3);

Q_1——排泥流量(m^3/h);

Q_2——送泥流量(m^3/h);

t——掘削时间(h)。

当发现掘削量过大时,应立即检查泥水密度、黏度及切口水压。同时应当密切注意产生地层损失的原因。

(1)开挖面土体的移动。当隧道掘进时,开挖面土体受水平支护应力可能小于或大于原始侧压力,开挖面上前方土体会产生下沉或隆起。

(2)土体挤入盾尾空隙。盾构法隧道的管片脱离盾尾后,在隧道开挖面和管片外周围形成一环空隙,土体将向这一空隙产生位移,从而引起地面沉降。

(3)土体与管片的相互作用。在周围土体压力作用下,管片要产生变形,同时管片对周围地层也产生相反方向的作用力,地层变形是土体与管片相互作用的综合表现。

(4)改变推进方向。盾构向上或向下倾斜,使多余的土体被挖去,盾尾空隙增大。

(5)受扰动土体的再固结是地层变形的另一主要原因,尤其是在饱和软土地层中。

因此解决上述问题的主要做法是在盾构施工中提高盾构操作水平,不断优化盾构施工的正面压力、推进速度、纠偏控制等技术参数。及时进行同步注浆,并合理确定同步注浆量和注浆压力,加强监控。

5 洞内工程措施

5.1 同步注浆

5.1.1 注浆材料及配比

同步注浆是保持盾构机姿态、固定管片、防止漏水的重要施工措施,经过前段试验段盾构施工的经验,在风险点处采用水泥砂浆。总结出同步注浆的配比如表1所示。

同步注浆参考配比(kg/m^3) 表1

材料	水泥	砂	水	粉煤灰	膨润土	添加剂
数量	80	780	320	410	72	4

在施工过程中,上述配比并不是一成不变的,而是要根据地质特征进行一定的微调,在进行微调时,一定要注意各材料对浆液性能的影响并做好交底工作。

5.1.2 注浆压力

注浆压力应控制在地层压力的±50kPa,具体应根据实际的覆土厚度、开挖地质条件决定。

5.1.3 注浆量

注浆量应控制在建筑空隙的150%~250%,在本工程中,建筑空隙为12.3m^3,因此每次注浆量应控制在18.3~30.8m^3,平均应保持在24.68m^3/环。

5.2 二次注浆

为保证沉降控制效果,在穿越金刚桥时,对已完成的结构进行二次注浆,控制地面的后期沉降以及管片的上浮,二次注浆安排在当前拼装管片后的第10环管片处开始,对每块管片的预留注浆孔安装注浆塞进行注浆。

5.2.1 注浆材料及配比

二次注浆采用水泥—水玻璃、超细水泥,二者比例为3:1(见表2)。

水泥—水玻璃参考配比 表2

材料	水玻璃浓度(°Be')	水泥浆浓度(水灰比)	水泥浆与水玻璃体积比
配比	35	0.75:1	1:1

在使用超细水泥时,应注意控制浆液的水灰比,本工程采用0.8:1的水灰比,其初凝时间约在7h,7天的抗压强度约20MPa。在实际的施工中,可根据需要加入高效减水剂来改善浆液的流动性。

5.2.2 注浆量

注浆量控制在平均4.5m^3/环。

5.2.3 注浆压力

应根据实际的地质条件决定,一般情况下可选择0.3~0.4MPa。

5.2.4 施工监测

在施工前,对金刚桥进行系统的调查,制订专门的施工监测方案,建立完善的监测网络,确保监测结果的准确和高效。

5.3 管片背后二次深孔注浆

管片背后二次深孔加强注浆是在管片上预留的注浆孔向地层中打孔，并插入注浆管进行注浆，以补偿地层损失，减少构（建）筑物沉降。金刚桥深孔加强注浆图如图3～图5所示。

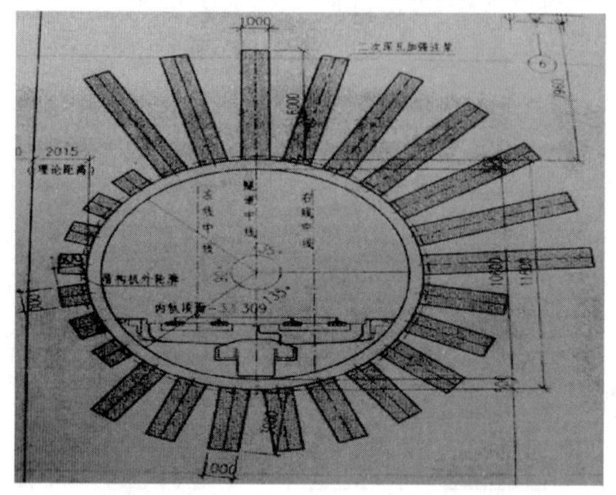

图3 盾构穿金刚桥 DK2 +992.5 处横断面图

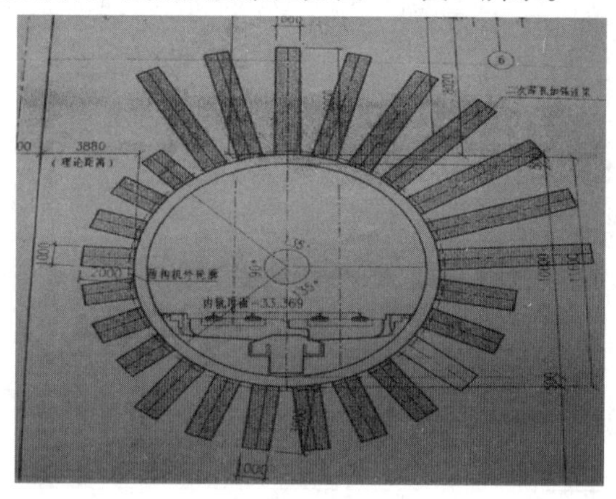

图4 盾构穿金刚桥 DK3 +010.1 处横断面图

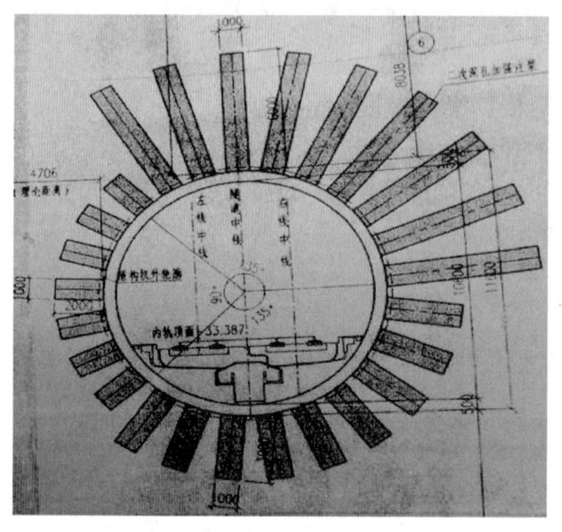

图5 盾构穿金刚桥 DK3 +015.3 处横断面图

注浆里程为 DK2 +980～DK3 +027，其中 DK2 +980～DK2 +991 段，利用管片上的9个孔进行二次加强注浆，注浆深度为管片外3m，DK2 +991～DK3 +016.2 段，利用管片上预留的25个孔进行注浆，靠近7号桥墩桩基侧90°范围内，注浆孔深度为管片外1～2m。上部135°范围内，注浆孔深度为管片外3m；DK3 +016.2～DK3 +027 段，利用管片上的25个注浆孔进行注浆，注浆深度为管片外3m。

5.4 信息化管理

在施工过程中，注重信息化管理，监控测量及时反馈，指导施工参数的修正，从而优化各项施工参数，达到控制沉降的目的。

对各个观测点进行监测，获得施工中的沉降量，得到桥基随时间变化的数据，及时分析原因，对施工参数进行调整，如增加泥水压力、改变刀盘转速、立即进行二次注浆等措施，从而对沉降进行了合理的控制，根据设计要求，金刚桥不均匀沉降为5mm，从最后的监测结果可以看出，沉降控制是有效的。

6 结论

通过天津西站至天津站地下直径线工程成功近距离穿越金刚桥的验证，保证了盾构掘进的顺利进行和桥梁安全，对大直径盾构近距离穿越桥梁技术总结如下：

（1）在进入金刚桥范围时应该做好充分物资和机械的准备。

（2）泥水压力是控制掘进的首要参数，在掘进过程中使掌子面保持平衡状态。

（3）严格控制盾构机姿态，“少纠偏，勤纠偏”。

（4）同步注浆是控制地面沉降的主要措施，其质量的好坏直接影响后期沉降量的变化。

(5)重视信息化管理,及时进行地面监测,根据监测结果优化施工参数。

参考文献

[1] 张凤祥,朱合华,傅德明.盾构隧道[M].北京:人民交通出版社,2004.

[2] 张凤祥,杨国祥,傅德明,等.盾构隧道施工手册[M].北京:人民交通出版社.2005.

[3] 周文波.盾构法隧道施工技术及应用[M].北京:中国建筑工业出版社,2004.

[4] 中华人民共和国建设部.地铁及地下工程建设风险管理指南[M].北京:中国建筑工业出版社,2007.

[5] 杨红禹,周建民.论我国越江隧道施工发展[J].地下空间,2000.

[6] 龚晓楠.高等土力学[M].杭州:浙江大学出版社,1996.

盾构螺旋机卡死的原因分析及处理

雷　鹏

（中铁十六局集团北京轨道交通工程建设有限公司　北京　101100）

摘　要：软土地层安全检查螺旋机清理旋转死角；硬岩地段螺旋机由于“喷涌”而出现螺旋机空转，重力作用下螺旋杆出现“栽头”现象，螺旋叶与筒壁摩擦咬合加剧螺旋机损耗；通过螺旋机正反转、伸缩液压缸、加大螺旋机油压、维保口清理、土仓清理处理螺旋机卡死问题；进一步总结了在随后的掘进中应注意的几个方面。

关键词：盾构；螺旋机卡死；耐磨层损耗

1　说明

以穗莞深 SZH－3 标虎长区间左线盾构机过全断面花岗岩中风化层时螺旋机卡死为例，总结了螺旋机卡死的原因以及后续的处理方法，虽有一定的局限性，但为以后的盾构施工提供一些拙见。

2　盾构机简介

穗莞深 SZH－3 标虎长区间采用两台 ϕ8860mm 日本奥村土压平衡盾构机进行掘进。左线长 2893.084m，右线长 2894.2m，管片外径为 8.5m、内径为 7.7m，环宽 1.6m；盾构机刀盘掘削直径为 8860mm，刀盘配有软土刮刀及硬岩滚刀安装刀箱，可以根据地质情况的变化进行随时更换，土仓最大压力为 1.0MPa，刀盘转速为 0.63～1.85r/min，刀盘扭矩为 8855～15267kN·m，刀盘电机采用 13 台 132kW 电机驱动，最大推进力为 75000kN，总装机功率为 2360kW；轴式螺旋机采用两台液压驱动马达驱动，螺旋机全长 15.242m，质量约 4t，叶片直径为 1000mm，叶片间距为 900mm，叶片最大旋转数为 15.6r/min，能力为 560m^3/h（填充率 100%），最大排出砾径为 370mm×800mm，螺旋机筒体外径为 1092mm、内径为 1020mm、壁厚 36mm，筒体设有 4 个 500mm×500mm 的维保口，筒体内前后各配置一个土压计。

螺旋机配有可伸缩 257kN ×910st×21MPa×2 只液压缸（1st＝6.35kg），以及前端门 165kN ×540st ×21MPa ×4 只液压缸，在紧急情况下，螺旋机可以进行前后伸缩，见图 1。

闸门设一伸缩液压缸，伸缩液压缸可以控制出土量，在停电或油压泵发生异常时，可以利用事先储备的蓄能器压力来操作闸门，以确保闸门在任意时刻可以关闭。

皮带输送机皮带宽为 1200mm，速度为 1.6m/s，运输能力为 900m^3/h，满足螺旋机最大排土量。

3　现场环境概况

穗莞深 SZH－3 标虎长区间左线全长 2893.08m，已完成掘进 2168m，此段为 1355 环，总计 1808 环，盾构机穿越此段地层为全断面花岗岩中风化层，岩层单轴最大抗压强度为 80MPa，断

作者简介：雷鹏（1984—），男，本科，项目副总工、盾构工区总工。主要从事盾构隧道施工。E-mail：284088198@qq.com

面内平均为60MPa,岩层强度以掌子面从上往下梯度增加,因此掌子面稳定性良好,由于岩层强度高,盾构机在此段已更换三次硬岩滚刀,其中平均每6环(环宽1.6m)更换一次刀具,在完成第三次刀具更换,盾构机进行掘进,开挖仓土压建立后,发现螺旋机卡死,随后经过每个环节的排查,最终解决螺旋机卡死问题。

4 排查方法及原因分析

4.1 螺旋机正、反转

第一时间发现螺旋机旋转困难,即螺旋机在启动后,螺旋机油压、扭矩大幅上升,但螺旋机速度未见明显变化;在此配合刀盘的旋转,可以利用刀盘上搅拌棒及土仓固定搅拌棒对螺旋机前部(即伸入土仓内螺旋杆前部)土体进行扰动,如螺旋机筒体配有加泥等注入设备,可以同时打开注入进行筒体内积土润滑,随后进行螺旋机的正反转;在螺旋机正反转时观察螺旋机转数,如有速度变化,则此方法可行,可以进行多次正反旋转,确保螺旋机正常旋转起来,正反转时要确保闸门开度;如在经过多次正、反旋转时,螺旋机速度为零或速度有轻微变化最后又归于零,则应停止正反转,分析螺旋机是否故障或螺旋机叶片是否被异物卡住。

4.2 螺旋机操作

在进行螺旋机正、反转时,如果经上述尝试仍未见明显变化,建议在启动螺旋机的同时,第一时间操作螺旋机油压控制,使其在短时间内油压达到峰值,尝试是否可以使螺旋机旋转产生一瞬间启动速度,这样随后通过正反转使螺旋机逐步旋转起来;如果通过此方法螺旋机仍未见旋转,可以根据机器自身情况,调节油压泵分配阀,使压力达到可控的范围内进行尝试。在操作的同时,时刻确保油管、油压泵、旋转马达附近人员滞留,防止油管撕裂伤人,且尝试次数不宜过多。

4.3 螺旋机故障排查

4.3.1 液压台车检查

(1)液压泵是否工作;

(2)电机带动液压泵是否工作;

(3)液压台车上液压阀压力及流量是否正常,是否满足正常工作需要。

4.3.2 螺旋机液压马达排查

(1)查看螺旋机两个液压马达的转向是否一致;

(2)打开螺旋机一个液压马达的出油口和进油口,然后启动螺旋机,察看齿轮是否正常工作,再次检查另一个;

(3)打开两个液压马达的泄油口,察看是否有齿轮油流出,液压马达正常旋转工作时泄油口有油流出;液压马达不能正常旋转工作时,泄油口基本不出油。

4.4 卡死原因排查分析

螺旋机经故障排查后未发现异常,可以判定螺旋机叶片卡死或叶片与螺旋机杆被卡死。

4.4.1 检查前提

在软弱地层或掌子面稳定性不确定的情况下,一定要确保土仓压力的持续存在。根据盾构机自身结构特性,可以使用螺旋杆伸缩液压缸以及螺旋机前部(即前闸门液压缸)对螺旋机筒体与土仓进行暂时隔离保压,确保土仓压力稳定,随后再进行螺旋机筒体的检查,在伸缩的同时务必确保闸门为关闭状态;一般情况下,如果螺旋杆伸缩液压缸可以前后伸缩若干次,且伸缩行程可观,在确保伸缩液压缸稳定以及伸出筒体与螺旋机筒体是一体的情况下可以尝试正、反转螺旋机;如果伸缩液压缸的伸缩量少,前闸门无法关闭,就要考虑土压的稳定性以及掌子面的稳定性,如对刀盘前方及上部土体进行加固后,方可安全检查螺旋机。

4.4.2 黏土地层螺旋机卡死处理

在确保螺旋机与土仓隔离后,可以安全打开螺旋机维保口以及闸门,先打开闸门,随后依次从高往低打开螺旋机维保口进行逐个清泥排查,在维保口间距大或条件允许的情况下可以对筒体进行临时烧割开口,开口宜设在筒体侧边偏上,可以方便随后焊接也不影响清泥检查。

针对日式盾构机如奥村、小松、三菱等,在螺旋机出土闸门口距螺旋机端部有一空隙,且此处不设螺旋叶片,为旋转死角,如图1所示。在排土时,尤其是黏聚力大的土时,闸门处不能及时排出,土层就会在此处逐层堆积,时间久后形成固结体,从而影响螺旋杆的启动扭矩。对于小功率螺旋机存在螺旋机无法启动的情况。因此,建议在排查时人员从闸门口进入清理此处积土。

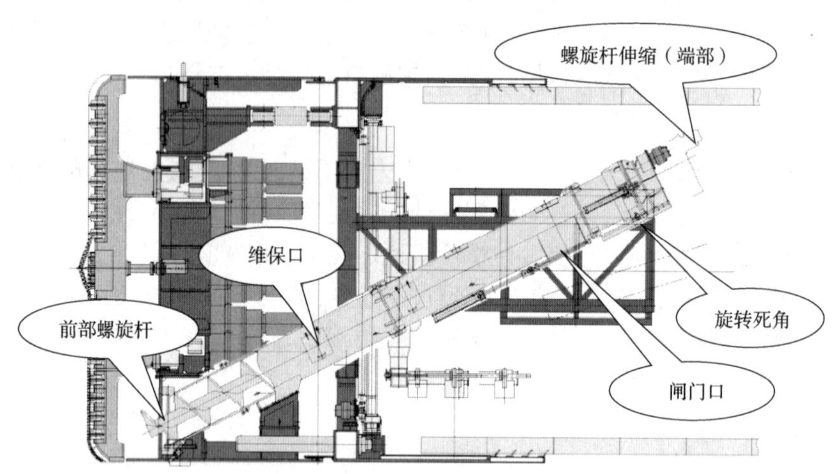

图1 螺旋机示例图

4.4.3 硬岩段螺旋机卡死原因分析

盾构机在硬岩段掘进时,由于掌子面岩层难以掘削,推进速度慢,一段时间内,产生的渣土就相应的减少,为确保土压的稳定性,这就要求螺旋机的转数(即出土量)与之相匹配,达到土压平衡;一般情况下,硬岩掘进都会出现螺旋机的喷涌现象,从而导致螺旋机间断性出现空转;在软土地层掘进时,由于掘进速度快,出土量在一段时间内就相应增加,这样螺旋机筒体内基本被开挖土整体包裹,即螺旋杆及叶片被土体全部包裹,螺旋杆的轴线基本处于筒体中心,但是在硬岩掘进时,螺旋机出现空转,由于重力作用,螺旋杆前部会出现"栽头"现象,在螺旋杆转动的同时,前部叶片会与筒体内壁接触摩擦,加之掘削下来的岩层颗粒摩擦,从而加大了前部筒体耐磨层的损耗量及叶片的磨损,久而久之,前部叶片直径变小,筒体耐磨层磨穿,随后螺旋机下部可能会出现裂口。

经过上述的分析以及结合现场施工的具体情况,在尝试螺旋机正反转、利用收缩液压缸往返收缩,打开每个维保口进行清理,增大油压泵油压均未果的情况下,判定螺旋机前部叶片卡死,总结如下:

(1)螺旋机空转过多,导致前部叶片及筒体下部耐磨层磨损。

(2)换刀结束后,保土压时没有及时转动螺旋机;开挖时,加泥系统注入水、泡沫,以及岩层裂隙水的冲刷,致使掘削下来的岩层颗粒、岩层粉末、砂子等堆积在螺旋机筒体内,形成黏聚力很高的固结体,从而导致螺旋机前部叶片卡死。

(3)在岩层掘进时采用的是硬岩滚刀,在推力的作用下,个别滚刀的刀圈会出现崩裂、脱落现象,在螺旋机"栽头"转动出土的同时,前部叶片与筒体下部摩擦时极有可能被这些高强度刀圈卡住,叶片会出现锯齿状阔口,从而与下部摩擦过的耐磨层卡住,形成金属与金属的互相咬合。

(4)隧道已完成掘进2168m,在此期间,螺旋机前部未经过系统的检查,叶片与螺旋杆保养频率低,耐磨层的损耗量累计增加。

结合现场施工的具体分析,以及多种方法的尝试,最终确定螺旋机前部叶片与金属异物咬合卡死。

5　螺旋机卡死处理方法

经过多种方法的尝试及分析,决定进行开仓清理,清理螺旋机前部的堆积土。由于此段为硬岩地段,掌子面稳定,在工具准备充足的情况下进行常压开仓,具体步骤如下:

(1)开仓前确保闸门全部打开,维保口敞开。

(2)依次打开仓壁上泄压阀进行泄水泄压。

(3)打开盾体上部进料口仓门进行泄压,如有水存在,可使用水泵进行排水。

(4)根据高差变化打开中部人闸门泄压。

(5)冲洗刀盘及上部积土后,人工清仓。

(6)可根据施工情况在螺旋机前部、土仓外进行烧割开口,利用高压水枪等里外进行清理,加快清仓速度。

清理土仓结束后,螺旋机可以正常运转,此时发现螺旋机叶片已经磨损,叶片耐磨层已磨完,且叶片个别处有锯齿状;筒体内壁下部耐磨层已磨完,筒壁出现数道沟痕,随后土仓下部利用棉被、沙袋围拢,在螺旋机前部形成一干燥区域进行叶片、筒壁耐磨层的堆焊,完成后关仓掘进,螺旋机运转正常。

6　结论

(1)在硬岩段掘进时,加泥注入系统可以注入高浓度的优质膨润土,从而使掘削下来的岩粒、砂子与膨润土混合,起到润滑螺旋机筒壁、易排的作用。

(2)盾构机长时间停机状态下,应定期对螺旋机进行试运转,确保筒体内积土不因失水而固结。

(3)根据出土量,优先调节闸门,再调节螺旋机。螺旋机排土时,观察渣土含水率,适当情况下打开螺旋机筒体加泥系统,减少螺旋机荷载。

(4)在换刀期间,应检查螺旋机并察看螺旋机转动;检查土仓是否存在坚硬物体、金属存在,对于大的坚硬物体、金属应及时采取措施予以清除。

参考文献

[1] 唐经世,唐元宁. 掘进机与盾构机[M]. 北京:中国铁道出版社,2009.

[2] 袁子荣. 液气压转动与控制[M]. 重庆:重庆大学出版社,2010.

[3] 陈韶章,洪开荣. 复合地层盾构设计概论[M]. 北京:人民交通出版社,2010.

盾构施工引起的地表沉降原因分析及对策

刘 永

（中铁十六局集团北京轨道交通工程建设有限公司　北京通州　101100）

摘　要：结合施工实际情况对盾构隧道施工引起的地表沉降的影响因素进行了详细的分析。主要分析了地表沉降受盾构隧道施工的影响因素，归纳总结了地表变形的影响因素，为正确选择施工技术，制定完善施工参数提供依据，确保施工地区重要设施的安全。同时结合某城铁盾构隧道掘进工程实践进行分析，结合工程实例对盾构施工不同阶段、现场监测和数据分析进行讨论，得出了有益的结论。

关键词：盾构隧道；地表沉降；影响因素；对策

1　盾构隧道地表沉降原因分析

在盾构法隧道施工过程中，总会不可避免地产生土体扰动，这种扰动引起地层损失和隧道周围地层土体剪切破坏的再固结。扰动效应传导到地面便形成了地表沉降，大都在盾构施工期间或过后短时间内呈现出来。从整体来看，影响地表沉降的因素是十分复杂的，但主要的关键因素有以下几个方面：

1.1　盾构隧道掘进时前方土压力的松弛

盾构舱内土压力是可以控制的，舱内土压力与围岩压力的平衡关系控制着地表沉降的大小。直观地说，当舱内土压力大于围岩侧压力时，会造成开挖面上方土体上隆；当舱内土压力小于围岩侧压力时，会造成开挖面上方土体下沉。

1.2　盾构机与围岩之间的摩擦作用

当盾构机向前掘进时，势必推动周边的土体向前移动，这种移动表现在盾构掘进机附近的土体发生侧移，而导致开挖面后方漏空，地表产生下沉；开挖面前方土体挤压，地表产生上隆。

1.3　盾构机掘进过程中对孔隙水压力平衡的破坏

在盾构机掘进扰动土体的过程中，会破坏地下水的平衡。土体开挖后，地下水被截断，向隧道内排泄，隧道上方土体排水固结，从而引起地表沉降。或是隧道注浆堵水，衬砌防水密封后地下水径流受阻，土体饱和膨胀，从而引起地表隆起。

1.4　盾尾空隙

在盾构机尾部脱出后，围岩和管片之间存在一定的间隙，为土体下沉提供了空间，一般会造成沉降速率较大的变化。

1.5　盾构机掘进过程中的姿态

在掘进过程中，盾构机的行进方式并不是完全按照设计路线前进的，而是在一定的误差范围蛇形前进。这样的波动增大了对土体的扰动，也增加了地表沉降的可能性。盾构推进过程

作者简介：刘永（1982—），男，本科，广州地铁七号线二标项目总工程师。

中,盾位纠偏、仰头推进、叩头推进、曲线推进等都会使实际开挖面形状偏大于设计开挖面,从而引起地层损失。实际轴线与设计轴线偏离越大,所引起的地层损失也越大。

1.6 围岩的固结沉降

在盾构机穿越后,后期受扰动土体的重新固结也会增加地表沉降的幅度。就影响因素而言,一般可以概括为以下几个方面:地层性质,覆土厚度,压力仓压力,出土量及盾构推进速度,掘进中的地层损失,盾尾注浆开始时间、注浆量和注浆压力,隧道衬砌在土压力作用下产生变形及沉降引起少量的地层损失,受扰土体的固结等,地面沉降是这些因素综合影响的结果。

2 地面沉降控制措施

在正常施工条件下的地层损失,土体的扰动是不可避免的,并与盾构掘进的控制密切相关。地面沉降主要是由地层损失、扰动土体的再固结引起。因而,控制地面沉降的主要措施是采取必要的技术手段规避和减少地层损失,尽量减少对土体的扰动。针对引起地面沉降的各因素,对地面沉降控制技术分述如下。

2.1 掘进压力选择

本区间使用的是德国制造的土压平衡式盾构,其施工方法是盾构推进过程中,前部刀盘开挖下来的土体停留在土仓内,通过螺旋输送机的转速和推进速度调整土仓内土压力,使土仓内压力与刀盘前水土压力平衡,从而保持开挖面的稳定。所以,土仓压力的确定,显得非常重要。土仓压力应随盾构覆土厚度的变化而变化。如果盾构刀盘面提供的压力和原静止土压力相当,则刀盘前土体受到的扰动很小,地层不会出现大位移,地面也不会出现很大沉降。如果盾构刀盘面提供的压力超过原静止土压力,则前方土体处于被动压力状态,土体单元的水平应力大于垂直应力,则前方土体受到水平方向的强烈挤压而发生前移,因竖直方向的泊松效应致使土体出现向上位移,发生地面隆起。而当盾构刀盘面提供的压力小于原静止土压力,开挖面土体处于主动土压力状态,土体单元的水平应力小于垂直应力,则开挖面土体受到较小的支撑力而向后方位移,如果出土速度过快,开挖面前上方土体还会塌落,导致地面沉降。

土仓压力应随隧道上覆土厚度的变化而变化,但如单凭理论土压来设定前仓压力显然是不合适的。另外,因土层的复杂性,如地面超载作用力的大小及建筑物基础结构的不确定性,造成了土压力设定值 p 的计算结果不可能十分准确。再则,盾构机内部的土压传感器存在系统误差,所以在掘进中有必要将土压力设定值进行调整。根据实际施工经验,盾构机刀盘前方 $1.5D+H$(D 为盾构机外径,H 为盾构中心至地面高度)范围内地面的沉降情况与土压力设定值密切相关,所以盾构前方地面沉降监测结果可直接反映土压力设定值与自然土压力的吻合程度。在实际的施工中,应将盾构机前的地面沉降量再沉降(隆起 0~10mm),当盾构机通过重要建筑物或管线等沉降要求严格地段,应该控制盾构机刀盘前方的土体隆起 0~5mm,有利于沉降的控制。

2.2 壁后注浆

壁后注浆主要是为了防止由盾尾空隙引起的隧道周围围岩变位,控制地表沉陷,同时可以提高隧道的止水性,使隧道管片与周围土体形成整体保持结构稳定,确保管片的早期稳定。因此管片壁后注浆的均匀和充分也是很重要的。

2.2.1 注浆方式

(1)同步注浆

盾构推进时,盾尾形成短时间无支护状态的盾尾空隙变形,直接影响地表沉陷的大小。采用同步注浆系统及盾尾的注浆管在盾尾空隙形成的同时，采用盾构边掘进边注浆的同步注浆方式，迅速注浆充分填实空隙并尽早获得设计强度，及时防止围岩变形，控制地表沉陷。壁后注浆的开始时间越早，充填率越高。

（2）二次注浆

为提高壁后注浆层的防水性和密实均匀，必要时在同步注浆结束后进行二次注浆。若管片背后注浆不足，将产生明显漏水，不仅影响隧道使用，还会产生因地下水的流动或水位下降，造成地表沉降。通过注浆孔（吊装孔）钻孔入土体，对土体进行二次注浆加固，有效止水，控制地表沉降。

2.2.2 浆液的性能

注浆浆液要流动性好，便于盾构移动过程中续持不停的注浆；一环注浆结束后，浆液凝固有较好的强度，具有微膨胀性，避免后期收缩变形；二次注浆材料要可注性强，能补充同步注浆的缺陷，对同步注浆起充填和补充作用。当地下水特别丰富时，需要对地下水封堵。同时为了及早建立起浆液的高黏度，以便在浆液向空隙中充填的同时将地下水疏干（将地下水压入地层深处），获得最佳充填效果，这时需要将浆液的凝胶时间调整至 1 ~ 4min，必要时二次注浆可采用水泥—水玻璃双液浆。

2.2.3 施工控制

同步注浆以注浆压力与注浆量进行双重控制，二次补强注浆量根据地质情况及注浆记录情况，分析注浆效果，结合监测情况，由注浆压力控制。

（1）注浆压力

同步注浆时要求在地层中的浆液压力大于该点的静止水压及土压力之和，做到尽量填补同时又不产生劈裂。注浆压力过大，管片周围土层将会被浆液扰动而造成后期地层沉降及隧道本身的沉降，并易造成跑浆，对刚拼装完成的管片影响也大；而注浆压力过小，浆液填充速度过慢，填充不充足，会使地表变形增大，通常同步注浆压力一般为 1.1 ~ 1.2 倍的静止土压力，二次注浆压力为 0.5 ~ 0.6MPa。

（2）注浆量

同步注浆量理论上是充填盾尾建筑空除，但同时要考虑盾构推进过程中的纠偏、浆液渗透（与地质情况有关）及注浆材料固结收缩等因素。根据地质及线路情况，注浆量一般为理论注浆量的 1.4 ~ 2.5 倍，并应通过地面变形观测来调节。

（3）注浆速度及时间

根据盾构机推进速度，以每循环达到总注浆量而均匀注入，盾构机推进开始时注浆开始，推进完毕注浆结束。注浆速度应与盾构机的掘进速度相适应。过快可能会导致堵管；过慢则会导致地层的坍塌或使管片受力不均，产生偏压。本区间使用的盾构机采用自动模式注浆，设定好压力及每环注浆总量即可。

2.3 控制循环出渣量

严格控制掘进速度，控制每循环的出渣量，保持开挖土量和出土量的平衡，密切关注出渣渣土的物理性能。不同的地层考虑相应的松散系数来控制渣土量。如果实际出渣量很大程度超出理论出土量或平均值，则要加大同步注浆量或二次注浆量。

2.4 控制地层失水

地下水的流动使土粒产生位移，土粒间空隙压缩、水位下降使土体内有效应力增加而发生固结现象,造成地表沉降。就止水性而言,黏性土的渗透系数较小,砂性土渗透系数大。对于土压平衡盾构机仅靠土仓和螺旋输送机的压缩效应不能有效止水。掘进时密切关注开挖面的出水情况,当发现渣土太稀、水量增大,开挖面有地下水涌出时,立即关闭螺旋输送机仓门,给开挖面或土室内注入泡沫或膨润土外加剂以补充细微颗粒的不足或置换细微颗粒中的空隙水,使开挖土体具有止水性,同时实现气压或土压平衡模式掘进。保证管片壁后注浆量充足,加固周围土体,有效止水,确保结构防水质量,防止管片背面漏水,以免引起地下水的流动或水位的下降。成洞段的隧道若出现漏水现象应及时通过管片注浆孔进行二次补强注浆和防水补漏处理。通过富含地下水的地层时,一方面要确保盾构机快速通过,另一方面应在渣土仓注入泥浆或提高土仓的压力,在管片背后注入水泥—水玻璃双液浆,及时迅速封堵地下水。在掘进过程中加强对铰接密封、盾尾密封检查,发现有涌水(或砂浆渗漏)时立即进行处理,避免因水或砂浆的流失产生沉降。再者,盾尾密封油脂的质量及用量也会直接影响盾尾密封及管片环纵缝渗漏水,所以施工过程中要合理选用盾尾油脂及保证其用量。

2.5 掘进速度

掘进速度的设定是控制土压的主要手段。当在无结构物下正常推进,速度可控制在 30 ~ 40mm/min。盾构纠偏时,应取较小速度。同样,不同的地质条件,推进速度亦应小同。合理设定土压力控制值的同时应限制推进速度,如推进速度过快,螺旋输送机转速相应值达到极限,密封仓内土体来不及排出,会造成土压力设定失控。所以应根据螺旋输送机转速(相应极限值)控制最高掘进速度。由于推进速度和排土量的变化,土仓压力也会在地层压力值附近波动,施工中应特别注意调整推进速度和排土量,使压力波动控制在最小幅度。

考虑盾构机设计掘进速度、地质状况,并参考以往盾构施工经验,盾构通过重要建筑物等的掘进速度应控制在 10 ~ 20mm/min,相对正常条件下掘进速度减缓不少,确保盾构比较匀速地穿越建筑物,同时保证刀盘对土体进行充分切割,以减少开挖扰动。

2.6 其他控制措施

①盾构纠偏、在曲线推进。盾构在曲线推进、纠偏、抬头或叩头推进过程中,实际开挖断面不是圆形而是椭圆,从而会引起附加变形,此时应调整掘进速度与正面土压,达到减少对地层的扰动和减少超挖的效果,从而减少地层的变形。

②固结沉降控制。盾构推进中的挤压作用和盾尾后的压浆作用等施工因素,使隧道周围地层形成正值超孔隙水压力区,随着盾构的离开,土体表面应力释放,超孔隙水压力逐渐消失,引起地层固结变形而带来地面沉降。超孔隙水压力消失后,土体骨架还会因蠕变而引起次固结变形(沉降),在孔隙比和灵敏度较大的软塑和流塑性黏土层中,次固结沉降要持续几年以上,所占总沉降量比例达35%以上。为此应根据地面实施监测结果进行及时控制,在管片衬砌背后实施二次注浆,尤其是对拱部120°范围进行二次注浆非常重要。

③盾构暂停推进时,推进千斤顶可能漏油回缩引起盾构后退,而使开挖面土体松弛造成地表沉陷,此时应做好防止盾构后退措施,并对开挖面及盾尾采取封闭措施。

3 结论

本文以穗莞深城际 SZH－3 标虎门火车站站—虎门商贸城站盾构区间工程为背景,通过对大量的现场监测数据分析,对盾构施工引起的地表沉降规律进行了系统的研究,如表 1 ~ 表 2、图 1 ~ 图 2 所示。

始发阶段地表沉降值 表1

点号 \ 沉降量(mm) \ 日期	2011年11月13日		2011年11月14日		备注
	本次沉降	累计沉降	本次沉降	累计沉降	
ZDK49 +940	0.41	-20.18	0.31	-19.87	
ZDK49 +950	0.53	-18.11	0.26	-17.85	
ZDK49 +960	-0.21	-17.75	0.13	-17.62	
ZDK49 +970	-1.06	-21.98	-0.86	-22.84	
ZDK49 +980	-2.37	-17.99	-1.35	-19.34	
980 -1	-0.18	-0.28	-0.10	-0.38	
980 -2	-0.32	-1.99	-0.15	-2.14	
980 -3	-0.41	-2.88	-0.26	-3.14	
980 -4	-0.49	-3.65	-0.52	-4.17	
980 -5	-0.83	-7.74	-0.66	-8.40	
980 -6	-1.43	-12.34	-1.20	-13.54	
980 -7	-1.42	-15.85	-1.31	-17.14	
980 -8	-1.05	-8.95	-0.98	-9.93	
980 -9	-0.78	-6.35	-0.83	-7.18	
980 -10	-0.62	-2.73	-0.75	-3.48	
980 -11	-0.43	-2.04	-0.52	-2.56	
980 -12	-0.38	-2.19	-0.31	-2.50	
ZDK49 +990	-2.09	-13.18	-1.03	-14.21	
ZDK50 +000	-1.85	-4.41	-0.85	-4.99	
ZDK50 +010	-1.04	-3.63	-0.56	-4.19	
ZDK50 +020	-0.85	0.18	-058	-0.40	
ZDK50 +030	0.31	0.31	-0.21	0.10	
ZDK50 +040	0.00	0.00	0.35	0.35	

正常掘进阶段地表沉降值 表2

点号 \ 沉降量(mm) \ 时间	2012年2月19日 9:30		2012年2月19日 11:30		2012年2月19日 16:30		备注
	本次沉降	累计沉降	本次沉降	累计沉降	本次沉降	累计沉降	
ZDK50 +266	-0.20	-5.60	-0.03	-5.63	-0.06	-5.69	
ZDK50 +274	0.04	-4.03	-0.16	-4.19	-0.25	-4.44	
ZDK50 +282	-0.06	-5.35	-0.25	-5.60	-0.33	-5.93	
282 -1	0.05	-1.76	-0.11	-1.87	0.03	-1.84	
282 -2	0.11	-1.13	-0.13	-1.16	-0.14	-1.30	
282 -3	-0.28	-1.36	0.05	-1.31	-0.13	-1.44	
282 -4	-0.04	-1.52	0.03	-1.49	-0.16	-1.65	

续上表

点号 \ 时间 / 沉降量（mm）	2012 年 2 月 19 日 9:30		2012 年 2 月 19 日 11:30		2012 年 2 月 19 日 16:30		备注
	本次沉降	累计沉降	本次沉降	累计沉降	本次沉降	累计沉降	
282 - 5	-0.32	-2.57	-0.07	-2.64	-0.08	-2.56	
282 - 6	-0.19	-2.58	-0.26	-2.84	0.11	-2.73	
282 - 7	-0.20	-4.06	-0.07	-4.13	-0.25	-4.38	
282 - 8	-0.29	-3.35	-0.16	-3.51	-0.17	-3.68	
282 - 9	-0.03	-2.49	0.05	-2.44	0.10	-2.34	
282 - 10	-0.22	-2.07	-0.01	-2.08	-0.30	-2.38	
282 - 11	-0.27	-1.87	-0.08	-1.95	-0.14	-2.09	
282 - 12	-0.21	-2.03	-0.08	-2.11	0.10	-2.01	
ZDK50 + 290	-0.12	-5.24	0.09	-5.15	0.10	-5.05	
ZDK50 + 298	-0.20	-3.93	-0.19	-4.12	-0.17	-4.29	
ZDK50 + 306	-0.26	-4.23	-0.32	-4.55	-0.42	-4.97	
ZDK50 + 314	-0.53	-0.17	-0.75	-0.92	-0.89	-1.81	
ZDK50 + 322	-0.28	0.02	0.32	0.34	0.04	0.38	
ZDK50 + 330	-0.32	-0.18	-0.08	-0.26	0.11	-0.15	
330 - 1	-0.20	-0.36	-0.08	-0.44	0.13	-0.31	
330 - 2	-0.12	0.00	0.00	0.00	-0.09	-0.09	
330 - 3	0.06	0.54	-0.13	0.41	0.05	0.46	
330 - 4	-0.07	0.02	-0.15	-0.13	-0.08	-0.21	
330 - 5	-0.30	-0.41	-0.17	-0.58	0.06	-0.52	
330 - 6	0.03	0.14	0.03	0.17	0.06	0.23	
330 - 7	-0.12	-0.14	-0.17	-0.31	0.28	-0.03	
330 - 8	0.02	0.05	-0.19	-0.14	-0.09	-0.23	
330 - 9	-0.31	-0.51	0.01	-0.50	0.24	-0.26	
330 - 10	0.03	0.15	-0.28	-0.13	0.22	0.09	
330 - 11	-0.14	0.03	0.05	0.08	-0.04	0.04	
330 - 12	-0.11	0.39	-0.16	0.23	-0.05	0.18	
ZDK50 + 338	0.02	0.07	-0.08	-0.01	0.28	0.27	
ZDK50 + 346	-0.08	-0.07	-0.15	-0.22	0.10	-0.12	
ZKD50 + 354	-0.04	0.08	-0.20	-0.12	0.27	0.15	
ZDK50 + 362	0.00	0.00	0.04	0.04	-0.06	-0.02	
ZDK50 + 370	0.00	0.00	0.11	0.11	-0.06	0.05	

注：“-”表示下沉，“+”表示隆起；允许最大变化量（沉降≤30mm，隆起≤10mm）。

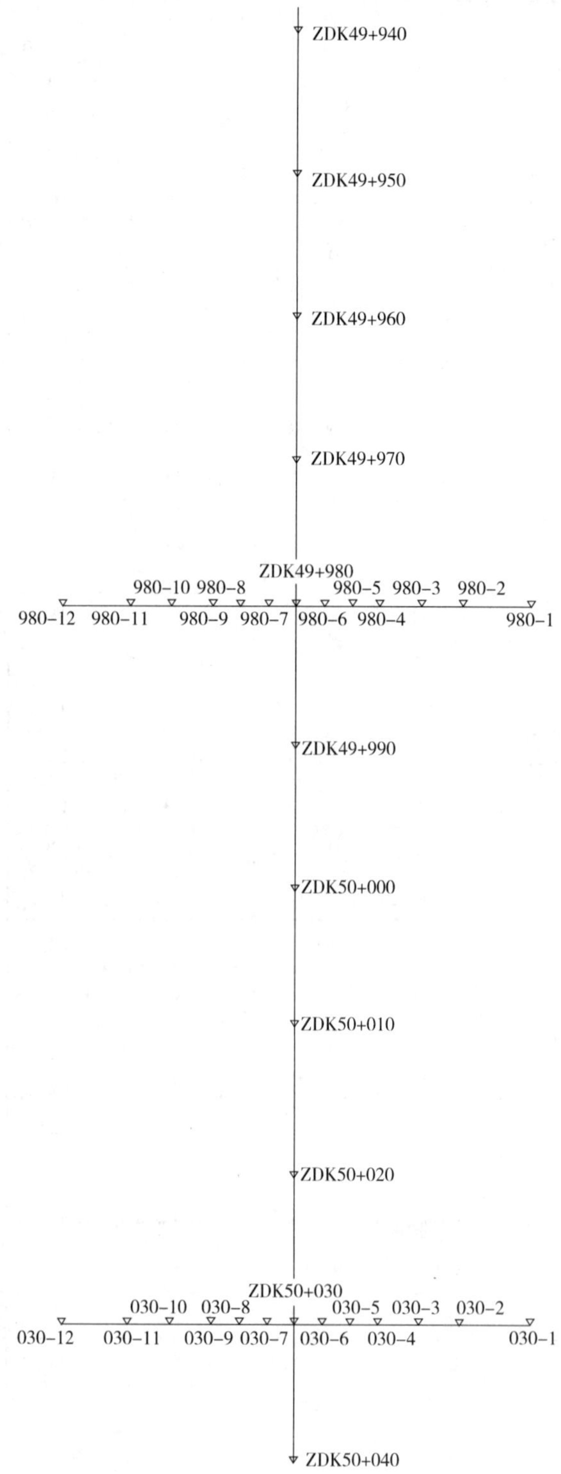

图1 始发阶段地表沉降点布置图

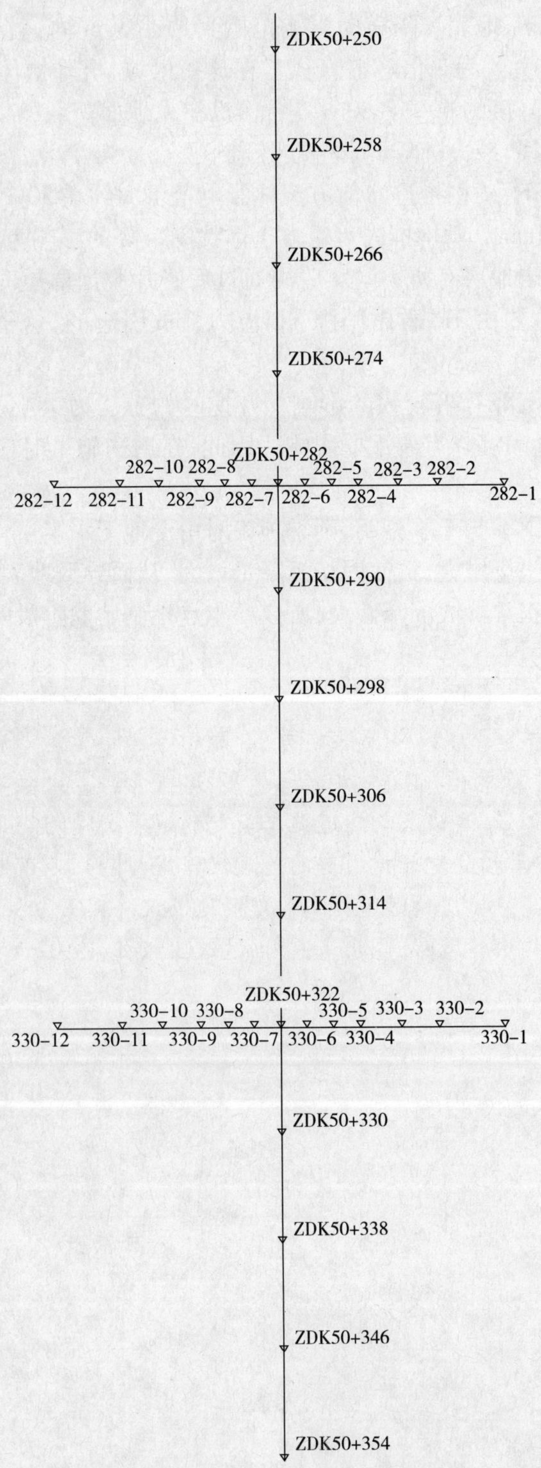

图2 正常掘进阶段地表沉降点布置图

上列图表分析了盾构施工产生沉降的各种原因，对盾构施工的有关参数分析，对具体的工程提出了施工的技术措施和参数优化。综合全文，根据以上分析得出主要结论如下：

①在无结构物情况下，地表沉降横向影响范围大约在 30m 内，盾构施工主要影响区在隧道轴线左右 5m 范围内，大致为 2 倍隧道直径。在这一区域，沉降槽体积占总体积的 60%，其沉降的平均值占最大沉降值的 60% ~80%。盾构机在无地面荷载的情况下，地表横断面的沉降槽类似于正态分布曲线，最大沉降量发生在隧道中心。

②在无结构物情况下，盾构推进对前方土体影响范围大约在 20m 范围内。对于前方土体的沉降量，一般不超过 5mm。盾构推进对后方土体扰动沉降的影响范围主要在 0 ~10m，在该范围内黏土地层同风化岩地层有所不同。盾构通过后管片脱出盾尾时的地表沉降，盾构机距离观测断面 30 ~40m，主要由于"盾尾间隙"和应力释放引起的，这个阶段沉降很大，为 5 ~10mm，占最大沉降值的 30% ~50%。

③施工因素对地表沉降有着较大的影响。开挖时的土压力大小、同步注浆的压力、注浆量、二次注浆等因素对地表沉降有着重要影响。因此，在盾构施工时应加强监测和信息反馈，及时调整施工参数。

④气候影响。广东雨季与干季分明，雨季施工时由于地下水丰富，水压力大且土层黏附力减小，盾构出土偏稀，出土量增大，致使固结沉降量增大，从而导致地表沉降增大；干季则相反。

⑤始发阶段沉降比正常阶段沉降偏大，所以要重点控制始发阶段的沉降，及时进行二次注浆及封堵洞门。

参考文献

[1] 杜建华，王玉林，沈仁强. 浅谈盾构隧道施工引起的地表沉降[J]. 山西建筑，2006.

[2] 边金，陶连金，郭军. 盾构隧道开挖引起的地表沉降规律[J]. 地下空间与工程学报，2006.

[3] 李东海，刘军，刘继尧，等. 盾构隧道施工引起的地表沉降因素分析[J]. 市政技术，2008.

[4] 刘建航，侯学渊. 盾构法隧道[M]. 北京：中国铁道出版社，1991.

盾构隧道始发技术

段兴旺

（中铁十六局集团地铁工程有限公司　天津　304500）

摘　要：结合解放路盾构隧道施工始发技术在地铁施工过程中的应用，介绍了泥水盾构施工始发技术的组成、关键技术、关键工序及工艺，并提出了常见问题的对策和预防措施。

关键词：盾构隧道；始发；施工；技术

1　引言

盾构施工是在一个能支撑地层压力而又能在地层中推进的圆形（或矩形和马蹄形等特殊形状）钢筒结构的掩护下，完成挖掘、出土、隧道支护等工作，它的最大特点就是整个隧道掘进过程都是在这个被称作护盾的钢结构的掩护下完成的，可以最大限度地避免坍塌和地面塌陷。盾构法施工具有安全可靠、机械化程度高、工作环境好、土方量少、进度快、施工成本低等优点，尤其是在地质条件复杂、地下水位高而隧道埋深较大时，只能依赖盾构。随着技术进步、认识提高、综合国力的增强，特别是随着该施工技术所显现的优势，盾构法越来越多地被国内地铁界所接受，上海、广州、南京、北京、深圳、天津、西安、成都、沈阳、杭州、青岛等城市都使用这种方法。虽然盾构有许多成功的工程实例，但是使用这种方法也有较大的风险。盾构进出洞阶段更是出问题的高概率时期，即使是非常有经验的施工单位也常会发生事故。本文重点介绍盾构始发的技术问题。

2　盾构始发技术的重难点

盾构机的始发是整条隧道施工中的重中之重，在始发阶段一般存在以下几种情况会影响顺利始发。

①始发洞门加固处理情况。由于始发推进前需凿除车站的围护结构（主要是处理钢筋混凝土结构），凿除围护结构后的土体在一定的时间段内必须保持自稳，不能有水土流失。因此，要根据不同的地质情况，选择合理的加固方式。

②盾构机始发托架的安装定位。在安装托架前一定要进行准确放线，因为始发阶段盾构机主体在始发导轨上是不能进行调向的。

③始发阶段的姿态及地面沉降控制比正常推进阶段较困难。

④始发的后靠反力系统的定位及加固。

综上所述，盾构在初始阶段的施工难度很大。因此，盾构隧道始发技术是盾构法施工技术的关键，也是盾构施工成败的一个标志，必须要全力做好。同时还应确保盾构连续正常地从非土压平衡工况过渡到土压平衡工况，以达到控制地面沉降、保证工程质量等目的。

作者简介：段兴旺（1987—），男，专科，设备部副部长。主要从事隧道掘进盾构机和后配套设备管理。E-mail：313499170@99.com

始发技术包括洞口端头处理(在软土无自稳能力的地层中)、洞门混凝土凿除(主要针对钢筋混凝土围护结构)、盾构始发基座的设计加工、定位安装;始发用反力架的设计加工、就位;支撑系统、洞门环的安设、盾构组装、盾构始发方案、其他保证盾构推进用设备、人员、技术准备等,直到始发推进。

3 盾构始发施工技术

3.1 始发洞口的地基加固处理

在盾构始发之前,一般要根据洞口地层的稳定情况评价地层,并采取有针对性的处理措施。地层处理一般采取如固结灌浆、冷冻法、插板法等措施进行地层加固处理。选择加固措施的基本条件为加固后的地层要具备最少一周的侧向自稳能力,且不能有地下水的损失。常用的具体处理方法有搅拌桩、旋喷桩、注浆法、SMW 工法、冷冻法等。选择哪一种方法要根据地层具体情况而定,并且严格控制整个过程。

3.2 始发洞门维护结构的凿除

图1 正在进行中的洞门凿除

在凿除洞门前需对加固土体进行验收,可以在洞圈范围内合理位置开设9个样孔以检验洞圈正前方土体加固情况,在样洞验收良好的情况下开始凿除洞门(见图1)。

在洞圈内搭设钢制脚手架,分九块凿除洞门混凝土(分块要结合结构施工方法和现场条件,采取合理的分块形式),首先暴露出内排钢筋,割去内排钢筋,保留外排钢筋,并在每块混凝土中间凿出一个吊装孔,清理干净落在洞圈底部的混凝土碎块,然后按照先下后上的顺序逐块割断外排钢筋,吊出混凝土(具体凿除方法和分块情况可结合洞门实际情况)。在凿除完最后一层混凝土之后,要及时检查始发洞口的净空尺寸,确保没有钢筋、混凝土侵入设计轮廓范围之内。

洞门凿除要连续施工,尽量缩短作业时间,以减少正面土体的流失量。整个作业过程中,由专职安全员进行全过程监督,杜绝安全事故隐患,确保人身安全,同时安排专人对洞口上的密封装置跟踪检查,起到保护作用。

3.3 洞口密封

图2 采用扇形压板和橡胶帘布为洞口密封

洞口密封(见图2)是为盾构在始发时防止背衬注浆砂浆外泄所用,按种类分有压板式和折叶式两种,其中折叶式越来越被人们所认可。洞口密封的施工分两步进行:第一步是在车站结构的施工工程中,做好始发洞门预埋件的埋设工作,要特别注意的是在埋设过程中预埋件必须与车站结构钢筋连接在一起;第二步是在盾构正式始发之前,应先清理完洞口的渣土,再完成洞口密封的安装。

由于工作井洞圈直径与盾构外径单边存有一定的间隙,

为了防止盾构始发推进时及施工期间土体从该间隙中流失，在洞圈周围安装橡胶帘布带、环板、铰链板等组成的密封装置，并设置5个1.5寸（1寸=0.033m）注浆孔，作为洞口防水堵漏的预防措施。

3.4 洞口始发导向轨的安装

在围护结构破除后，盾构始发台端部距离洞口围岩必然会产生一定的空隙，为保证盾构在始发时不致因刀盘悬空而产生盾构“叩头”现象，需要在始发洞内安设洞口始发导轨。安设始发导轨时应在导轨的末端预留足够的空间，以保证盾构在始发时，不致因安设始发导轨而影响刀盘旋转。

3.5 反力架、始发架的安装

3.5.1 反力架、负环管片位置的确定依据

反力架的位置主要依据洞口第一环管片的起始位置、盾构的长度以及盾构刀盘在始发前所能到达的最远位置确定。

3.5.2 负环管片环数的确定

假定盾构长度LTBM=8.3m，安装井长度LAS=12m（因不同的始发井尺寸而不同），洞口维护结构在完成第一次凿除后的里程DF，设计第一环管片起始里程DlS，管片环宽WS=1.2m，反力架与负环钢管片长WR=1.5m（自行设计加工的尺寸）。DR为反力架端部里程，N为负环管片环数。在安装井内的始发时最少负环管片环数确定$N=(\mathrm{DlS}-\mathrm{DF}+8.3)/\mathrm{WS}$环。

3.5.3 反力架、负环位置的确定

在确定始发最少负环管片环数后，即可直接定出反力架及负环管片的位置。

反力架端部里程$\mathrm{DR}=\mathrm{DlS}-N\times\mathrm{WS}$。

3.5.4 反力架、始发台的定位与安装

在盾构主机与后配套连接之前，开始进行反力架的安装。安装时反力架与车站结构连接部位的间隙要垫实，以保证反力架脚板有足够的抗压强度。

由于反力架和始发台为盾构始发时提供初始的推力以及初始的空间姿态，在安装反力架和始发台时，反力架左右偏差控制在±10mm，高程偏差控制在±5mm，上下偏差控制在±10mm。始发台水平轴线的垂直方向与反力架的夹角小于±2‰，盾构姿态与设计轴线竖直趋势偏差小于2‰，水平趋势偏差小于±3‰。

3.6 盾构的始发

3.6.1 始发架加固

由于始发台在盾构始发时要承受纵向、横向的推力以及约束盾构旋转的扭矩。所以在盾构始发之前，必须对始发台两侧进行必要的加固。

3.6.2 负环管片安装

（1）负环管片安装准备

第一环负环管片拼装是控制管片拼装质量的第一步，管片的环面必须按轴线高程和平面放样的位置，校正到垂直于设计轴线的位置。在安装负环管片之前，为保证负环管片不破坏尾盾刷，保证负环管片在拼装好以后能顺利向后推进，在盾壳内安设厚度不小于盾尾间隙的方木（或型钢），以使管片在盾壳内的位置得到保证。

（2）负环管片后移

第一环负环管片拼装成圆后，用4～5组液压缸完成管片的后移。管片在后移过程中，要

严格控制每组推进液压缸的行程，保证每组推进液压缸的行程差小于10mm。在管片的后移过程中，要注意不要使管片从盾壳内的方木（或型钢）上滑落。

（3）负环管片与负环钢管片的连接

负环管片的最终位置要以推进液压缸的行程进行控制，在负环管片与负环钢管片之间的空隙用早强砂浆或钢板填满。

（4）负环管片的拼装类型

在安装井内的负环管片的拼装类型通常采取通缝拼装，主要是因为盾构井一般只有一个，在施工过程中要利用此井进行出渣、进管片。所以采用通缝拼装可以保证能及时、快速地拆除负环管片。

3.6.3 盾构的始发

（1）盾构上靠

为避免刀盘上的刀头损坏洞口密封装置，在刀头和密封装置上涂抹黄油以减少摩擦力。当盾构刀盘鼻尖即将靠上加固土体时，在确定刀盘旋转时不会切削到止水装置，旋转刀盘开始使盾构推进建立正面初始平衡。

为保证盾壳顺利进入洞圈，盾构千斤顶的使用基本以下部为主，千斤顶行程差值维持原状，确保在盾构前移的过程中，盾壳与基座的接触良好。

（2）始发时盾构姿态的控制

在盾构始发过程中，要根据地面监测信息的分析，结合推力、推进速度和出土量以及千斤顶的编组等之间相互关系，保持推进坡度相对的平稳，控制一次纠偏的量，减少对土体的扰动。

每一次测量成果都及时汇总给施工技术部门，以便于施工技术人员及时了解施工现状和相应区域地面变形情况，确定新的施工参数等信息和指令，并传递给盾构推进面，使推进施工面及时作相应调整，最后通过监测确定效果，从而反复循环、验证、完善，确保隧道施工质量。

3.6.4 施工参数控制

（1）盾构穿越加固区技术措施

①加密测点并加强监测频率。

②严格控制切口泥水压力。由于盾构靠上已加固的土体，土体有一定的自立性和强度，因此切口泥水压力的设定可偏低。同时结合沉降报表和其他施工参数进行分析、调整，反馈给推进班组，确保盾构始发施工安全。

③严格控制进排浆量。根据盾构切削范围及各土层特性合理控制进排浆量，通过分析调整，寻找最合理的数值。

④推进速度偏慢。盾构推进速度宜控制在1cm/min以内，确保盾构顶进压力以及刀盘扭距不至于太大，且影响盾构机性能。同时根据需要在盾构正面加入发泡剂或膨润土，以改良正面的土体。

⑤动态信息传递。每一次测量成果都及时汇总给施工技术部门，以便于施工技术人员及时了解施工现状和相应区域地面变形情况，确定新的施工参数等信息和指令，并传递给盾构推进面，使推进施工面及时作相应调整，最后通过监测确定效果，从而反复循环、验证、完善，确保隧道施工质量。

（2）穿越加固区注意事项

①负环管片脱出盾尾后，周围无约束，在推力作用下易发生变形，为此需采取必要的加固措施（如加横向临时支撑）。

②千斤顶总推力控制在适当的范围内(不超过钢后靠的设计荷载)。

③盾构机进入洞门圈时,需密切注意洞圈止水装置是否完好,必要时需对其采取补加固措施,确保密封效果。

④拼装负环管片时,要保证管片和盾构机下部的合理间隙。

⑤确保盾尾油脂的压入量和均匀性,保证盾尾密封效果。

⑥初始注浆时,注浆压力的设定要综合考虑地面沉降要求和洞门密封装置的承压能力。

⑦除洞口特殊环外,其他负环管片可不贴止水密封条。

3.6.5 洞口封堵

当盾尾脱离车站内壁结构时,可进行洞门封堵工序。使用快速水泥将止水装置和管片粘结成一整体,防止土体从间隙中流失而造成地面下沉。同时,在控制注浆压力的情况下,通过洞门预留注浆孔压注止水材料(如双液浆)。

3.7 反力架、负环管片的拆除

反力架、负环管片的拆除时间由背衬注浆的砂浆性能参数和盾构的始发掘进推力决定。一般情况下,掘进100m以上(同时前50环完成掘进7天以上),可以根据工序情况和工作整体安排,开始进行反力架、负环管片拆除。

4 常见问题的预防或处理

(1)加固效果不好

端头土体加固的效果不好是在始发过程中经常遇到的问题。采取的主要措施是必须根据端头土体情况选择合理的加固方法,而且要加强过程控制,特别是要严格控制一些基本参数。对于加固区与始发井间形成的必然间隙要采取其他方式处理。

(2)开洞门时失稳

开洞门时失稳主要表现为土体坍塌和水土流失两种,其主要原因也是由端头加固效果不好所致。在小范围的情况下可采用边破除洞门混凝土,边利用喷素混凝土的方法对土体临空面进行封闭。如果土体坍塌失稳情况严重,只有封闭洞门重新加固。

(3)始发后盾构机“叩头”

始发推进后,在盾构机抵达掌子面及脱离加固区时容易出现盾构机“叩头”的现象,根据地质条件不同有些可能出现超限的情况。为此,通常采用抬高盾构机的始发姿态、合理安装始发导轨以及快速通过的方法尽量避免“叩头”或减少“叩头”的影响。

(4)密封效果不好

洞门密封的主要目的也是在始发掘进阶段减少土体流失。当洞门加固达到预期效果时,对于洞门环的强度要求相对较低,否则要在盾构推进前彻底检查和确定洞门环的状况。在始发过程中若洞门密封效果不好可即时调整壁后注浆的配合比,使注浆后尽早封闭,也可采用在洞门密封外侧向洞门密封内部注快凝双液浆的办法解决。

(5)盾尾失圆

在很多情况下,始发阶段由于自重及其他原因,盾尾一般都会出现失圆的情况,有些可能达到10cm之多。可以采用盾构机自带的整圆器进行整圆,在必要的情况下,可采用错缝拼装,以保证在管片拼至隧道内时,管片自身的椭圆度控制在误差以内。

(6)支撑系统失稳

支撑系统在某些情况下由于盾构机推进中的瞬时推力或扭矩较大而产生失稳,这样将导致整个始发工作的失败。对于支撑系统的失稳只能从预防角度进行,同时在始发阶段对支撑系统加强监测。

(7)地面沉降较大

由于始发施工的特殊性,始发阶段的地面沉降值均较大,因此,在始发阶段需尽早建立盾构机的适合工况,并严密注意出土量及土压情况,同时加大监测频率,控制地面沉降值。

5 实例简介

5.1 工程概况

隧道区地貌为滨海冲积平原,地形平坦开阔,位于塘沽市区,地表多为既有建筑物。在滨海世纪广场设盾构始发井(中心里程 CJDK180 +970),一直沿着解放路敷设,经解放路、新华路,进入天津市碱厂,在天津市碱厂内设盾构到达井(中心里程 CJDK183 +239.5),隧道平面在解放路及碱厂内各设有一个反向曲线,解放路盾构段曲线半径分别为1600m 及1000m,碱厂盾构段曲线半径分别为600m 及450m。盾构段隧道最小覆土约7.5m,最大覆土约为15.6m。隧道内最大纵坡为20‰,最小为1‰,盾构隧道长度为2248.5m。

盾构始发竖井深21m,平面净空长17m、宽15m。盾构机壳体直径为11.97m,盾体长度约11m,整台盾构机长度(含后配套设备)约64m。盾构管片外径为11.6m,内径为10.6m,环宽1.5m。

5.2 地质概况

(1)竖井始发口地质分析

根据地质勘探表及竖井开挖的记录,竖井段的地质从上到下依次出现填充土、淤泥质黏土和粉质黏土,盾构机始发时完全包裹在黏土和粉质黏土层内。

(2)始发段100m 地质分析

根据相关方面给出的地质勘探图纸,盾构机在前期100m 掘进范围内基本处于淤泥质黏土和粉质黏土层中。此地段地下水压不低于1.5bar,拟作为我部盾构施工的重点控制地段。

(3)水文地质条件

本工程地下水位较高,区间内表层地下水类型为第四系空隙潜水。赋存于第Ⅱ陆相层及以下粉砂及粉土中的地下水具有微承压性,为微承压水。

潜水对混凝土具硫酸盐侵蚀,环境作用等级为H4;具镁盐侵蚀,环境作用等级为H3。微承压水对混凝土具硫酸盐侵蚀,环境作用等级为H2;具镁盐侵蚀,环境作用等级为H1。本工程的水文地质条件较差。

6 结论

盾构机始发是一个复杂的系统工程,对前期的地质勘探、始发区域的建筑物及管线情况进行调查,特别是对端头土体的液限、塑限、渗透系数、含水率等各种物理力学指标进行全面的调查及评估是相当有必要的;同时应对始发技术施工中的每一个环节加强全面、细致的控制,以确保各种处理措施达到预期效果。因为始发技术与各个工程的始发条件息息相关,所以始发时每一个细节(如采用什么端头加固方式、连续墙破除方式、始发台及反力架的定位等)均需根据现场条件选择最合适的方法。

参考文献

[1] 王毅才. 隧道施工[M]. 北京:人民交通出版社,2000.
[2] 项兆池,楼如岳,付德明. 最新泥水盾构技术[M]. 上海隧道股份有限公司,2001.
[3] 韩同银,刘庆凡. 建设项目施工组织与管理[M]. 北京:中国铁道出版社,2005.

富水砂层盾构接收防突施工技术对策

王耀东

（中铁十六局集团北京轨道交通工程建设有限公司　北京　101100）

摘　要：以南昌城市轨道交通1号线珠江路站—长江路站区间为例，针对该区间距离赣江近，砂层富水、易液化、易坍塌、易流砂等特点，从盾构选型、技术对策、防突建议等方面对采用盾构法施工的区间隧道穿越富水砂层地质进行了研究，并充分利用监控量测与加固前的检测两大手段保证盾构机安全穿越富水砂层接收段，对后续类似工程的施工具有明显的指导意义。

关键词：区间隧道；盾构施工；富水砂层；技术对策

1　引言

伴随着国家城市化的快速发展，城市人口与机动车数量激增，交通问题愈加突出，亟须解决。近几年来，城市轨道交通系统因具有大运量、快速、准点等诸多优点而被广泛采用，我国的城市轨道交通建设已经进入高速发展阶段。鉴于盾构法具有施工安全、快速、扰动小等优点在城市轨道交通工程的建设中得到大规模的应用。虽然前人在盾构穿越富水砂层方面已经有了部分成果[1-5]，但限于国内的盾构发展时间较短，相关的理论研究和施工技术积累较少，采用盾构法施工的区间隧道在穿越富水砂层等不良地质时极易发生安全事故，为工程施工带来较大困扰。面对这些惨痛教训，如何避免在穿越富水砂层等不良地质条件时的塌方、突水、涌砂等灾难性事故的发生，现有研究对防突技术与对策仍然不够系统和深入，因此对盾构接收施工技术与对策进行研究和总结，提升穿越富水砂层时的理论认识，提出针对性的防突对策对于我国大规模开展城市轨道交通建设的安全、经济和快速施工具有重要意义。

2　工程特征

2.1　工程概况

南昌地铁1号线3标段位于南昌市红谷滩新区，距离赣江最小，仅为1.2km，如图1所示。该标段从会展路站至珠江路站，3站3区间，本标段总长3375m，区间总长2744m。后期由于工程进度调整，珠江路—长江路站区间隧道的盾构施工也由本施工单位完成。

2.2　地质条件

2.2.1　概况

上覆土层为第四系全新统冲积层黏性土、人工素填土、粉质黏土、细砂、中砂等砂砾石层，土体强度较低或结构松散土层，厚度一般为18～20m。掘进范围土层主要为粗砂、砾砂、圆砾。下伏第三系新余群泥质粉砂岩，局部为砂砾岩、强风化泥质粉砂岩、中风化泥质粉砂岩、基岩岩体稳定，基岩面起伏较小。但穿越范围内的细砂、中砂、粗砂和砾砂等工程性能一般，振动易液化，易坍塌变形，易产生流砂管涌。

作者简介：王耀东（1980—），男，中铁十六局集团北京轨道交通工程建设有限公司副总工程师。主要从事地下工程隧道及深基坑施工技术研究，重点研究地下工程施工防涌水涌砂的安全技术措施。E-mail:9317912@qq.com

从地表来看,水系发达,过江点处河床为“W”形,江面宽度约为 1.6km,枯水季节江心洲露出水面,洪水期时被江水淹没。场区地表水主要为赣江及棋盘分布的池塘,目前地表水位高程为 15.50 ~19.60m。

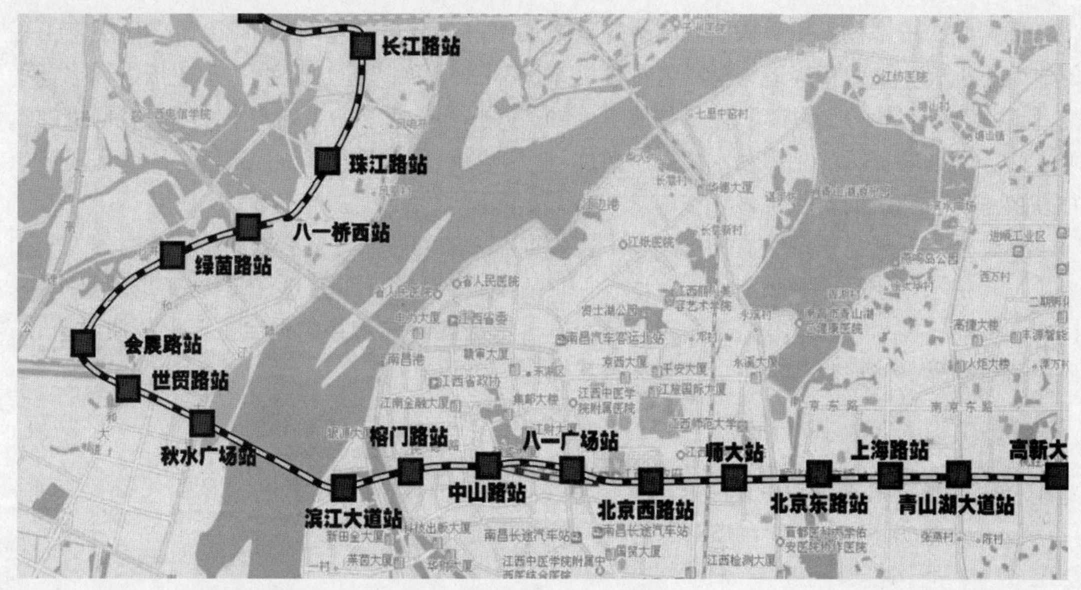

图1 南昌地铁1号线线路图

2.2.2 地下水类型

拟建场地的地下水类型可以分为浅层地下水和基岩裂隙水两类,浅层地下水包括属上层滞水、孔隙潜水、微承压水,主要赋存于表层填土及砂土、砾砂、圆砾中。上层滞水主要赋存于填土层中,主要接受降雨入渗补给、下水管的渗漏补给。孔隙潜水主要赋存于表层填土以及第四系上更新统冲积层的砂砾石层中,主要分布于秋水广场—世贸路站区间,勘探期间测得钻孔静止水位埋深 2.68 ~8.55m,相应高程 13.45 ~17.77m。秋水广场站地下水与赣江水力联系极为密切,地下水水量丰富,对地下水与赣江水的具体联系程度建议做专项调查研究。微承压水主要赋存于第四系上更新统冲积层的砂砾石层中,承压水水头高度一般为 2.50 ~5.20m。

基岩裂隙水主要赋存于场地第三系新余群泥质粉砂岩、砂砾岩岩层的裂隙中,主要受上部第四系松散层中的孔隙水或微承压水的补给。含水率主要受构造和节理裂隙控制,场地内泥质粉砂岩、砂砾岩节理裂隙不发育,裂隙性质多呈闭合状,故场地内的基岩裂隙水水量贫乏,无承压性(见图 2)。

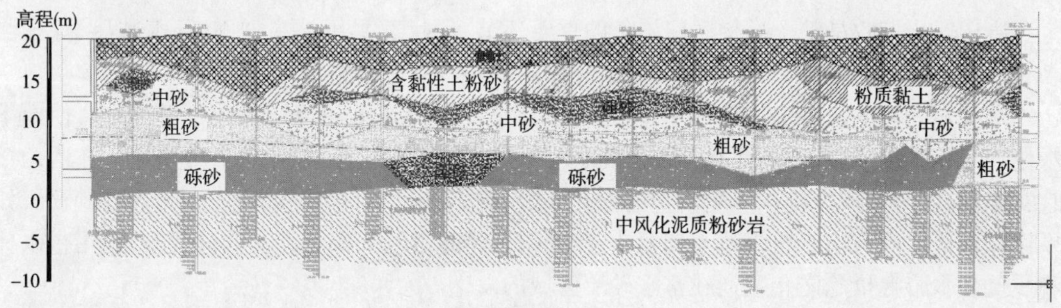

图2 区间地质条件剖面图

3 盾构选型与接收施工方案

3.1 盾构选型

盾构机的选型在采用盾构法的区间隧道施工中占有举足轻重的地位,往往直接决定工程的成败与进展。如何正确地选择隧道掘进机,对于任何一项隧道工程而言,都应该进行综合平衡考虑,使之尽量满足地质条件、机械成本、环境影响、安全性等一系列要求[1-2]。盾构机的选取要充分考虑隧址区的工程和水文地质条件、地形地貌、周边环境特征等因素,所以不同城市往往要进行盾构机的量身定做。

盾构推力和刀盘扭矩是盾构机选型中需要重点关注的两个主要参数。盾构推力的大小主要由盾构机与地层间的摩擦阻力、刀盘土压力、盾尾密封与管片间的摩擦阻力3个因素决定。同时也受变向阻力、贯入阻力、牵引阻力等影响。南昌区间隧道穿越地层主要以粉质黏土、粉砂、细砂、中砂、砂砾、粗砂为主。其经验公式为:

$$F=\frac{\alpha\pi D^2}{4} \tag{1}$$

式中:F——盾构机推力(10kN);

α——推力系数,取90~150;

D——盾构机刀盘直径(m)。

根据前期工程施工经验,盾构在粉质黏土、砂层中,α一般取值为110,由式(1)可以计算得到$F=34050\text{kN}$。

刀盘扭矩主要由切削扭矩、刀盘自重旋转阻力矩、刀盘推力旋转阻力矩、密封装置的摩擦力矩、前表面的摩擦力矩、刀盘圆周面上的摩擦反力矩、开口槽的剪切力矩、腔内搅动力矩等9部分组成。刀盘的额定驱动扭矩计算公式为

$$T=\beta D^3 \tag{2}$$

式中:β——土压平衡的盾构系数,根据盾构机直径的不同取值范围一般在14~25。

根据其他城市在软土地层中的施工经验,选取$\beta=22$,其扭矩为5448.8kN·m。

南昌地铁一号线3标的盾构机选型在满足以上参数要求的同时,从刀盘对地质条件的适应性出发,为了减少刀具磨损,增加切削土体的流动性,大大降低切刀扭矩,提高切削效率,通过适当增加撕裂刀的数量对刀盘进行了优化改进。同时也在刀盘驱动单元、螺旋输送机、渣土改良等方面进行了研究,使其更适合南昌地质条件下的盾构施工。

3.2 盾构接收方案

盾构安全接收是整个盾构区间施工的重要环节,项目部采用端头加固、降水减压、探孔测水、止水措施及注浆加固等一系列方法来确保盾构接收的安全施工。

端头加固体的长度取为11.2m,并在附近打设了9口降水井,对地下水进行抽排,使地下水位降到控制水位以下,从而在根本上防止接收过程中发生流沙、突水涌砂等事故。在盾构接收实施前,先对加固区施作一定数量的探孔,从而确定该区域的加固和地下水的抽排情况,如果钻探确认加固与堵水效果达不到要求,需要采取措施继续加固。在接收过程中,采用止水环和盾尾止水帘等措施防止喷涌在富水砂层区域的发生。

在实际接收过程中,要先安装洞门止水帘布,并紧固焊接翻板与洞门钢环接触面,同时焊接导轨;滞后掘进最终的保护厚度(50cm加固体),并尽可能抽空土仓内存留的渣土,直到抽

空为止;直接对洞门处的围护结构外侧钢筋以先下后上的顺序进行割除,钢筋割除完毕后,刀盘上导轨进洞,完成盾构接收施工。

4　防突技术对策与建议

4.1　防突对策

盾构穿越富水砂层时要从区域加固、过程控制和监测3个方面进行全面研究,其中区域加固是根本,过程控制是关键,施工监测是保证,必须在现场施工过程中实现三者有机结合。

在珠江路—长江路站区间,端头加固从加固范围、措施和工艺等方面进行了详尽的分析。最后采用三轴搅拌桩对盾构长度和两环管片的长度进行加固,并对搅拌桩加固区域与车站围护结构间的50cm范围采用旋喷桩进行补强,具体如图3所示。

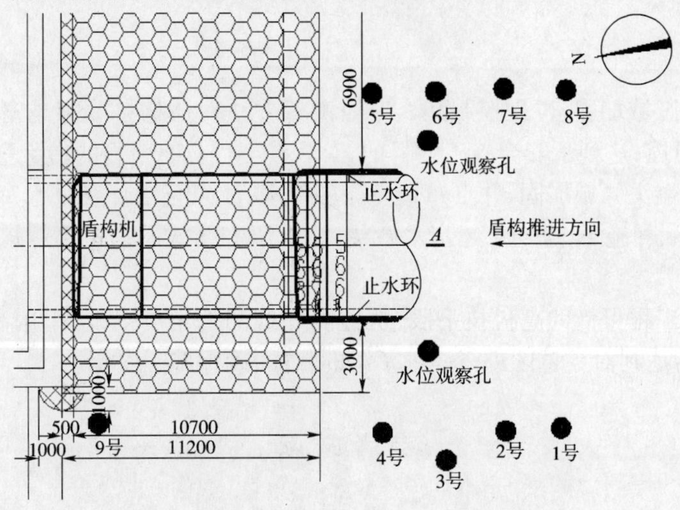

图3　端头加固与降水井布置图(尺寸单位:mm)

过程控制强调盾构接收全过程的人为管控,首先在加固区外侧施作了9口降水井,并在盾构接收实施前即开始进行地下水的抽排降水工作,保证接收过程中的地下水位处于区间隧道底部以下,降水井的现场布置及抽排见图3。所示。同时在接收过程中,在已成型隧道内的566环、567环、568环施作止水环,止水环的建筑材料主要是采用强度等级为PO 42.5的水泥,并辅以适量的水玻璃达到止水目的。在接收前,必须采用钻探或物探等多种方法和手段从不同位置对穿越区域进行探测,保证加固和降排水效果的基础上方能进行接收施工。一是在洞门范围内打设多个探孔对加固区的效果进行验证;二是借助于管片吊装孔的开孔检测,确认地下水流情况;三是采用开仓检查刀盘的方式,确认刀盘附近有无渗漏水的痕迹。

作为地下工程施工过程的“眼睛”,必须意识到监控量测对于富水砂层盾构接收的重要性,除常规的地表沉降、桩体倾斜与沉降等项目外,要注重土体分层沉降、地下水位监测、盾构进尺与出渣量的综合分析,防止流砂等事故发生。

4.2　防突建议

从盾构穿越富水砂层的接收过程来看,为了防止流砂及突涌水的发生,必须重视实时监控及事先检测,不能想当然地认为加固完毕即达到了所需要的效果,必要的情况下,必须采用高频雷达等手段对该区域的加固情况进行验证。鉴于岩土体失稳往往具有明显的前兆,所以在整个施工过程,要不间断地进行高密度的测量项目监测,并达到实时分析的要求,一旦发现异常，立即分析原因，采取针对性措施及预案，并引入风险管理理念，确保工程安全，避免事故发生。另一方面要重视检测的作用，以地下水和岩土体为两大目标进行全方位的检测与验证工作，而且要尽可能地借助高新技术和手段，达到彻底了解加固区的目的。

4.3 效果检查

通过地下水位监测孔发现，在9台11kW水泵不间断的抽排下，地下水位稳定在区间隧道埋深以下，满足了盾构接收对于地下水位的要求；在洞门处沿周边及中心均匀打设9个探孔，对加固体和地下水的情况进行验证，通过钻孔取芯和孔内摄像仪发现旋喷桩和三轴水泥搅拌桩的加固和止水效果明显，加固端头满足盾构接收的要求。在加固和降水效果得到确认，人员、物资、应急等各个方面都有了充分保障后，开始盾构接收。现场施工证明，加固和排水效果显著，盾构接收顺利完成。

5 结论

（1）通过采用区域加固、过程控制和实时监测等方法对盾构接收穿越富水砂层区域的安全施工进行综合防控，达到了安全施工的目的，对后续工程具有明显的借鉴意义。

（2）通过采取端头区域加固、井点布置与深层降水、注浆止水环和止水帘布的安装等施工措施，使盾构接收顺利施工，成功穿越富水砂层，为土压平衡式盾构机穿越该类不良地质条件积累了施工经验。

（3）建议类似工程可借助高科技手段，从监测和检测的角度出发，采用高频雷达、高精度孔内成像仪等仪器达到对穿越区进行详细了解的目的，确保施工安全。

参考文献

[1] 张旭东. 土压平衡盾构穿越富水砂层施工技术探讨[J]. 岩土工程学报，2009，31(9)：1445－1449.

[2] 王洪新，傅德明. 土压平衡盾构掘进的数学物理模型及各参数间关系研究[J]. 土木工程学报，2009(9)：86－90.

[3] 李向红，傅德明. 土压平衡模型盾构掘进试验研究[J]. 岩土工程学报，2006，28(9)：1101－1105.

[4] 何川，晏启祥. 加泥式土压平衡盾构机在成都砂卵石地层中应用的几个关键性问题[J]. 隧道建设，2007，(6)：4－6.

[5] 杨书江. 广州地铁大石—汉溪区间盾构工程施工关键技术[J]. 现代隧道技术，2004，41(6)：37－41.

[6] 宋克志，王梦恕. 浅谈隧道施工盾构机的选型[J]. 铁道建筑，2004(8)：39－41.

[7] 于宁，朱合华，王大同. 浅谈隧道掘进机的选型[J]. 现代隧道技术，2002(2)：6－9.

泥水盾构机泥浆分离系统选型

刘伟强

（中铁十六局集团地铁工程有限公司）

摘　要：通过分析泥浆系统流量与盾构掘进进度关系，对泥水盾构主机推进速度与泥浆系统能力的匹配进行了阐述，为盾构采购用户提供一些参考。

关键词：泥水平衡盾构机；推进速度；泥浆输送能力；匹配关系

1　盾构主机的推进速度

盾构主机的推进速度一般按照隧道工程的总工期安排的月掘进进度计划，根据施工工序确定的纯掘进时间并考虑一定的储备系数，以每分钟掘进的行程标定。但在目前盾构技术水平条件下，盾构主机能够达到的掘进速度也有一个合理值，因此通常是综合设备的购买成本、使用成本、其他各施工工序在现有的技术条件下能够达到的工序进度水平等因素来考虑，现行的盾构掘进速度一般为6～8cm/min，该速度范围适合于目前大多数地铁盾构隧道综合的进度指标。该范围内的盾构掘进速度，由适合于具体工程地质条件的刀盘刀具参数、刀盘转速、扭矩以及相应的功率、推进液压缸的推力、推进液压系统的功率来获得。在泥浆分离系统选型中，这些参数是盾构用户比较关注的。

2　泥浆输送系统流量计算

以开挖直径小于6300mm的地铁隧道为例，按照主机推进速度8cm/min试计算泥浆输送系统的能力。

2.1　排渣量的计算

假设推进速度为8cm /min，则排渣量：

$$Q_g = \frac{60\pi R^2 v}{100}$$

式中：Q_g——排渣量（m^3/h）；

R——隧道开挖半径（m^3/h）；

v——推进速度（cm /min）。

可得：

$$\begin{aligned} Q_g &= 60\pi R^2 v/100 \\ &= \pi \times 3.15^2 \times 8 \times 60/100 = 149m^3/h \text{（泥水输送计算不须考虑松方系数）} \end{aligned}$$

该排渣量折合为隧道进尺延米时为每小时掘进4.8m，因此主机的推进速度是相当惊人的。如果每天纯掘进时间为10h，每月工作25天，则每月的施工进度可达1200m。硬岩掘进机包括敞开式掘进机和双护盾掘进机，由于每天纯掘进时间可超过10h，因而能够达到甚至超过

作者简介：刘伟强（1987—），男，本科，助理工程师。主要从事隧道施工及施工技术分析、优化等方面的研究。E-mail：liuweiqiang0817@163.com

这一个月的进度指标，但是盾构机却很难达到。

2.2 泥浆输送系统的能力计算（参照海瑞克公司提供的计算方式）

2.2.1 定义

设进浆密度 $\rho_1 = 1150\text{kg/m}^3$，排浆密度 $\rho_2 = 1300\text{kg/m}^3$，岩土密度 $\rho_g = 2000\text{kg/m}^3$。求进浆流量 Q_1，排浆流量 Q_2，排渣量 Q_g。为计算方便假设地层含水率为0。

2.2.2 泥浆流量计算

由容积等式 $Q_2 = Q_1 + Q_g$（即排浆容积等于进浆容积加渣土容积和）和质量等式 $Q_2\rho_2 = Q_1\rho_1 + Q_g\rho_g$（即排浆质量等于进浆质量加渣土质量），得进浆量 $Q_1 = Q_g(\rho_g - \rho_2)/(\rho_2 - \rho_1)$，代入数据，则 $Q_1 = 149 \times (2000 - 1300)/(1300 - 1150) = 695\text{m}^3/\text{h}$。排浆量 $Q_2 = Q_1 + Q_g$，代入数据，则 $Q_2 = 695 + 149 = 844\text{m}^3/\text{h}$。

2.2.3 泥浆流量分析

在上述计算中，按照以上假设的条件，如盾构满足8cm/min的掘进速度，则泥浆系统理论进浆流量 $695\text{m}^3/\text{h}$，排浆流量为 $844\text{m}^3/\text{h}$。

假设进浆密度为 1100kg/m^3，则泥浆系统理论进浆流量为 $521\text{m}^3/\text{h}$，排浆流量为 $670\text{m}^3/\text{h}$。

假设进浆密度为 1100kg/m^3，但渣土密度为 2300kg/m^3，则泥浆系统理论进浆流量为 $745\text{m}^3/\text{h}$，排浆流量为 $894\text{m}^3/\text{h}$。

假设进浆密度为 1150kg/m^3，渣土密度为 2300kg/m^3，则泥浆系统理论进浆流量为 $933\text{m}^3/\text{h}$，排浆流量为 $1142\text{m}^3/\text{h}$。

由此可以看出，当地层密度越大，满足8cm/min的掘进速度时需要的泥浆流量越大。因此，根据地质条件的不同，泥浆系统理论进浆流量和排浆流量有较大不同。

3 泥浆输送系统流量选择

3.1 根据实际施工进度选择

以上述计算为例，当主机的最大推进速度为8cm/min时，按照该推进速度来选择泥浆系统的流量应该是偏大的，主机在大多数情况下达不到最大推进速度，而泥浆系统在大多数情况下基本上能够达到输送量要求，同时，由于泥浆输送系统配置的功率很大，当隧道区间长度超过2000m时，泥浆系统的功率相当于甚至超过泥水平衡盾构机主机的驱动功率。因此，应该根据工程的综合情况提出实际需要的掘进进度选用泥浆输送系统的参数，以求在满足实际综合能够达到的掘进进度前提下，降低泥浆系统的采购费用和使用成本。根据经验，按照3～4cm/min的推进速度来选择泥浆流量比较合理。

在盾构选型中，厂商会根据他们的经验提出泥浆系统流量配置的数据。但为了降低整机价格，有的厂商提供的参数偏于下限，在理想的条件下刚好满足工程进度指标要求，但实际施工中，理想状态在大多数时候都不能实现。用户在选购设备时应根据具体工程地质条件进行大致的分析计算，以便对厂商提供的泥浆输送系统参数进行复核，防止偏低。

3.2 根据工程的地质情况选择

大粒径的颗粒在管道浆体中必须依靠浆体紊流来保持悬浮状态，这就要求管道浆体有紊流流速，需要输送的渣土平均粒径对于不同的隧道工程地质有很大的差别，需要根据渣土的平均中值粒径计算泥浆管路中的临界沉降流速。但这类流体计算对于盾构用户来说是很困难的。盾构厂商一般不会提供这样详细的资料供用户审核,或者这类计算实际误差很大,完全根据试验数据和经验。国内泵类资料提供的一些计算公式中,中值粒径多以毫米计算,对于沙层地质来说有参考价值,但少有针对隧道工程中的大粒径渣土泵送计算的资料。因此,作为用户,只能进行类比计算。

在盾构选型过程的技术交流中,不同的厂商会提供泥浆系统的流量和管径,因此用户可以拥有本工程关于泥浆系统的管道流速数据,厂商提供的最低流速可视为本工程泥浆系统最低流速底线,以此作为标准的下限。

可是承建工程的盾构用户已经要求投标的盾构厂商加大了泥浆系统的流量以增加流速。不过在实际输送过程中,很大颗粒的卵砾石在泥水盾构的管道输送中并非处于完全悬浮状态,经常听到大卵石在管道中滚动的声响,说明大卵石在管道中处于不完全悬浮状态在管道底部被输送,卵石的速度低于浆体的速度,卵石靠与浆体的速度差获得的浆体动量作用力被输送,这种状态也是可以满足输送要求的,但实际输送渣土量要减少,特别是在垂直管道上升的过程中这种作用非常明显。

3.3 进、排浆管径选择

从伸缩管开始,作业面侧、送、排浆管道都采用统一的直径。

根据盾构的切削断面、进浆浓度、掘进速度、排浆浓度计算进浆流量和排浆流量,再根据流体能输送的块石的大小、排出土砂的沉降限界速度以上的流速,来决定排浆管径。每个盾构都相应规定了一个标准的排浆管径。

3.4 进、排浆系统压力选择

在调整进、排浆的压力时,应保证各泵的压力值不应大于其额定压力。进、排浆流量应根据掘进速度来选择和控制。当推进的速度较高时,单位时间内切削下来的石渣量就多,此时应选择与之适应的高进、排浆流量,以能够将石渣排出;反之,当推进的速度较低时,可适当减小进、排浆流量。根据操作经验,350~400m^3/h 的进、排浆流量可适应 25mm/min 或更高的推进速度;300~350m^3/h 的进、排浆流量可以适应 25mm/ min 以下的速度。总之,操作时尽可能用较低的流量,能将所切削的石渣推出即可,调整时,还必须保持进、排浆流量的平衡。

3.5 泥浆输送系统通过的粒径

泥浆输送系统通过粒径的能力主要由管径、泵来确定。一般管道最大能够输送其管径的 2/3 的卵石块,泵的通过粒径可以选择,当管道的直径小于 254mm 时,泵的最大通过粒径可以达到 220mm。泵的通过粒径应大于管径的 2/3,以避免石块在泵轮处卡住。

4 结论

泥浆分离系统是泥水平衡盾构机重要的组成部分,该系统的功能、性能参数几乎是泥水盾构掘进进度指标的底线。主机性能参数达到某一指标并不表示盾构整机就能达到这一指标。主机性能参数是盾构用户非常关注的部分,但有时会忽略泥浆分离系统的选择。虽然主机达到最佳状态的不确定因素较多,因而能力储备较大,相对来说,泥浆分离系统问题少一些,因而其能力的储备少一些,经常在满负荷状态工作。但一旦选择不对,对地质的适应性不佳或能力太低,那么泥浆分离系统的问题反过来会成为盾构掘进的主要问题。泥浆分离系统选型中还有很多需要考虑的地方,与欧洲机型还是日本机型,与刀盘、主机、后配套结构和布置及其他系统还有紧密的联系,盾构选型时应给予充分的关注。

参考文献

[1] 伊旅超,朱振宏,李玉珍,等. 日本隧道盾构新技术[M]. 武汉:华中理工大学出版社, 1999.

[2] [日]土木学会. 隧道标准规范(盾构篇)及解说[M]. 朱伟,译. 北京:中国建筑工业出版社, 2001.

砂性富水地层盾构接收施工技术

郭钦利

（中铁十六局集团北京轨道交通工程建设有限公司　北京　101100）

摘　要：砂性富水地层是城市地铁施工的常见土层，该类地层因其含水率高、渗透系数大、自稳能力差，增加了盾构进出洞的施工难度。以天津地铁3号线解放桥—天津站站区间盾构接收进洞施工为例，介绍土压平衡盾构机在该类土层中进洞采用的水平注浆、水平冷冻和明洞接收等综合工法，并通过合理选择盾构推进参数，顺利完成进洞施工。

关键词：砂性富水地层；进出洞；水平冷冻；明洞；掘进参数

1　引言

随着城市轨道交通建设的不断普及，盾构技术在城市地下工程领域的应用越来越广泛。城市地下工程有地上建筑和道路密集、地下结构和管网交错等特点。地铁线路设计受到隧道沿线构筑物、道路、河流等客观条件的制约，盾构施工所面临的环境及地质条件也更复杂，盾构施工难度和风险越来越大。盾构进出洞施工是盾构隧道施工的关键过程，也是盾构隧道施工中的事故多发阶段，存在着较大的风险。特别是当盾构工作井周围地层为自稳能力差、透水性强的饱和含水砂土层时，如施工控制不当，很容易使得大量的土体和地下水涌向工作井，导致隧道洞口段地表下沉，盾构机无法正常接收。

2　概述

2.1　工程概况

天津地铁3号线解放桥站—天津站站区间隧道，从解放桥站大里程端头井出发，先后下穿张自忠路、海河、天津站前广场地下停车场、天津站站场及场内18股铁道群，到达天津站接收井。隧道全长632m，平均覆土厚度24.5m，接收段覆土厚度20.3m。隧道外径为6200mm，内径为5500mm，采用盾构法施工，土压平衡式盾构机直径为6340mm。

盾构接收井处的围护结构为T形地下连续墙，标准段墙厚1200mm，T形头厚度为1300mm。内衬结构墙厚度为900mm。

2.2　工程地质条件

盾构进洞区域主要地层见图1。

地层属第四系全新统、上更新统沉积层。洞门区域自上而下分别是⑥$_1$粉质黏土、⑥$_2$粉土、⑥$_4$粉砂、⑦$_1$粉质黏土、⑦$_4$粉砂、⑦$_2$粉土、⑦$_9$粉砂、⑧$_3$黏土。属Ⅵ类围岩，极易坍塌变形。

场地内表层地下水类型为第四系孔隙潜水，赋存于第Ⅱ陆相层及以下的粉土、粉砂中的地下水具微承压性，为微承压水。粉土、粉砂为主要含水层。潜水水位埋深0.90～3.00m，微承

作者简介：郭钦利（1983—），男，本科，项目副经理。主要从事盾构法隧道施工相关问题的研究。E-mail：357154995@qq.com

压水水位埋深 5.13m。由地质勘探结果以及前期主体结构施工可知，该区域地层含水率大，为饱和状态的砂土或很湿状态的粉土。

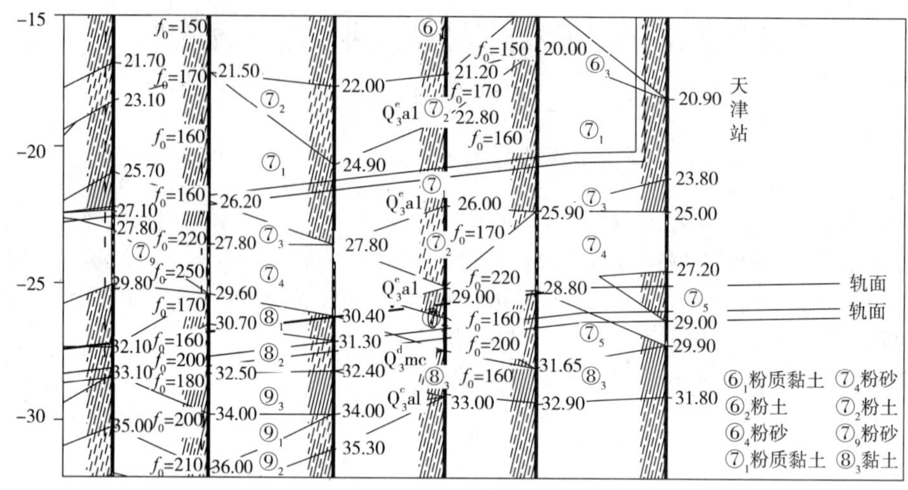

图1　接收端头地段地质剖面图

3　工程特点及应对措施

盾构进出洞的重点是土体加固和掘进控制。目前较为普遍的土体加固方式有深井降水、水泥土搅拌桩、旋喷桩、SMW 工法和冷冻法等。施工过程中应根据实际情况选择最佳工法。

本次盾构进洞有以下特点：

(1)盾构在砂性富水地层进洞。盾构机进洞过程中，如果纵向渗漏水通道封堵效果不好或封堵不及时，短时间内洞口就将会与承压水层连通，造成洞门大量涌水、涌砂和地面沉陷等事故。

(2)盾构在超深埋情况下进洞。天津站盾构接收井地下连续墙围护结构深达 55m，基坑开挖深度为 31.5m，是天津市最深的地铁车站基坑之一。相应盾构接收井处水头压力较大。

(3)盾构进洞段为半径 800m 的圆弧曲线。较直线进洞，盾构姿态难于控制。

(4)接收端头井距离京津城际铁路 8～10m，接收井上方有新建成的天津站西配楼。施工场地狭小而且周边建筑物、道路、管线众多。因地面环境受到限制，水泥土搅拌桩、旋喷桩、垂直注浆和垂直冷冻等土体加固方式无法实施。

基于以上特点，经反复对比和论证，本工程采用水平注浆＋水平冷冻加固土体，并采用明洞接收的方式。

4　土体加固

常规盾构进洞加固长度不小于 3m（以 ϕ6340mm 盾构机为例）。但在砂性土层或承压水地层，土层含水率较大、渗透系数较高，容易在盾尾与地层超挖空隙之间形成汇水、汇砂的渗流通道。为此，在砂层盾构进洞加固时一般考虑加固长度不小于 6m。场地条件允许的情况下，加固长度可略大于盾构机长度，将盾构机外包，如图 2 所示，加固长度为盾构主机长度加上 1.5～2.0m 的止水厚度，即一般纵向加固长度取 9～10m。在盾构机靠近洞门时可及时通过同步注浆或衬背二次注浆将加固体与盾构之间的间隙封堵，防止渗漏通道的形成。

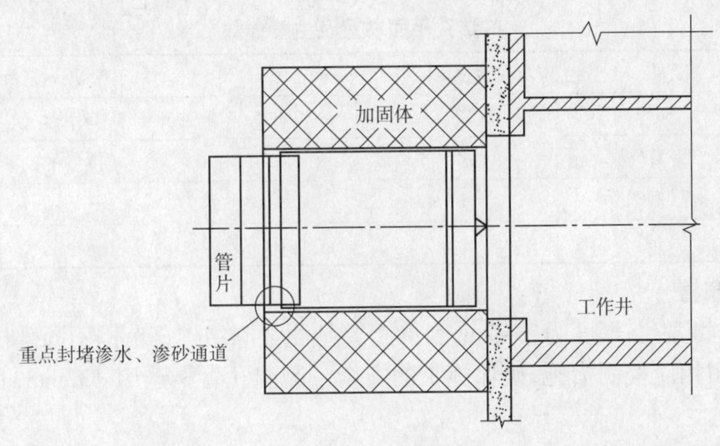

图2　盾构进洞加固范围

4.1　水平注浆

水平注浆采用全断面分层注浆方式。纵向加固长度为11m,径向加固范围为隧道开挖工作面及开挖轮廓线以外4m。全断面分层注浆的注浆压力取值为2.0~3.0MPa。注浆速度为110L/min。前期填充注浆阶段限压不限量;后期注浆段每米注浆量控制在0.3~0.6m^3,现场应根据实际情况进行调整,达到注浆压力或注浆量的1.5~2倍,即可封孔停止注浆。注浆材料为水泥—水玻璃双液浆,水泥为P.O.42.5级普通硅酸盐水泥,水玻璃浓度为35°Be',模数为2.4~2.8,浆液配比参数见表1。

浆液配比参数表　　表1

名　　称	浆液配比	
	W:C(水灰比)	C:S(体积比)
普通水泥—水玻璃双液浆	(0.8~1):1	1:(1~0.3)

注浆采取从上往下,间隔跳孔,先外圈、后内圈的顺序进行。前期注浆段地质条件比较差,出水量较大,采用前进式分段注浆。当成孔条件较好时,为了保证钻孔后部注浆效果可采用钻杆后退式注浆工艺。注浆分段长度为1~2m,施工中可根据地质情况进行适当调整,以保证注浆效果,提高作业效率。钻孔注浆时,为了避免泥砂的大量流失引起地表沉降,钻孔退钻后,应快速将注浆管路接到孔口管上,尽快组织注浆作业,孔口管外端的注浆接头应采用快速接头形式,并连接排渣装置,以利于快速安装注浆管路。

注浆结束后,在注浆薄弱区域钻设检查孔,检查孔数量按设计注浆孔数量的5%~10%考虑,对检查孔进行钻孔检查(对一定数量的孔进行取芯),测定涌水量。检查孔每延米涌水量不大于0.15L/min或局部孔涌水量不大于2L/min时,涌水含沙量不大于1%,水压不大于0.1MPa,取芯孔取芯率不小于75%。

4.2　水平冷冻

采用冻结法加固土体有以下特点:土体加固强度高,止水性能好,是一种比较安全的工法;施工周期长,造价高;土体的冻融对地面隆沉有一定的影响;适用于含水率较高的砂性土层中,在越江隧道工程中较多应用。

4.2.1　冷冻孔布置

接收水平冻结孔分4圈布置,合计53个,梅花型布置(见表2)。

冻结孔平面布置及主要参数　表 2

圈数	圈径(m)	孔数(m)	孔距(m)	入土深度(m)	冻结孔深(m)
外圈	8.2	32	0.805	11	14.7
第二圈	5.6	14	1.257	3	5.8
第三圈	2.8	6	1.466	3	5.8
内圈	0	1	0	3	5.8

4.2.2 测温孔布置

共布置 3 个测温孔,深度为 3 ~ 7m,目的主要是测量冻结帷幕范围不同部位的温度发展状况,以便综合采用相应控制措施,确保施工的安全。测温孔管材选用 ϕ32mm,长 3mm 的 20 号低碳钢无缝钢管。

4.2.3 冻结参数与设备选型

经需冷量计算,选用 W-YSLGF300Ⅱ型螺杆式冷冻机组 2 台套,设计工况制冷量为 8.75×10^4kcal/h(1kcal/h = 1.163W),电机功率为 100kW,其中一用一备。

盐水循环泵选用 IS125-100 ~ IS125-200 型 1 台,流量为 200m^3/h,电机功率为 30kW 。

冷却水循环选用 IS125-100 ~ IS125-200C 型 1 台,流量为 200m^3/h,电机功率为 30kW。冷却塔选用 NBL-50 型 2 台,补充新鲜水 15m^3/h。

4.2.4 积极冻结与维护冻结

设备安装完毕后,进行调试和试运转。在试运转时,要随时调节压力、温度等各状态参数,使机组在有关工艺规程和设备要求的技术参数条件下运行。冻结系统运转正常后进入积极冻结。

此阶段为冻结帷幕的形成阶段,积极冻结期盐水温度为 -28 ~ -30℃,设计冻结时间 30 天,要求冻结孔单孔流量不小于 5m^3/h;积极冻结 7 天盐水温度降至 -18℃以下,积极冻结 15 天盐水温度降至 -24℃以下,去回路温差不大于 2℃。如盐水温度和盐水流量达不到设计要求,应延长积极冻结时间。

在积极冻结过程中,要根据实测温度资料判断冻结帷幕是否交圈和达到设计厚度,同时要监测冻结帷幕与混凝土墙的胶结情况,测温判断冻结帷幕交圈并达到设计厚度且与隧道完全胶结后,可进入维护冻结阶段。

维护冻结期温度为 -25 ~ -28℃,冻结直到盾构推进顺利完成。

5 明洞接收

为了确保盾构进洞施工的安全和对土层实行有效的控制,采取在盾构接收井内施作明洞的措施。明洞内回填土,盾构机推出东门后继续切削回填土,至机体全部出洞(见图 3、图 4)。

施作明洞接收盾构机主要有以下两点好处:

(1)大大提高了结构稳定性。明洞分担了大部分盾构机进洞过程中对主体结构的推力,降低了进洞过程中结构变形导致洞门附近土体坍塌的风险。

(2)提供了一个盾构接收缓冲区。明洞回填土后对洞门区域实施了有效封堵,在洞门土体加固不好导致涌水涌砂的情况下,可以在明洞内及时有效处理。涌水不可能流入车站,造成更大事故。

基于以上分析,根据盾构机和车站机构尺寸,设计在盾构接收井内施作长 11m,宽 11m,高 8m、壁厚 0.6m 的混凝土箱体。混凝土箱结构内配 ϕ18@200 钢筋,钢筋与盾构井结构植筋连接。

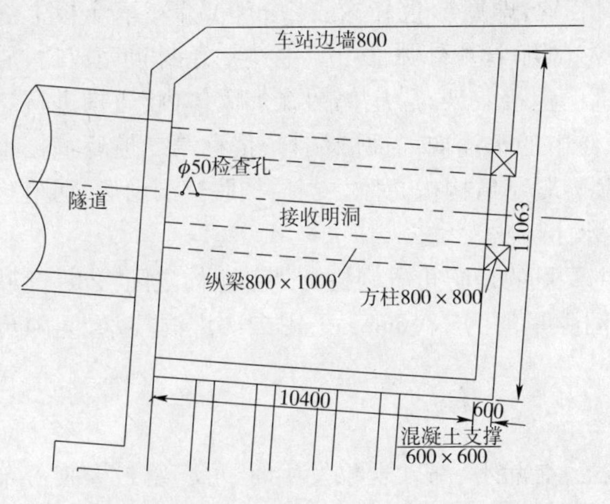

图3 接收明洞平面图(尺寸单位:mm)

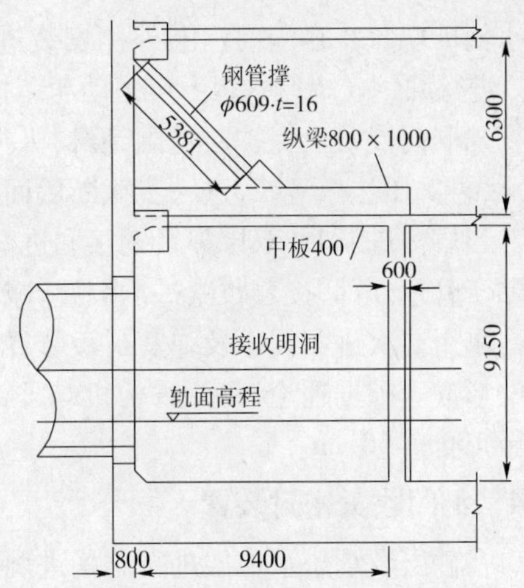

图4 接收明洞纵剖面图(尺寸单位:mm)

6 掘进参数和其他措施

6.1 优选掘进参数

盾构进出洞是一项高风险工作。越快越有利于墙外土体稳定,减少或避免可能发生的塌方、涌水涌砂事故。所以从总体上讲应该快速施工,最好用1~2天完成盾构进出洞。

另外,在具体操作时又必须遵循慢速推进的原则,不可操之过急。由于土体加固后的强度达到0.8~1.0MPa,是原状土强度的10倍,切削加固的土体盾构机所需的扭矩较原来大很多。如果此时选择的掘进参数不当,如推力过大(远大于正面土压力),或推进速度过快(远大于设定的0.5~1.0cm/min),那么,土体不能提供足够的力矩抵消刀盘上的扭矩,随之发生盾构机大角度扭转的情况,使盾构进洞姿态难于控制。

因此,此时应采取慢速、小推力、匀转速推进方式,推进速度控制在0.5~1.0cm/min,推力控制在300~400T,刀盘转速控制在0.6r/min。刀盘进入加固土体后,土压力设置在0.05MPa左右,并逐步降为0,使进入土仓的冻土能及时通过螺旋机排空,减少刀盘被冻住的概率。

故施工中合理选择掘进参数非常重要,这样才不致发生盾构机旋转、盾尾密封破坏、冻结体碎裂渗漏或后靠管片局部损坏等事故。

6.2 盾构预留注浆孔

盾构机破洞后,应尽快封闭盾构及管片与外部的空隙。由于盾构机尾部留在加固体内,而管片大部分还在加固体外侧。此时通过管片注浆孔进行二次注浆或发泡聚氨酯,在地下水、流砂作用下,效果很不理想。如果能够通过盾尾进行压注发泡聚氨酯等堵水材料,填充加固体与盾体之间的间隙,可起到相对较好的堵水效果。因此,在盾尾部位设置一排注浆孔,以保证盾构机在整个进洞过程中在任何位置都可压注聚氨酯。

6.3 二次进洞技术

当盾构机头部靠上洞门后,盾构机前部基本已位于加固体内。从盾尾后1~2环管片的注浆孔内向外层的土层中注入双液浆,目的是截断土层中的水涌向前面的洞门,俗称第一道环箍挡水挡环,同时起到控制隧道沉降的作用。

洞门槽壁凿除,在洞门钢圈上焊接预先准备好的双层弹簧钢板,防止盾构进洞过程中出现涌水涌砂现象。在洞门钢圈外侧安装进洞装置,即扇形板和橡胶帘布板,并在扇形板上焊螺帽，进行细钢丝串联,并用5t手动葫芦抽紧,紧贴管片外弧面上。上述二道封板完成后,盾构机切入洞门混凝土保护层进洞,盾构机头部已上接收架,盾尾仍留在加固体内,盾构进行二次进洞,再次压注双液浆,进一步截断后面土体中的水涌向前面的洞口,俗称第二道环箍挡水挡环。当盾构进洞时,双层弹簧钢板和进洞装置紧贴盾构机壳体。当盾构脱离洞门后,两道封板紧贴于管片外部,接着收紧进洞装置,减少水土流失。

采用二次进洞技术及弹簧封板装置,主要目的是防止盾构机与外部土体之间渗水、渗砂空隙的形成。根据理论计算,盾构机与外部间隙平均为180mm。采用二次进洞技术,间隙可减少至100~150mm。

6.4 洞门收紧密封装置

在砂层及承压水地层进行盾构进洞施工,在漏水、漏砂现象发生时,可将密封橡胶帘布板外压板穿钢丝环向收紧,使止水橡胶帘布板紧贴盾构机外壳。如发生大的渗漏现象,可立即将压板与盾构机壳体焊接连接,封闭洞门,并及时压注双液浆或发泡聚氨酯,达到快速封闭洞门的效果。

7 结论

盾构在恶劣地质条件下成功进洞,可行的技术方案和完好的施工设备是前提,强有力的组织措施是保障,迅速有效的洞门封堵是关键。在超深埋砂性承压水地层对进出洞土体采用水平注浆和水平冷冻加固土体,并采用明洞接收方式提高安全系数,降低施工风险,以及施工中所采取的一系列相关技术措施对类似工程具有一定的参考和借鉴价值。

参考文献

[1] 赵峻.盾构进出洞施工关键技术[J].上海建设科技,2008(5):63-66.

[2] 张凤祥,朱合华,傅德明.盾构隧道[M].北京人民交通出版社,2004,8.

[3] 赵立锋,付黎龙.富水软弱地层盾构隧道施工端头加固技术研究[J].铁道标准设计,2008(9):83-85.

[4] 马运康,王书雄,等.天津市地下铁道盾构法隧道工程施工技术规程[S].天津市城乡建设和交通委员会,2010.

双线盾构连续长距离穿越桩基施工技术

盛　鑫

（中铁十六局集团北京轨道交通工程建设有限公司　北京　101100）

摘　要：杭州地铁1号线工程城站站—湖滨站盾构区间在507m长度范围内，双线盾构连续近距离穿越4组桥梁共计38组桥桩。施工所形成叠加影响，极易引起桩周土体应力状态的改变，可能造成桩基承载力的损失，甚至影响既有桥梁的使用安全。在工程实施过程中，采取了洞内注浆加固等一系列措施，控制了盾构施工对外部环境的影响，确保了周边建构筑物的安全。

关键词：地铁；盾构施工；穿越桩基；注浆加固

1　工程概况

杭州地铁1号线工程城站站—湖滨站盾构区间为双线单圆隧道，区间长度为1113.8m，隧道顶埋深11.2～17.5m，盾构区间穿越土层为④$_2$层淤泥质粉质黏土、④3层淤泥质粉质黏土夹粉土、⑦$_2$层粉质黏土。区间线路位于西湖大道正下方，盾构机从城站站始发，沿西湖大道向西，在里程K11+805～K12+312之间507m范围内，依次下穿涌金立交桥的西匝道桥、主桥、柴垛桥和东匝道桥，共38组桥桩。涌金立交桥桩基为ϕ1200mm钻孔灌注桩，桩长约47m，桥桩距隧道边缘最小水平净距仅为1.3m；柴垛桥桩基为ϕ1000mm钻孔灌注桩，桩长约48m，距隧道边缘最小水平净距约0.9m。盾构穿越时施工风险极大，如图1、图2所示。

图1　盾构区间与桥梁平面位置示意图

作者简介：盛鑫（1981—），男，本科，副总工。主要从事隧道与地下工程技术的研发。E-mail:289416053@qq.com

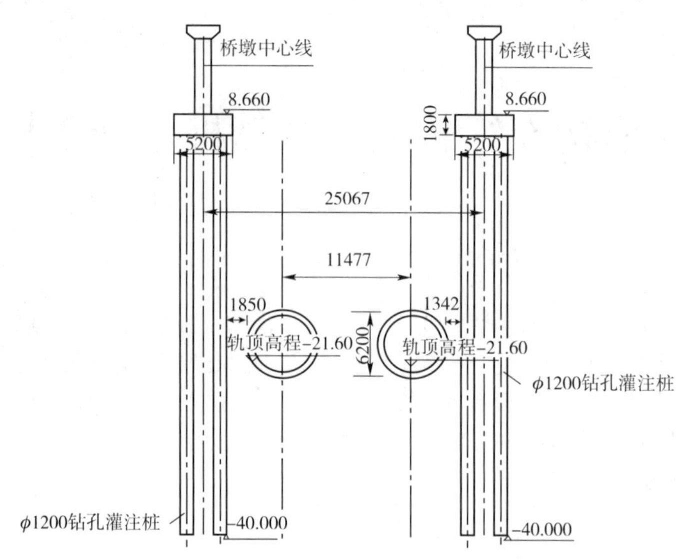

图2　盾构区间与桥桩典型位置关系图(尺寸单位:mm)

2　盾构施工对桥梁产生不利影响分析

工程参建各方对盾构连续近距离穿越桥桩工作十分重视,在盾构始发前,多次与桥梁产权单位、监管单位、设计及施工单位沟通,摸查桥梁具体情况,并多次组织业内知名专家,对区间穿越桥梁产生的影响进行评审、讨论,最终对桥梁产生的不利影响分析如下:

(1)被穿越立交桥体型较大,是预应力桥梁,为现浇结构,受支座不均匀沉降影响敏感。桥梁采用摩擦型桩基,地层沉降变形影响桩的承载力。

(2)由于盾构双线隧道在纵向500m范围内连续近距离下穿,形成叠加影响,不可避免地扰动周围土体,地层应力及变形传递到既有桩基,引起桩周土体应力状态的改变,由于桩基与土体复杂的相互作用关系,造成桩基承载力的损失,桩基出现附加内力和变形,继而导致上部结构发生不均匀沉降,当不均匀沉降达到一定水平,影响既有桥梁的安全使用,严重时可导致结构出现失稳破坏。

(3)管片外轮廓距涌金立交桥桩基最近处最小仅为1.3m,且位于桩侧中央靠上的部位。隧道开挖后,隧道上部一定范围内土体发生沉降变形,继而造成桩侧正摩阻力的减少,甚至出现负摩阻力,导致桩基承载能力的损失,引起桥梁桩基发生沉降及差异沉降;同时隧道洞周收敛造成的土体水平位移,使得桩基表现为偏向隧道的倾斜或弯曲,影响桩身截面强度。

3　盾构穿越桥梁的模拟计算与评估

为确保沿线影响范围内的构筑物安全,在施工前对盾构穿越桥梁进行了模拟计算和评估。针对本工程的特点,在评估咨询中进行数值计算和分析工作,建立FLAC3D地层结构模型,模拟双线盾构隧道推进过程中引起的桥梁桩基沉降、顺桥向及横桥向差异沉降,并对穿越影响范围内的桩基承载能力及损失进行估算。

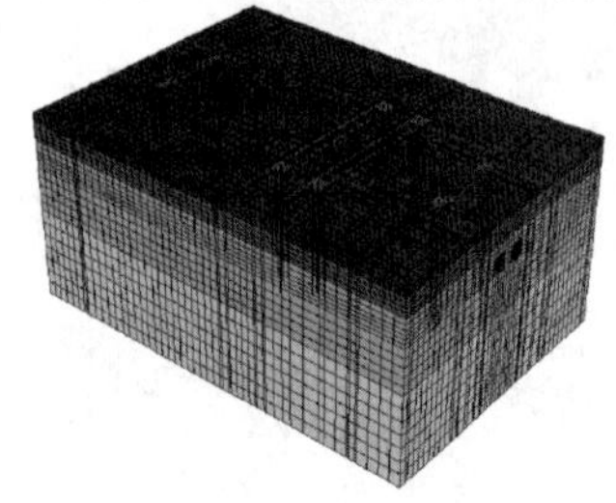

图3　主桥计算区域网格图

根据桥梁上部结构力学体系,将盾构隧道穿越桥梁桩基分别划分为3个区域,分别对主桥、匝道桥、环道桥上部结构选取具有代表性的区域范围建模。以主桥计算为例:主线桥及环道桥简化区域模型长180m、宽160m、高80m,共74624单元、80190个单元节点,见图3。

经计算得出，双线盾构隧道施工完成后，地表最大沉降 27.5mm。开挖引起地表横向沉降槽呈正态分布，承台位置处沉降值小于周围土体。施工引起的桩基最大沉降值为 15.5mm，最大差异沉降值为 1.2mm，桩身最大水平位移 6.3mm（见图 4、图 5）。

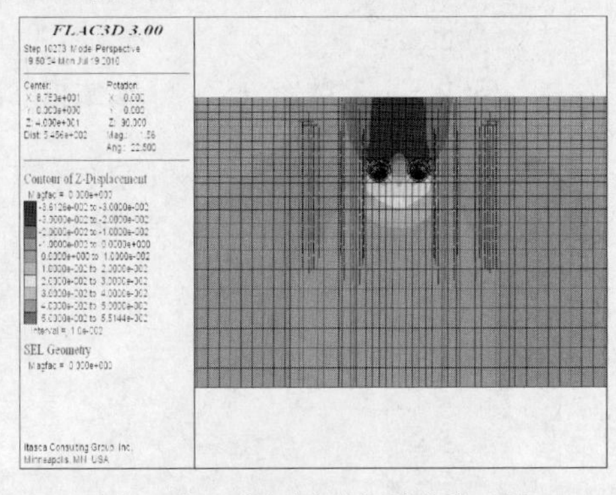

图 4　施工后地表竖向沉降位移云图

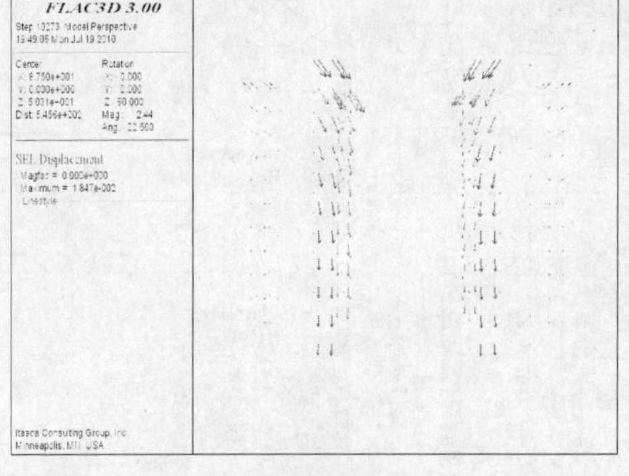

图 5　主桥桩基变位图

在这种情况下，桩体的强度和裂缝均满足规范要求。隧道施工造成的单桩极限承载力损失最大为 21.3% ~27.8%，桥梁基础抗力全部满足承载力要求，且承载力损失程度与单桩的桩长和桩径有关，桩长越长损失量越小，桩径越大，损失量越大。

4　注浆加固方案的确定

为保证盾构区间能够安全下穿涌金立交桥及柴垛桥，降低盾构施工风险，参建各方经过反复研究，提出了在穿越桩基局部范围进行注浆加固的方案，旨在提高桩周及隧道周围土体物理力学性质，减少对桩周土体的扰动，严格控制桩基的竖向位移和侧向水平位移及顺桥向桩基差异沉降，确保桩基的承载能力和上部桥梁结构的安全。

（1）确定区间在涌金立交桥段都改用特殊注浆环管片（注浆孔由增加 6 个增加到 16 个）。除可以为工后注浆预留条件外，在施工过程中，发现地面变形、桩基变形较大时，应急情况下可及时根据需要打开这些注浆孔进行补充注浆。

（2）沿盾构隧道推进方向，对桩基局部范围内土体间隔注浆加固，注浆加固范围平面尺寸为 23.6m × 10m，共设 19 个加固区域，见图 6、图 7。根据盾构施工实际情况，在盾尾后 10 环处开始注浆，采用洞内注浆加固的方式，对隧道衬砌外轮廓 3m 范围内土体全断面注浆加固，见图 8。

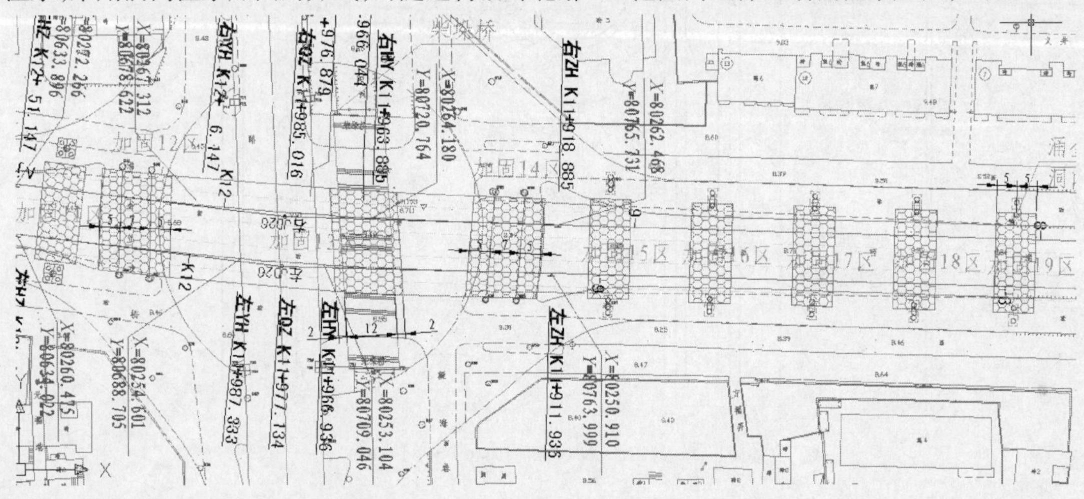

图 6　局部注浆加固方案平面图（K11 +805 ~ K12 +050）

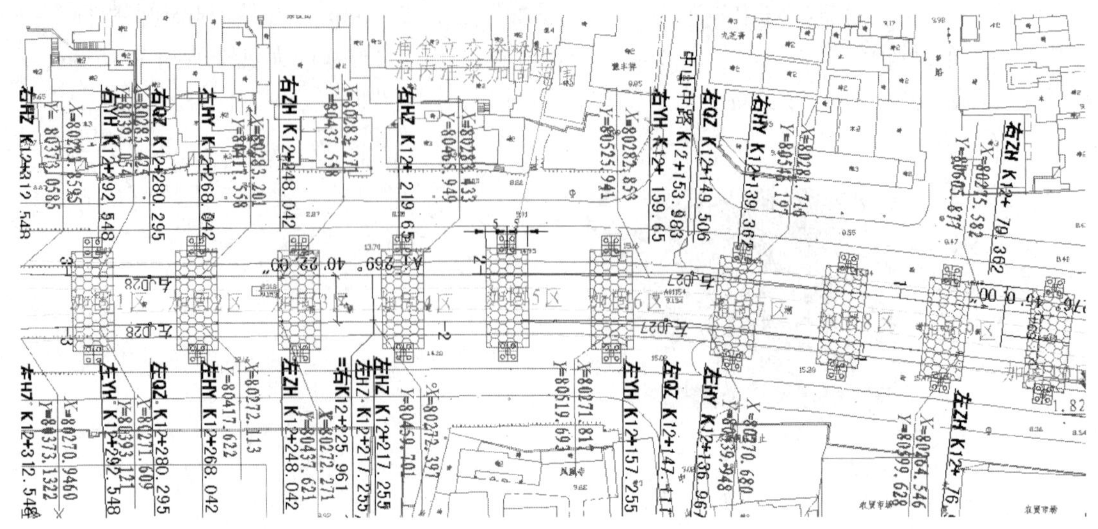

图 7　局部注浆加固方案平面图(K12 +050 ~ K12 +312)

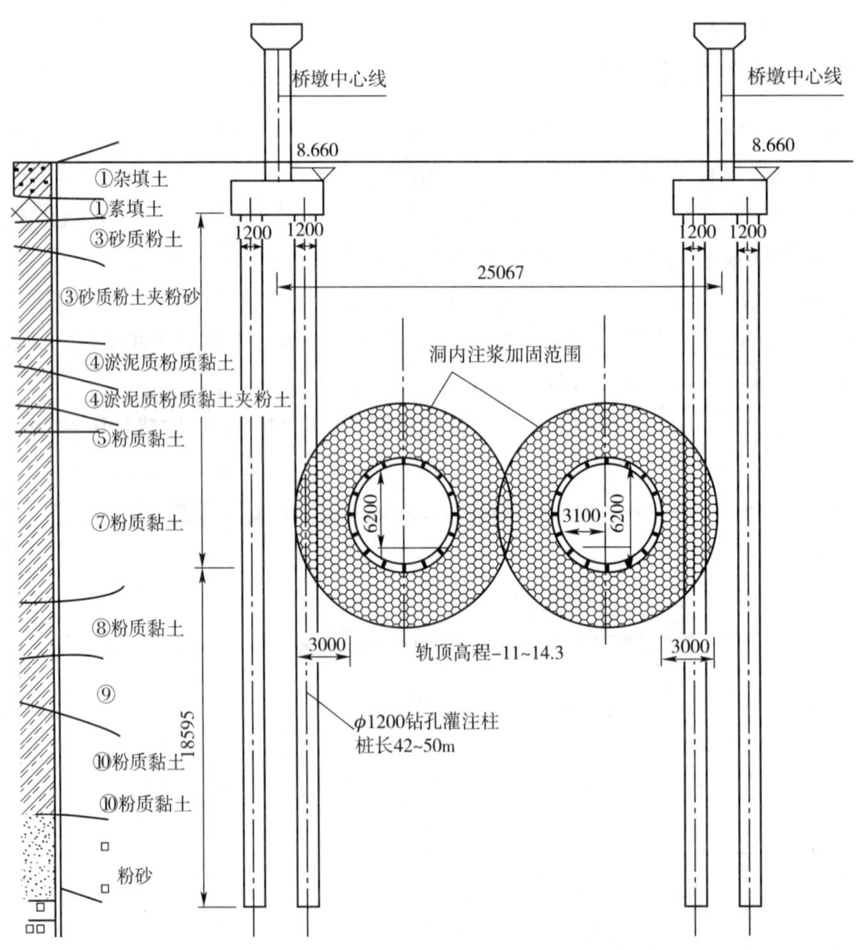

图 8　盾构洞内注浆加固断面图(尺寸单位:mm)

5 洞内钢花管注浆加固工艺介绍

盾构在到达穿越桥桩范围前，首先建立了试验段，通过试验段的掘进，进一步的摸索、修正各项施工参数。在穿越桥桩施工时，除要采取严格控制盾构机正面土压力，保持 3cm/min 的速度匀速前进，严格控制每环进尺的出土量，适当增加同步注浆的浆液量，严格控制盾构机掘进姿态，迅速完成管片拼装，根据监控数据适时进行二次注浆等常规措施外，这里重点介绍洞内钢花管注浆加固工艺。

对脱出盾尾后十环加固区管片采用钢花管分层后退式注浆加固的工艺。钢花管注浆设备选用双液注浆泵，注浆管采用钢花管。注浆泵配备注浆压力、注浆流量计等准确计量仪表，注浆孔口设置防喷装置。注浆施工流程如图 9 所示。

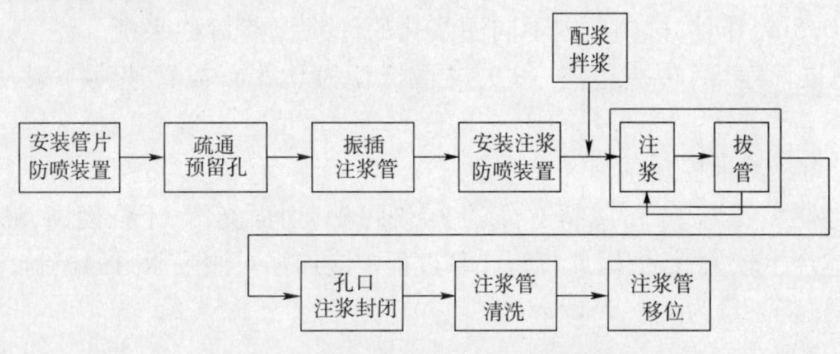

图 9 洞内钢花管注浆工艺流程图

结合上海地区类似经验，浆液采用混合材料配成。浆液配比具体如下：甲液为水∶水泥∶粉煤灰∶膨润土 = 100kg∶100kg∶100kg∶5 ~ 8kg；乙液为 35°水玻璃 30 ~ 50kg。水泥采用 P042.5 级水泥，浆液收缩率小于 5%。

注浆设备跟在盾构机后，材料用电瓶车运入隧道，根据需要使用。按照确定好的孔位进行注浆，注浆钢管采用 DN20 钢管(6 分管)，内接丝接头，500mm 一段，花管有效注浆长度 3m，第一段钢管开花孔，孔径 5 ~ 8mm，间距 100mm，梅花型布置。为保证注浆安全，在管片开口处增设特制的防喷装置和钢管注浆防喷装置(见图 10)。

a)

b)

图 10 管片开口防喷装置和钢管注浆防喷装置

具体施工操作控制如下：

(1)注浆量控制

注浆量按单孔注浆量控制，单孔注浆量按下面公式计算：

$$Q = pLR^2nh$$

式中：Q——单孔注浆量(m^3)；

L——注浆段长(m)，取全孔长减去孔口段(1m 左右)；

R——浆液扩散半径(m),取0.75;

n——注浆段土层孔隙率,取48.1%;

h——浆液损失率,取1.25。

每孔3m,得出单孔注浆量为3.18m^3,根据监测情况适当调整,保持地面隆起量3mm为宜。当监测变化量大于3mm时,应暂停当前孔的注浆,待沉降稳定后继续补注该孔剩余浆量,直至完成该孔全部设计注浆量。当该孔注浆确有困难需要调整注浆量时,应在该孔相邻孔位补足注浆量。

(2)注浆顺序

根据跳环、跳孔、分层多次原则进行钢管注浆。按照确定好的孔位进行注浆,同一孔内采用从外到内的方式进行分层注浆,单孔注浆次数暂定为6次,注浆深度分别为3m、2.5m、2m、1.5m、1m、0.5m。同一衬砌环内不同注浆孔的注浆保持对称平衡。注浆过程中拔管要均匀,严格控制拔管速度,边拔边注,每次拔管长度为0.5m,拔管速度一般从外到内逐渐加快。

(3)注浆压力及流量控制

隧道所处地层主要为⑦$_2$粉质黏土,该土层硬可塑,切面光滑,干强度高,韧性高,注浆压力过大会对土体产生较大扰动,因此打管注浆过程中应加强对注浆压力的控制,注浆压力应不大于0.5MPa。注浆流量为10~15L/min。

(4)注浆控制要求

注浆加固应满足多点、少量、多次、均匀的原则,确保整个加固体和强度分布均匀(见图11)。

a)

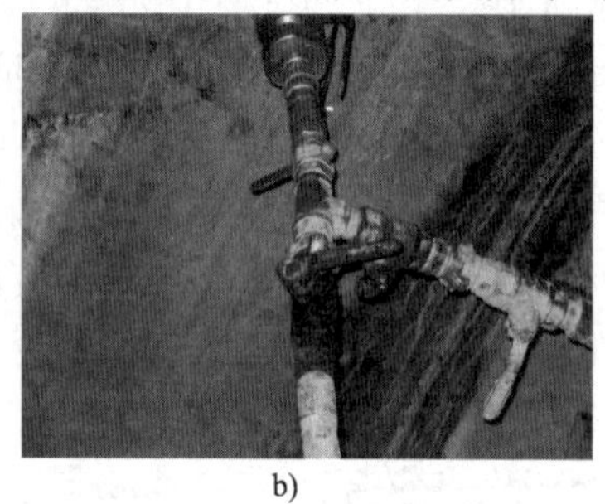

b)

图11　洞内钢花管注浆施工

(5)注浆可能遇到的问题和解决措施

①防喷。隧道外可能存在大量地下水,在打通预留孔并放置注浆钢花管时,必须采用特制的防喷阀门,防止地下水发生喷射,确保隧道安全;同时在注浆过程中,也要采取必要的防喷措施,并确保合适的浆液配合比,使浆液尽早凝固,减少地下水和浆液渗漏。

②漏浆。具体施工中,由于注浆管插入预留注浆孔后,在注浆的同时可能造成沿注浆管外侧返浆、冒浆及邻近孔冒浆现象。采用特制的防喷装置,进行防喷和堵漏,施工结束时,待双液浆初凝后将注浆管拔出,清洗孔口,用专用盖封闭,并将现场清洗干净。

6　施工监测数据及加固效果分析

在双线盾构连续穿越桩基施工结束后,对盾构区间周边环境的监测工作又持续了6个月之久。根据施工监测方、第三方监测及产权单位监测数据的综合比较,施工带来最大地表沉降值为-22.52mm,平均地表沉降值为-11.63mm;最大桩基沉降为-6.28mm,平均桩基沉降为-1.51mm,桩基最大差异沉降为0.67mm,可见通过采取洞内钢花管注浆等措施,有效地控制了隧道周边环境的沉降变形，变形实际值远小于模拟值，盾构穿越施工对桥梁产生影响极小（见表1）。

从注浆效果上来看，注浆后一周内加固区域地表普遍发生一定隆起，但在后期持续监测中，沉降变化基本稳定，可见注浆加固工作取得了预期的效果。

加固区不同时期监测数据对比表　　表1

监测点	475号	480号	485号	490号	495号
注浆后一周监测数据变化（mm）	+3.26	+4.32	+3.16	+3.56	+3.21
注浆后一个月监测数据变化（mm）	-2.46	-1.16	-1.63	-1.11	-1.42
注浆后三个月监测数据变化（mm）	-1.13	-1.28	-1.24	-1.41	-0.49
注浆后六个月监测数据变化（mm）	-0.47	-0.63	-0.33	-0.42	-0.29

7　结论

随着我国地铁施工领域的蓬勃发展，盾构机近距离穿越建构筑物的案例时有发生。目前常见的控制手段主要为在盾构机通过之前，采取地面垂直加固的方式对被穿越建构筑物进行保护。而在城市施工中，地面垂直加固受操作空间条件、影响地面交通等因素限制，且对工期有一定影响。与地面垂直注浆相比，采用洞内钢花管注浆方案的优点是不受外界环境影响、不影响地面交通、不影响工期，可动态控制注浆范围，补充地层损失。当然，这种工艺也存在一定缺点，主要是操作工艺比较复杂，盾构施工时的沉降及土层损失必须由施工人员根据各种反馈数据进行判断并控制，保证精心施工，才会达到预期效果。

总之，洞内钢花管注浆工艺对盾构机穿越建构筑物的施工，可在一定程度内控制沉降变形，保护被穿越建构筑物的安全，对类似工程可起到一定的借鉴作用。

参考文献

[1] 石明江.注浆法在盾构推进穿越已运营地铁隧道中的应用[J].西部探矿工程,2006(4).

[2] 周书明,陈建军.软流塑淤泥质地层地铁区间隧道劈裂注浆加固[J].岩土工程学报,2002,24(2).

无水砂卵石盾构施工中的土体改良

黄福昌

（中铁十六局集团地铁工程有限公司　北京　100023）

摘　要：北京西南地区地层以第四系沉积土为主，其中⑦卵石层为无水大粒径砂卵石地层，卵石粒径最大可达1300mm，且粒径大于200mm卵石含量约占80%，在此种地层条件下进行盾构掘进施工，由于砂卵石地层土质的不均匀、卵石粒径大、卵石强度高，造成土压平衡无法有效建立、盾构机刀盘刀具磨损大、刀盘及土仓内极易凝结泥饼、超挖现象难以控制等施工难题，严重影响施工进度及隧道沿线周边环境。此处重点介绍了在无水大粒径砂卵石地层盾构施工中通过优化土体改良技术措施，从而解决了由于无水砂卵石地层的特殊性质造成的盾构施工难题。

关键词：盾构施工；无水砂卵石；土体改良

1　引言

盾构施工在城市轨道交通工程中的应用越来越普遍，但在无水砂卵石地层中的土体改良经验仍很欠缺，此处结合中铁十六局集团在北京地铁十号线二期11标西局站—六里桥站区间的盾构隧道施工中，针对无水砂卵石地层所采取的土体改良措施，提出了在类似地层中土体改良的一些建议，以供同行参考。

2　地层概述

本工程盾构隧道所处区域地形较为平坦，地面高程46.82～47.33m，处于永定河冲积扇的中上部，为第四系全新统地层。在区间里程K45＋107.29处进行了人工探井地质勘探，探孔揭露地层如下：表层为人工填土层，层厚3～5m；下有第四系新近沉积层，厚度不大，为2m左右；新近沉积层以下则为一般第四系沉积土，岩性以粉质黏土、粉土、砂土、碎石土为主，黏性土与粉土工程性质一般，砂土和碎石土一般呈密实状态。盾构隧道主要穿越第四系沉积土中的⑦卵石层，最大粒径1000mm，大于20mm颗粒物含量约占80%、亚圆型、级配较好，充填物为中粗砂，含砂量约30%，探井颗粒分析如图1所示。

3　土体改良优化前存在的问题

本工程地质条件复杂，在这种地质条件下进行盾构施工较为困难，本工程在盾构始发掘进阶段未调整土体改良措施前存在以下问题：

（1）在盾构机始发掘进过程中，因刀盘及螺旋机卡死多次开仓，开仓时发现在土仓及刀盘进土口处均形成泥饼，泥饼坚硬密实，有时需用风镐才能破除，如图2所示。

（2）盾构机推力及刀盘扭矩过大。盾构始发掘进过程中盾构机推力及刀盘扭矩均过大且很不稳定，经常出现刀盘扭矩超限、刀盘卡死的情况。

作者简介：黄福昌（1984—），男，本科，项目副总工。主要从事地下工程和隧道施工管理与研究工作。

工程名称	北京地铁10号线二期03合同段西局站—六里桥西站区间	井口地面高程	47.3m	孔口	$X=$ 301421.30	开孔日期	2007年12月18日
探井里程	K45+107.29	孔　深	25.5m	坐标	$Y=$ 495478.21	终孔日期	2007年12月24日

年代与成因	层底高程（m）	层底深度（m）	岩层厚度（m）	地质断面和钻孔结构比例尺 1:100	水位和试件	原位测试	岩层名称
Q^{ml}	45.40	1.90	1.90				杂填土
	45.10	2.20	0.30				黏粉填土
Q_4^{2+3al}	44.90	2.40	0.20				黏质粉土
	44.70	2.60	0.20				细砂
	43.80	3.50	0.90				
	42.60	4.70	1.20				卵石
Q_3^{al+pl}	42.30	5.00	0.30				
	42.10	5.20	0.20				砂质粉土
	41.40	5.90	0.70				
	40.20	7.10	1.20				卵石
	39.30	8.00	0.90				卵石
	39.00	8.30	0.30				细砂
	38.20	9.10	0.80				卵石
	37.80	9.50	0.40				细砂
	36.60	10.70	1.20				卵石
	35.30	12.00	1.30				卵石
	34.00	13.30	1.30				卵石
	32.80	14.50	1.20				卵石
	31.50	15.80	1.30				卵石
	30.30	17.00	1.20				卵石
	29.10	18.20	1.20				卵石
	27.90	19.40	1.20				卵石
	26.70	20.60	1.20				卵石
	25.50	21.80	1.20				卵石
	23.80	23.50	1.70				卵石
	21.80	25.50	2.00				卵石

图1　探井颗分成果曲线示意图

图2　始发掘进时土仓内结泥饼照片

(3)刀具及螺旋机磨损严重。在始发掘进过程中开仓检查时发现:土仓内的螺旋机前端及刀盘上的滚刀、边缘刮刀、齿刀均磨损严重,根据刀盘刀具磨损情况(见图3),结合成都地铁、广州地铁在相似地层条件下的施工经验,在这种无水砂卵石地层中进行盾构施工,掘进

400 环螺旋机螺旋带磨损严重，需进行大修，刀具平均 100 ~ 150 环就要更换一次，频繁换刀将会使施工成本增加，且随之带来的换刀施工风险也将增大。

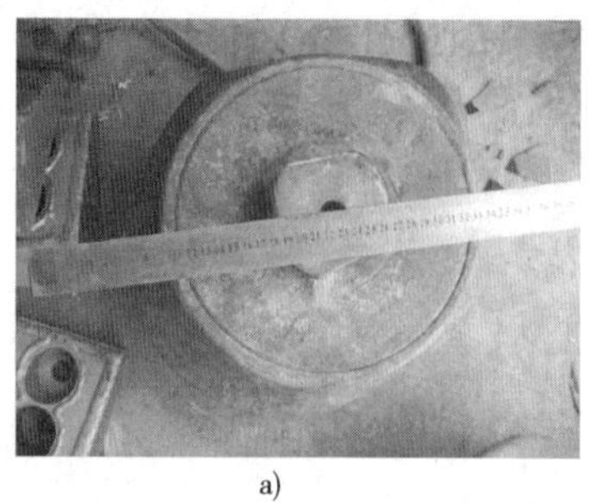
a)

b)

图 3　磨损的刀具照片

4　土体改良措施

4.1　优化前土体改良措施

本工程盾构始发阶段，在盾构掘进施工中采取常用向掌子面喷射泡沫剂、向密闭舱内添加膨润土的方式进行土体改良，所用材料均为常规土体改良材料。

4.1.1　泡沫注入

泡沫通过盾构机上的泡沫系统注入，泡沫系统共有 5 根泡沫管路、9 个泡沫喷出口，其中 8 个泡沫喷出口布置在刀盘面板上，1 个泡沫喷出口布置在螺旋机进土口处。盾构始发阶段泡沫注入参数如下：

膨胀率（FER）值为 1∶15 ~ 1∶25，注入比（FIR）值为 20% ~ 30%，泡沫流量为 500 ~ 800L/min。

4.1.2　膨润土注入

膨润土具有吸湿膨胀性、低渗性、高吸附性及良好的自封闭性能，在本工程盾构始发阶段主要通过向土仓内注入未经发酵的普通膨润土来进行土体改良，以增加土仓内土体的流动性。

4.2　优化前土体改良效果

在盾构始发阶段虽然进行了土体改良，但刀盘扭矩一般为 4500 ~ 7000kN · m，推力一般为 13000 ~ 17000kN，掘进速度只有 1 ~ 10mm/min，而且经常出现无掘进速度的现象；土仓上土压力试验过 0.08 ~ 1.5bar 之间的每个数值，但因土体不能调成流塑状态（见图 4），无法建立真正的土压平衡，超挖现象很难控制。

a)

b)

图 4　始发掘进时渣土照片

4.3 优化后土体改良措施

4.3.1 泡沫注入

根据本工程具体的地层特点，经过大量的试验（见图5），主要从泡沫剂的类型、种类、注入参数等方面进行了优化，将以前单纯的泡沫剂更换为 SLF30 + 10% SLFP1 型泡沫剂，同时加入了 Rheosoil143 发泡聚合物及 HHZ - 02 分散型泡沫剂，采取多种改良材料共同对掌子面土体进行塑流化改良的措施。泡沫注入参数调整如下：膨胀率（FER）值为 1∶10 ~ 1∶20，注入比（FIR）值为 40% ~ 80%，泡沫流量为 400 ~ 600L/min，但需根据掌子面地层情况及时调整注入参数。在这几种措施的综合作用下，渣土的流塑性得到了有效改善，土压平衡得以真正建立，刀盘的扭矩也由以前的 200bar 降至 150bar（见图6），并且排土顺畅，效果明显（见图7）。

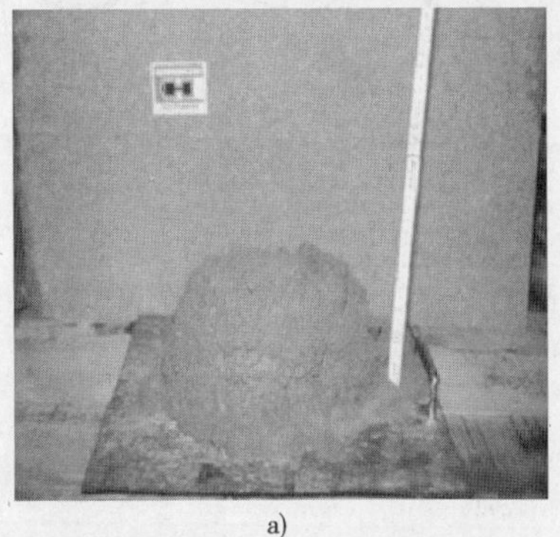
a)

b)

图5　泡沫剂配比试验

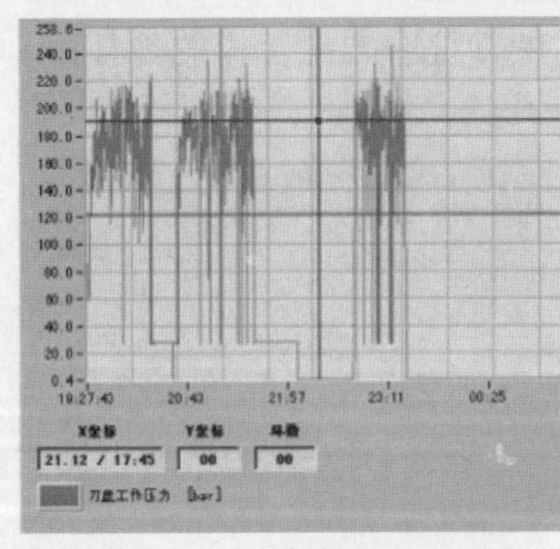

a)优化前

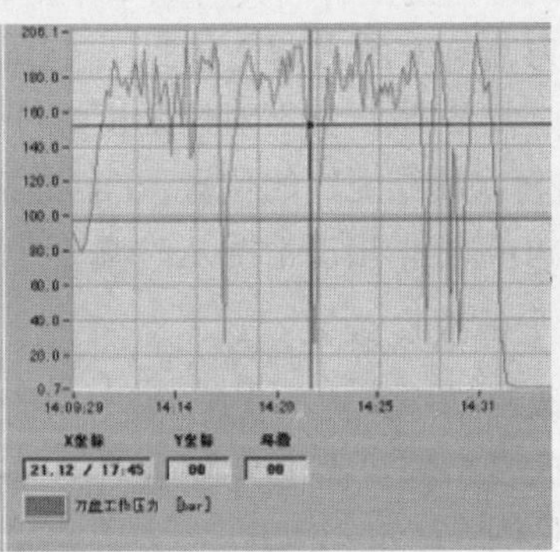

b)优化后

图6　土体改良措施优化前后刀盘扭矩对比图

a)

b)

图7　土体改良措施优化后渣土照片

4.3.2 膨润土注入

根据本工程具体的地层特点,经过多种尝试(见图8),最终选用更加适用于无水砂卵石地层条件件的钠基优质膨润土、纯碱和羧甲基纤维素钠(简称 CMC)混合浆液来代替原先纯膨润土浆液,优化后混合膨润土浆液配比为水:膨润土:CMC = 1000g:80g:2g;发酵膨化时间最少保持在 18h,最佳为 24h,使其充分溶解发酵,黏稠度以 50 ~ 60s 为最佳。

a)

b)

图8 膨润土配置池及泥浆黏度测定

4.3.3 水的注入

加水的作用:

(1)一定压力的水注射到掌子面土体内,使冲刷下来的、流动性好的土体能及时通过开口率较小的刀盘面板进入土仓,减少了刮刀、齿刀的磨损。

(2)冷却刀盘面板上的各种刀具,特别是刀具的硬质合金部分。

(3)水与润滑剂的混合液具有减摩作用,降低刀盘扭矩,延长刀具使用寿命。

(4)加在刀盘前方的水随土体进入土仓内,在刀盘后方搅拌棒的搅拌下,土体流动性加大,有利于顺利出土,减少卵石对螺旋机螺杆和叶片的磨损。

针对刀盘每次凝结泥饼的位置,在容易形成泥饼的部位(或其附近)增设 3 根加水管路,水量注入的大小需根据出渣情况及时调整。

4.4 优化后土体改良效果

(1)土体改良措施经优化实施,渣土的流塑性得到了有效改善(见图7)。

(2)土体改良措施经优化实施,土压平衡得以真正建立,刀盘的扭矩由优化以前的 200bar 降至 150bar(见图6)。

(3)土体改良措施经优化实施后,盾构掘进速度有了大幅度提高,平均掘进速度由优化前的 1 ~ 10mm/min 提高至 40 mm/min,最大可达 70 mm/min (见图9)。

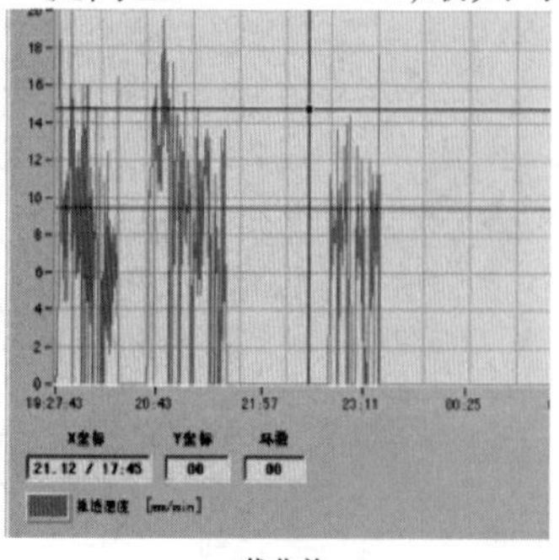

a)优化前

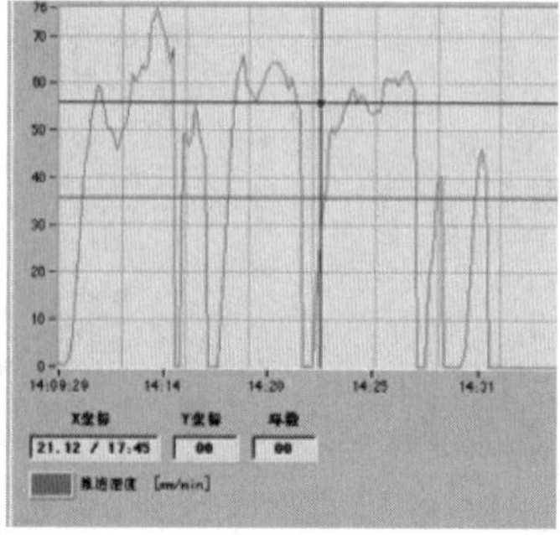

b)优化后

图9 土体改良措施优化前后掘进速度对比图

(4)土体改良措施经优化实施后,盾构机推力有了大幅度下降,推力由优化前的 11000 ~ 17000kN 下降至 7000kN(见图 10)。

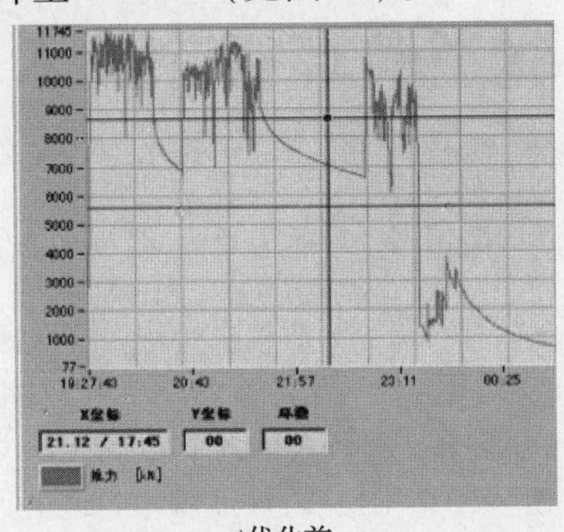

a)优化前

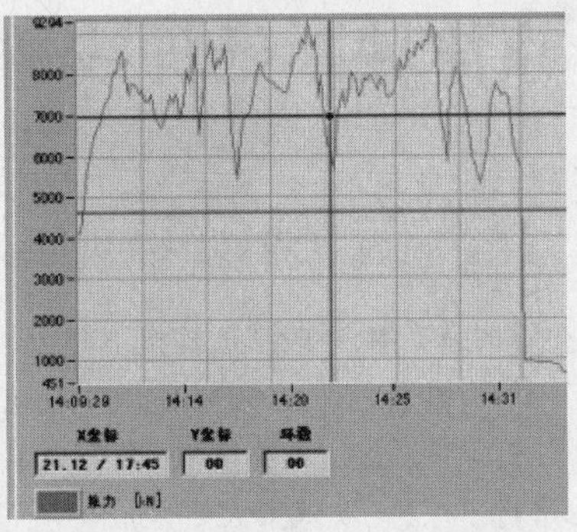

b)优化后

图 10　土体改良措施优化前后盾构机推力对比图

在土体改良措施经优化实施后盾构掘进施工过程中,排土顺畅,可以连续掘进 600m 不换刀,土体改良效果明显。

5　结论

北京地铁十号线二期 11 标段西局站至六里桥站区间是同期标段中提前完成工期计划的区间之一。在盾构区间施工中,通过仔细分析地质条件,反复调研土体改良参数,优化土体改良方案,保证了盾构机安全、连续、快速地推进,并顺利地通过了各风险点。

以上针对无水砂卵石地层所制定的一系列土体改良措施,为类似地质条件下的盾构隧道施工提供了借鉴。在地铁施工以及其他类似市政、水利等施工领域具有很大的推广应用价值。

京津城际延伸线盾构隧道负环拆除技术

王　彪

（中铁十六局集团地铁工程有限公司　天津　304500）

摘　要:在盾构施工中,一般从盾构机下井组装到负环管片拆除称为盾构机始发阶段,负环拆除是盾构施工中的重难点之一,必须要有严谨的施工组织和切实可行施工方案。以京津城际延伸线盾构隧道成功拆除负环的工程为实例,详细介绍了负环拆除施工过程中的各个重要环节,对负环拆除的技术进行了探讨,以积累大直径盾构隧道负环拆除的施工经验,保证盾构隧道工程的顺利进行。

关键词:盾构隧道;负环管片;钢丝绳

1　工程概述及负环管片概况

京津城际延伸线隧道工程单洞双线隧道,采用 $\phi11.97$ 的气垫式泥水平衡盾构机,盾构始发竖井深 21m,平面净空长 17m、宽 15m。为满足盾构始发条件,共计使用了 10 环负环管片。当盾构机掘进至 106 环(约 159m)时,为了能够为后续工作提供空间,因而必须将负环拆除。

负环管片外径为 11600mm,管片内径为 10600mm,分块为"8 + 1 模式"的方式,即分块形式为 6A (43.2°) + 2B(43.2°) + K(14.4°),一环内纵向采用 25 个等圆心角布置。管片采用通用双面楔形环管片,楔形量 69.6mm,宽度为 1500mm,厚度为 500mm,钢筋混凝土衬砌采用 C50 高性能混凝土,抗渗等级为 S12,在高精度钢模内制作成形。管片的拼装采用错缝拼装,管片接触面纵缝设凸凹榫,环缝不设凸凹榫,环与环之间以 50 根 M30 的纵向螺栓相连,块与块之间以 2 根 M36 的环向螺栓相连(整环共 18 个 M36 的环向螺栓)。负环管片质量见表 1。

管片质量表　　表 1

管片编号	A1	A2	A3	A4	A5	A6	B1	B2	K
质量(t)	8.92	8.92	8.9	8.9	8.9	8.9	8.9	8.9	3

2　负环拆除条件

拆除负环前必须保证正环管片能够提供足够的摩擦力来支持盾构机的正常掘进,因此,在负环拆除前,需对其受力进行分析,以判断负环拆除的适时性。

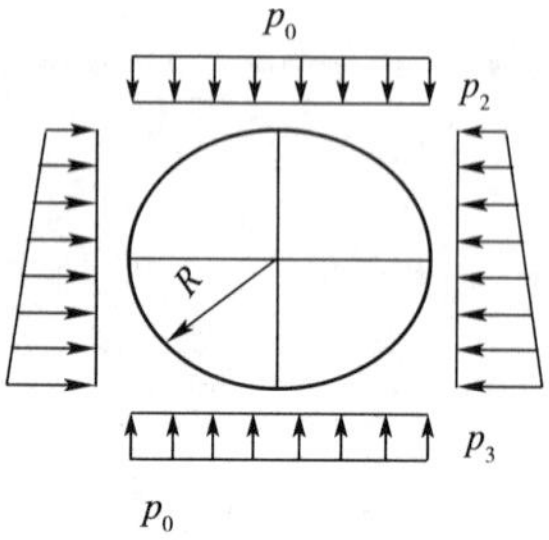

负环管片拆除应力分析(见图 1):

顶部土压　$p_0 = \gamma(H - H_W) + \gamma_{H_W} + p'$　(1)

顶部侧压　$p_1 = p_0 k_a$　(2)

底部侧压　$p_2 = [\gamma(H - H_W) + \gamma_{H0} + p'] k_a$　(3)

底部抗力　$p_0' = p_0 + W_g/(DL)$　(4)

$\gamma' = \gamma - 9.8$　(5)

图 1　土压力示意图

作者简介:王彪(1986—),男,本科,中铁十六局集团地铁工程有限公司京津城际延伸线项目部设备部副部长。主要从事盾构施工方面的研究。E - mail:396138326@ qq. com

式中：k_a——侧压系数，取0.40；

γ——覆土平均重度，取18kN/m³；

γ'——土在水中的浮重度，取8.2kN/m³；

D——管片外径，取11.60m；

L——管片总长。

代入上述各式，得：

$$p_0 = 18 \times 3.8 + 8.2 \times (24.815 - 11.97 - 1.5) + 10 = 171.43 \quad \text{kN/m}^2$$

$$p_1 = 171.43 \times 0.40 = 68.57\text{kN/m}^2$$

$$p_2 = [18 \times 3.8 + 8.2 \times 13.845 + 10] \times 0.40 = 76.77 \quad \text{kN/m}^2$$

$$p_0' = 171.43 + 436L/(11.6L) = 209.02 \quad \text{kN/m}^2$$

因此管片的摩擦力的计算式如下：

$$f = \mu[\pi DL(p_0 + p_2 + p_3 + p_0')/4 + 436L] \tag{6}$$

式中：μ——管片和土体间的摩擦系数，根据经验值泥水盾构取0.2。

则

$$f = 0.2 \times (\pi \times 11.6 \times L \times 131.45 + 436 \times L) = 1044.79L \quad \text{kN}$$

当$f > F_n$时才可以拆除管片，F_n为盾构机最大推力。

即当$1044.77L > 140743$，则$L > 134.71$m时拆除负环管片是安全的。

由上述可得，本工程始发135m以后拆除负环管片是安全的，并且本工程掘进时同步注浆为活性浆液，约30h即凝固，起到对管片摩阻力加大的效果。

3 负环拆除前的准备工作

3.1 隧道内准备工作

为防止在负环管片拆除后，洞口附近的管片发生变形，在负环拆除前必须做好以下几方面的工作。

3.1.1 二次注浆

通过管片上预留的注浆口对盾构成形隧道的1～10环进行二次注浆（见图2），浆液采用水泥—水玻璃双液浆及超细水泥。在使用超细水泥时，应注意控制浆液的水灰比（见表2），本工程采用0.8：1的水灰比，其初凝时间约在7h，7天的抗压强度约20MPa。

图2　二次注浆

水泥—水玻璃参考配比　　表2

材料	水玻璃浓度（°Be'）	水泥浆浓度（水灰比）	水泥浆与水玻璃体积比
配比	35	0.75:1	1:1

3.1.2 管片拉紧装置

对盾构成形隧道的1～10环安装管片拉紧装置，拉紧条采用12号槽钢连接，每环9根，以防负环管片拆除后，管片环与环间隙被拉大，造成漏水或漏泥砂，见图3。

3.1.3 复紧管片螺丝

对盾构成形隧道的1～10环的螺丝进行复紧，见图4。

图3　管片拉紧装置

图4　复紧管片螺丝

3.1.4　盾构停机

选择地面上较空旷，无重要建筑物及管线的地方停机，并且停机期间安排人员进行24h值班，盯控盾构参数变动，每天对盾构机上的机械设备进行检查维护。

3.2　隧道外准备工作

（1）准备好45/16t起重机、气割设备、电焊设备、空压机、葫芦及千斤顶等拆除所用设备，并进行必要的检查与调试，确保设备工作正常。

（2）准备好钢丝绳、H型钢、卸扣等材料，确保其强度、拉力等满足拆除作业安全进行。

（3）将负环管片预埋件敲出，并利用钢板将负环管片连接起来（包括环与环相连，同环间块与块相连），为防止负环在反力架拆除后，失去支持力而发生移动，同时将每环的预留注浆孔打穿。每块管片预埋件如图5所示。

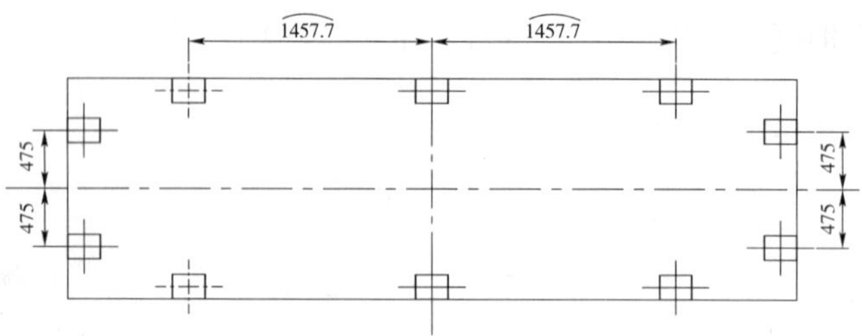

图5　管片预埋件示意图（尺寸单位：mm）

（4）准备拥有完成负环拆除作业的组织与劳动力资源，该人力资源应具有负环拆除的相关经验，良好的安全意识及集体观念，确保人员可控。

图6　负环拆除顺序

4　负环拆除顺序及方式

4.1　负环拆除顺序

首先拆除反力架，边割除连接部分边拆除，而后进行管片的拆除。本工程的管片拼装采用的是错缝拼装，每环相同位置的管片编号不尽相同，其拆除负环的主要思想是从上至下，以隧道中心线为轴对称拆除。同时，出于安全的考虑，采用“阶梯式拆除”方式，即先拆除负10环的上半部分5块管片，再拆除负9环管片上半部分4块管片，然后是负8环上半部分2块管片；回过头再拆除负10环下部管片对称的2块管片，以此类推进行拆除（见图6）。

4.2 负环管片的拆除方式

4.2.1 顶部管片的拆除

(1)K 块位于环的顶部,吊装图如图 7 所示。

首先采用专用吊具插入 K 块的注浆孔内,内弧面用螺丝拧紧后用葫芦与起重机连接,再用直径为 36mm、一端带有绳扣的钢丝绳作为吊具,将钢丝绳没有绳扣的一端,从其中一块管片的外部伸入注浆口,再从另一管片的注浆孔由内向外穿出并安装钢丝绳卡头,其安装示意图如图 8 所示。

准备起吊时,应使与葫芦相连的钢丝绳及起重机的钢丝绳收紧,再将管片螺栓拆下。

(2)K 块不位于整环管片的顶部,其吊装如图 9 所示。

图 7 K 块位于环的顶部的管片拆除

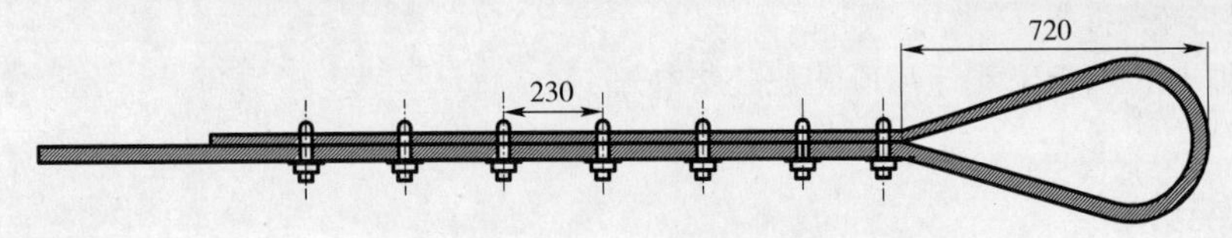

图 8 钢丝绳卡关安装图(尺寸单位:mm)

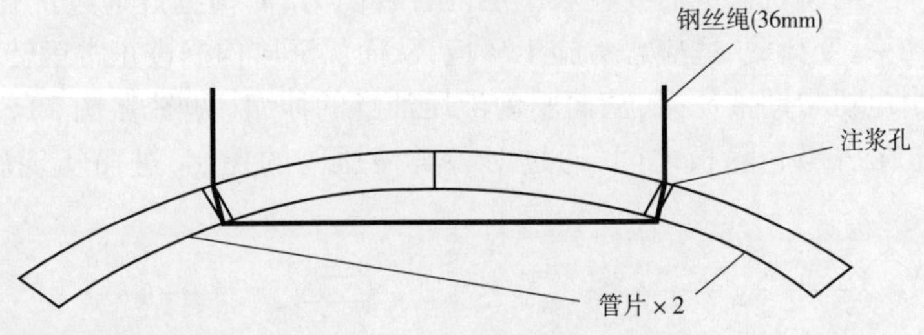

图 9 K 块不位于顶部吊装示意图

4.2.2 侧部管片的拆除

侧面管片拆除如图 10 所示,上部按如下方式挂钢丝绳:将钢丝绳不带绳扣的一端穿过注浆孔,通过管片内侧包住管片,同时安装钢丝绳卡头,将钢丝绳的两端挂在一个起重机吊钩上。

图 10 侧面管片拆除

4.2.3 底部管片的拆除

底部管片的拆除相对简单,采用钢丝绳没有绳扣的一端穿过注浆孔,包住管片后,利用钢丝绳卡头与带有绳扣的一端相连将管片吊起,或用吊带直接吊起。

5 结论

负环拆除是一个复杂的系统工程,京津城际延伸线负环成功拆除克服了大直径管片错缝拼装给整个施工所带来的种种困难,为以后类似工况的负环拆除施工提供了很好的指导,也为盾构工作者提供了参考依据。

盾构机推进系统分析与推进千斤顶顶靴连接销的改进

李　超

（中建交通建设集团有限公司　北京　100102）

摘　要:随着我国综合国力的增强,地铁、隧道等工程的建设正在如火如荼地进行着。盾构机的诞生,以其人力劳动量小、安全性高、挖掘速度快、挖掘质量高等优点,基本上取代了人工作业。主要阐述了石川岛盾构机(ϕ6.14m)推进系统的整体机械结构和推进动力分配,侧重对千斤顶与千斤顶顶靴连接销的结构改进,由原来过盈量过大的过盈配合,改为过盈量为零的过盈配合,并使用撞锤装置进行靴座拆卸。

关键词:推进系统;千斤顶;千斤顶顶靴;连接销;重锤

1　推进系统分析

在盾构施工中,盾构机掘进需要克服土层的各种阻力,盾构掘进通过优化动力传递、分配和控制,实现大功率、变荷载、适应恶劣施工环境,从而保证盾构掘进正常运转。石川岛盾构机采用液压驱动,由电机带动液压泵,从而驱动液压油缸的伸缩(见图1、图2),而液压缸则沿盾体周向均匀分布在盾尾仓隔板之间,通过对各类液压阀的控制,进而实现盾构掘进的各种功能。

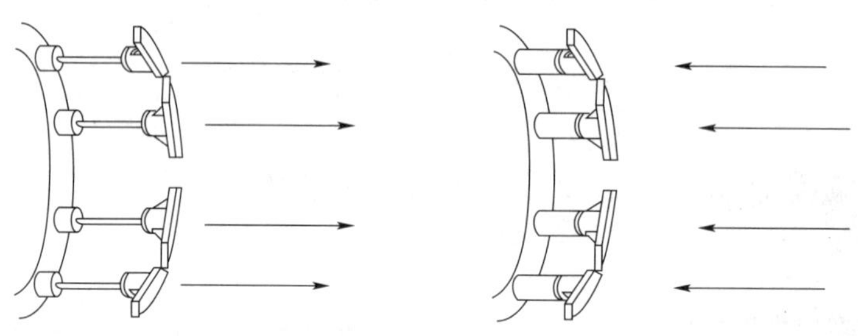

图1　液压油缸伸出　　　　图2　液压油缸回缩

盾构机推进系统是盾构机的关键系统之一,承担着整个盾构机前进的动力,实现掘进过程中的转弯、曲线行进、姿态控制等功能,使得盾构机沿着预定的路线行进。盾构机进行曲线行进时,需要前倾、后仰、左右摆动等动作,这需要协调和精确控制液压缸的伸缩来实现,因此,石川岛盾构机的每个推进千斤顶既可以单独控制,又可以联动控制。

石川岛盾构机(ϕ6.14m)千斤顶分为4个推进区段(见图3),并且可以按S/J的各区段设定压力上限,每个千斤顶(见图4)液压缸的压力范围为0~35MPa,若要进行推进操作,各区段的压力要被限制在设定值范围内。由于盾构推进过程中需要进行前倾、后仰、左右摆动、转弯、曲线行进等动作,另外下区段的千斤顶需要克服盾构机自身重力所产生的与土层之间的摩擦力,致使千斤顶各区段的压力有所差别,上区段(S/JNO.15、16、1、2、3)千斤顶压力上限为

作者简介:李超(1987—　),男,学士,盾构机械责任师。E-mail:lchaotang@yahoo.com.cn

2000kN,左区段(S/JNO.12~14)、右区段(S/JNO.4~6)以及下区段(S/JNO.7~11)千斤顶压力上限为2500kN。

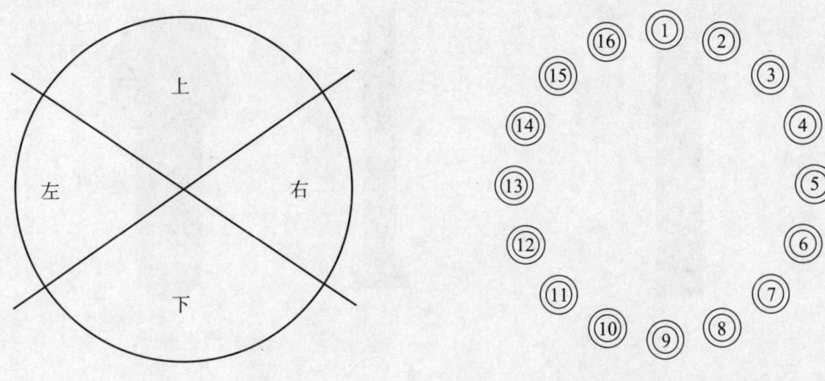

图3 盾构机千斤顶分区

图4 盾构机千斤顶分布

另外,在上、下、左、右区段各设置一个追踪用千斤顶,以计量盾构行进时的姿态,以便随时对盾构机进行姿态调整,它们分别是9、13、1、5号千斤顶。

2 顶靴连接销的改进

盾构千斤顶活塞的前端必须安装顶靴,顶靴采用球面接头,以便将推力均匀分布在管片的环面。另外,在顶靴与管片的接触面上安装橡胶垫板,对管片环面起到保护作用。顶靴的三维结构造型如图5所示。

连接销结构改进前,千斤顶油缸活塞与顶靴连接时,连接销与孔的配合是过盈配合(见图6),并且连接销的长度正好控制在顶靴上下孔距离范围内,在装配以及拆卸过程中,由于顶靴工作环境恶劣,用于盖板与靴座连接的螺栓通常被泥浆等腐蚀生锈,不易拆卸。另外,在拆装机时需要在顶靴上焊接反力架,用千斤顶顶入或顶出,既费时又费力。

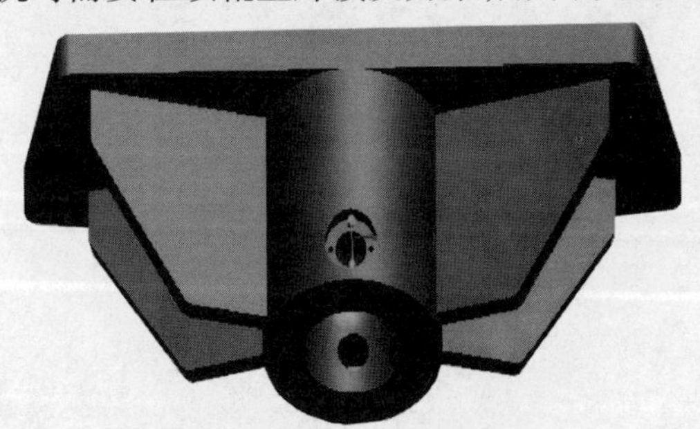

图5 顶靴的三维结构造型

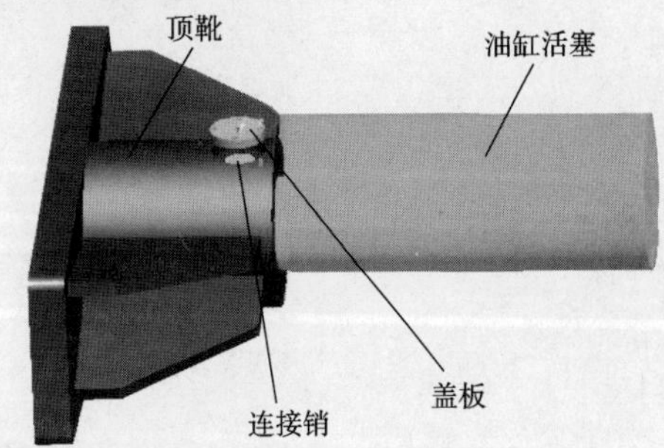

图6 连接销与孔的过盈配合

针对原连接销结构上的缺陷,特对其进行结构改进:

(1)由于盖板连接螺栓易腐蚀生锈,所以将盖板和连接销做成一体。

(2)顶靴用作连接部分的圆筒底面与盾构机外壳内侧存有间隙,特将连接销的长度加长,并在超出顶靴连接孔处打眼,用开口销进行固定,以防连接销滑脱,致使靴座滑落,造成安全事故。

(3)减小连接销直径,与靴座连接孔的配合改为小间隙配合,便于在拆装机过程中轻松插入或拔出连接销。

(4)在连接销顶部圆心位置处做M12螺纹孔,用于连接重锤,通过锤头的撞击来克服杂质进入连接孔产生的阻力,操作简便、快捷。

改进前、后的连接销以及重锤结构图见图7~图9。

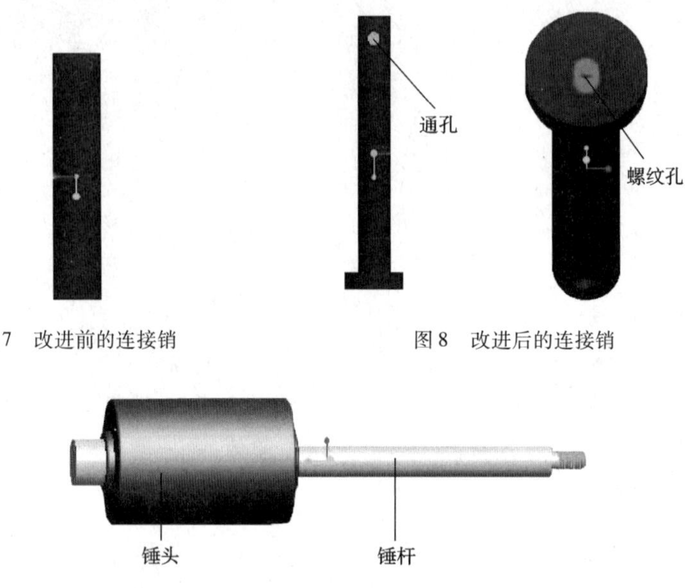

图7　改进前的连接销

图8　改进后的连接销

图9　重锤结构图

3　结论

通过对连接销的改进,大大提高了拆装机的工作效率,不仅节约了大量的时间,还省去了3个人的劳动量,仅用1人就可以轻松地完成此项操作。

盾构区间楔形环参数计算及配置方法探讨

任红涛　方江华

（北京住总集团有限责任公司轨道交通市政工程总承包部　北京　100029）

摘　要：针对目前国内常用的盾构管片形式，以北京地铁常用管片为例，通过对楔形环类型的介绍以及楔形环相关参数的推导计算，加深对楔形环配置原理的认识，进而根据理论计算以及施工经验探讨盾构区间内楔形环数量的确定方法，并通过具体实例进行计算验证，以期对施工现场管片环的选型有一定的指导意义。

关键词：盾构；楔形环；楔形量；选型

1　前言

在目前的城市地铁区间隧道施工中，一般优选盾构法施工。为有效拟合区间各类曲线，衬砌环一般采用两种形式：一种为通用楔形环形式，只采用一种通用楔形环即可完成各种曲线的拟合；另一种为标准衬砌环＋楔形衬砌环组合模式，在直线段采用标准衬砌环，曲线段采用楔形衬砌环（左转采用左转弯衬砌环，右转采用右转弯衬砌环）。目前国内大多数地铁隧道采用后一种衬砌环拼装方式。

楔形环的水平楔形量、楔形角、管片环宽和楔形环配置一般在设计图纸中都有体现，而施工现场楔形环除在转弯曲线使用外，在直线段也需要配备一定数量的楔形环用于纠偏。因此，如何合理地进行管片选型，不仅要依据设计图纸和施工经验进行，也要掌握楔形环的相关参数计算方法。本文以北京地铁使用的盾构管片为例，详细介绍上述第二种衬砌环形式中楔形量、楔形角、楔形环环宽的计算方法，根据理论计算，同时结合施工经验得出楔形环数量的确定方法，并结合工程实例进行验算，以期对施工现场管片环的选型有一定的指导意义。

2　两种形式管片衬砌环[1]

楔形环形式与直线衬砌环＋楔形衬砌环组合模式的区别在于后者设计有标准衬砌环。前者仅采用一种通用楔形环，可通过在360°范围内旋转组合来拟合直线及转弯曲线，该形式可降低管模成本，且不会因管片类型供应不上影响工程质量问题，深圳的部分地铁线路采用了该种形式。但其对施工技术要求较高，对管片拼装手有较高要求，在每一环的拼装中均需确定下一环的旋转角度，且因楔形环总要与推进千斤顶存在角度，管片受力不均，对管片成环质量有一定的影响，反而影响盾构姿态的调整；其次，旋转角度的选择不当，可能影响到盾尾间隙的调整，造成盾尾加强环挤压管片造成碎裂，并妨碍掘进方向的控制；另外，通用楔形环的封顶块不可能永在上方，管环中大片在拼装过程中要暂时处于顶部悬空状态，不易安装，容易松动滑落，存在一定的安全隐患。因此，通用楔形环的推广使用受到了一定的限制。

与通用楔形环形式不同的是，直线衬砌环＋楔形衬砌环组合模式存在标准衬砌环，在直线

作者简介：任红涛（1980—　），男，硕士研究生，工程师。主要从事城市地下工程施工技术管理工作。E-mail：hongtao_ren@163.com

段采用标准衬砌环（虽然配备一定数量的左转弯衬砌环和右转弯衬砌环用于直线段掘进纠偏，但易于拼装的标准环是主流），左转弯曲线采用标准环+左转弯衬砌环组合形式，右转弯曲线采用标准环+右转弯衬砌环组合形式。与通用楔形环形式相比，该种组合形式能根据线路的具体特点更加有效地拟合曲线，且能简化施工控制，减少管片选型的工作量。在直线段掘进时，由于推进千斤顶与标准环不存在理论夹角，能较好地保证成环质量，调整盾尾间隙，便于控制掘进方向，调整盾构姿态。另外，在标准环与标准环、标准环与楔形环错缝拼装时，封顶块始终在上方，管片拼装易操作、较安全。虽然该组合形式管模型号要求较多，但目前施工单位一般都是在专业管片场定制管片，只需确定各类型号管片的数量，因此对施工单位来说影响不大。由于在施工过程中，楔形环还有一定的纠偏作用，因此在确定楔形环数量时，除了要经过理论计算外，还要结合一定的施工经验，以尽量精确确定各类管片数量。

3 楔形环设计

3.1 楔形量(δ)与楔形角(β)的选取[2]

楔形量应综合根据管片种类、管片宽度、外径、曲线半径、曲线区间楔形环配置比例、管片制作方便性及尾隙大小确定。归纳以往的试验数据得出的楔形量、楔形角与管环外径的关系如图1、图2及表1所示，由图可知，随着管径的增大，楔形量的上限与下限增大，楔形角的上限与下限减小。由于受管片配筋的制约，大多数混凝土类管片的楔形量在75mm以内。

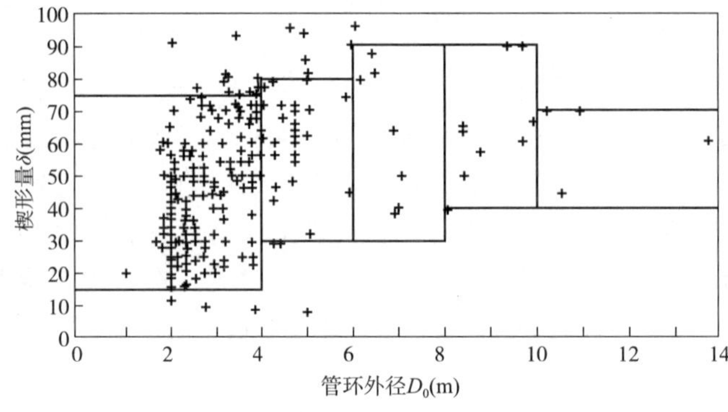

图1　楔形量的施工统计

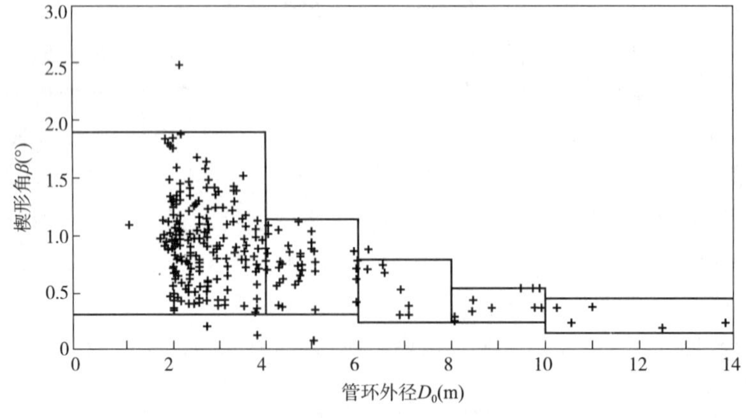

图2　楔形角的施工统计

楔形量、楔形角　　　　表1

管片环外径 D_0(m)	$D_0<4$	$4 \leqslant D_0<6$	$6 \leqslant D_0<8$	$8 \leqslant D_0<10$	$D_0 \leqslant 10$
楔形量 δ(mm)	15 ~ 75	30 ~ 80	30 ~ 90	40 ~ 90	40 ~ 70
楔形角 β(°)	20 ~ 115	20 ~ 70	15 ~ 50	15 ~ 35	10 ~ 25

3.2　楔形量(δ)与楔形角(β)的计算方法[3]

假定在半径为 R 的圆曲线上,管片的中心弧长为 L,外弧长为 L_0,内弧长为 L_i,圆心角为 θ,圆曲线的偏转角为 α;由 m 环标准环及 n 环楔形环组成,其比例 $u=m/n$,楔形环的楔形量为 δ,楔形角为 β,盾构环外径为 D,标准环的宽度为 S_k,楔形环宽分别为 $S_{max}=S_k+\delta/2$ 和 $S_{min}=S_k-\delta/2$,如图3所示。

由几何关系可知:

$$L_0=m \times S_k+n \times S_{max} \tag{1}$$

$$L=(m+n) \times S_k \tag{2}$$

$$L_i=m \times S_k+n \times S_{min} \tag{3}$$

$$\theta=\frac{L}{R}=\frac{L_0}{R+\dfrac{D}{2}}=\frac{L_i}{R-\dfrac{D}{2}} \tag{4}$$

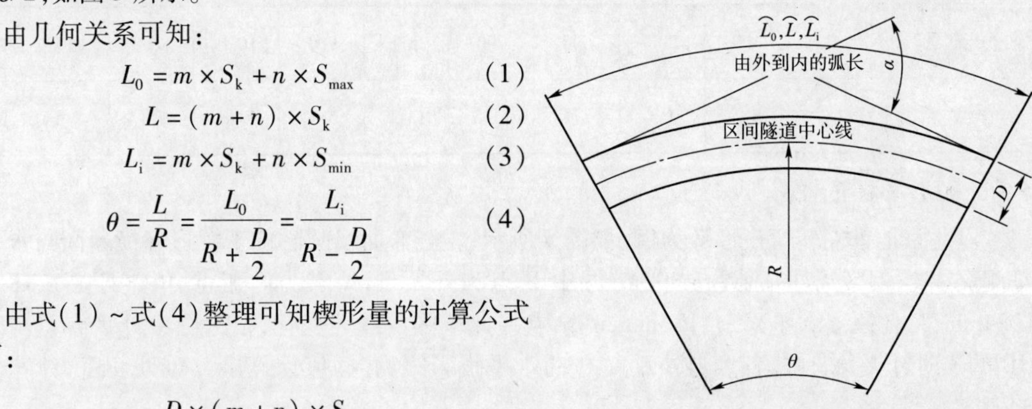

图3　曲线示意图

由式(1)~式(4)整理可知楔形量的计算公式如下:

$$\delta=\frac{D \times(m+n) \times S_k}{R \times n} \tag{5}$$

由于在做盾构管片排版设计时,通常是先确定一个标准环与楔形环的配比,因此,式(5)可以变形为如下表达式:

$$\delta=\frac{\left(\dfrac{m}{n} \times S_k+S_{max}\right) \times D}{R+\dfrac{D}{2}} \tag{6}$$

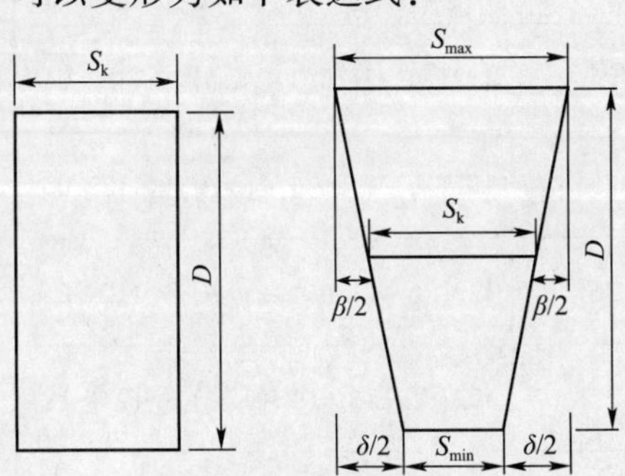

图4　标准环与楔形环示意图

根据图4可知楔形角的计算公式如下:

$$\tan\left(\frac{\beta}{2}\right) \approx \frac{\beta}{2}=\frac{\dfrac{\delta}{2}}{D} \tag{7}$$

即:

$$\beta=\frac{\delta}{D} \tag{8}$$

3.3　楔形环与标准环配比的确定[3]

由式(6)可看出,楔形量 δ、标准环宽 S_k、隧道直径 D、曲线半径 R、标准环与楔形环的比例 u 五个变量存在相关关系,由三个已知量可以确定另外两个未知量的线性关系,在线路设计中一般将楔形量 δ、标准环宽 S_k、隧道直径 D 作为定值,而标准环与楔形环的比例 u 根据线路实际情况的曲线半径 R 确定,以北京地铁线路为例,水平楔形量是按在 $R=300$m 的曲线半径上

$u=1:1$ 布置楔形环和标准环计算的，得出的楔形量为 $\delta=48.00\text{mm}$，楔形角 $\beta=0.46°$，其计算过程如下：

设 $R=300, u=\frac{m}{n}=1:1, D=6\text{m}, S_{\max}=S_k+\frac{\delta}{2}=1.2+\frac{\delta}{2}$，由式(6)得 $\delta=48\text{mm}, \beta=\frac{\delta}{D}=\frac{0.048}{6}=0.008\times\frac{180°}{3.14}=0.46°$。

以楔形量 $\delta=48\text{mm}$、标准环宽 $S_k=1.2\text{m}$、隧道直径 $D=6\text{m}$ 为基础，可确定标准环与楔形环的比例 u 与曲线半径 R 的关系如下：

$$u=0.00667R-1$$

常用曲线半径与 u 关系见表2。

标准环与楔形环配比 表2

曲线半径 R(m)	300	400	500	600	700	800	900	1000	1200	1500	2000
u	1:1	5:3	7:3	3:1	11:3	13:3	5:1	17:3	7:1	9:1	37:3

3.4 楔形环环宽计算

以北京地铁左转弯楔形环为例，如图5所示，左转弯曲线圆心位于楔形环横断面与水平面左侧交线上，距离楔形环圆心300m，图中B点为外弧点，A点为内弧点，B点处最宽环宽为1224mm，A点处最窄环宽为1176mm，其余点在此范围内线性变化，根据图中计算各点与线段OB的逆时针夹角，计算各点与外弧点B的水平投影距离，插值计算出各点处环宽，计算步骤如表3所示。

左转弯楔形环管片端点环宽计算 表3

点位	外侧各点与OB夹角(°)	外侧环宽计算公式	计算结果(m)	内侧各点与OB夹角(°)	内侧环宽计算公式	计算结果(m)
G	146.25	$1224-24(1-\cos\theta)$	1180.04	146.25	$1221.6-21.6(1-\cos\theta)$	1182.04
H	213.75	$1224-24(1-\cos\theta)$	1180.04	213.75	$1221.6-21.6(1-\cos\theta)$	1182.04
I	281.25	$1224-24(1-\cos\theta)$	1204.68	281.25	$1221.6-21.6(1-\cos\theta)$	1204.21
J	348.75	$1224-24(1-\cos\theta)$	1223.54	348.75	$1221.6-21.6(1-\cos\theta)$	1221.18
E′	54.72	$1224-24(1-\cos\theta)$	1213.86	54.54	$1221.6-21.6(1-\cos\theta)$	1212.53
E	57.77	$1224-24(1-\cos\theta)$	1212.80	57.96	$1221.6-21.6(1-\cos\theta)$	1211.46
F′	80.28	$1224-24(1-\cos\theta)$	1204.05	80.45	$1221.6-21.6(1-\cos\theta)$	1203.58
F	77.22	$1224-24(1-\cos\theta)$	1205.31	77.05	$1221.6-21.6(1-\cos\theta)$	1204.84

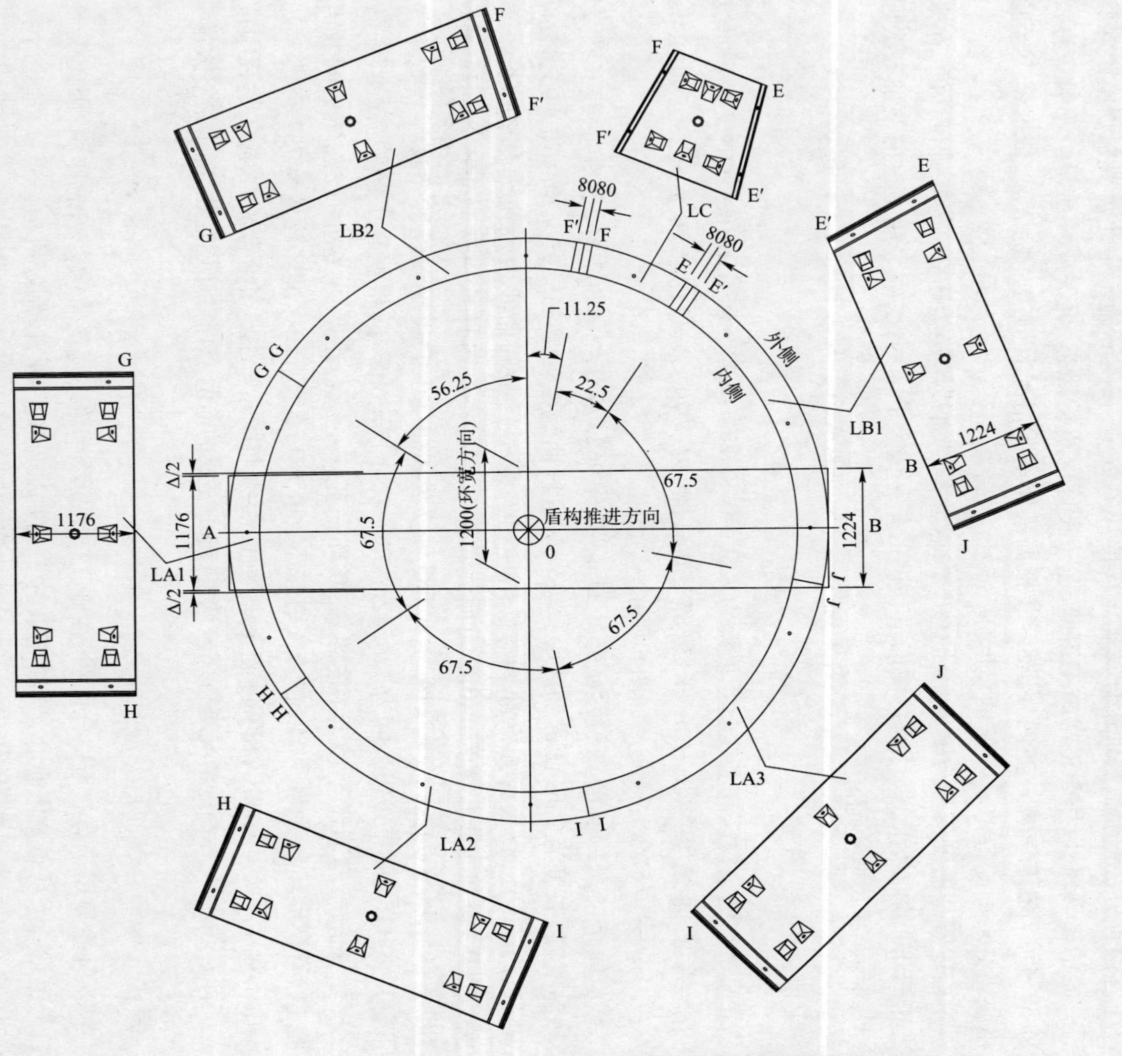

左转弯楔形衬砌环管片环宽表

管片	环缝	内侧环宽	外侧环宽
LC	E′	1212.53	1213.86
	E	1211.46	1212.80
	F′	1203.58	1204.05
	F	1204.84	1205.31
LB1	E′	1212.53	1213.86
	E	1211.46	1212.80
	J	1221.18	1223.54
LB2	F′	1203.58	1204.05
	F	1204.84	1205.31
	G	1182.04	1180.04
LA1	G	1182.04	1180.04
	H	1182.04	1180.04
LA2	H	1182.04	1180.04
	I	1204.21	1204.68
LA3	I	1204.21	1204.68
	J	1221.18	1223.54

图 5　左转弯楔形环环宽设计

4 楔形环数量的确定

综上所述,楔形环的配置主要是为了更好地拟合理论曲线以及施工过程中的纠偏,在确定楔形环数量时一般有以下几种办法。

(1)根据楔形环与标准环的配比 u 计算

根据区间线路内圆曲线半径,查表得出楔形环与标准环的配比,然后根据圆曲线长度得出的总环数计算出楔形环与标准环的数量。

(2)根据偏转角计算

根据区间线路曲线的偏转角 α,计算出所需楔形环的数量 $n=\alpha/\beta=\alpha/0.46$,然后再根据总环数计算出标准环的数量。

(3)根据施工纠偏楔形环配置量的确定

上述两种方法均为根据理论计算确定楔形环的数量,在实际施工中还需要根据施工经验配置一定的楔形环,以用于正常施工纠偏、保持良好的盾构姿态、确保成环质量。一般在直线段每 30 ~ 50 环配备一左一右两环楔形环(根据具体地质情况及周边环境情况,依据施工经验做相应调整),即配备 4% ~7% 的楔形环。

由前述管片的楔形量与楔形角计算可知,管片是以曲线半径为 300m 为基础设计的,在半径大于 300m 的曲线上,管片的总楔形量和楔形角是偏大的。因此,在采用上述前两种方法理论计算时,要尽量取小值。

5 实例

北京某在建地铁区间右线起止里程为 K21 +048.648 ~ K22 +011.018m,其中仅有一曲线段(左转弯),曲线段参数为 $a_y=15.85°$, $R=600$, $I=70$, $T=118.551$, $L=235.95$, $X=299279.2400$, $Y=514087.1667$,如图 6 所示。

根据线路情况,区间总长度为 962.37m,折合 962.37/1.2 = 802 环,其中曲线长度为 235.95m,直线长度为 726.42m,曲线中,半径 600m 圆曲线弧长为 235.95 − 70 − 70 = 95.95m, 95.95/1.2 = 80 环,查表可知标准环与楔形环比例为 3∶1,故圆曲线中左转弯楔形环数量为 80/4 = 20 环;缓和曲线长度为 140m,由曲线总偏转角 15.85°可计算出缓和曲线总偏转角为 $15.85° - (95.95/600) \times (180/3.14) = 6.683°$,故缓和曲线上共需配置左转弯楔形环数量为 6.683/0.46 = 15 环;直线段长度为 726.42m,726.42/1.2 = 605 环,根据施工经验需配置左转弯楔形环、右转弯楔形环各 15 环(按照每 40 环配置一左一右计算)。综上所述,本区间共需配置左转弯楔形环数量为 50 环,右转弯楔形环数量为 15 环,直线标准环数量为 737 环。

由于管片需要提前加工,在实际施工中,需提前两个月将总计划报给管片厂,施工过程中按月提交计划,根据实际掘进情况进行部分调整,施工完成的前两个月将计划定死,确定最终数量。

6 结论

楔形环主要用于有效地拟合曲线,在施工中还起到纠偏、调整盾构姿态的作用,因此楔形环数量也是一个动态变化的量。实际施工中只有加强施工管理,控制好盾构姿态,以理论计算为依据,结合区间具体情况的施工经验,才能达到实际值与计算值的完美匹配,才能更经济、高质量地完成盾构掘进施工。

左CK22
左线盾构
掘进方向
右K22+011.018
盾构区间终点里程
右CK22
右线盾构掘进方向
24.00m
HZ+934.548
HZ+899.501
YH+864.548
左JD32
YH+829.501
右JD32
a_y——15°50′49.3″
R——600
l——70
T——118.551
L——235.950
X——299279.2400
Y——514087.1667
HY+768.598
HY+733.552
ZH+698.598
ZH+663.552
左K21+048.648
右K21+048.648
盾构区间起点里程
盾构区间起点里程

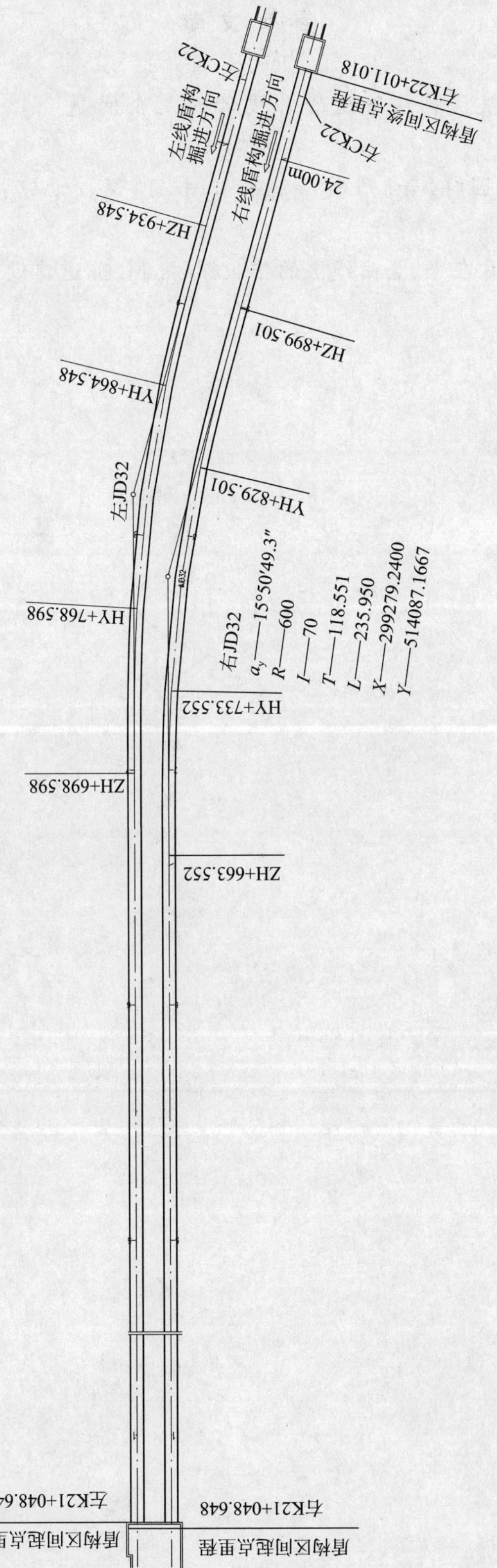

图6　线路示意图

参考文献

[1] 乐贵平,吕卫东. 地铁盾构法隧道管片设计的几个问题[J]. 市政技术,2003,21(5):325-329.

[2] 张凤祥,傅德明,杨国祥,等. 盾构隧道施工手册[M]. 北京:人民教育出版社,2005:178-186.

[3] 储柯钧. 地铁盾构管片在平、竖曲线上的排版探讨[J]. 隧道建设,2007,27(4):20-22,25.

盾构在细中砂地层中浅覆土始发地表沉降控制分析研究

王　坡　张颍辉

（北京住总集团有限责任公司轨道交通市政工程总承包部　北京　100029）

摘　要：根据北京地区的一个地铁盾构工程实例，利用地层损失理论，对盾构浅覆土始发段前30m的地表沉降规律进行了预测，并通过与实际沉降监测结果的对比，找出了除盾构主观可控因素外，引起地表沉降的客观敏感因素——土体弹性模量。结果表明：对盾构浅覆土采用地面注浆和旋喷加固的措施可以改善土层性质，减小土层孔隙率，数值上表现为弹性模量提高10% ~15%，地表最大沉降减少20% ~30%。

关键词：盾构；浅覆土；细中砂；地层损失；地表沉降；弹性模量

1　引言

北京地区大多数已建或在建的地铁盾构隧道均集中在建筑密集地区，且埋深较大，相关的施工方法和地表沉降控制措施已趋于成熟[1]，但是在细中砂这样的软土地层中，盾构浅覆土始发时的地表沉降控制仍然是一个技术难题。在北京地铁15号线南法信站—石门站盾构区间的施工过程中，由于盾构始发掘进时覆土较浅且地层不稳定，施工中的土体扰动增大了土层孔隙率，造成地层损失，进而导致地表沉降超标[2]。因此，控制地表沉降是盾构在细中砂地层中浅覆土始发时亟待研究和解决的关键问题。

2　工程概况

2.1　盾构始发段概况

本区间盾构从南法信站盾构始发井始发掘进，始发掘进线路平面为直线，竖向平面前32.09m为2‰的下坡，后79.84m为25‰的下坡。盾构始发试验段112m覆土埋深为4.8 ~6.25m，盾构始发井段隧道概况如图1所示。

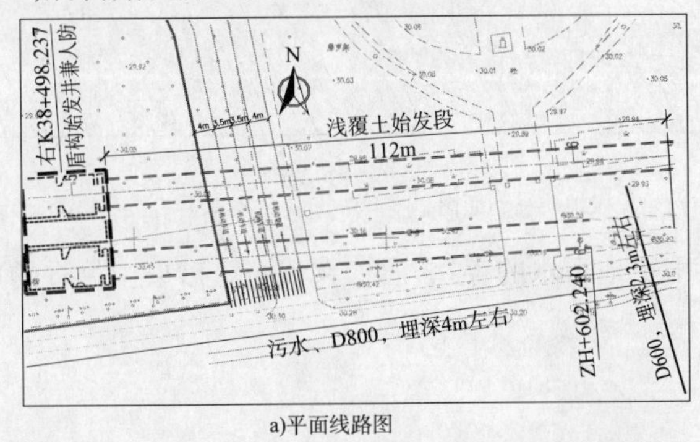

a)平面线路图

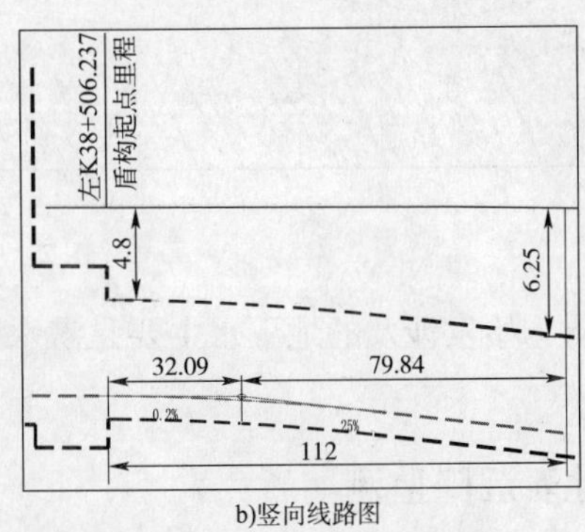

b)竖向线路图

图1　始发试验段前112m平面和竖向线路图（尺寸单位：m）

作者简介：王坡（1983—　），男，本科。主要研究方向为盾构施工。E-mail：nsbd02@126.com

盾构机采用德国海瑞克公司生产的土压平衡式盾构(EPB),刀盘形式为面板式,直径为6250mm,采用盾尾同步注浆方式。隧道衬砌采用预制钢筋混凝土管片,管片环外径为6000mm,内径为5400mm,每环管片宽1200mm,厚度为300mm。

2.2 工程地质

盾构始发段112m的掘进断面主要是细中砂,细中砂上方主要为杂填土,根据区间地质勘聚报告,土层的主要性质如表1所示。

盾构始发段土层性质 表1

土层	物理指标	厚度	渗透系数	土层稳定性
素填土	$C=0, \varphi=8$	约2m	透水性强	抗剪强度低,不均匀
杂填土	$C=5, \varphi=8$	约2.2m		
细中砂	$C=0, \varphi=15$	约8.5m	0.02cm/s	自稳能力差,易坍塌

2.3 水文地质

根据区间地质勘察结果,盾构始发段赋存三层地下水,地下水的类型为潜水(二)、层间水(三)和层间水(四)。地下水分布如图2所示。

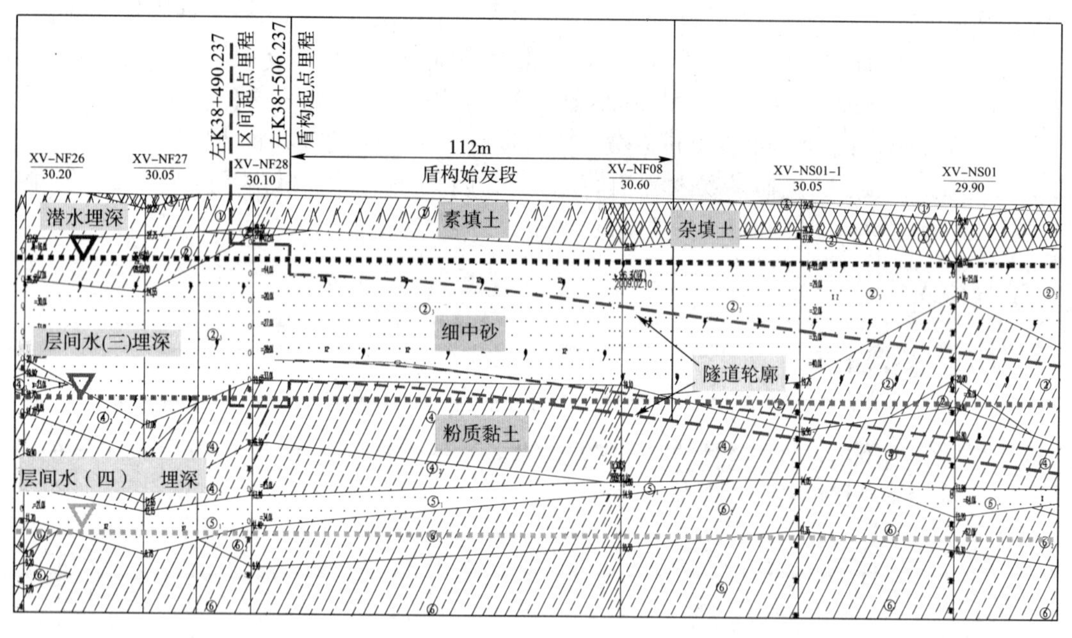

图2 盾构始发段地质纵剖面图

盾构始发涉及的地下水主要是潜水,由于地下水的存在,盾构在浅覆土砂层中掘进的危险性较大。

3 地表沉降监测

由于盾构始发在细中砂中掘进,且埋深较浅,因此,现场加密了监测断面和每个监测断面监测点的数量。沿隧道中线上方地面每隔5m建立一个监测横断面,该断面垂直于隧道中线,每个断面上布设 7 ~ 11 个监测点,其中隧道中线上方一个点,左右每隔 5m 布设一个点。地表监测点布置示意图如图 3 所示。

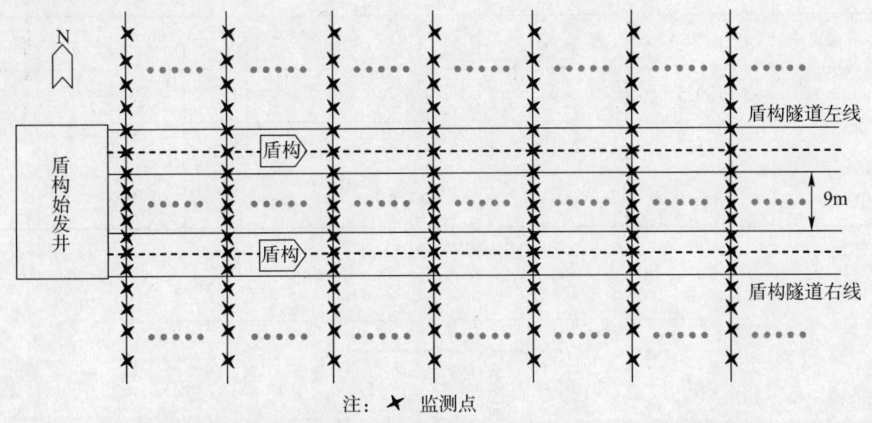

图 3　始发段地表监测点布置示意图

4　控制地表沉降的关键因素分析

4.1　地表沉降的理论预测[3]

R. B. Peck(1969)通过对大量的工程资料进行研究,提出了地表沉降槽呈似正态分布的概念,如图 4 所示,他认为地层移动由地层损失引起,且盾构施工引起的地面沉降是在不排水条件下发生的,所以地表沉降槽的体积应等于地层损失的体积。地表沉降横向分布估算公式为:

$$S(x) = S_{\max} \cdot \exp\left(-\frac{x^2}{2i^2}\right) \tag{1}$$

$$S_{\max} = \frac{V_1}{\sqrt{2\pi} i} \approx \frac{V_1}{2.5i} \tag{2}$$

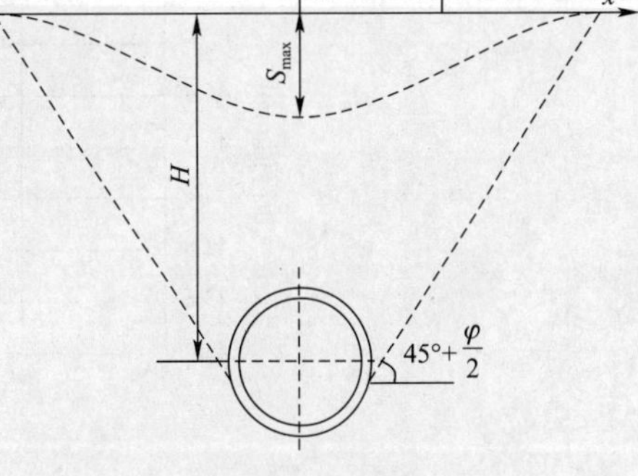

图 4　隧道施工地面沉降曲线

式中:$S(x)$——距离隧道中心轴线为 x 处的地表沉降值;

V_1——盾构施工引起隧道单位长度的地层损失(m^3/m),控制在 1.5% 以内,根据本工程实际,$V_1 = 1.5\% \times \pi \times 3.125 \times 3.125 = 0.46m^3/m$;

$S_{\max}$——隧道中心线处的地表沉降最大值;

i——地表沉降槽宽度系数,即隧道中心线至沉降曲线反弯点的距离。

由 $i = H/[\sqrt{2\pi}\tan(45° - \varphi/2)]$ 计算所得,H 为地面至隧道中心的深度,φ 为土体内摩擦角(°)。

细中砂内摩擦角 $\varphi = 15°$,隧道埋深 4.80 ~ 6.25m,计算 $H = 7.925 \sim 9.375$m。

根据以上理论,对盾构始发段前 30m 掘进时的地表最大沉降进行预测,具体沉降值如表 2 所示。

根据以上预测,可得出始发段前 30m 的沉降槽曲线(以埋深 4.8m 为例)和地表最大沉降值分布曲线,分别如图 5 和图 6 所示。

始发段前 30m 掘进地表最大沉降理论预测值 表 2

断面位置(m)	5	10	15	20	25	30
隧道埋深(m)	4.80	4.81	4.83	4.85	4.88	4.92
H(m)	7.925	7.935	7.955	7.975	8.005	8.045
i	4.123	4.129	4.139	4.149	4.165	4.186
最大沉降值(mm)	44.6	44.6	44.5	44.3	44.2	43.9

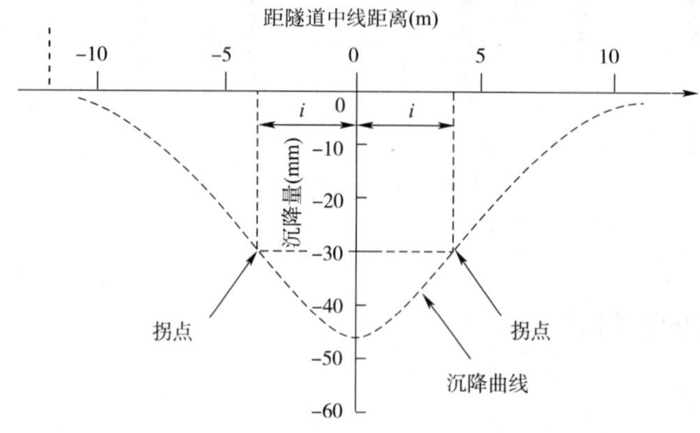

图 5 横断面沉降槽分布曲线(埋深 4.8m)

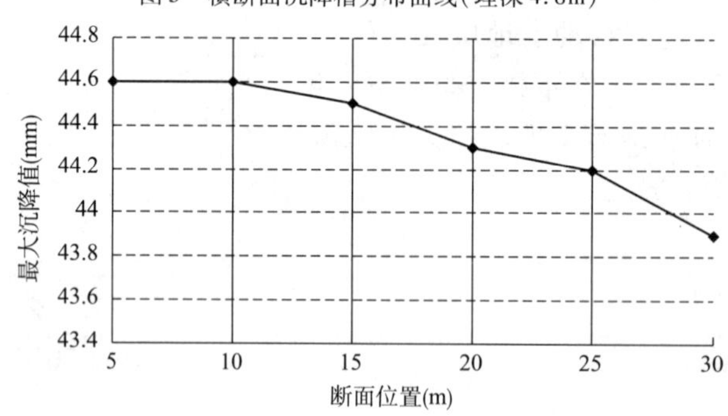

图 6 始发段前 30m 地表最大沉降理论分布曲线

4.2 实际地表沉降监测情况

在始发段前 30m 盾构实际掘进过程中,我们对地表沉降情况进行了监测。为了使理论与实际具有可比性,实际掘进过程中,对上述理论计算的地表位置进行了实时监测,监测结果如表 3 所示。

始发段前 30m 掘进地表最大沉降实际监测值 表 3

断面位置(m)	5	10	15	20	25	30
隧道埋深(m)	4.80	4.81	4.83	4.85	4.88	4.92
最大沉降值(mm)	24.7	36.5	35.4	35.1	34.7	34.7

根据以上监测结果,得出了 20m 位置的沉降槽分布曲线(见图 7),并结合表 1 中理论沉降数据,得到了始发段前 30m 地表最大沉降理论值与实际监测值的分部对比曲线,如图 8 所示。

从图 8 可以看出,始发段前 30m 的 6 个监测断面中,10 ~ 30m 监测断面的理论值与实际值变化趋势是基本吻合的,而 5 ~ 10m 监测断面的理论值与实际值存在很大差异。在 5m 监测断面位置，地表最大沉降较小且未超标，而 10m 监测断面的地表沉降值急剧增大，针对此现象，我们通过分析调查找出了原因：盾构始发段存在 9m×12m 的端头加固区域，对细中砂层进行了全断面加固，如图 9 所示。

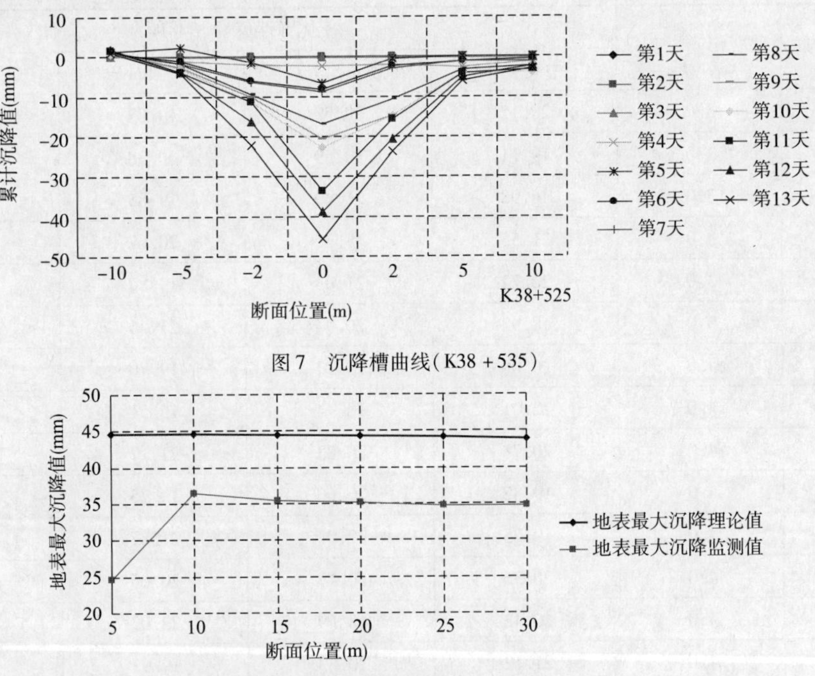

图 7　沉降槽曲线（K38＋535）

图 8　地表最大沉降理论值与实际值曲线对比

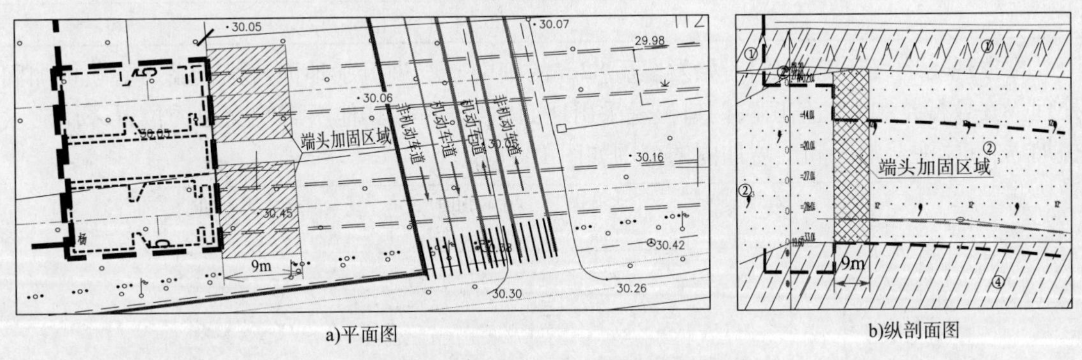

a)平面图　　b)纵剖面图

图 9　盾构始发端头加固区域平面图和纵剖面图

端头加固采用 D800@600mm 高压旋喷桩加固，加固后土层性质得到了很大的改善，提高了土粒骨架的变形系数，减小了土层孔隙率，而在数值上表现为土体弹性模量 E 的增大，从而达到了控制地表沉降的效果。因此，隧道周围及上覆土体的弹性模量是控制地表沉降的关键因素[4]。

5　土体弹性模量改善与沉降控制效果

5.1　土体弹性模量的改善

从上述分析可知，提高隧道周边及上覆土体弹性模量可以有效地控制地表沉降。为了找出土体弹性模量的改善和地表沉降控制效果的关系，我们对始发段后 82m 的细中砂层土体弹性模量进行了取样试验[5]，线路方向每隔5m设一个取样断面，分别在中线位置、中线左右各5m位置钻孔取样，每个断面取4个土样，共取样48个。各试样的试验结果如表4所示。

始发段后82m现场取样弹性模量试验结果 表4

取样断面（m）	取土深度（m）	土体弹性模量 E（MPa）			
		中线土样	中线左5m土样	中线右5m土样	平均值
35	3.0	20.12	20.53	19.07	19.91
40	3.0	19.71	19.59	20.38	19.89
45	3.0	16.98	21.49	19.85	19.44
50	3.0	21.55	18.30	20.67	20.17
55	3.0	20.72	21.03	19.87	20.54
60	3.0	18.92	20.94	21.46	20.44
65	4.0	20.66	19.23	19.70	19.86
70	4.0	22.01	18.74	19.51	20.09
75	4.0	20.78	20.83	21.17	20.93
80	4.0	19.82	20.60	19.75	20.06
85	4.0	19.75	22.03	21.87	21.22
90	4.0	20.36	20.47	20.05	20.29
95	4.0	20.42	18.69	22.02	20.38
100	4.0	21.12	20.83	19.97	20.64
105	4.0	20.62	20.01	21.37	20.67
110	4.0	18.52	20.94	21.84	20.43

根据现场地表环境，我们对始发段后82m的细中砂层进行了地面注浆或高压旋喷桩加固处理。在导行路和南法信医院门口位置采用地面注浆加固，其他不影响交通的位置采用旋喷桩加固，具体注浆加固和旋喷加固的范围如图10所示。

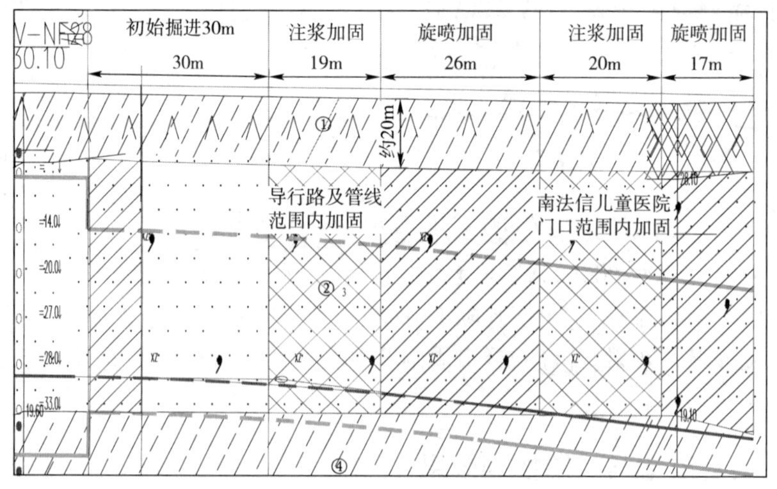

图10　始发段后82m注浆及旋喷加固范围

地层加固完成后，在盾构掘进前对上述各取样断面进行了二次取样，取样数量相同，并对各土样进行了试验，得到的试验结果如表5所示。

始发段后 **82m** 加固后现场取样弹性模量试验结果　　表 5

取样断面（m）	取土深度（m）	土体弹性模量 E(MPa)			
		中线土样	中线左 5m 土样	中线右 5m 土样	平均值
35	3.0	21.82	22.56	21.19	21.86
40	3.0	22.33	20.48	21.98	21.60
45	3.0	19.04	22.98	21.63	21.22
50	3.0	24.71	22.82	23.59	23.71
55	3.0	23.68	23.94	22.69	23.44
60	3.0	21.87	23.99	24.51	23.46
65	4.0	23.58	22.93	23.04	23.18
70	4.0	23.11	23.92	23.37	23.47
75	4.0	22.83	24.18	23.36	23.46
80	4.0	22.91	21.77	20.85	21.84
85	4.0	21.97	21.85	22.67	21.50
90	4.0	21.65	21.53	21.61	21.59
95	4.0	21.52	22.09	21.13	21.58
100	4.0	24.23	24.02	23.01	23.75
105	4.0	23.71	23.42	24.49	23.87
110	4.0	21.69	23.66	24.79	23.38

通过对相同位置土体加固前后弹性模量的试验，得出加固前后土体弹性模量的对比曲线，如图 11 所示。

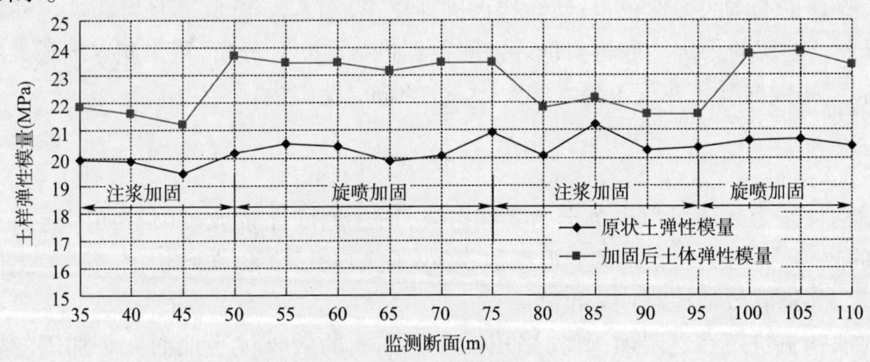

图 11　始发段后 82m 加固前后土体弹性模量对比

通过图 12 可以看出，始发段后 82m 范围内，采用注浆加固的土层土体弹性模量比加固前提高了 10% 左右，采用旋喷加固的土层土体弹性模量比加固前提高了 15% 左右。

5.2　地表沉降的控制效果

地层加固完成后，盾构完成始发段后 82m 掘进，地表沉降的监测结果如表 6 所示。

始发段后 **82m** 掘进地表最大沉降实际监测值　　表 6

断面位置（m）	35	40	45	50	55	60	65	70
最大沉降值（mm）	29.5	29.3	29.3	26.4	26.3	26.3	25.8	25.5
断面位置（m）	75	80	85	90	95	100	105	110
最大沉降值（mm）	25.4	28.6	28.3	27.9	27.7	25.1	24.8	24.5

从表6可以得出浅覆土始发段后82m细中砂地层加固后盾构掘进过程中地表最大沉降分布曲线,如图12所示。

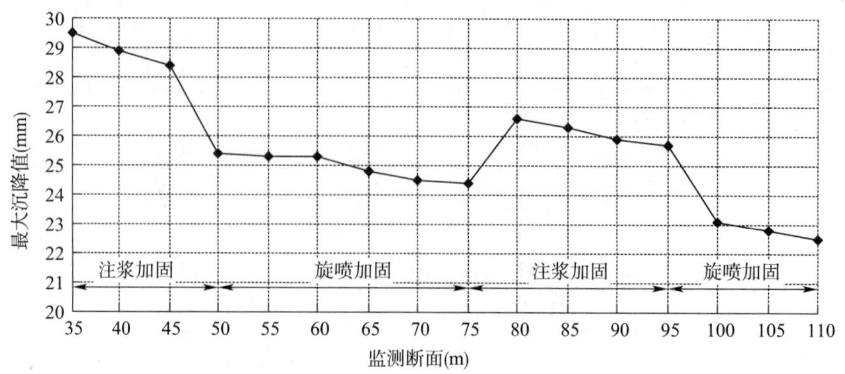

图12 始发段后82m土体加固后盾构掘进地表最大沉降分布曲线

通过图12和图8的对比可以看出,地层加固后地表最大沉降值均有了不同程度的减小,但是采用旋喷加固的地层最大沉降值减小幅度要比采用注浆加固的地层明显。经过统计分析,两种加固地层方式控制地表沉降的效果对比见表7。

注浆加固与旋喷桩加固效果对比统计 表7

类别	注浆加固地层	旋喷桩加固地层
土体弹性模量 E	提高10%	提高15%
地表最大沉降值	减小20%	减小30%

在浅覆土盾构始发段后续的掘进过程中,通过对盾构掘进的细中砂层进行地面注浆或旋喷桩加固,提高了土体的弹性模量;使盾构掘进地层形成顶盖,减少了因为掘进扰动造成的地层损失,保证了地层的稳定。通过对地表监测数据进行收集和分析,得出测点的最大沉降量为 -29.5mm,监测数据满足在规范要求的 +10 ~ -30mm 范围内。

6 结论

(1)盾构在细中砂地层中浅覆土始发掘进时,通过地面注浆或旋喷桩加固能使土层性质得到很大的改善,提高土粒骨架的变形系数,减小了土层孔隙率,在数值上表现为土体弹性模量 E 的增大,能够有效地控制地表沉降。

(2)对盾构掘进所在地层加固时,采用旋喷桩加固的效果优于地面注浆加固的效果。通过对盾构掘进面所在地层的加固,盾构掘进后的监测结果表明,土体弹性模量提高10% ~ 15%,盾构掘进引起的地表沉降相应减小20% ~30%。

参考文献

[1] 刘建航,侯学渊. 盾构法隧道[M]. 北京:中国铁道出版社,1991.

[2] 唐益群,叶为民. 上海地铁盾构施工引起地面沉降的分析研究[J]. 地下空间,1995,15(4).

[3] 宋克志,王梦恕,孙谋. 基于Peck公式的盾构隧道地表沉降的可靠性分析. 北京交通大学学报,2004,28(4).

[4] 张云,殷宗泽,徐永福. 盾构法隧道引起的地表变形分析[J]. 岩石力学与工程报,2002,21(3).

[5] 杨光,田堪良. 土的弹性模量测试方法的研究[J]. 城市道路与防洪,2006(5).

土压平衡盾构机管片拼装平台姿态控制的研究与应用

闻和咏　秦立学　马士涛　党军锋

（北方重工集团有限公司　沈阳　110860）

摘　要：阐述了管片拼装平台对零部件要求，进而在3D环境下进行三维建模，根据模型及工程实际进行拼装平台的液压缸极限位置动态干涉分析。介绍了管片拼装平台机构，绘制了空间机构简图，结合运动副分析整个平台的自由度，提出了为满足工程要求情况下对液压缸自由度的限制。根据液压缸在工作及非工作状态下的自由度要求，设计出在中位锁死，左右位安全运行的液压控制回路。

关键词：关键词：干涉分析；自由度；中位锁死

1　引言

随着城市化进程的快速发展，盾构设备所面临的地质变化也越来越复杂，因此，对盾构设备的精度和可靠性要求也日趋严格。管片拼装机是隧道盾构施工过程中安装衬砌的设备。管片拼装精度是隧道施工精度的重要影响因素，管片的正确安装对整个工程的质量影响巨大。

本文正是基于组合运动规律，对管片拼装机重要部件、机械手式管片抓取及微调拼装台的功能作用进行分析，建立模型进行模拟分析，优化设计，提出在精度控制范围内的管片拼装控制模型。

2　管片拼装机结构

如图1所示，管片拼装机由固定框架、旋转框架、提升单元和抓取平台构成。固定框架为管片拼装机支撑架；旋转框架由液压马达提供动力，可以使管片拼装机在±220°的范围内回转；提升单元动力由液压缸提供，液压缸可以使管片拼装机沿隧道轴线方向移动，抓取待拼装的管片。管片拼装机的抓取平台由4个液压缸控制，可使管片在拼装过程中实现绕 X、Y、Z 轴旋转，对管片的位姿进行微调。

图1　管片拼装机结构

3　管片拼装平台结构及建模

管片拼装平台位于管片拼装机下部，主要功能是对管片姿态进行微调，使之满足衬砌环能精确安装。管片拼装平台要实现绕 X、Y、Z 轴旋转及沿管片半径方向上（即沿 Z 轴方向上）的伸缩。因此，控制拼装机平台至少需要控制绕 X、Y、Z 液压缸，分别为一个液压缸，一个控制沿

作者简介：闻和咏（1975—），男，研究生，高级工程师。从事盾构工程设备及施工管理工作。

秦立学（1979—），男，研究生，工程师。从事盾构设备研发与设计工作。

Z 轴方向上的伸缩液压缸和一个球头铰接。但是管片质量达到 4.5t,单靠球头铰接的力量很难实现在 Z 轴方向上的平衡,根据三点成面原理,在控制绕 X、Y 轴旋转设定 3 个液压缸,一方面实现平衡承重功能,还起到绕 X、Y 轴微调的功能。根据以上分析,如图 2 所示。对拼装机平台的各个零部件逐一建模并装配。

因为整个装配关系比较复杂,涉及零部件的尺寸及约束关系复杂,因此在装配后要对各个液压缸极限位置进行干涉检查,以免在实际工作中出现由于某一液压缸伸出过长造成类似管片与支撑臂及液压缸与支撑臂之间的干涉。如图 3 所示,只列出右侧平衡液压缸在极限位置时拼装管片模拟图。经过反复试验、模拟使各个零部件参数最优化,使各部分既能满足功能要求,又能实现节省材料,结构简洁。

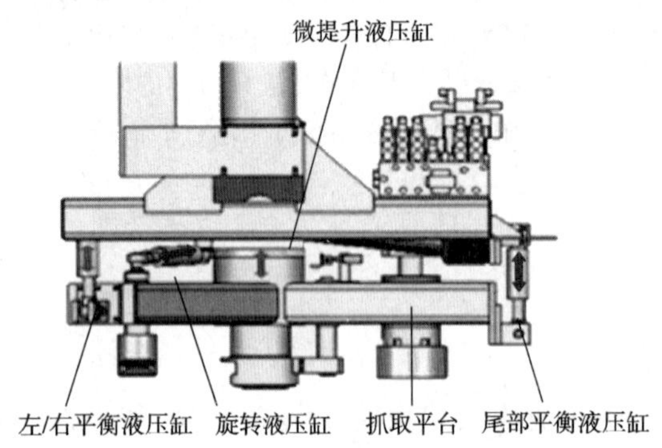

图 2　管片拼装平台模型

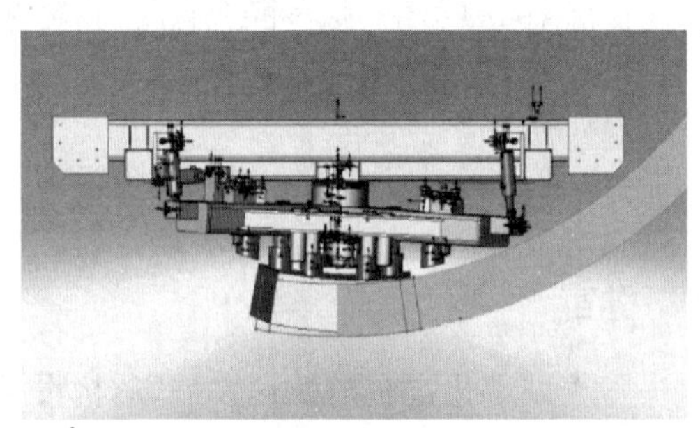
图 3　右侧平衡液压缸在极限位置时模拟图

4　管片拼装机构分析

根据以上建模及干涉检查的初步分析,管拼装平台已经完成,但是这只是一个在满足机械功能要求的基本结构架。为实现整个功能的要求,还需要对平台作机构分析。管片拼装平台共有左平衡液压缸、右平衡液压缸、尾部平衡液压缸、旋转液压缸和抓取液压缸伸缩 5 组动作。首先管片要有微小提升动作,在提升到既定高度后,就要进行翻转微调。只对翻转过程作进一步分析,由于提升微调是整个拼装平台伸缩臂沿径向调节的继续,在这里不做赘述。而左平衡液压缸、右平衡液压缸、尾部平衡液压缸、旋转液压缸作用类似。经过对机构运动副及运动规律拆解分析,得到如图 4 所示的空间运动简图。

根据空间机构自由度计算公式得到该机构的自由度为 4,为自由状态。

$$F = 6n - \sum_{i=1}^{5} ip_i$$

式中:F——机构自由度数目;

n——活动构建数目;

p_i——i 级活动副;

i——i 级活动副数目。

在实际工程施工过程中,要求管片拼装可靠性及安全性能要非常高,特别是在管片抓取固定后,管片必须与拼装平台成为一体,管片要完全被锁死(即自由度为 0),就势必要锁定所有运动液压缸。如图 5 所示,由上述空间机构自由度计算公式得整个机构的自由度为 0。从图中可以看出,整个机构的自由度主要是由液压缸提供,而且两个液压缸如果同时在自由状态,就会造成自由度数大于原动件数,系统不稳定,这是不允许的。在微调过程中,要运行 $x(1 \leqslant x \leqslant 4)$ 个液压缸,原动件数为 x,自由度也为 x。整个机构处于锁定状态。

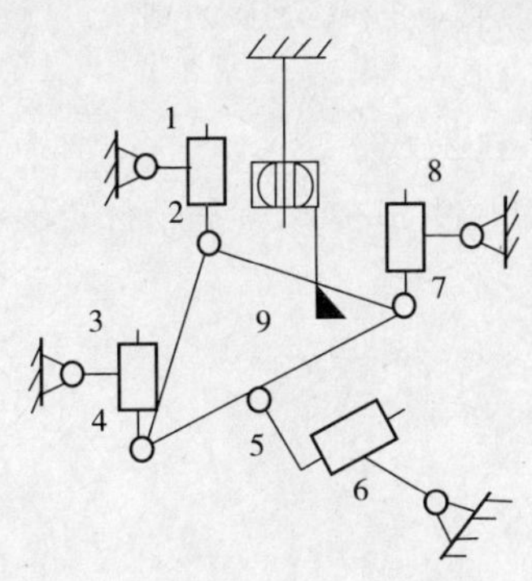

图4　管片拼装平台空间结构简图

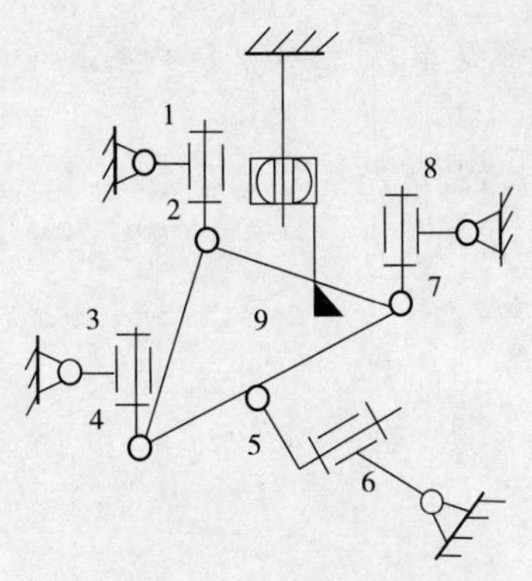

图5　自由度为0的平台空间结构简图

5　拼装平台控制部分设计

由以上对管片拼装平台的机构分析可知，要满足机构自由度要求，所有液压缸在正常状态下要处于锁定状态，而在微调后也要及时锁定其位置，因此在液压设计中对液压缸要有位置锁定功能，由图4可知控制液压缸的功能和作用类似，可做并联设计。本文只以左平衡液压缸为例设计其液压系统，如图6所示。

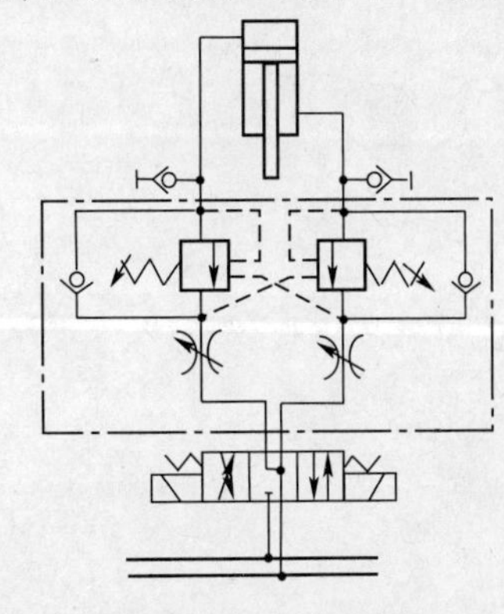

图6　左平衡油缸液压控制回路空间结构简图

虚线内阀组实现了单个液压缸位置锁定功能，即换向阀在中位时，液压缸进出油路关闭，液压缸锁定位置。换向阀在左右位时，液压缸移动，整个机构自由度加1，结构稳定。这四组液压缸的控制逻辑完全一致，都是在满足拼装台安全启动条件前提下，选择了遥控器有效或者控制面板有效，然后再扳动相应的开关来下达伸出或缩回命令，该命令控制对应的电磁换向阀来完成动作。

6　结论

本文以土压平横盾构机管片拼装机的安装平台为研究对象，针对实际管片拼装过程要求和整个管片拼装机的设计架构要求对管片拼装平台进行零部件分析，进而在Solidworks环境下进行三维建模，根据模型及实际需要进行拼装平台的液压缸极限位置动态干涉分析，确定整个结构完整性。

根据模型及实际工作状态，对管片拼装平台进行机构分析，拆分结构，绘制空间机构结构简图，进而结合运动副分析整个平台的自由度，提出了为满足工程要求情况下对液压缸自由度的限制。

根据液压缸在工作及非工作状态下的自由度要求，设计出在中位锁死，左右位动作的液压缸回路，进而根据控制要求进行逻辑设计，为PLC程序编制提供依据。

参考文献

[1] 周振国，郭磊，郭卫社．盾构施工姿态控制和管片选型[J].西部探矿工程，2002(05).

[2] 蒋洪胜，侯学渊．盾构法隧道管片接头转动刚度的理论研究[J].岩石力学与工程学报，2004(09).

[3] 朱合华,崔茂玉,杨金松. 盾构衬砌管片的设计模型与荷载分布的研究[J]. 岩土工程学报, 2000(02) .

[4] 叶康慨. 盾构隧道管片位移分析[J]. 隧道建设, 2003(05) .

[5] 李含春. 盾构管片拼装试验平台控制系统研究[D]. 中国优秀硕士学位论文全文数据库, 2008(05)

小间距、长距离上下重叠隧道施工浅析

付仁鹏

（中铁十四局集团隧道工程有限公司　济南　250002）

摘　要：通过北京地铁八号线二期十标什刹海站—南锣鼓巷站—中国美术馆站盾构区间采用土压平衡盾构机成功完成长距离连续下穿古旧平瓦房施工，对小间距、长距离的上下重叠隧道连续下穿平瓦房施工经验进行总结，希望可为今后类似工程的施工管理提供经验借鉴。

关键词：盾构法；上下重叠；小间距；长距离；古旧平瓦房

1　引言

随着城市地铁建设不断完善，为节约换乘地铁需要的时间及减小施工对周边环境的影响，上下重叠隧道越来越多地用于城市地铁施工，如深圳地铁一期老街—大剧院区间[1–3]、广州地铁5号线沙—凤区间[4]、上海明珠线近距离交叠隧道[5]等。国内对重叠隧道方面的经验主要在集中在矿山法方面，而近年来对盾构法重叠隧道方面的经验也主要集中在力学数值模拟方面[6–8]，采用盾构法进行重叠隧道施工的经验较为有限。目前有深圳地铁3号线红—老—晒区间[9]、北京地铁6号线南—东区间采用盾构法进行重叠隧道的施工。本文以北京地铁八号线二期十标上下重叠隧道采用盾构机顺利下穿平瓦房区施工为例，介绍小间距、长距离重叠隧道采用盾构法施工下穿平瓦房区相关措施。

2　工程概况

2.1　区间叠落概况

地铁8号线南锣鼓巷站为上下垂直重叠车站，可以实现与6号线同台换乘的要求，什刹海站—南锣鼓巷站—中国美术馆站区间重叠段共长666m，两条隧道左线在上右线在下，区间隧道采用加泥式土压平衡盾构机施工，刀盘采用半弧拱型复合式刀盘，刀盘开口率为61%。上下重叠隧道竖向净距为1.95～2.71m，均采用盾构法施工。穿越古旧平瓦房区房屋175栋，占重叠隧道长度的90%以上，下穿房屋多为无基础的老式四合院，沉降控制要求极为严格，其中C类房屋沉降控制指标为4～6mm。区间重叠隧道如图1所示。

2.2　区间地质水文概况

区间左线主要穿越地层为卵石圆砾⑤$_9$、粉质黏土⑥、粉土⑥$_2$、中砂细砂⑧$_4$、卵石⑧$_9$；区间右线主要穿越地层为中砂细砂⑧$_4$、卵石⑧$_9$、粉质黏土⑥。叠落段之间土体主要为粉质黏土⑥、黏土⑥$_1$和粉土⑥$_2$。

3　重难点分析

（1）左右线隧道上下重叠间距小，仅为1.95m；距离长，过渡段和完全重叠段达666m；线路

作者简介：付仁鹏（1981—），男，本科，地铁施工管理。主要从事地铁施工管理方面的研究。E－mail：lotusking@vip.qq.com.

曲线半径小，转弯半径为300m，盾构施工姿态控制困难。

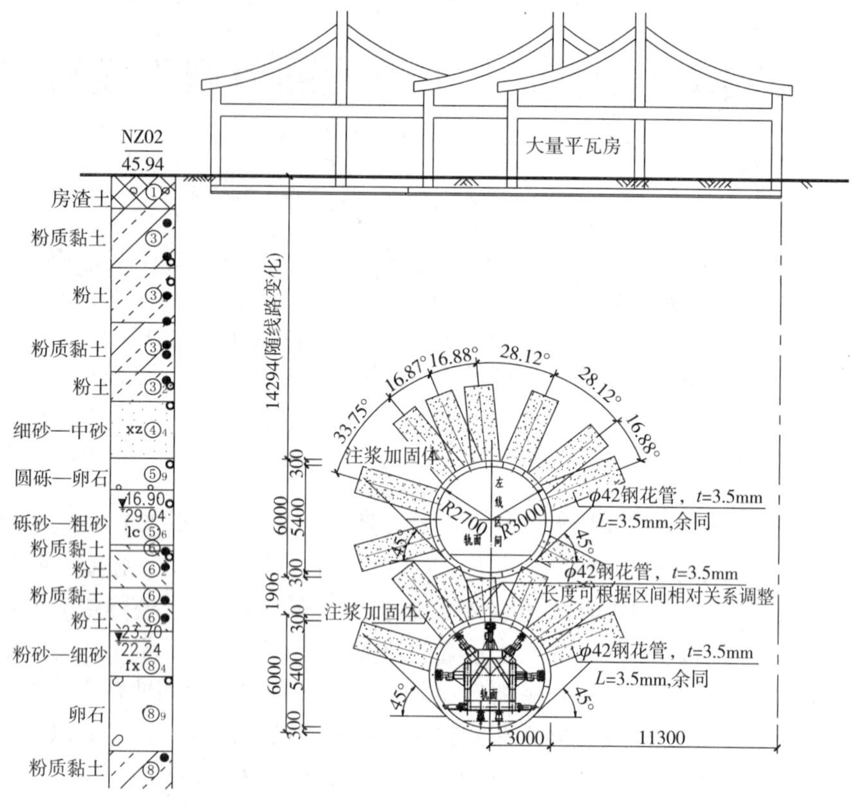

图1　重叠隧道横断面图(尺寸单位:mm)

(2)区间重叠隧道的盾构机接收/到达均在同一个竖井内进行，需在下线隧道施工期间对上线隧道盾构始发底板进行加固，如图2所示。

(3)线路穿越地层为软弱地层，覆土浅，地面为老城区四合院建筑，盾构下穿古旧平瓦房598m，占重叠隧道长度的90%，其中增格林沁祠为文物保护建筑，房屋等地面建筑整体情况较差且地面无加固条件，盾构掘进的沉降控制要求异常严格。

(4)重叠段施工中，后行隧道施工时会对地层产生二次扰动，造成沉降二次叠加，并可能对先行隧道造成损坏。因此，施工时如何减小后行隧道对地层的扰动及对先行隧道的影响是本工程的重难点。

4　盾构下穿平房的管理措施

(1)积极主动与东西城区政府、街道办、区建委、区房屋土地经营中心等相关单位配合，争取必要地支持，建立联动机制。委托有资质的单位对影响范围内的房屋进行评估，建立档案。对可能造成的房屋沉降进行分析，将承受不了盾构施工影响的部分房屋居民进行必要的提前周转安置。

(2)成立盾构下穿平房区保障工作机构，制定工作方案，明确工作程序和工作要求。

(3)依靠盾构施工管理专家，成立盾构咨询专家组，全过程参与并解决下穿施工中的相关技术问题。

(4)增加监测布点并实施监测预控，加强监控量测，做到“勤量测、速反馈”，建立监测信息响应制度，分析变形对房屋的影响程度，及时优化调整盾构掘进参数。当监测数据出现异常或预警时,及时召开专家技术分析会,找出原因,确定处置措施,确保沉降可控。

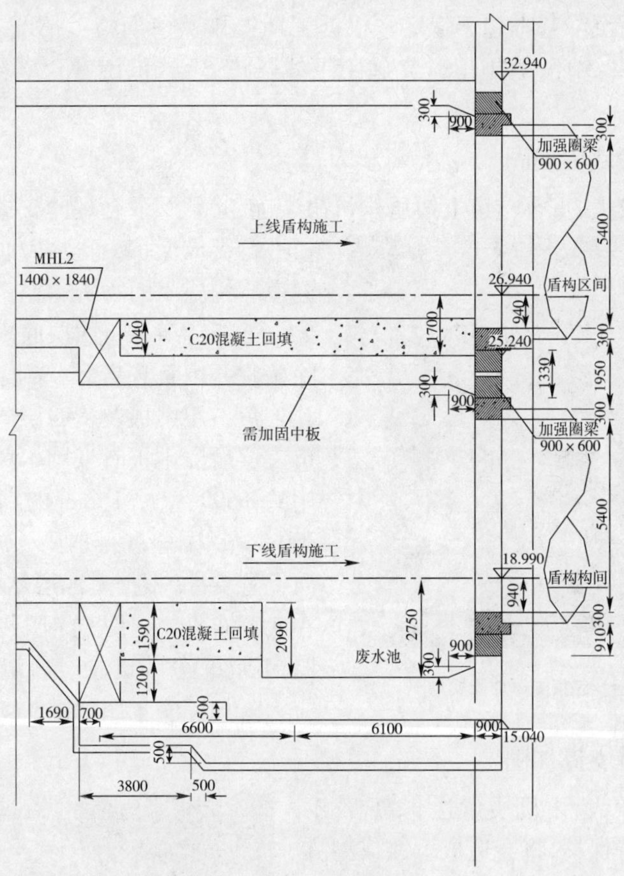

图2　车站上下重叠始发井结构图(尺寸单位:mm)

(5)制定重叠隧道下穿平瓦房区专项应急预案,成立现场协调工作组、应急抢险组,下穿前对部分危旧房屋进行修缮及居民过渡安置,维护稳定,保证和谐的施工环境。

(6)加强盾构设备的维修保养工作,把维修保养穿插在盾构施工间歇,不得占用正常掘进时间,增加备件库存,保证盾构施工的平稳连续作业。

5　施工控制技术

5.1　合理工筹安排

因盾构施工下线隧道下穿上线隧道影响因素较多,受力极为复杂,易对已建成上线隧道产生不可控影响。为了有效控制盾构掘进的沉降二次叠加影响,尽量减少盾构掘进过程中对先建隧道结构的影响,采用“先下后上”的施工顺序,后建隧道的施工对地表沉降和先建隧道的二次扰动更小,同时对下洞设置临时内支撑系统以降低对既有结构的影响,在下洞对夹层土进行注浆加固以减少地表沉降,下洞盾构必须超前 132m[7—8]。

根据管片拼装脱出盾尾后其外部土压力变化过程:当管片拼装成环后外部压力变化不大;当管片进入盾尾注浆区时,压力迅速增大至最高值;注浆开始到浆液初凝土压力基本处于高峰值;浆液初凝到浆液终凝,土压力逐步降低;浆液终凝后,土压力开始缓慢上升并逐步趋于稳定[10]。本区间隧道上覆土层由上至下依次为房渣土①、粉质黏土填土$①_2$、粉土填土$①_3$、粉质黏土③、黏土③$_1$、粉土③$_2$、细砂粉砂③$_3$、中砂细砂④$_4$、卵石圆砾⑤$_9$，根据区间地表沉降监测效果，管片拼装10天后沉降基本趋于稳定。根据工期安排及前期施工情况，上下重叠隧道盾构施工日进度不超过12.5环，故施工时先施工下线隧道，上线隧道在下线隧道施工完成150m后再进行施工。

5.2 上线隧道始发底板加固

因盾构机自重较大，重叠隧道上线盾构机吊装前，必须采取合理的支撑加固措施对后浇底板进行支撑保护，且支撑加固后不得影响下线隧道盾构施工的物资运输。

图3　上线隧道始发底板支撑加固实景图

下线隧道在负四层底板完成盾构始发后拆除始发井内负环管片，架设支撑浇筑盾构吊装孔处负三层中板及负四层盾构后浇环梁。施工负三层后浇中板时采用本场地内基坑施工时常用的ϕ609，壁厚16mm的钢管支撑及400mm×800mm钢围檩进行加固。施工时架设20根竖向钢管支撑，根据负四层结构内空间行车要求，在底部布设4道纵向钢围檩，顶板布设5道横向钢围檩，分散负三层后浇中板及负四层底板应力。加固实景图如图3所示。

5.3 下线隧道临时支撑加固

因盾构机自重较大，主机质量达325t，若不对下线成型隧道进行保护，将会造成下线成型隧道椭变，为确保下线成型隧道结构安全，需采用特制支撑台车对下线隧道进行临时支撑加固，台车采用液压缸作车组顶推、橡胶轮作隧道支点，能够满足300m曲线段施工要求，纵向刚性连接要求，保证每环管片均有支点柔性支撑，支撑台车长29.3m，计60个液压缸，支撑台车超前上线盾构机一定距离（在盾构机所处位置对应的下洞前后各10环管片范围内设置），防止下洞变形过大。支撑台车加固实景图如图4所示。

图4　隧道支撑台车加固实景图

5.4 下穿平瓦房施工参数设定

盾构施工参数应根据现场监测情况及时进行调整。由于地质条件、地面附加荷载等诸多不同因素的制约，导致平衡压力值的波动，为此，需及时分析沉降报表，并对各项参数进行调整。

（1）根据盾构机机型、地表建（构）筑物及施工穿越地质情况，进行地质组段划分，初步确定各地质组段的盾构机掘进参数，并进行掘进试验，对盾构施工参数的匹配性、掘进各阶段引起地层变形的发展规律进行分析，针对性调整、优化盾构掘进参数。

（2）出渣控制：理论出土量（根据经验，虚方系数取1.15）42.73m^3/环。实际出土量控制在理论出土量的98%~100%。掘进施工分3个阶段进行，第一、二阶段掘进不超过463cm，出渣控制 16.5m^3，第三阶段 274cm，出渣控制约 10m^3。

（3）同步注浆配比为水泥∶粉煤灰∶膨润土∶砂∶水 =245∶370∶50∶700∶400，砂浆凝结时间在 6h 以内、结石率在 97% 以上；每环注浆量不少于 6m^3，注浆压力比土压力高 1 ~2bar；注浆速度应与掘进速度相匹配。

（4）采用优质泡沫及高性能膨润土（富水地层中适量添加高分子聚合物）提高渣土改良效果，严格控制刀盘转速、掘进速度和出渣量，保证盾构机仓内土压，控制盾构机到达前引起的变形。

（5）施工中利用盾体周围预留的探测孔，向盾壳外侧加注优质膨润土浆液，填充开挖直径与盾体及盾尾之间的空隙，同时减少盾壳与土体之间的摩阻力，减少盾体通过过程中的地层变形和土体扰动。

（6）采用优质油脂密封盾尾，通过提高注脂压力加大盾尾油脂注浆量，有效保护盾尾刷。

（7）及时进行二次注浆：浆液采用水泥—水玻璃浆液，浆液扩散半径 0.7m，初凝时间 1.5min。二次注浆在管片脱出盾尾 5 ~8 环后进行。注浆点位为 12 点、3 点、9 点。二次注浆频率为隔环开孔、每环均注，注浆压力宜控制在 0.35 ~0.45MPa。

（8）渣土改良：为降低刀盘对周边土体的扰动，选用优质膨润土、泡沫对土仓内渣土进行改良。

5.5 钢花管注浆加固

盾构施工时会对周围土体造成一定的扰动，为保证上洞施工时夹层土体的强度，减小隧道重叠施工对地面古旧平瓦房的后期沉降，在下线隧道管片邻接块、上线隧道全环增加预留注浆孔，根据地面沉降情况采用钢花管对隧道夹层土体及上线隧道拱部土体注浆加固。

6 施工沉降情况

（1）采用盾构法施工的上下重叠隧道沉降槽与 Peak 公式计算结果相符，盾构影响范围：径向方向为距隧道中线 25m 左右，25m 之外沉降量小于 1mm，基本可以忽略，轴线方向影响范围为刀盘前方 10m 左右，盾尾穿越后 30m 左右。

（2）因地层受盾构施工二次影响，重叠隧道后行隧道沉降量比先行隧道沉降量偏大，先行隧道沉降量约为总沉降量的 30%，后行隧道沉降量为总沉降量的 70%。

7 结论

目前已经采用土压平衡盾构机顺利完成了上下重叠段隧道下穿平瓦房区施工，地面古旧平瓦房沉降控制良好，房屋结构安全。根据北京地铁 8 号线重叠隧道长距离、小半径成功穿越大面积古旧平瓦房施工实例，重叠盾构施工在无地面加固措施的情况下穿越平瓦房区是可行的，通过采取先下后上、下线隧道洞内临时支撑加固、土体注浆加固等措施及精细化管理完全可以满足下线成型隧道的安全及地表古旧平瓦房对于沉降的要求。但由于重叠隧道相互作用极为复杂，完全了解重叠隧道双线间的相互影响仍需进一步进行研究。

参考文献

[1] 吴健强. 地铁单洞双层重叠隧道合理施工方法研究[J]. 铁道建筑技术，2009(5)：48-49.

[2] 扈森，李德才，刘建国，等. 地铁重叠隧道设计与施工关键技术[M]. 成都：中铁二院工程集

团有限公司,2007.
[3] 张文强.重叠隧道施工对桩基托换区的沉降影响分析[J].隧道建设,2006 26(1):56-58.
[4] 曾爱军.广州地铁沙—凤重叠隧道设计与施工技术[J].科技资讯,2008(4):41-42.
[5] 孙钧,刘洪洲.交叠隧道盾构法施工土体变形的三维数值模拟[J].同济大学学报,2002,30(4):379-386.
[6] 仇文革.地下工程近接施工力学原理与对策研究[D].成都:西南交通大学土木工程学院,2003.
[7] 石山.上下重叠盾构隧道管片内力数值计算分析[J].铁道标准设计,2009(9):19-22.
[8] 郭晨.近距离重叠盾构隧道施工影响的数值模拟[D].西南交通大学,2009.
[9] 方东明,李平安.小间距长距离上下重叠盾构隧道施工关键技术[J].隧道建设,2010,30(3):309-312.
[10] 张厚美.盾构隧道的理论研究与施工实践[M].北京;中国建筑工业出版社,2010:232-237.

盾构机冬季下穿平瓦房区分体始发施工技术

王　刚

（中铁十四局集团北京地铁八号线二期十标项目部　济南　250002）

摘　要：在城市地铁隧道建设中，因受施工场地限制，在采用盾构法进行地铁隧道施工时，需采用分体式始发方式，此处以北京地铁八号线二期十标鼓楼大街站—什刹海站盾构区间左线分体始发为例，介绍在平瓦房区进行分体式始发施工控制要点，希望为类似工程提供借鉴。

关键词：盾构机；冬季；平瓦房区；分体始发；施工技术

1　引言

由于用于地铁施工的土压平衡盾构机总机长度在60m以上，整机始发需占用较大的施工场地及建造足够的地下始发空间，为减少采用盾构法进行地铁施工对周边居民生活环境的影响、提高施工进度、节约施工成本，盾构机分体式始发越来越多地用于城市地铁施工，如广州市轨道交通三号线天—华盾构区间[1]、广州市奥林电缆隧道南段的盾构始发小始发井始发[2]、广州市轨道交通6号线盾构三标段小半径始发[3]等，采用盾构分体始发施工，主要介绍盾构分体始发控制措施，实施过程中遇到的问题和解决方法[4]。但是，由于分体始发所遇到的情况较为复杂，目前国内分体式始发多种多样，还需更多的工程施工进行研究、试验。北京地铁八号线二期十标鼓—什区间左线盾构始发时正处于严冬季节，最低气温达到零下20°左右，且盾构始发掘进21m便进入平瓦房区施工，没有掘进参数试验条件，使始发期间的施工控制难度成倍增加，国内类似条件下施工的情况极为少见。以北京地铁八号线二期十标鼓楼大街站—什刹海站区间采用土压平衡盾构机在平瓦房区成功完成分体始发施工为例，介绍冬季在平瓦房区采用盾构分体始发的相关施工措施（见图1）。

图1　始发线路平面图

2　施工概况

鼓楼大街站—什刹海站区间采用盾构法施工，盾构机全长72.927m，由北向南进行施工，盾构机始发后需连续下穿平瓦房区，洞门距离古旧平瓦区仅21m距离，如图2所示。左线盾构始发井长度为44.2m，吊装孔结构尺寸为

作者简介：王刚（1982—），男，本科，地铁施工管理。主要从事地铁施工管理方面的研究。E－mail：157919946@qq.com

11.50m×7.50m,出渣孔7.0m×5.0m,与吊装孔净距为9.8m,如图2所示。区间采用ϕ6.28m的复合式土压平衡盾构机施工。受施工场地限制,盾构机采用分体始发。根据施工工期安排,盾构机始发时间为11月20日,处于寒冬季节。

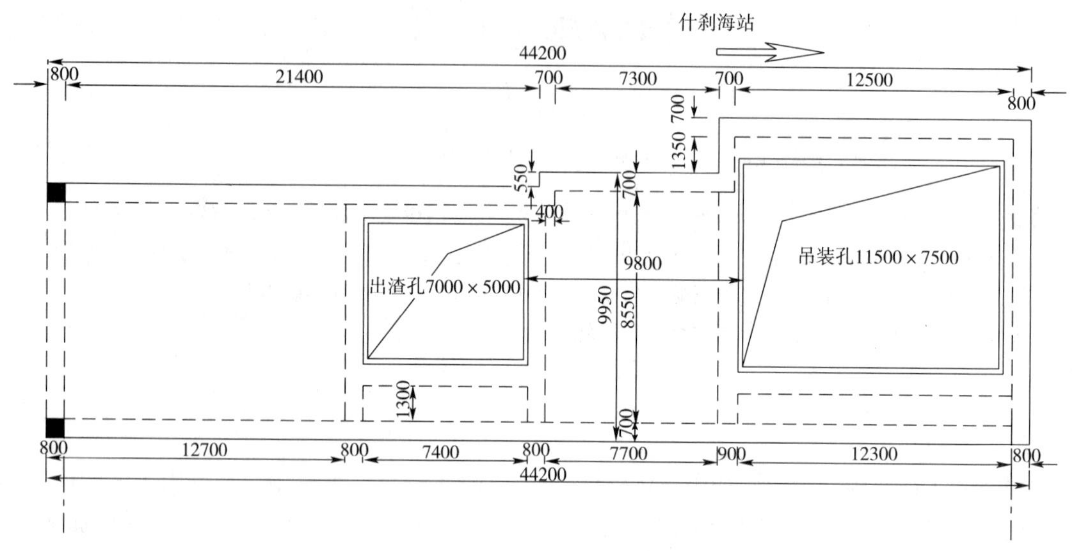

图2　盾构始发井平面图(尺寸单位:mm)

始发期间穿越的房屋多为无基础的老式四合院,结构主要以砖木、砖混为主,房屋等地面建筑整体情况较差,为一级风险源。盾构施工沉降要求不大于15mm,其中C类房屋沉降要求控制在4~6mm。分体始发施工期间应正确选择盾构掘进参数,减小房屋沉降,确保平瓦房区房屋、居民安全。

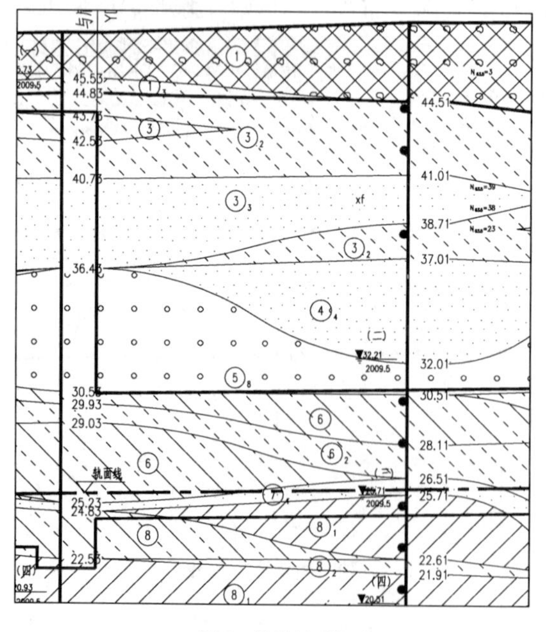

图3　始发地质概况

3　地质水文概况

始发段隧道覆土厚度为15.8m,主要穿越⑥层粉质黏土、⑥$_1$层黏土、⑥$_2$层粉土、⑦$_4$层中细砂、⑧层粉质黏土。始发段拱顶地层主要为⑤$_8$层卵石圆砾、⑥层粉质黏土、⑥$_1$层黏土、⑥$_2$层粉土,始发段地质剖面图如图3所示。

在隧道始发施工范围内主要有3层地下水:第一层为上层滞水,含水层为房渣土①层、粉质黏土③层、粉土③$_2$层、粉细砂③层,静止水位埋深2.00~9.30m,该层水位埋深位于隧道顶板以上最小距离约9.7m。第二层为层间滞留水,静止水位埋深15.40~17.00m,主要含水层为粉细砂④$_4$、粉土⑥$_2$、卵石、圆砾⑤$_8$。因粉质黏土⑥层、黏土⑥$_1$层相对隔水形成,该层水不连续,水位埋深位于隧道顶板附近。第三层为层间滞留水,静止水位埋深21.00~24.60m,主要含水层为粉细砂⑦$_4$层和卵石⑧$_9$层,主要因粉质黏土

⑧层、黏土⑧$_1$层相对隔水形成,该层水不连续。

4 盾构机设备性能参数

结合本工程隧道穿越地层特点,通过多次论证,确定下穿平瓦房采用小松加泥式土压平衡盾构机进行区间隧道施工。刀盘采用半弧拱型复合式刀盘,刀盘直径为6.28m,刀盘开口率为61%,设有一把液压缸驱动仿形超挖刀。盾构机剖面图如图4所示。

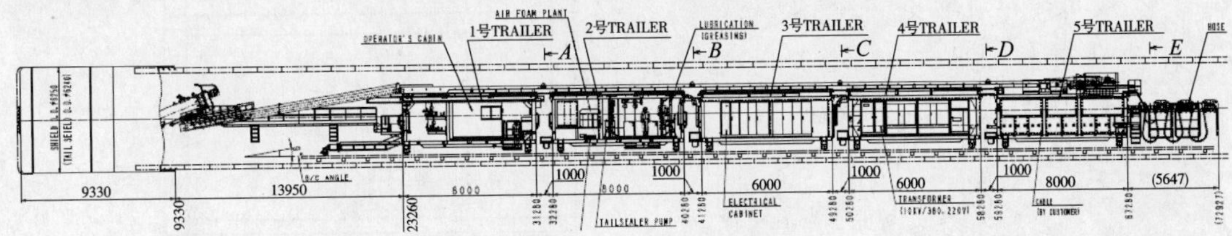

图4 盾构机整机剖面图(尺寸单位:mm)

5 始发方案比选

因盾构机主机中心刀至皮带机尾端长度为23.28m,大于始发洞门至出渣口距离22.7m,故有下面两种方案可供选择。

5.1 方案一

采用电瓶车头+1节管片车+1个小渣斗进行洞内物资运输,始发掘进期间依次将后配套台车下放至隧道内。主机及皮带机下井后,1~5号后配套台车根据场地条件依次放在始发井旁边地面上,负环管片采用半环拼装,垂直运输及材料机具通过出渣口及吊装孔吊运。掘进时先采用小渣斗出渣,待盾构掘进5环后采用18方大渣斗进行出渣,以提高效率;待掘进至15环后,1号后配套台车下井,每掘进10环后下井一节后配套台车,直到5号拖车下井完毕,完成本次分体始发。此方案虽可实现,但连接延长管线及每节拖车下井增加很大工作量、耽误时间较多,对盾构正常掘进造成影响,且会导致经常性的在平瓦房区下方停机,对控制地表沉降造成较大影响,难以保证古旧平瓦房的安全。

5.2 方案二

采用特制始发小台车,配备短皮带机,采用1节管片车+1个大渣斗进行洞内物资运输,待掘进至65环完成始发,拆除负环管片后,将后配套台车下放至隧道内进行整体始发。主机下井后,1~5号拖车根据场地条件依次放在井上,负环管片采用整环拼装。本区间采用的皮带机为分段式,在双梁位置缩短,然后将皮带机的液力耦合器安放在始发小台车,可以给大土斗操作提供有效空间,将出土效率提高到小土斗出渣的3倍以上。待盾构掘进足够距离后依次将电瓶车编组完善,直至一次水平运输可满足掘进一环的需求。始发完成后,将1~5号后配套台车下放至隧道与主机进行连接,实现正常掘进。

综合考虑以上两种方案,第二种方案最适合本工程条件下的分体始发,既能实现连续掘进,也可提高出渣的效率。

6 分体始发施工措施

6.1 分体始发综述

将盾构机主机和特制始发施工小台车吊放至盾构始发井内,将盾构机双轨梁及新购的短皮带机安放在始发小台车上方(自制始发小台车如图5所示),以达到大土斗出渣的目的。后配套1~5号台车在地面进行组装调试,将主机和在地面上的1号后配套台车通过盾构机厂家配送的130m延长管线连接,从出渣口出土和下管片及其他物料的垂直运输见图6。

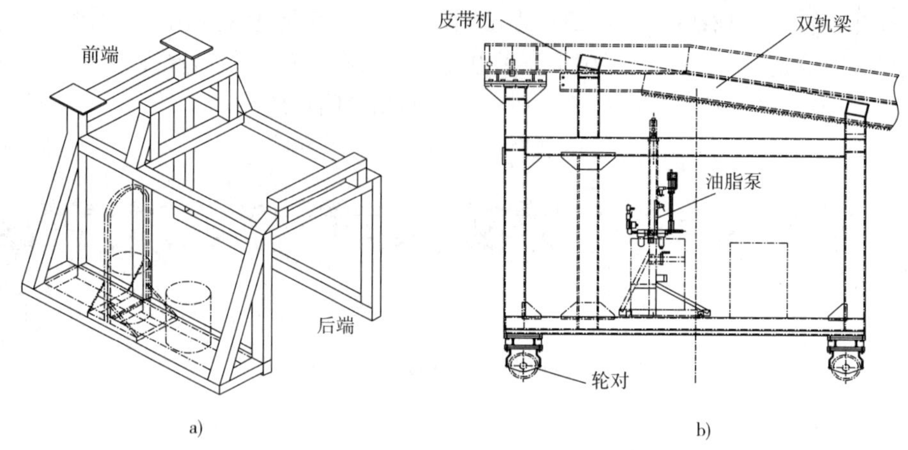

图5 特制始发小台车图

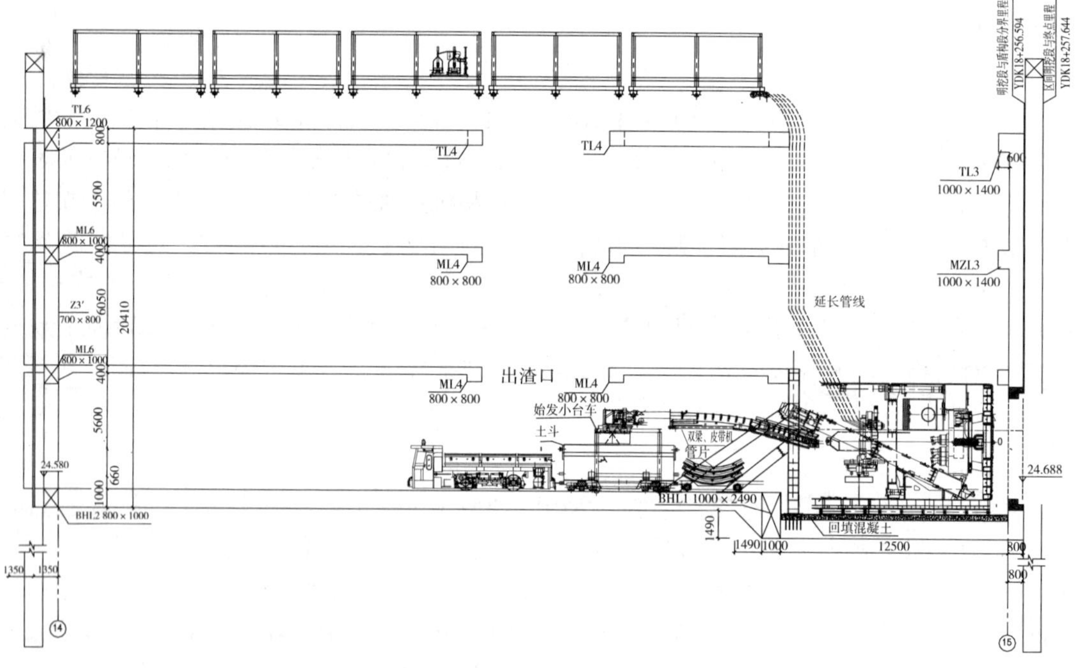

图6 盾构机分体始发剖面图

地面配置一台45t起重机用于竖直运输,井下配置一台电瓶车编组完成出渣及管片运输工作,在分体始发初始阶段,电瓶车编组采用一节车头牵引一节渣土车加一节管片车,共长18.7m。

6.2 延长管线跟进

将盾构机10根主驱电机电缆和3根控制线为一组,水气管、泥浆泡沫管为一组,液压管为一组,分段捆扎,每1m捆扎1段,在成型隧道管片的适当高度装滚轮,把延长管线挂在滚轮上面,利用盾构机拉力带动滚轮同步跟进。将延长管线与管片之间的滑动摩擦转化为滚轮与轨道之间的滚动摩擦，避免了对管线的摩擦；滚动摩擦力相比滑动摩擦力较小，又减轻了管路接头所受的拉力。节省了大量人工及施工耗时，提高工效。在推进过程中，施工人员应全程观察，避免接头拉开或出现管线挤压现象，延长管线悬挂如图7所示。

图7　延长管线挂设

6.3　防冻措施

(1)地面附属设备的正常运转

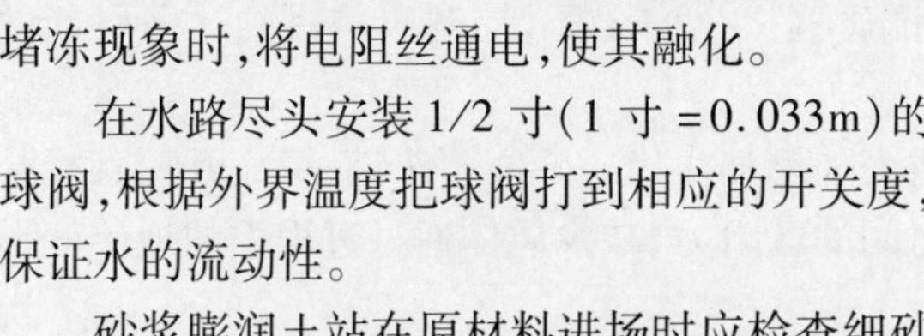

地面管路全部采用分段式法兰连接，外侧缠绕相应功率的电阻丝，在外侧包保温棉，出现堵冻现象时，将电阻丝通电，使其融化。

在水路尽头安装1/2寸(1寸=0.033m)的球阀，根据外界温度把球阀打到相应的开关度，保证水的流动性。

砂浆膨润土站在原材料进场时应检查细砂的含水率，严防含水率超标，避免细砂冷冻结块的现象发生。搅拌砂浆时，在搅拌罐内搅拌好最后$1m^3$砂浆时，每隔10～20min往中转罐打一次浆，避免砂浆长时间不流动出现堵管。在膨润土发酵罐外侧下端安装1圈小球阀与内部连通，间距1m，连接空压机，使发酵罐内的膨润土处于搅拌状态，同时每隔10～20min往台车泥浆罐点动输送。

(2)盾构机后配套台车的防冻处理

盾构机台车外围利用角钢和薄铁皮搭设封闭的简易棚，在简易棚外面覆盖篷布，避免了因液压泵站和空压机电机噪声大对周边居民区的影响。在简易棚内部安装3个温控调节的20kW电暖风，重点对水箱、泥浆罐和砂浆罐进行保温。在不推进时，间歇性无负载启动液压泵使液压油循环流动。

(3)延长管线的防冻处理

水管和泥浆泡沫管外包扎保温棉。

把主驱电机循环水泵设置为常开状态，使管路内的水一直流动。不推进时，泥浆泡沫系统每隔10～20min点动注入，保证其流动性。

推进时砂浆压力控制在0.25MPa左右，在拼装时砂浆点动注入，同时观察砂浆注入压力，尽量不要超过0.3MPa。砂浆管采用分段式软管连接，偏于拆装，在出现堵管情况时，可根据现场实际情况局部拆换清理，而不影响正常施工。

7　始发掘进参数控制

始发段分为3个区段，分别为0～6m(加固区)、6～21m(地表为道路)、21～80m(地表为古旧平房)。始发掘进期间盾构施工经验如下：

①根据盾构机机型、地表建(构)筑物及施工穿越地质情况，进行地质组段划分，初步确定各地质组段的盾构机掘进参数，并通过6～21m道路进行掘进试验，优化注浆配比，对盾构施工参数的匹配性、掘进各阶段引起地层变形的发展规律进行分析，针对性调整、优化盾构掘进参数。

土压力采用朗肯土压力公式进行计算，取主动土压力与静止土压力平均值作为土压力控制值，拟定土压力0.8～1.1bar；推进速度与地质情况、土压力、推力、刀盘转速、锥入度等因素有关，推进速度控制在15～25mm/min；刀盘扭矩与地质情况、推力、刀盘转速、渣土改良等情况有关，扭矩控制在 2000 ~ 3000 kN · m；推力与地质情况、推进速度等有关，推力控制在 12000 ~ 18000kN。

②根据刀盘直径及地层松散系数，拟定每环出土量控制在设计出土量的 98% ~ 100%，出土速度与推进速度相匹配。

③通过多组同步注浆配比试验及实际使用情况，选取最优配比。同步注浆配比质量比为水泥∶粉煤灰∶膨润土∶砂∶水 = 245∶370∶50∶700∶400，砂浆凝结时间在 6h 以内、结石率在 97% 以上；每环同步注浆量控制在理论注浆量的 2 倍以上，注浆压力比土压力高约 1bar。

④采用优质泡沫及高性能膨润土（富水地层中适量添加高分子聚合物）提高渣土改良效果，严格控制刀盘转速、掘进速度和出渣量，保证盾构机仓内土压，控制盾构机到达前引起的变形。

⑤施工中利用盾体周围预留的探测孔，向盾壳外侧加注优质膨润土浆液，填充开挖直径与盾体及盾尾之间的空隙，同时减少盾壳与土体之间的摩阻力，减少盾体通过过程中的地层变形和土体扰动。

⑥采用优质油脂密封盾尾，通过提高注脂压力加大盾尾油脂注浆量，有效保护盾尾刷。

⑦在管片拖出盾尾 5 ~ 8 环时及时进行二次注浆，浆液为水泥—水玻璃双液浆，采用"隔环开孔，每环必注"的原则进行，配合地面监测，保证注浆效果。

⑧采用钢花管进行地层深孔补偿注浆，在平瓦房区下方隧道每环盾构管片预留 2 ~ 3 个深孔（注浆孔），通过对地层的深孔补偿注浆，加快地层变形收敛时间，减少盾构通过后地层的变形。

8 结论

本区间盾构施工在无盾构施工参数试验段的情况下，通过精细化施工管理顺利完成了冬季分体始发，并有效控制地表沉降，房屋最大沉降量不大于 15mm，确保了古旧平瓦房区房屋、居民的安全。采用自制分体始发小台车架设短皮带机及盾构机双轨梁，实现了短小始发空间内的大渣斗出渣的列车编组，提高了始发期间盾构掘进施工效率，使盾构机"连续、平稳"进行掘进。创造了良好的经济和社会效益，为以后类似条件的盾构机分体始发施工提供了参考，为城市隧道施工提供了新的经验。

参 考 文 献

[1] 刘海锋，古力. 盾构机分体式始发技术[J]. 广州建筑，2004，3：39-41.

[2] 刘学龙. 小直径泥水盾构分体始发技术[J]. 建筑机械化，2013，5：84-86.

[3] 邵翔宇，刘兵科，马云新. 小半径曲线隧道内盾构分体始发技术研究[J]. 市政技术，2008，6：487-491.

[4] 贺飞. 盾构分体始发技术总结[J]. 山东交通科技，2013，3：21-24.

盾构机过暗挖隧道技术

阿栎德

（中铁一局集团有限公司　西安　710054）

摘　要：结合北京地铁八号线01标盾构施工实例，从盾构机接收进入车站，在车站内平移，盾构机整体抬升、平移等几个方面，提出盾构机过暗挖隧道控制的关键技术。

关键词：盾构；站内平移；整体抬升；接收

1　工程概况

盾构机在清—永区间右线掘进，刀盘里程到达盾构与暗挖分界线里程 YDK5 + 569.600 时出洞，自此里程开始至 YDK5 + 803.752 为暗挖隧道，全长 234.152m。在盾构出洞之后，首先是长 12m 的扩大端段，盾构机在此处进行接收，暗挖标准段长约 222m。盾构出洞时与扩大端段断面位置示意图如图 1 所示。

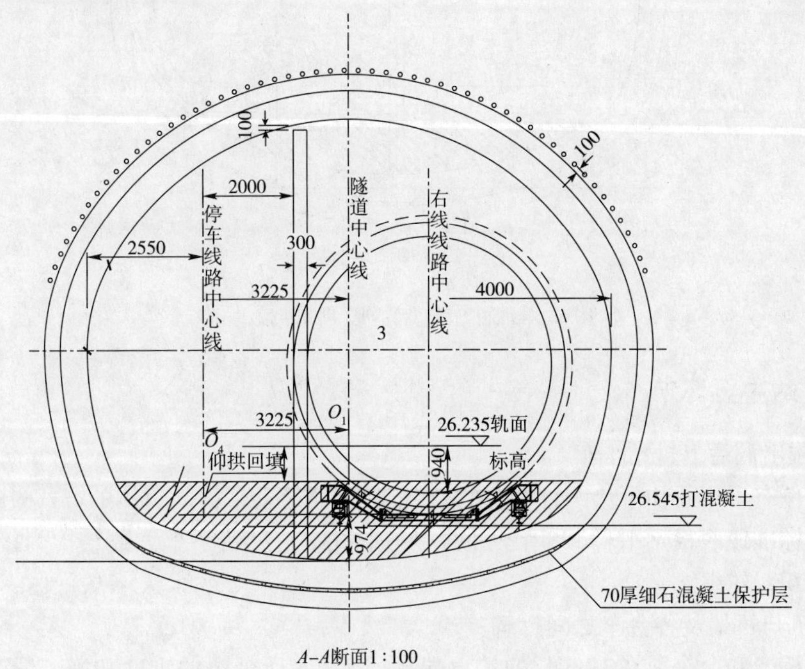

图 1　扩大端端头断面情况（尺寸单位：mm）

盾构接收完了之后，因隧道中心线与暗挖标准段中心线不在同一直线上，盾构出洞进入扩大端之后，若再直接向前移动，刀盘会与标准暗挖段的二衬结构有重叠之处，且考虑到再之后的盾构过站过程中盾体两边都留有充分的工作空间，所以需要盾构机平移至主机轴线与暗挖隧道轴线重合后再拖动盾构。盾构出洞时与标准暗挖段的断面位置示意图如图 2 所示。

作者简介：阿栎德（1983—），男，本科，项目副经理。主要从事地铁盾构的施工管理研究。E - mail：alidemai@ 126. com

本次过站的盾构机为北方重工产的维尔特土压平衡盾构机，盾构机设备总质量约为350t，总长度为80m，分盾构机主机和后配套设备两大部分，后配套设备分别安装在7节后续台车上，两部分由桥架连接。盾构机主体由前盾、中盾、盾尾、刀盘4部分组成，盾体直径为6280mm，刀盘直径为6280mm，总质量为360t，总长度为9.6m。后配套台车和桥架总长度为71m，总质量约为77.8 t，台车宽度为5.2m（包括走道板），最高处高4.63m，台车轨距为2.2m[1]。

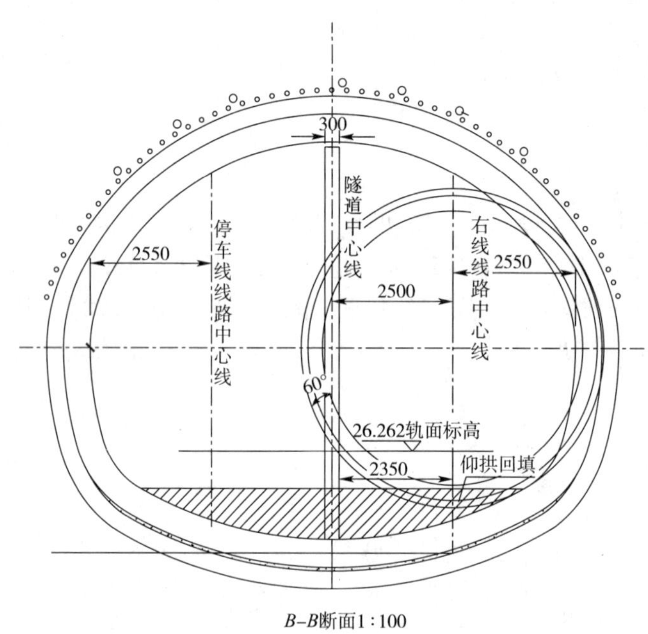

图2 标准暗挖段断面情况（尺寸单位：mm）

2 盾构过站主要环节

（1）盾构出洞后上过站小车

行业中也有采用盾体下垫圆，利用圆钢在钢板上的滚动来移动盾体的方式过站，在本次过站中考虑到标准段底板不平整，采用了过站小车来过站。过站小车大致结构为接收架左右两侧各安装了6对轮组。

（2）主机与桥架及各台车之间拆解

考虑到桥架和台车要在12m长的扩大端平移2.5m所带来的难度和施工量，本次过站采取桥架和台车从隧道内退出。

（3）盾体平移

盾体向左平移2.5m后，盾体中心线与标准暗挖段轴线重合。

（4）盾构抬升

因标准段底板标高比扩大端底板标高高，所以需盾构抬升一定高度才能向前拖动，抬升高度为360mm。

（5）拖动盾体过站

拖动盾体为电瓶车配滑轮组来拉动过站小车，把小车拉到进口后拆机吊出。

3 实施细则

3.1 盾构接收

盾构顶开洞门网喷混凝土后，清理洞门前的渣土，找平扩大端底板。标准段底板大致找平后，铺设电瓶车轨道及过站小车轨道，电瓶车轨道中心距为900mm，过站小车轨道中心距为3960mm。扩大端底板铺满1cm厚的钢板，钢板分块运到扩大端，每块1.5m×6m，共10块，按两横五纵铺设，铺设过程中先将所有钢板摆好位置，然后点焊成一整张，整张1cm钢板的面积为7.5m×12m，再在整张钢板的四边缘钻孔打钢筋固定。1cm钢板上铺设ϕ30mm圆钢，每根7.8m，间距30cm，共铺设40根。圆钢点焊在1cm钢板上。在圆钢上涂上黄油后铺3cm厚的钢板，每块1.12m×6m，共8块，按两横四纵铺设，铺设过程为先将3cm钢板打好焊接坡口后摆放好位置，点焊在一起，然后满焊，整张3cm钢板的面积为4.48m×12m。在3cm钢板上铺两道12m长的钢轨并固定好，轨道中心距为3960mm，此处的钢轨为停放过站小车用。将过站小车在井口组装好，用电瓶车整体推入到扩大端端头，平移3cm钢板，使钢板上的轨道与标准段上的小车轨道对齐，再将过站小车推到3cm钢板上，然后再反向平移3cm钢板，使过站小车到达盾构接收位置，然后推动过站小车在轨道上移动，使过站小车与洞门侧墙顶紧，左、右、前三边加固好过站小车，至此完成了盾构接收的准备工作。

在此处，1cm钢板的作用是对扩大端底板的找平，也是为了提供一个结实的底面，ϕ30mm圆钢是为了减小摩擦力，方便3cm钢板的移动。3cm钢板可以带动过站小车及盾构主机左右移动，3cm钢板上铺的12m长的轨道又可以使10m长的过站小车前后移动，3cm钢板及上面铺的12m轨道就成了一个移动接收平台。

在此阶段施作过程中的难点为8块3cm钢板焊接成平整的一整块，焊缝要求满焊，且焊缝较长较深，焊接时钢板会发生热变形，钢板会翘曲，并在盾构主机压上之后钢板又会被压平，钢板上的过站小车轨道间距会发生变化，如果焊接造成钢板的翘曲较大，在盾构压上之后，轨道间距的变化会超过过站小车轮对的允许量，会造成轨道倾倒、盾构主机侧翻的后果。针对钢板焊接热变形，制定的预防措施为：在3cm钢板铺好点焊住之后，用20工字钢横贯的点焊在钢板上，用以抵抗发生热变形时产生的收缩力，焊接的过程中，焊缝逐层焊接，每一层渐冷之后再焊下一层，所有焊缝焊好之后，用氧气乙炔火焰烤焊缝，烤过之后用沙土覆盖保温逐冷，达到退火去应力的工效，然后割掉20工字钢。依此方法焊接出来的钢板虽依然发生了翘曲，但已在轮对的允许范围内，使主机安全地上过站小车[2]。

准备工作做好后，盾构接收与正常接收没有区别，在最后一环管片拼装完毕后，盾构主机被全部推上过站小车。

3.2 盾构拆解及盾体向前推移

此次过站方案设计为主机过站，桥架及台车隧道内退出，所以在盾体完全上了过站小车之后，开始拆解工作。拆除盾体与桥架、桥架与1号台车以及各台车之间的管线及机械连接，因盾体要平移2.5m，螺旋机外露盾尾2.7m，平移过程中会卡到管片内边缘，而盾体前移量只有2m，还要拆除螺旋机电机及减速器，才能使主机顺利平移。拆机完成后，台车及桥架由电瓶车拖动后退，在拖动的过程中，发现后退台车用的20t电瓶车可以拖动每单节台车，但其牵引力不足以拖动桥架和1号台车的组合，于是使用了动滑轮，将钢丝绳一头固定在管片上，另一头穿过动滑轮后拴在电瓶车上，牵引力得到翻倍后才拖动了桥架和1号台车组合，每次拖动30

环，电瓶车将桥架和台车拖到始发井口处吊出。

盾体前移是通过过站小车在接收平台的轨道上的移动来实现的。移动平台上铺设了12m长的轨道，为10m长的过站小车留有2m的余量，拆去过站小车加固槽钢后，用泵站带动千斤顶轻松推动小车前移，因标准段侧墙向扩大端内部凸出，所以实际施作时，盾体前移分两次来做，先前移至刀盘接近标准段侧墙处，然后做盾体平移，因为前移距离不够，螺旋机尚未完全脱出洞门侧墙，在平移2m后，又前移至扩大端尽头，至此前移量达到2m，螺旋机完全脱出洞门侧墙，为接下来的平移扫除障碍。

3.3 盾体平移

盾体平移是通过液压千斤顶推动3cm钢板，使3cm钢板在ϕ30mm圆钢上滑移来实现的。首先在3cm钢板边缘焊接两个推力支撑，考虑到盾体质量分布不均会造成3cm钢板与ϕ30mm圆钢的摩擦力在每个接触面上大小不一，两个支撑在3cm钢板上的位置分别与前盾中部、中盾与尾盾的铰接环处相对应。然后在ϕ30mm圆钢的外露部分涂上黄油，用液压泵站带动两个千斤顶推动3cm钢板先平移2m，在小车前移完毕后，接着推动3cm钢板平移0.5m，到达3cm钢板上的轨道与标准段站内轨道搭接位置。在盾体平移的工作中，除了要把盾体准确地推到位置，还要保证平移过后，盾体轴线不能歪斜，这就要求在推动3cm钢板的过程中，钢板的前端和后端要平移同样的距离，在施作时保证千斤顶的前后支点间距相同（前支点为焊接在3cm钢板上支撑，后支点为抵在扩大端侧墙上的一个支撑面）。另外，在液压泵站上加入同步回路，这样能保证两个千斤顶同步伸缩，支点间距相同使得千斤顶空载行程相同，千斤顶同步动作使得在平移3cm钢板的过程中钢板前后端平移量任何时候都是一样的。

3.4 盾体抬升

在前盾、中盾和尾盾上焊接6个牛腿，6个同步动作的千斤顶顶在牛腿位置上，一次性把盾体抬升到预定高度，然后在下面垫上墩子，墩子高度与所需高度相同，最后回缩千斤顶，将盾体放下落实。考虑到盾体垫高后稳定性和施工方便性，抬升盾体时连着过站小车和3cm钢板一起抬高，墩子垫在3cm钢板和ϕ30mm圆钢之间。牛腿为5cm钢板加工，每副牛腿由两幅立板和一幅横板组成，立板在盾体抬升时为主要撑力板，横板为和千斤顶接触面板，使接触面平实，保证盾体在抬升过程中千斤顶站立稳定，同时也使牛腿结构稳定，牛腿结构尺寸见图3。

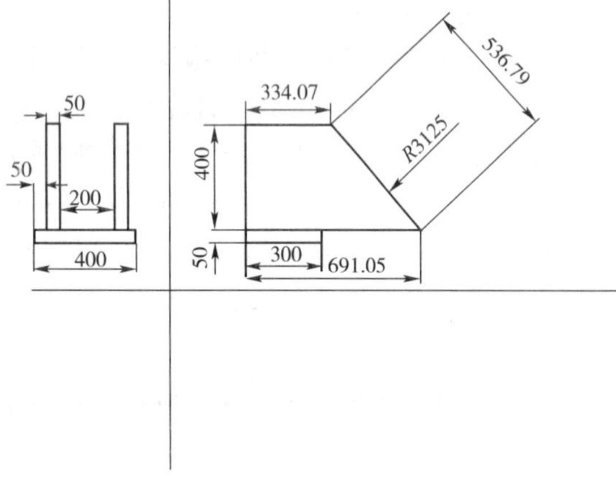

图3 牛腿结构尺寸（尺寸单位：mm）

牛腿的焊接位置很重要，它同时要考虑到以下几个因素的影响：

①受力要均衡。

②牛腿要放置在盾壳厚实或是盾体内部有支撑墙的位置，这样的位置更能受力，防止在抬升盾体时盾壳变形。

③要考虑到千斤顶的高度和千斤顶全部伸出后盾体抬起高度能达到需要高度。

④要考虑到在抬高后放墩子时千斤顶不要和墩子的位置发生干涉。

牛腿位置见图4、图5。图4所示为牛腿在水平位置上的布置,前盾上的牛腿位置在盾体内部为土仓胸板,中盾上的牛腿位置在盾体内部为主支撑梁,尾盾上的牛腿位置在盾体内部为盾壳加厚部分,6个牛腿在盾体左右两侧对称布置。前盾牛腿主要支撑前盾和刀盘的质量,约为150t;中盾牛腿主要支撑中盾、螺旋机和拼装机的质量,约为150t;尾盾牛腿主要支撑尾盾质量,约为60t。图5所示为牛腿在垂直位置上的布置,牛腿下沿和过站小车轮板的间距为550mm,再通过图3所示水平位置上的尺寸,可以确定牛腿在盾体上的位置。该位置可以确保在千斤顶撑起盾体后不会和自制钢支撑发生位置干涉,并且在千斤顶下面垫上两块3cm厚钢板,即千斤顶被垫高6cm,千斤顶全部伸出后抬高高度能满足需求。

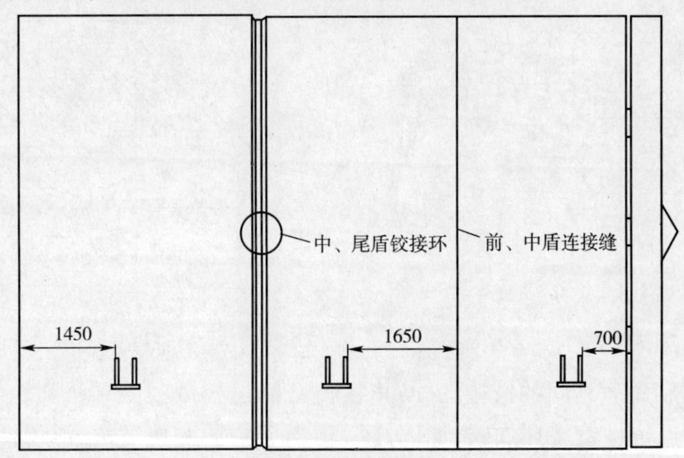

图4　牛腿在水平位置上的布置示意图(尺寸单位:mm)

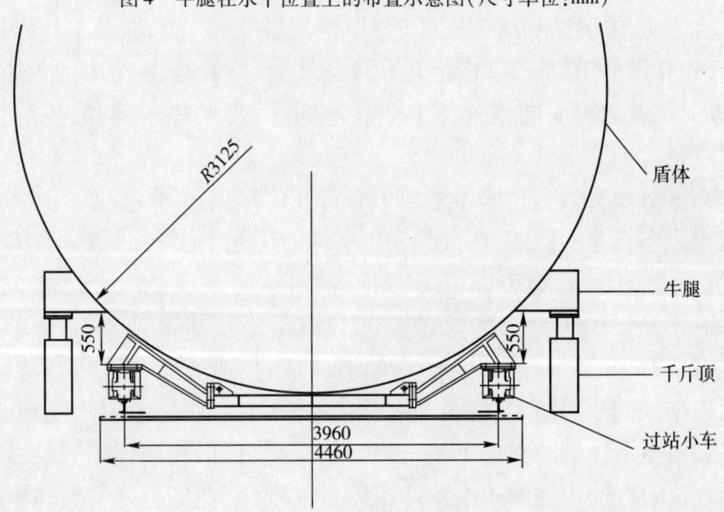

图5　牛腿在垂直位置上的布置示意图(尺寸单位:mm)

墩子为现场加工,加工材料为45B工字钢和1cm厚钢板,盾体所需起升高度为36cm,截取长为34cm的工字钢两段,接缝焊接牢固,上下两面用1cm厚钢板盖面焊接,墩子结构尺寸如图6所示。墩子加工个数为28个。

盾体起升时要带过站小车和3cm钢板一起抬升,墩子要垫在3cm钢板和ϕ30mm圆钢之间,要在ϕ30mm圆钢的空当处垫上垫块,以增大墩子下表面的承压面积,圆钢间距为25cm,垫块尺寸为47cm×24cm×3cm,共需28块;千斤顶也是立在圆钢上,为增大承压面积,在两个相邻的圆钢空当需放尺寸为40cm×24cm×3cm的垫块,共需12块;为垫高千斤顶,圆钢上放尺寸为 40cm×70cm×3cm 的垫块和尺寸为 40cm×40cm×3cm 的垫块，各需 6 块。千斤顶下垫块加工材料为 3cm 厚钢板，用氧炔焰割好后再用角磨机修整棱边使棱边平整。千斤顶垫块布置情况见图 7。

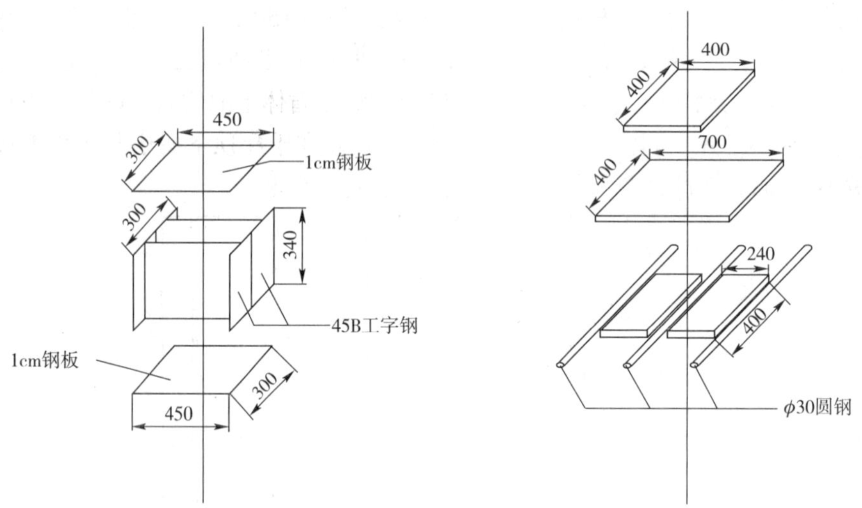

图 6　墩子结构尺寸图(尺寸单位:mm)　　图 7　千斤顶垫块布置示意图(尺寸单位:mm)

为了保护中盾和尾盾之间的铰接环，防止在抬升的过程中铰接环折弯，在盾体抬升前，用 3cm 厚钢板在不同点位把铰接环加固，加固之后相当于中盾和尾盾之间硬连接。按图 7 所示顺序在与牛腿相对应的位置摆放好千斤顶垫块，然后放好千斤顶，连接好管路，并把墩子和垫块摆放到盾体附近，使盾体被抬到所需高度后，尽快把墩子垫好。准备工作做好后，先试顶盾体，把盾体顶起 5cm 并保压 10min，以检验起升设备性能，检验合格后，把盾体抬高到 40cm，然后，在和 3cm 钢板上轨道相对应的位置垫上垫块和墩子，再收缩千斤顶，使盾体落实，至此盾体抬升完毕。

盾体起升设备为临时订做，包括液压站和 6 个 120t 千斤顶，另有液压站和千斤顶之间的链接管路，根据工况要求设备具有的性能：在重载分布不均的情况下，6 个顶能同步升降；在负载 400t 的情况下，6 个顶能保持伸出量，约 5min 千斤顶把盾体能抬起所需的 36cm。根据所提要求，厂家为设备设定参数为：泵站工作压力 25MPa，流量 22L/min，电机功率 7.5kW，千斤顶外径 300mm，长度 900mm，伸出量 600mm，在系统压力达到 25MPa 时单只顶的推力到 120T，设置为手动换向，加入分流集流阀，以组成同步回路，实现 6 个液压缸同步动作，加入液压锁，实现液压缸能保持伸出量。在试顶时，设备没有出现明显的不符合设计要求之处，但在盾体抬升的过程中，出现尾盾部位的 2 个千斤顶伸出比前、中盾的 4 个顶伸出得快的现象，在尾盾处的顶伸出达 40cm 时，前、中盾顶伸出约 20cm，出现了严重的不同步，原因为重载分布差异较大，前盾部分重约 150t，中盾部分重约 150t，尾盾部分重约 60t。液压站上安装有 3 块分流集流阀，共有 6 个出油口，每个出油口上都安装有球阀，于是缩回千斤顶，把盾体回落，调整管路接口，使前盾、中盾和尾盾部位的 3 对千斤顶管路分别对应 3 对分流集流阀，然后再重新起升盾体。在尾盾部位千斤顶行程超越其他 4 个顶行程达 10cm 时，关闭和尾盾部位千斤顶对应的分流集流阀上的球阀，使油液只供应前、中盾部位的千斤顶，前、中盾质量都约为 150t，该部位的 4 个千斤顶能同步伸出。在前、中盾部位千斤顶行程赶上来之后，再打开尾盾部位千斤顶球阀，尾盾部分千斤顶行程超出量达 10cm 后再关闭其对应球阀，另外 4 个赶上来后再打开尾盾部位千斤顶的球阀，重复这样的操作，直至盾体起升高度达到 40cm。

3.5 盾体过站

盾体抬高到额定高度后,把标准段底板上的轨道和3cm钢板上的轨道连接到一起,然后开始盾体过站。盾体过站用45t电瓶车配上滑轮组牵引过站。理论计算盾体加过站小车质量约380t,轨道涂黄油后与过站小车轮子的摩擦系数约为0.1,所以牵引要达到38T;45t电瓶车牵引力能达到13T,配备的滑轮组为1个定滑轮和2个动滑轮,最终牵引力可达到52T,45t电瓶车配上该滑轮组之后足以牵引盾体。牵引盾体实际牵引部位为过站小车,在过站小车左右两侧各割1个孔,用35t卡环穿过孔,用一根6m长的钢丝绳连接两个卡环;动滑轮为双轮同轴组合式,额定最大受力50T,动滑轮勾在6m钢丝绳中间,定滑轮额定最大受力30T,用膨胀螺栓打地铆固定好,用180m的钢丝绳把动滑轮和定滑轮组合好后,将钢丝绳一头用卡扣拴在电瓶车上,另一头通过地铆固定牢固,其中,定滑轮地铆和钢丝绳地铆要对称布置在电瓶车两侧,这样避免对过站小车的牵引力是倾斜的。滑轮组安装完后,在轨道上涂黄油,电瓶车顺利牵引过站小车走完一个行程,加上2个动滑轮后,180m钢丝绳折4折,每一行程大约为40m。170m的标准段牵引过站只用了2天时间就过完。

4 结论

这次过站中,盾体过站的同时台车后退从始发井吊出,使得两个工作面同时展开,要比盾构机整机过站节省大量时间,其中20t电瓶车单独牵引1号台车和桥架组合时牵引不动,加入了动滑轮后,台车和桥架被顺利牵引至始发井口。盾体在接收时刀盘就达到了过站小车尽头,盾体在过站时,先做过站小车前移带动盾体前移,再由接收平台(即3cm钢板)平移带动过站小车和盾体平移,然后,过站小车再前移至螺旋机脱出洞门侧墙,至此盾体前移工作完毕,后接收平台再平移至平台轨道,和标准段底板轨道在垂直面上对应,至此平移工作完毕,其中接收平台下面的圆钢相对盾体为横向布置,使得平台可以横向移动,平台上的轨道为纵向布置,使得过站小车可以带动盾体纵向移动,这使得盾体可以在扩大端底板上轻松移动;平移完毕后,盾体抬升,牛腿的位置定位很重要,而在实际操作中,起升设备的性能达不到设计要求,在等待厂家方案的同时,现场人员想到了用球阀配合,使得盾构机抬升到了额定高度——36cm,节省了工期;电瓶车牵引过站小车过站,打地铆比较费时,牵引过程比较顺利。过站小车到达吊出井后,拆解盾体并吊出,至此整个盾构机被吊出,过站完毕。

参考文献

[1] 施仲衡. 地下铁道设计与施工[M]. 西安:陕西科学技术出版社,1997.

[2] 唐经世,唐元宁. 掘进机与盾构机[M]. 北京:中国铁道出版社,2009.

[3] 王明阳. 严寒地区隧道防排水与保温防冻技术[J]. 隧道建设,2006,3.

[4] 马福东. 浅埋暗挖连拱隧道地面和管线沉降控制的分析[J]. 铁道标准设计,2006,10.

[5] 黄明琦,王渭明,林毅. 某海底服务隧道施工中涌水处理及风险控制措施[J]. 铁道建筑技术,2007,4.

[6] 刘芳,谭忠盛,董志明. 北京地铁渡线暗挖隧道施工力学分析[J],铁道建筑,2006,3.

[7] 姚宣德,王梦恕. 地铁浅埋暗挖法施工引起的地表沉降控制标准的统计分析[J]. 岩石力学与工程学报,2006,10.

盾构机过特殊构筑物的管理分析

阿栎德

（中铁一局集团有限公司　西安　710054）

摘　要：结合天津地铁二号线十四标盾构施工实例，从盾构掘进的地层变位理论，针对不同构筑物的地基及结构特性，制定合理的施工参数，以及必要的外部保护措施等几个方面，提出如何将盾构施工风险降至最低。

关键词：盾构；地层变位基理；建筑物保护；风险

1　概述

随着城市的发展，地面交通已经远远不能满足日益增加的运输压力，加之城市地面空间狭小，在这种背景下，城市轨道交通向地下空间迅猛发展，逐渐形成了地铁运行网络。

要在地下空间施工地铁隧道，需在盾构机密闭仓内和原有地层间建立一种相对的力学平衡，这是一种动态的平衡，必将改变地层原有应力，对地面建筑物及特殊构筑物构成一种威胁，因而怎样发挥盾构施工的特性，制定合理的施工组织，成为降低盾构施工风险的关键。故此，首先，要了解地层变位理论，这将为施工参数的制定提供可靠的依据。其次，对特殊构筑物的地基调查、结构物调查、有关资料的收集等措施要做到前期预防、过程控制。最后，根据力学理论及以上结论，制定合理的掘进参数、可靠的壁后注浆参数等施工措施，优质高效地通过特殊构筑物。

2　盾构施工引起地层变位的基理

综合国内外若干成功经验，可认为造成地表沉降的主要原因是盾构法施工过程中产生的地层损失引起地层移动。再进一步分析，盾构开挖中地基变位的表现方式因盾构直径、覆土情况和地基状况的现场条件及盾构施工状况而不同。具体来说，引起地层变位的有以下 8 个方面的因素[1]。

①开挖面土体的移动。盾构掘进时，如果出土速度过快而推进速度跟不上，开挖面土体则可能出现松动和崩塌，破坏了原来地层应力平衡状态，导致地层沉降或隆起；盾构机的后退也可能使开挖面塌落和松动，引起地层损失，从而产生地表沉降。

②用降水疏干措施时，土体有效应力增加，再次引起土体固结变形。

③土体挤入盾尾空隙。主要原因是压浆不当，使盾尾后部隧道周边土体向盾尾坍塌，产生地层损失，引起地层沉降。

④盾构推进方向的改变、盾尾纠偏、仰头推进、曲线推进都会使实际开挖面形状偏大于设计开挖面，从而引起地层损失。

⑤壳移动与地层间的摩擦和剪切作用，引起地层损失。

作者简介：阿栎德（1983—），男，本科，项目副经理。主要从事地铁盾构的施工管理研究。E－mail：alidemai@126.com

⑥土体受施工扰动的固结作用。其中,持续次固结沉降往往要持续几年,在软土中,它所占的沉降量的比例甚至高达35%以上。

⑦随盾构推进而移动的正面障碍物,使地层在盾构通过后产生空隙,又未能及时注浆。

⑧在水土压力的作用下,隧道衬砌产生变形,会引起小量的地层损失。

盾构推进引起的地层移动因素有盾构直径、埋深、土质、盾构施工情况等,其中隧道线形、盾构外径、埋深等设计条件和土的强度、变形特性、地下水位分布等地质条件,属于客观因素;而盾构的行驶、辅助施工方法、衬砌壁后注浆、施工管理的情况,则属于主观因素。

我们将以上8项因素归整起来,结合盾构施工的时间效应,可以分为:

①盾构到达前的变形。在盾构的掘进过程中,由于开挖面涌水、管片拼装不良等种种原因引起地下水位降低,地下水位的降低就相当于地基有效覆土厚度增加,从而引起开挖断面之前相当距离的观测点的沉降。

②盾构到达时的地面变形。是指在开挖面靠近观测点并到达观测点正下方这个过程中所产生的沉降或隆起现象。这是由于盾构机的正面土压力偏小或者过大等导致开挖面土压失衡、开挖面压力又与盾构机的推进速度和出土量等施工参数密切相关。当盾构机的正面土压力等于开挖面静止土压力时,掘进对土体的影响最小;当盾构机推力不足,正面土压力小于开挖面的静止土压力时,开挖面土体下沉;当盾构机推力过大,则会引起开挖面土体隆起。当正面土压力偏离静止土压力一定范围内时,地层的变形处于线弹性阶段,而且变化的斜率较小;如果偏离较大的话,则土体发展为塑性变形。总体来说,这是一种因土体的应力释放或者盾构开挖面的方向土压力、盾构机周围的摩擦力等作用而产生的地基变形。

③盾构通过时的地面变形。是指从盾构机开挖面达到观测点到盾构机尾部通过观测点这一过程中所产生的沉降。这个沉降主要是由于盾构机的通过破坏了原来的土体状况,造成土体的扰动所致。

④盾构通过后瞬间的地面变形。是指盾构机尾部通过观测点正下方时所产生的沉降。由于盾尾通过时会产生一个盾构间隙,这个盾尾间隙的上方及周围土体应力释放引发了弹性塑性变形。目前,通过盾尾同步注浆使浆液有效地填充在该盾尾建筑空隙中,从而可以部分减少地层损失,也减少了盾尾通过时的地层变形。

⑤地层长期固结变形。由于盾构通过时对地基土产生了扰动,再加上上述的各种残余影响,在相当长的一段时间内,地基将继续发生固结沉降和蠕变沉降[2]。

通过以上分析,只要我们做好了盾构到达时的土压力设定,达到与原有地层的动态应力平衡,做好盾构通过后的壁后注浆工作,沉降基本是在可控范围之内。

3 盾构过特殊构筑物的保护措施

在盾构工程的邻近施工中,掌握盾构机开挖所引起的地层变位基理和事先充分的已有建筑物的结构、形状和老化程度的调查,是十分重要的。

盾构工程的邻近施工的调查、设计、施工组织方法如下:

首先是对地基和已有结构物开展调查,调查的主要内容包括地基调查、结构物调查、有关资料的收集3个方面。

地基调查主要是弄清地形、地基的土层结构、各土层土体的性质,另外,还需要调查地下水的状况。

结构物的调查主要包括下面几个方面:结构物的位置、尺寸及形状,结构材料及其强度,结构物的支承条件,结构物的裂隙和已有的变形、用途、目前利用状况,结构物的变形和应力等允许值。

有关资料的收集主要包括结构物的设计图纸、结构物的竣工图纸的收集,另外,类似的工程实例也非常具有参考价值。

调查完成后,应对施工的前提条件进行整理,包括盾构工程的规划条件、地基条件和结构物条件这 3 个方面的整理。

盾构工程的规划条件包括覆盖层的厚度、盾构的外形和盾构的平面线形;地基条件包括土层构成、地下水位、土的物理特性、土的力学特性等;结构物条件主要是上述结构物调查的内容,另外,还要考虑已有结构物与盾构的距离、相对位置。如果认为施工不会对已有建筑物造成不利的影响,则可当作一般施工来对待;如果认为施工可能对已有结构物造成不利的影响,则应当作邻近施工来处理。

确定为邻近施工后,就要进行施工前的研究分析。首先,分析施工条件,包括盾构机型、辅助施工法、壁后注浆法,以及其他掘进管理项目[3]。接下来就要根据工程实际的经验,分析出一旦施工开始,将会发生什么现象。归纳邻近施工中可能对结构物产生不利影响的现象,主要有两个方面:盾构机掘进时地基变位的发生形态和负载土压的发生形态,地基变形时结构物的变化形态(注重于变形、应力、支承状态的变化)。

在分析完施工条件后,要对结构物的变形问题进行预测分析,预测分析的方法有两种:一种是把地基和结构物分开分析;另一种是把地基和结构物作为一个有机的整体来分析。根据分析结构,判断施工产生的影响是否会使结构物的变形、应力、倾斜等超过容许值。如果超出了结构物的容许范围,则应当根据实际条件采取可行的对策,如改进施工方法、加固地基、截留防护措施、加固已有结构物等。并对施工方法进行重新设计,直到满足结构物的容许值的要求。

按照通过前测量区间确定的施工方法,在邻近施工区间开始施工,为了随时把握施工状况,确保施工安全,应当在施工区域设置仪器进行通过时测量,并将观测值随时返回施工中去。通过时测量包括地基变位的测量和结构物变化的测量,如果测量值不满足容许值的要求,则需要修正施工方法直到满足为止。如此反复进行,保证施工时地基的变位和结构物变形都满足施工管理标准,直到通过邻近施工区间。

通过邻近施工区间后,测量还不能停止,而应当继续监测结构物的变化,如变形、倾斜、应力等,观察变形的收敛性,观测频率可以逐步降低,直到结构物稳定为止。

4 天津地铁十四标过盾构区间过津汉桥、排污河的施工实例

4.1 过津汉桥施工组织

4.1.1 设计概况

津赤路站—李明庄盾构终点井区间起讫里程为 DK21 + 333.967 ~ DK22 + 190,区间左线长 958.135m(长链 98.918m),右线长 954.951m(长链 102.102m);在 DK21 + 750 处设一联络通道;线路最大纵坡为 25‰,最小纵坡为 2‰;线间距为 11m,最小曲线半径为 1500m,区间隧道平均覆土厚度为 10m。

区间隧道为外径 6.2m,内径 5.5m,管片拼装衬砌为单洞圆形隧道,采用错缝拼装,使用 M30 弯螺栓连接管片,环宽 1.2m,管片混凝土为 C50,P10。

4.1.2 现场情况

津汉立交桥为连续梁结构,基础为直径 1.2m 钻孔桩,桩深 44.25m。

4.1.3 施工安排

盾构区间在 DK21 +900 附近下穿津汉公路立交桥,区间结构距最近的桥台桩基净距约4m,如图1所示。

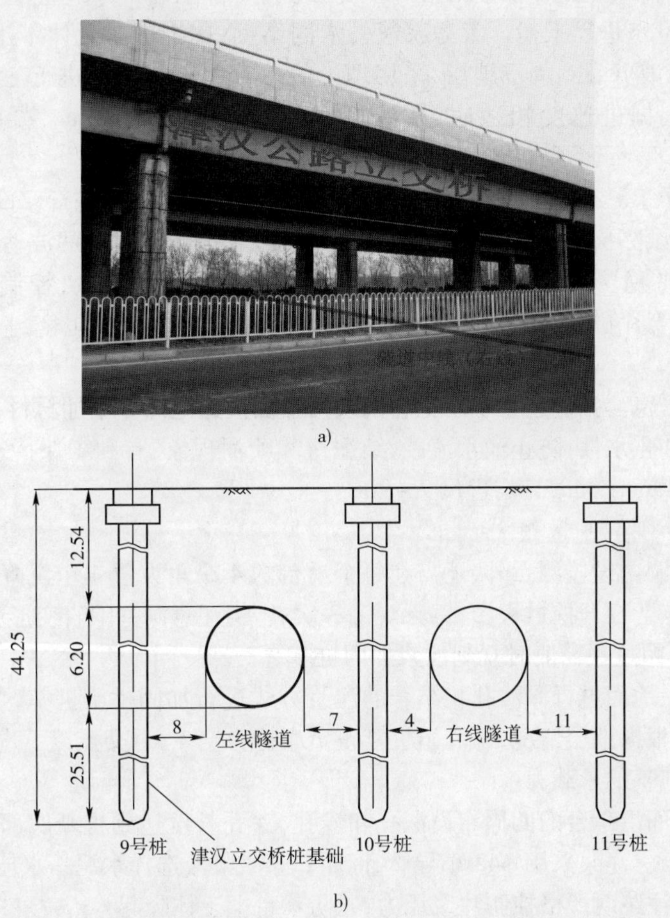

图1 津汉立交桥实景及基础示意图(尺寸单位:m)

因桥梁桩基底部距隧道结构25.5m,所以盾构施工过程不会对桥梁桩基造成破坏影响。

4.1.4 施工准备

(1)技术准备

①现场砂浆搅拌站要严格执行配合比主要技术参数的要求。

②严格执行技术交底制,交底内容要详细。

③按工程特点和环境条件确定施工影响范围,布置监测测点,提前取得初始读数。

(2)机具准备

盾构施工除正常所需机具外,盾构从津汉立交桥下穿过时,还需在桥下准备注浆设备和材料。

4.1.5 主要施工方法及措施

(1)加强掘进过程管理,严格控制地表沉降

①保持土仓压力与开挖面水土压力平衡。严格控制土仓压力,尽量保持土压平衡,不要出现过大的波动。

②保持出土量与掘进进尺平衡。严格控制出土量,做到掘进量与出土量均衡。

③保持注浆压力与水土压力平衡。除考虑注浆处的水土压力,还要考虑后方来水、开挖面来水的水压,故注浆压力是在注浆处水土压力的基础上提高 1 ~ $2kg/cm^2$,且应使浆液不进入土仓和压坏管片,不因注浆压力过大造成地表隆起。

④保持注浆量与进尺平衡。考虑浆液失水固结、盾构推进时壳体带土使开挖断面大于盾构外径、部分浆液劈裂到周围地层,采用理论值的 150% ~200% 进行注浆,保证浆液配置与地质水文条件、掘进速度相适应,浆液稠度控制在 110 ~ 115mm,凝胶时间控制在 5h 以内。

⑤盾构姿态平稳。推进过程应保持盾构机有良好的姿态,避免蛇行,每环姿态变化控制在 ±5mm 内。千斤顶液压缸油压值差宜保持统一、恒定,不宜出现过大的波动。

⑥管片姿态平稳。做好管片选型,现场对盾尾间隙实测实量,控制下部盾尾间隙在 70mm 以内,注意管片拼装的椭圆度,防止尾刷与管片碰撞导致盾尾密封、铰接密封损坏及管片变形。

⑦推进速度平稳。掘进过程中向土仓内及刀盘面注入泡沫等添加材料,改善渣土性能,提高渣土的流动性和止水性,防止涌水流砂、结泥饼和喷涌现象,有利于保持速度的稳定。推进速度保持在 25 ~40mm/min,日均进尺 7 ~9m。

(2)加强施工中监控、量测

施工时,除在洞内设监测点外,还需在每个承台的 4 个角设置 4 个沉降观测点,同时在墩柱上设倾斜观测点。在开挖过程中,每天观测 3 次,密切注意洞室围岩变形和承台沉降。

(3)地面沉降超过预警值时立刻注浆加固桩基

施工时采取在地面进行深浅孔相结合的注浆方式进行加固桥梁桩基,主要以深孔对桩基底进行注浆为主,根据地层情况,计算出桩基正负摩擦力交点,对交点以下进行注浆加固,以提高桩的摩擦力和地基的承载力。

施工时,由地面沿承台的四周布设深孔和浅孔,深孔长度达到桩基底部,浅孔长度达到正负摩擦力交点以下。注浆采用 ϕ42 小导管,间距 0.5m,浆液选择水泥—水玻璃浆液,压力控制在 0.5 ~0.6MPa,注浆时严格控制注浆压力,以防承台上土体隆起。

(4)施工质量保证措施

①必须根据对地质资料的研究,运用相关设备,适时对前方土层的变化准确掌握,以决定掘进过程中掘进参数。

②当盾构机从一类地层转到另一类地层时,预留 10m 作为工况过渡段,以实现工况逐步转换。

③密切注意螺旋输送机排土速度、盾构顶进速度与施工监测信息的协调控制,保持开挖面稳定。

④尽量减少横向偏差、纵向偏差和转动偏差。

⑤同步注浆充填环间间隙,使管片衬砌尽早支撑地层,控制地面沉降。

⑥盾构机的操作、维修保养要及时、规范化。

⑦定期检测隧道内基准点的变动,做好线路管理。

⑧掘进施工与施工监测密切配合,实行信息化施工。

4.2 过排污河施工组织

4.2.1 设计概况

设计概况与过津汉桥施工组织相同。

4.2.2 现场情况

外环线附近排污河最大深度为 2.7m，最小深度为 1.6m，河底到隧道顶部的覆土厚度为 8m，从上到下 0.5 ~ 1.4m 的粉土填土 4.2m 厚的粉土、2.6m 厚的粉质黏土（见图 2）。

图 2 排污河实景

4.2.3 施工安排

盾构区间在 DK22 + 000 附近下穿排污河，河宽约 5m。

4.2.4 施工准备

（1）技术准备

技术准备与过津汉桥施工组织相同。

（2）机具准备

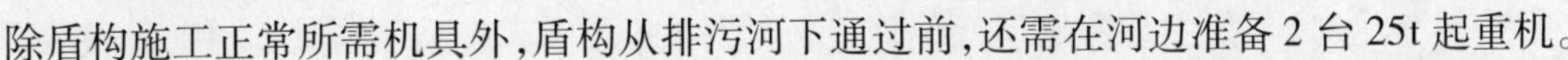

除盾构施工正常所需机具外，盾构从排污河下通过前，还需在河边准备 2 台 25t 起重机。

（3）材料准备

除盾构施工正常所需机具外，盾构从排污河下通过前，还需准备 500 袋砂袋放到河边。

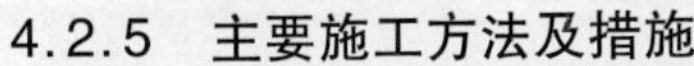

4.2.5 主要施工方法及措施

（1）盾构在排污河下掘进主要施工方法

盾构机在此排污河下掘进，对排污河不排水，进行有水施工。进入河底段掘进前，对盾构机进行一次全面的维修保养，重点检查刀具、注浆系统，盾尾密封、中体与盾尾铰接处密封的止水效果，使盾构机及配套系统的工作状态良好。控制好土仓压力和同步注浆压力，防止造成地层扰动过大，避免与上部湖底贯通。严格控制浆液的质量，浆液凝固时间控制在 5 ~ 6h。

（2）盾构在排污河下掘进涌水抢险措施

①风险分析。当盾构掘进土压未控制好，湖底沉降、隆起超限时，可能导致排污河水力与掘进掌子面连通。

②预防措施。通过计算和以前的施工经验相结合，确定合适的土压，快速通过排污河，排污河的沉降控制在 -30 ~ +10mm。

③应急预案。当排污河水力与掘进掌子面连通时，先冷静观察土仓里水压变化情况，若水压力变化较慢，不要停机，加快盾构机掘进速度，直接通过排污河，盾构掘进中采用双液注浆。

④若盾构机里水压力急剧增加，而且形成喷涌时，快速关闭盾构机螺旋输送器，停止掘进，注满盾尾油脂，撤离隧道里所有人员。

第一步，组织人力及时向排污河底回填粉质黏土、膨润土和泥袋子，回填厚度为 0.5m。回填结束后，盾构机司机启动刀盘，刀盘空转 2min 后，开始出土，同时观察土压传感器和螺旋输送器出土情况，若传感器压力稳定，出土正常，就继续掘进。

第二步，如果河底地层扰动过大，对盾构机上方和前方 5m 范围采取压密注浆加固，加固完后可以继续掘进。

第三步，如果压密注浆隔离不了河水，就用沙袋盾构隧道上方 10m 范围内将河水隔断，然后抽空此范围内河水，使涌水量降低后再继续推进。

（3）盾构在排污河下掘进施工质量保证措施

①必须根据对地质资料的研究，运用相关设备，适时对前方土层的变化准确掌握，以决定

掘进过程中掘进参数。

②当盾构机从一类地层转到另一类地层时，预留 10m 作为工况过渡段，以实现工况逐步转换。

③密切注意螺旋输送机排土速度、盾构顶进速度与施工监测信息的协调控制，保持开挖面稳定。

④尽量减少横向偏差、纵向偏差和转动偏差。

⑤同步注浆充填环间间隙，使管片衬砌尽早支撑地层，控制地面沉降。

⑥盾构机的操作、维修保养要及时、规范化。

⑦定期检测隧道内基准点的变动，做好线路管理。

⑧掘进施工与施工监测要密切配合，实行信息化施工。

5 结论

综上所述，只要我们掌握地层变位理论，了解构筑物的基础、结构资料，制定合理的掘进参数和保障措施，一定能将盾构施工风险降至最小。

参考文献

[1] 施仲衡. 地下铁道设计与施工[M]. 西安:陕西科学技术出版社,1997.
[2] 吴焕通,崔永军. 隧道施工及组织管理指南[M]. 北京:人民交通出版社,2004.
[3] 唐经世,唐元宁. 掘进机与盾构机[M]. 北京:中国铁道出版社,2009.

盾构施工中壳体回转角过大的原因及对策

徐 韬

（中铁上海工程局城市轨道交通工程分公司　上海　200431）

摘　要：在盾构施工中，无论是在软土还是在硬岩中都会或多或少碰到盾构的回转问题，产生的原因是多种多样，造成的危害，轻则影响盾构的正常操作；重则造成牵引双梁扭曲，管片输送及皮带机出土困难，机器结构变形。下面主要以软土盾构中出现的转动实例加以说明。

关键词：盾构；软土；硬岩；回转

1　在软土地层中的案例

在类似上海、天津、杭州、宁波的软土地层的盾构施工中，经常会产生盾构壳体的转动（左转或右转），在过去的施工实例中，通常的解决方法是，当壳体的转动角接近1°时，用反转刀盘的方法以及加配重的方法加以解决，但有时也会遇到解决的效果不明显，甚至转动继续往扩大的方向发展的情况。有时候，在砂土、粉质黏土中，盾构工作很正常，但在进入淤泥质黏土中，壳体就会产生很明显的转动。

下面以2012年杭州萧山地铁某工地（具体的单位略）的实例进行说明：该工地租赁我公司生产的盾构，该机器已经成功在苏州、上海、宁波贯通过4条隧道，我作为盾构出租方代表，参加了现场的情况分析会。

在始发后的100环左右沙层土质的施工中，机器工作正常，壳体的回转处于微小可控的状态。但是在其后进入的淤泥质土层中，就持续发生逆时针转动（从盾构尾部看），每掘进一环都会产生0.2°左右的回转。由于现场追求施工进度，对产生的偏转并没有引起足够的重视，仅仅采用常用的反转刀盘的方法来试图扭转趋势。这种情况一直延续到偏转角达到7°时，才采取加配重的纠正措施，但是，效果似乎不大。壳体继续转动，最后，壳体的最大转动角为14°见图1，整个张出台、皮带机、双梁偏转严重，皮带机出土困难，结构也多少产生变形。其危害已经影响到盾构的正常工作。在通常情况下，施工单位应该把壳体的回转控制在1.5°的范围内。

图1　壳体发生逆时针旋转，偏转14°

作者简介：徐韬（1964—　），男，本科，高级工程师。主要从事地铁盾构施工方面的工作。E-mail：xutao_tsj@163.com

由于现场经理部无法阻止壳体继续朝恶化的方向转动,业主监理不得不下停工令,责令施工单位认真查找、分析原因,并拿出切实可行的解决方案。

1.1 盾构壳体产生回转的原因

1.1.1 制造方面的原因

在机器制造过程中,如果推进液压缸的轴线与盾构的轴线偏差较大,使液压缸产生一个圆周方向的分力,则该分力会促使壳体回转。尽管这种可能性很小,但是,施工单位在会议中强调的是盾构制造中液压缸轴线的问题。然而,在实际液压缸轴线的复测中,并没有发现所谓的偏差。

甚至,还有观点说是盾构壳体可能不圆,或者是刀盘设计有问题。但是,项目部拿不出证明壳体不圆以及刀盘设计会与壳体回转相关联的依据。

以往贯通的 4 条隧道也没有发现类似的壳体回转不可控制的现象。

1.1.2 土质的原因

经过反复的思考,我提出了土质的因素在作怪的观点。当时参加会议的人都不认同本观点。下面进行说明:

由于盾构的掘进断面直径为 6340m,而在该断面上的土质有可能是不均匀的,既有上面软、下面硬的情况,也会有左边软、右边硬的情况,因此,盾构从沙层进入较软的淤泥土时,遇到了左下边为淤泥而右下边为沙层的情况。这样,由于沙层土对壳体的支撑力较强,而淤泥质土对壳体的支撑力较弱,故盾构在重力的作用下向左(软)下侧转动,这与一个圆柱体放在一个斜面上会自动地往下滚动的原理一样。当土层软硬差别很大时,传统所采用的刀盘反转以及在另一侧加配重的方法就可能失效。因为,这些作用力不能抵消壳体重力针对斜面所产生的转动力矩。

当土层发生变化时,如变成右软左硬时,壳体就会向反方向(顺时针)产生滚动或转动。事实上,在又经过 200 环左右的掘进后,盾构果然进入了右软左硬的地层,从而产生反向(顺时针)的转动。而这反过来也证明了机器在制造方面没有问题(见图 2)。

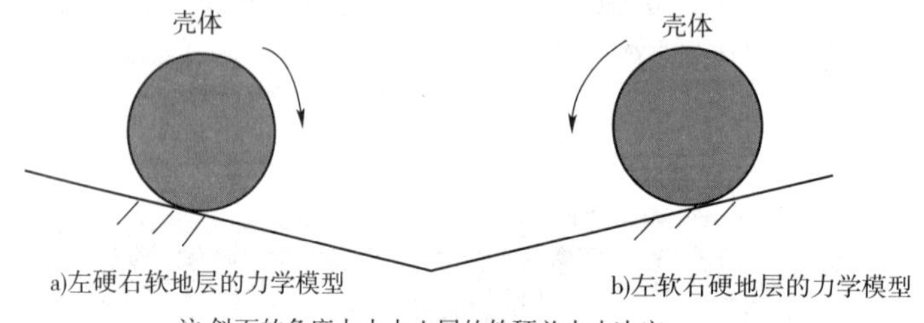

图 2 不同软硬度地层的力学模型

软硬差过大的软土层,实际上对成型隧道本身也有不利的影响,因为隧道整体也会有向软的一侧滚动的趋势,只不过反应没有盾构壳体的转动来得明显。

1.2 解决的方法

针对原因,有以下应对方法

(1)采取在右下侧(即稍硬地层)开动仿形刀 20 ~ 40mm,以便搅软右下侧的土层,使得软硬差得以部分缓解。这种施工方法会改善隧道本身今后的滚动影响。

开启仿形刀 6 ~ 8 环后,对壳体的转动的恶化明显减缓,但是还不足以使壳体转回到原来的角度,因为,在淤泥质土中,刀盘的扭矩只有 1000kN · m 左右,因此,淤泥对刀盘反转提供的反力矩不能克服斜面作用所产生的回转力矩以及壳体摩擦力矩之和。

(2)采取在较软侧(左下)注厚浆,以便提高左侧的土压力,这样,相应提高较软土层对壳体的支撑力,会有一定的效果。但试验结果也无法使壳体转回。

(3)对推进液压缸的轴线进行改造,液压缸外面的筋板割成上下椭圆形。并在液压缸法兰下加垫斜铁,如图3所示。使得左侧的4个液压缸前端朝上、尾端朝下,右侧的4个液压缸前端朝下、尾端朝上,液压缸轴线角度调整为1.4°。这些液压缸产生的圆周偏转力矩作用在管片上,并促使壳体转回。

综合上述措施,使壳体每环都纠正0.5°左右,30环后,就使偏转的14°全部纠正回来。然后,再根据实际情况,逐步减少液压缸的偏转个数。

在其后的200环后,又遇到左硬右软的相反地层,此时,再次反向调整液压缸偏转角度,使壳体处于及时可控的状态。

图3为液压缸改造的示意图(垫块角度为1.4°)。

8根液压缸的改造工作:筋板圆孔改成椭圆孔,拆去液压缸法兰,加垫块。

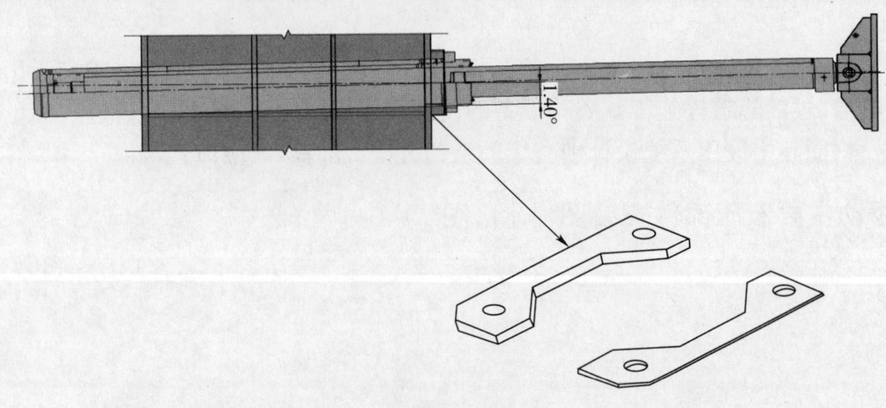

图3 液压缸改造示意图

2 在硬岩土层中的情形

在硬岩中,由于壳体下部土层的不均匀所产生的壳体回转力很小,因此,在这种地层中,盾构壳体发生转动的原因主要是刀盘对硬岩的切削力,当刀盘针对岩石的切削反力矩大于壳体的摩擦力矩时,壳体就会发生转动。

解决的方法有以下几种:

(1)适当减小推进速度,使刀盘扭矩下降。也可用加泡沫的方法减少刀盘扭矩。

(2)在壳体的侧面加装外顶液压缸,当壳体产生转动时,可使液压缸伸出,顶在侧面的岩石上,起到防止转动的效果。

3 结论

当盾构在软土施工中发生壳体转动时,如果传统的反转刀盘以及加配重的方法持续不能起到效果时,就要注意到壳体下面的土质存在着极大的左右不均匀现象。要考虑使用调整推进液压缸偏角的方法。在盾构设计时,若能把左右的推进液压缸设计成偏角可调式,则会方便施工单位的实际使用。

海瑞克 S673 盾构机刀盘驱动液压系统分析

沈小飞

（上海地铁盾构设备工程有限公司　上海　200031）

摘　要：介绍了海瑞克公司设计制造的复合式盾构 S673 刀盘驱动液压系统的系统构成和系统可实现的功能，并对刀盘马达排量两级控制及其刹车控制、刀盘的转向和转速远程控制、刀盘泵限功率控制以及系统脱困等分系统作了详尽分析。同时，结合该系统液压分析，浅谈了实际应用体会，以期帮助现场工程师加深对该类系统的理解，为故障分析和处理提供较为实用的参考。

关键词：盾构机；电、液压控制系统；刀盘

盾构机是一种大型隧道专用施工设备，因其较强的施工安全性和可靠性，被广泛用于城市供水、地铁隧道、过江隧道等施工。盾构设备的设计和使用，涉及机械、电气、液压、测量和自动控制等多学科，而其中液压系统设计则直接关系到盾构机的操纵性和可靠性。

1　刀盘驱动主要液压部件安装图（图 1、图 2）

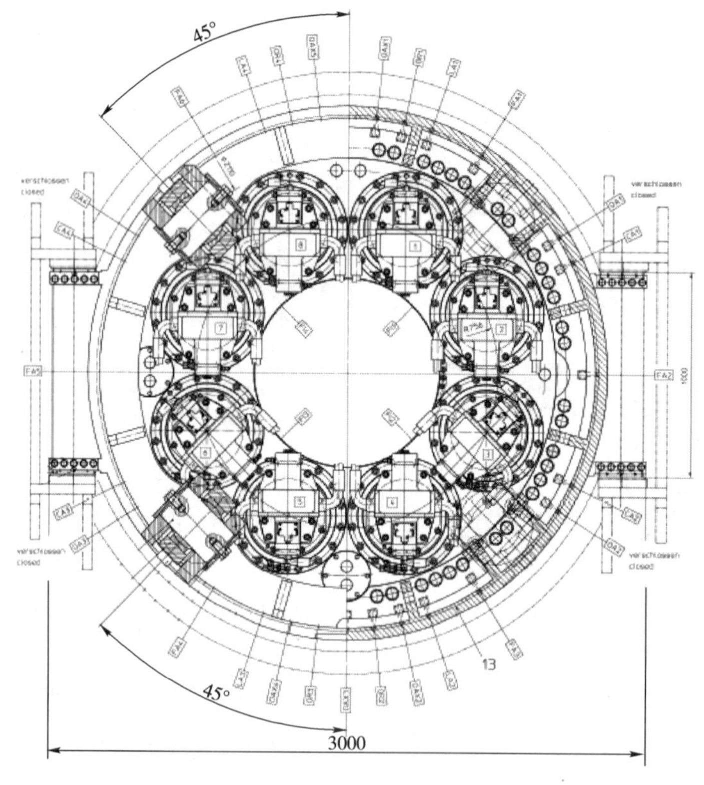

图 1　液压马达安装图

作者简介：沈小飞（1975—），男，本科，工程师。主要从事地铁盾构机制造、维修与施工。E-mail：shenxf@ metroshield. com

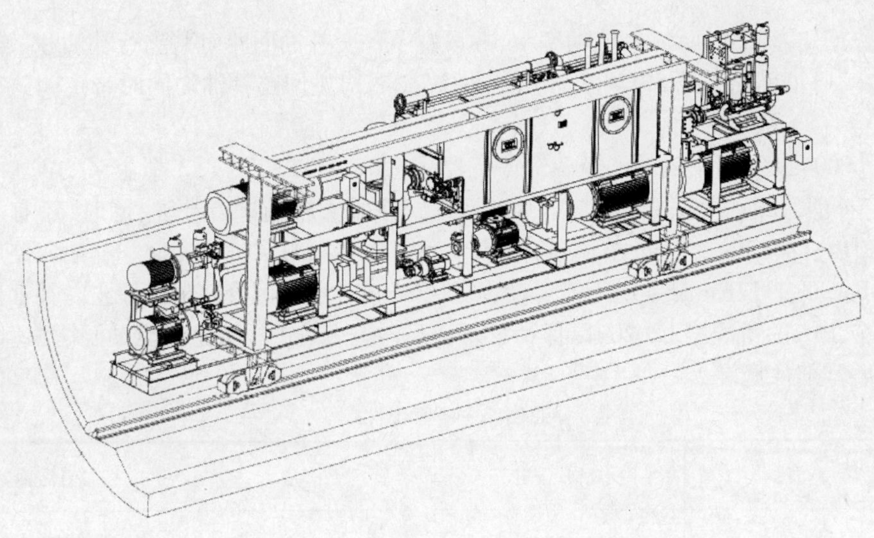

图2 液压泵安装图

2 系统构成

3 台各由 315kW 电机驱动的斜盘式轴向柱塞变量泵和 8 个斜轴式变量柱塞马达构成闭式回路,外设 55kW 补油泵(螺杆式定量泵)和 5.5kW 控制油路泵(变量泵),其回路图可简示为图 3。

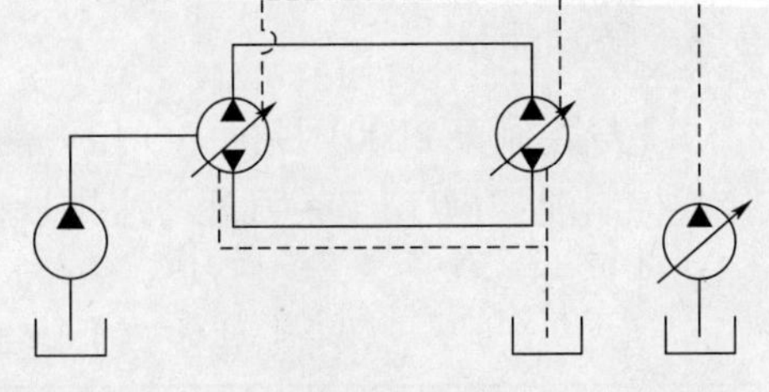

图3 回路图

2.1 主回路

主泵(1P001、1P002、1P003)为双向变量泵,马达(1A001～1A008)为双向变量马达。主泵的高压端(A 或 B)为液压马达提供压力油,从马达返回的携带热量的低压油又回到主泵,一部分又进入主泵的高压端,一部分经排放阀从主泵的 K1 口流出,并经节流阀/溢流阀(1Z016、1Z017、1V012)约 20bar 的压差流回油箱进行冷却。主要零部件见表 1。

主回路主要零部件 表 1

主回路	主要零部件	规格/设定	数量	位置名称
泵组	驱动电机 K21R315LX4TWSLLNSHW	315kW	3	1M001、1M002、1M003
	变量泵 A4VSG 750 HD1/22R	750cm^3/U	3	1P001、1P002、1P003
	高压阀 A/B	300/300bar	2×3	1P001、1P002、1P003. HDAB
马达	可变量柱塞马达 A6VM500 HA1T/63W(减速器 rollstar GB1151,42E2/N170)	最大:500cm^3/U 最小:300cm^3/U Δp_E = 230bar	8	1A001～1A008
	节流阀/溢流阀	1Z016/1Z017 预设 ϕ0.5mm;1V012 预设 20bar	2+1	1Z016、1Z017、1V012

2.2 补油回路

因主工作回路是闭式回路，系统功率大，故设置了一套补油回路对其进行补油和散热。为增大散热效率，补油回路采用55kW低压大流量定量泵，对主回路补油的同时带走闭式回路中的大量热量。

补油泵1P004从油箱泵出的油经两个滤清器（1F001、1F002）进入3个主泵的E口（补油口）对泵进行补油，并通过两个单向阀分别对闭式回路的低压端进行补油；同时，还有一路油经1Z013、1Z014、1Z015（ϕ2.8mm节流口）进入3个主泵U口对泵进行冲洗。补油回路压力设定为17～30bar，低于17bar时系统不能启动，高于30bar时系统报警并延时停止。补油回路中还并联了一个10L的蓄能器1Z020，以保持该油路的油压稳定，从而保证驱动泵、马达回路工作平稳。主要零部件见表2。

补油回路主要零部件 表2

主要零部件	规格/设定	数量	位置名称
螺杆泵（K21R250M4）	55kW	1	1P004
压力传感器（4～20mA）	17～30bar	1	1S011
蓄能器（气囊）10L	p_0 = 19bar	1	1Z020

2.3 控制油路

先导控制泵2P001提供先导压力油源，阀组2C003和2C002为实现以下两种功能提供及接收控制油：刀盘刹车＋刀盘马达排量控制；刀盘转速远程控制＋功率控制（含脱困）。主要零部件见表3。

控制油路的主要零部件 表3

主要零部件		规格/设定	数量	位置名称
变量泵		28cm^3/U，5.5kW	1	2P001
功率控制块	减压阀	60bar	1	2C002.V2
	比例溢流阀（230～650mA）	10～45bar	1	2C002.V3
	功率控制阀	315kW	1	2C002.V5
	压力控制阀	230/275bar	1	2C002.V7/V9
马达控制块	马达排量调节	75bar	1	2C003.V4
	马达刹车	50bar	1	2C003.V3
	蓄能器（气囊）2.8L	p_0 = 45bar	1	2Z008

3 系统可实现的功能

3.1 液压马达排量两级(档)控制

系统通过液压马达在大小排量之间切换,实现刀盘在 Step1(0~2.7r/min)和 Step2(2.7~4.5r/min)两种转速模式下操作。切换后马达排量为最小排量,通过调节排量限位螺钉可使最小排量为最大排量的一半。无论液压马达排量为最小还是最大均可作为定量液压马达考虑,故此时只能靠调节主泵的排量来改变液压马达转速。

通常情况下,刀盘启动采用一档低速启动,即低速、大扭矩启动。配备两种转速模式,主要是基于复合式盾构刀盘考虑的,通常在软土层(特别是土压平衡)采用低速,而在硬岩层则采用高速。

3.2 刀盘的转向和转速远程控制

系统通过对控制油路方向和压力的控制,实现对刀盘转向和转速的远程控制。

主泵斜盘摆角为±15°(初始值在-15°~15°可调),换向阀1C001、1C002、1C003的P口压力来自控制油路,P口压力大小(即X1/X2压力大小,比例可调范围10~45bar)决定主泵斜盘摆角(排量)大小;1C001~003电磁铁Y1或Y2的得失电,反映为X1或X2进油,决定主泵斜盘摆角方向(回路正、反转);系统通过控制Y1/Y2得失电和X1/X2大小,实现换向和无级调速。

主泵变量活塞发生位移的执行油路由主泵的P口进入,P口油压也来自控制油路。

3.3 主泵限功率控制(含脱困)

主泵出口压力(或马达进口压力)[压力] 和主泵X口压力[流量]分别反馈为功率阀V5的PHD和PST,通过对功率阀V5的设定,使[压力]和[流量]的乘积不超过设定值,实现对主泵限制功率控制。

压力PHD还可通过手动两位四通阀V4作用于溢流阀V7或V8。在正常掘进的情况下,回路的最大工作压力是225bar(V7),盾构机堵转或需要脱困时,手动切换V4使油路至V8(只能短时间使用),此时系统压力可达275bar。

4 各分系统分析

4.1 刀盘刹车+刀盘马达排量控制

(1)刀盘刹车

先导压力油经减压阀2C003.V4减压至75bar,通过V2(电磁铁Y1得电)可以在刀盘旋转之前解除刀盘的制动。2.8L的蓄能器与制动油路相连,作用是使制动和解除制动动作平稳,即使是在系统突然断电的情况下,刹车制动也是在渐进过程中进行。如图4所示。

(2)刀盘马达排量控制

液压马达控制油口X无油压时,马达处于最大排量处。一旦阀V1的电磁铁Y1得电,先导压力油经减压阀2C003.V3减压至50bar,经V1进马达X口,油压使两位三通液控换向阀换向,由液压马达高压腔来的压力油经该阀和减压阀后到达液压马达排量控制液压缸大腔,推动控制活塞移动,实现刀盘马达在大小排量之间切换。如图5所示。

液压马达(以2号马达为例)上有背压阀1A002.7和液控方向阀1A002.8,经此两阀马达回油,同时可对液压马达进行冲洗和冷却。

另外,2 号液压马达与其他 7 个马达不同的是:装有转速传感器 1S014,可以对刀盘转速进行精确测控;泄漏油管上装有温度传感器 1S016,监控油温情况;减速器上带有液控刹车,接近开关 1S015 监控刹车是否完全打开。

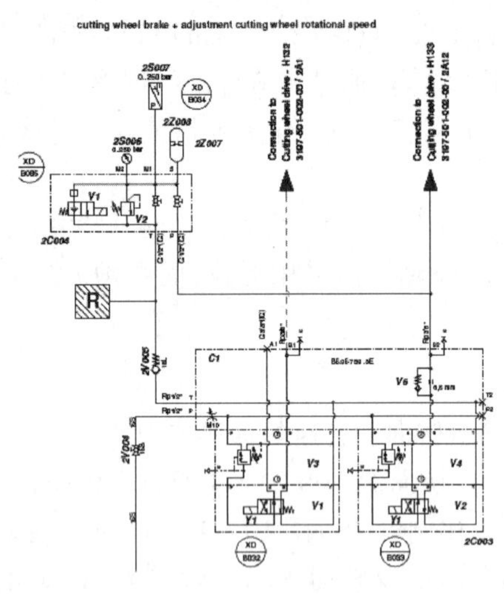

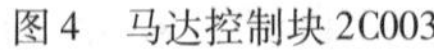
图 4　马达控制块 2C003

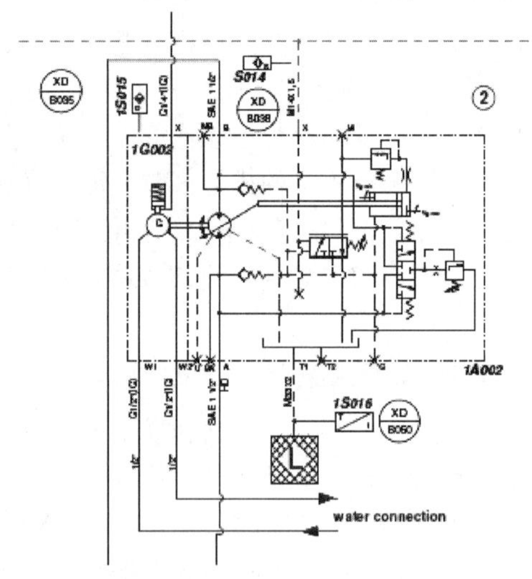

图 5　2#液压马达

4.2　刀盘转速和转向远程控制 + 功率控制

先导压力油经减压阀 2C002. V2 减压至 60bar,分为两路:一路出阀组 2C002 直接作用于主泵 P 口,作为主泵变量活塞的执行油路;一路经比例溢流阀(并联)2C002. V3 作用于主泵 X 口,作为主泵伺服阀控制油路,其压力为 10 ~ 45bar,比例可调,其中 0 ~ 10bar 为调节起始段,45 ~ 60bar 为调节终了段。同时,主泵出口压力(或马达进口压力)和主泵 X 口压力分别反馈为功率阀 V5 的 PHD 和 PST。如图 6 所示。

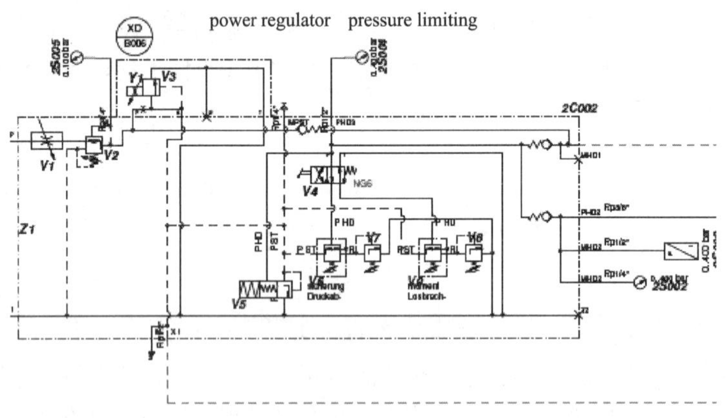

图 6　功率控制块 2C002

结合主泵原理图及特性曲线,对转速、转向和功率控制功能的实现作以下解析:

(1) 泵未启动运行时

伺服阀阀芯在弹簧力的作用下处于中位,变量活塞在复位弹簧的作用下使斜盘倾角处于零位置。

(2) 泵启动运行时

①控制油口 X1、X2 无油压或油压低于伺服阀弹簧启动压力,图 7 中 p_{St} 压力直线段。此

时,泵仍近似处于零排量位置(即近似空转)。

②控制油口 X1、X2 有油压,以 X2 为例。若控制油口 X2 有油压(10~45bar)进入,其液压力克服伺服阀弹簧(右弹簧)力推动阀芯右移,至 $F_{X2}=N_K$(将 X2 液压力记作 F_{X2},弹簧力记作 N_K)停止,则阀芯位移量 S_S正比于该液压力 F_{X2}(10~45bar),此时 P 口执行油压经伺服阀阀芯左位进入变量活塞无杆腔(同时也有一路进入有杆腔,形成差动),推动变量活塞左移,相当于变量活塞对伺服阀阀芯形成跟动。由于变量活塞本身兼作伺服阀的阀体,所以当变量活塞位移量 S_P等于伺服阀阀芯位移量 S_S时,伺服阀阀芯重新回到中位,变量活塞停止在这一位置,因为此时变量活塞有杆腔尽管还持有来自 P 口的液压力,但无杆腔油路为伺服阀阀芯中位机能所阻断。在这一过程中,变量活塞带动斜盘转动到某一角度 θ(在 ±15°之间,大小决定于 S_P)并固定,从而决定了泵的排量,也就决定了泵的流量。如图 8 所示。

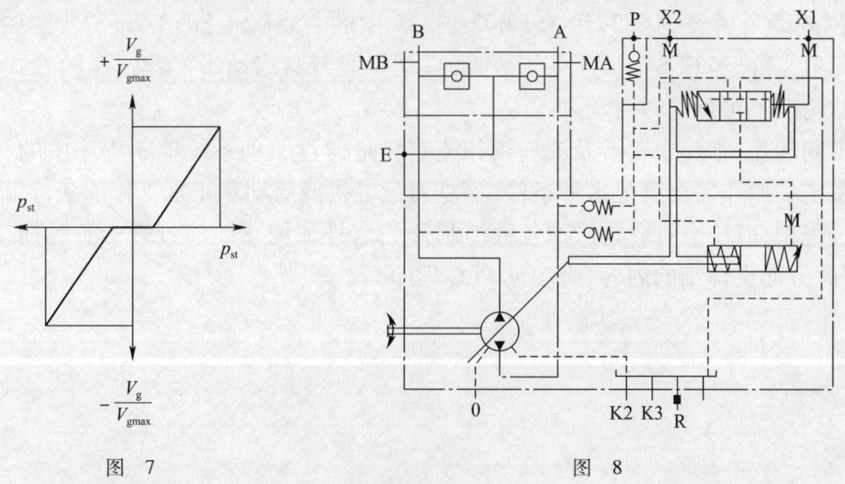

图 7　　　　图 8

简言之, X2 有油压决定了泵斜盘的摆角方向,X2 液压力 F_{X2}的大小决定斜盘摆角大小,从而决定泵出口流量大小。

③若泵出口 A、B 压力上升,仍以 X2 为例。如图 9 所示,泵在运行时,出口 A 或 B 的工作压力反馈为功率阀 V5 的 PHD,同时 X2 (反向时为 X1)控制压力反馈为 PST。PHD 压力在压缩大弹簧的同时也使溢流阀弹簧(小弹簧)变软(刚度减小)。在 PHD 压力不超过控制起点时,溢流阀并不溢流,PST 维持设定压力不变;当 PHD 压力上升,超过控制起点时,大弹簧进一步被压缩,溢流阀弹簧刚度进一步减小(溢流压力减小)而形成溢流,PST 压力减小,导致控制油路 X2 压力减小,使 $F_{X2}<N_K$,(令 $\Delta F=F_{X2}-N_K$),于是伺服阀阀芯在弹簧力与液压力的合力 ΔF 作用下左移,至液压力与弹簧力重新达到平衡(即 $F'_{X2}=N'_K$)止,伺服阀阀芯位移量 ΔS 取决于溢流阀 V5 此时 PST 的溢流压力;此时 P 口执行油压进入变量活塞有杆腔(同时,也有一路至伺服阀阀芯右位机能截止),推动变量活塞右移(跟动反馈),变量活塞无杆腔油液经节流阀、伺服阀阀芯右位机能接油箱回油。当变量活塞位移量 ΔS_P等于伺服阀阀芯位移量 ΔS 时,伺服阀阀芯重新回到中位,变量活塞停止在这一位置。在这一过程中,变量活塞带动斜盘减小了某一角度 $\Delta\theta$($\Delta\theta$ 的大小取决于 ΔS_P)并固定,从而减小泵的排量,也就使得泵的流量减小,使系统功率不超过设定值。

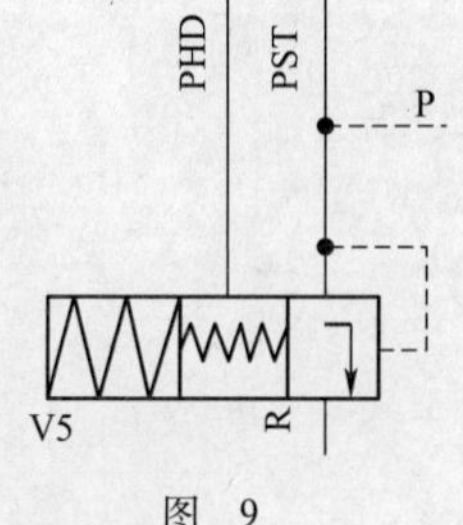

图 9

简言之,系统通过功率阀上 PHD 和 PST 的反馈,使泵出口压力和流量的乘积不超过设定值,以达到限制功率的目的。

④以 X1 为例,可同理分析,只不过摆角方向相反(即 A、B 高低压口相反),伺服阀阀芯位移及变量活塞跟动位移方向相反。

5 结论

经上述分析,刀盘系统在运行过程中,刀盘扭矩(或系统压力)发生突变时,系统能通过功率控制得到有效的自保护,连续运转后,刀盘扭矩能在较小波动范围内得到稳定。但在盾构施工过程中,考虑的因素应更多一些,比如刀盘扭矩压力突然出现 6 ~ 10MPa 的大幅度剧烈变化,特别是在同时伴有推进速度显著下降的情况下,则应考虑地质是否发生突变、刀盘刀具是否异常等因素,而非仅仅去分析液压系统本身故障。

实际应用中,刀盘在启动时也出现过“选择一档时,刀盘不能转动;选择二档时,刀盘能转动”的所谓“故障”,后经更换 3719-551-002-13.35 中的 -55K2 ~ Step1/Step2 切换中继继电器排除。实际上,这已经算不上液压系统故障,只是一般刀盘启动不推荐这样的方式,尽管地质条件良好的情况下可以这样启动。

需要说明的是,本篇中所涉及的连锁和控制只是刀盘驱动系统控制程序中的一项或一部分。刀盘系统的操作需要满足多种条件,单是刀盘电机能启动和正常工作的条件就有十几点,系统运行过程中,PLC 会对盾构机的各种控制开关信号和传感器信号进行实时扫描检测和刷新,要了解此方面更详细的内容,应参见 PLC 程序。

砂卵石地层盾构隧道壁后注浆对地表沉降影响的数值模拟研究

尹清锋[1]　张　宇[2]　黄常波[1]　王东猛[1]

（1. 中建交通建设集团有限公司　北京　100142；2. 房山区发展和改革委员会　北京　102488）

摘　要：结合深圳地铁2号线工程土建2205标段水湾站—东角头站区间工程实际，对盾构隧道施工中在不同壁后注浆条件下引起的几种典型位置的地表沉降进行了数值模拟研究，并综合考虑地表沉降允许范围，给出了砂卵石地层壁后注浆量的建议值。

关键词：砂卵石地层；盾构隧道；壁后注浆；地表变形；数值模拟

盾构法因其在施工速度、安全、工程质量等方面具有明显的优越性，且受地面环境的制约性较小，成为城市地铁隧道施工的最佳工法。尽管盾构法施工存在着众多的优点，但也会引发邻近建（构）筑物、地下管线和公用设施倾斜、扭曲，甚至房屋倒塌、管线破裂或公用设施损坏等。特别是在砂卵石地层中，地表沉降具有滞后性、隐蔽性、突发性，为工后埋下了重大安全隐患。在地铁盾构隧道施工中，壁后注浆是决定地表沉降大小的关键工序之一。注浆量、注浆压力的不同，对地表沉降的影响程度也不同。本文旨在研究其他条件不变的前提下，盾构隧道壁后注浆量对地表沉降的影响。[1,2]

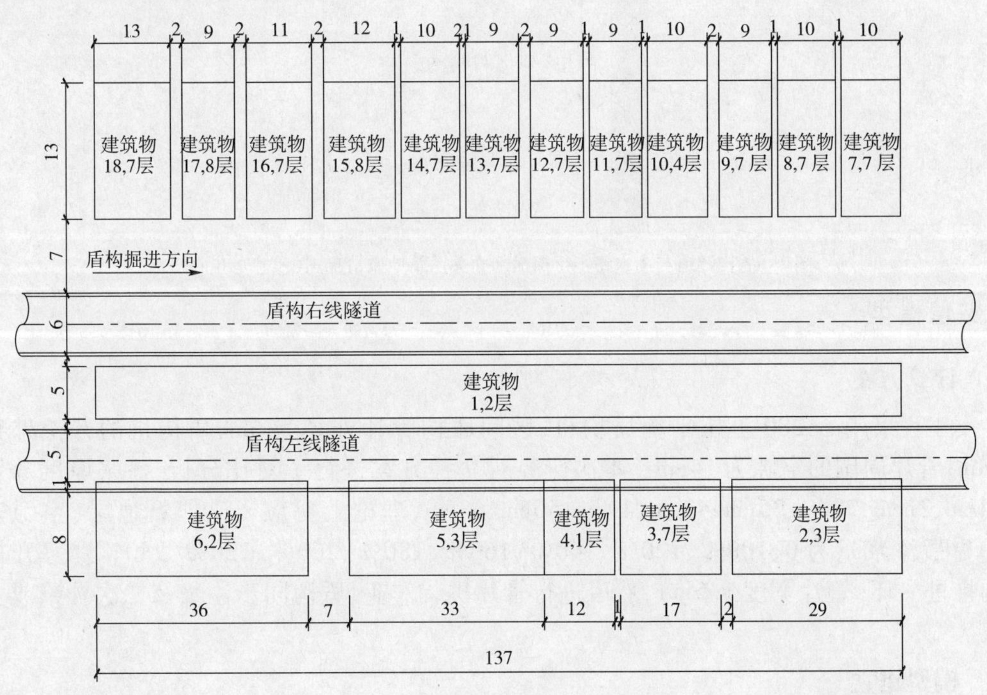

图1　盾构隧道与南水路步行街平面关系图

作者简介：尹清锋（1978—），男，河北南宫人，工程师，硕士，主要从事城市轨道交通施工与管理工作。

1 工程背景

深圳地铁2号线工程土建2205标段水湾站—东角头站区间采用盾构法,从东角头站分左、右线先后始发,掘进至来水湾站。区间位于南山区南水路步行街下方,两侧居民楼、商铺林立;距隧道仅3m左右,其中穿越居民楼18栋,穿越南水步行街二层商铺长度约380m,建筑物均为20世纪90年代修建的1~8层楼房,基础为深3m左右的条形基础,该隧道通过段为砂卵石地层,施工过程中对地表沉降控制极为严格。建构筑物沉降允许值为±10mm。盾构隧道与南水路步行街平面与横剖面关系及地质情况如图1和图2所示。

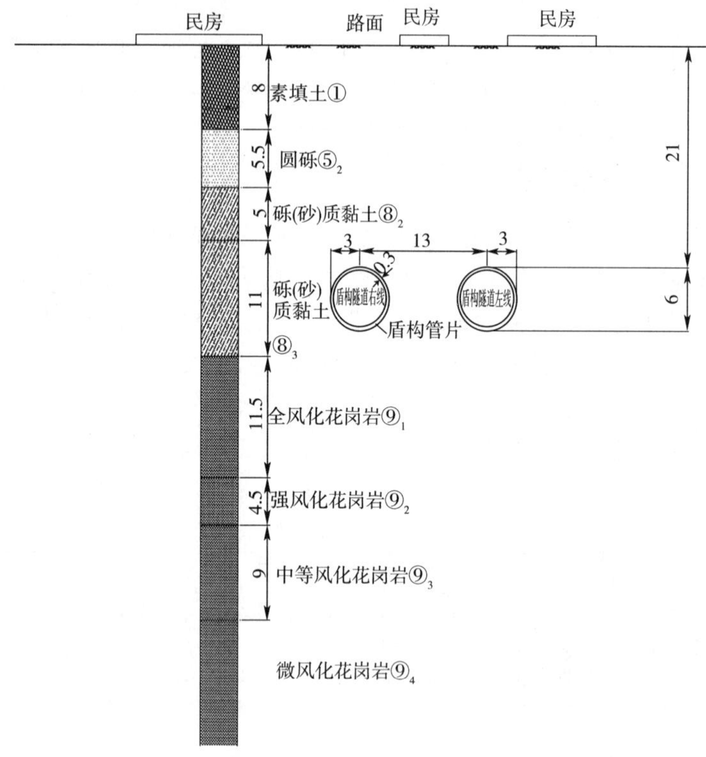

图2 盾构隧道与南水路步行街横剖面关系及地质情况图(尺寸单位:m)

2 数值模型

2.1 计算方案[3]

本工程采用ϕ6280土压平衡盾构机,区间盾构管片外径为6m,盾构机的开挖外径为6.28m,管片周围的空隙为14cm。本次研究对9种方案进行了对比分析,注浆厚度分别为0、14cm、21cm、28cm、35cm、42cm、49cm、56cm、63cm,理论上对应于砂卵石地层(空隙率取0.4)壁后注浆量为0、100%、120%、140%、160%、180%、200%、220%、240%。每开挖步盾构推进一环(管片宽度1.5m),然后进行管片拼装作业、盾构同步注浆及二次补浆或多次补浆。

2.2 模型建立

综合设计图纸及相关说明资料进行,考虑到尺寸效应引起的计算误差,数值模型左、右边界取两条隧道圆心连线中心点左、右各60m,沿隧道轴向取一段隧道160.8m,隧道中心水平面向上取至地表,高度24m,向下取39m。整个模型长160.8m、宽120m、高63m,共117786个单元、126360 个节点。数值模型网格划分如图 3 所示。

在模型建立时，将盾构隧道上方建筑结构地表施加根据情况折合成均布荷载，地面均布活载 Q_{grd} 取 20kN/m^2。地层和管片均采用 8 节点六面体单元模拟，盾壳采用 shell 单元模拟。

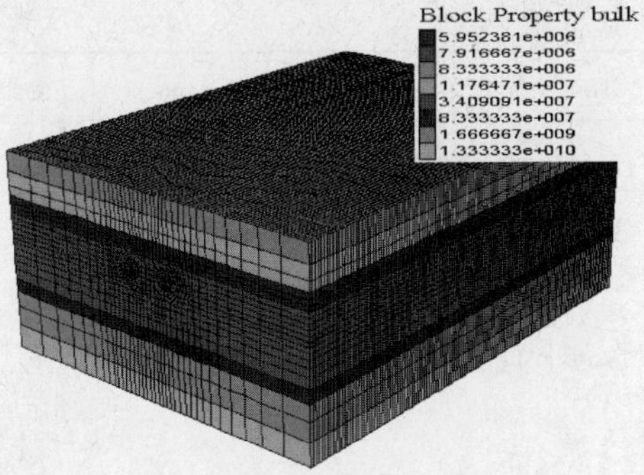

图 3 数值模型网格划分图

2.3 计算参数

2.3.1 土层计算参数

计算所采用的土层计算参数如表 1 所示。

土层计算参数表 表 1

土层名称	压缩模量 E_s (MPa)	泊松比 υ	天然重度 γ (kN/m^3)	黏聚力 c (kPa)	内摩擦角 ϕ (°)
素填土①	5	0.4	17.5	10	5
圆砾⑤$_2$	2	0.33	20	0	30
砾(砂)质黏土⑧$_2$	7.5	0.29	18.4	22	20
砾(砂)质黏土⑧$_3$	9.5	0.3	17.9	25	22
全风化花岗岩⑨$_1$	45	0.28	18	26	24
强风化花岗岩⑨$_2$	100	0.3	19.4	15	30
中等风化花岗岩⑨$_3$	2000	0.3	19.4	400	38
微风化花岗岩⑨$_4$	20000	0.25	19.4	1200	42

2.3.2 管片和盾壳计算参数

管片和盾壳计算参数见表 2。

管片和盾壳计算参数表 表 2

序号	名称	厚度(mm)	弹性模量 E(GPa)	泊松比 υ	密度 ρ(g/cm^3)
1	盾构管片 C50	300	34.5	0.2	2.50
2	盾构机刚护盾	40	201	0.25	7.85

2.3.3 注浆加固区计算参数[4]

注浆加固体强度与各参数间的关系由以下经验公式来确定，参数计算结果如表 3 所示。

$$E = 273p + 961 \quad (1)$$

$$\sigma_t = 0.91p^{0.75} \quad (2)$$

$$c = 0.165p + 0.08 \quad (3)$$

式中：E——折算后的加固体弹性模量；

p——加固体强度，取 2MPa；

σ_t——加固体抗拉强度；

c——黏聚力。

注浆加固区计算参数表　　表 3

加固区强度(MPa)	密度(g/cm^3)	黏聚力(kPa)	内摩擦角(°)	泊松比	弹性模量(MPa)
2	2.25	410	30	0.27	1507

2.3.4 开挖面土压力

在模拟中，盾构开挖面土压力设定为静止土压力，施加在开挖掌子面上，其单位面积土压力按照以下公式计算，取 186.18kPa。

$$p_0 = \left(Q_{\mathrm{grd}} + \sum_{i=1}^{4} \gamma_i h_i \right) \times k_0 \tag{4}$$

式中：p_0——盾构开挖面单位面积土压力；

Q_{grd}——地面均布活载，取 $20\mathrm{kN/m^2}$；

γ_i——第 i 层地层天然重度；

h_i——第 i 层地层厚度；

k_0——静止土压力系数。

k_0 可由经验公式计算：

$$k_0 = 1 - \sin\varphi \tag{5}$$

式中：φ——土层的有效内摩擦角。

3 数值计算与分析

盾构施工中，当盾尾脱离管片后，在管片周围形成一定的空隙，管片周围空隙填充的密实性，直接影响地表沉降的大小。为了更好地揭示注浆对地表沉降的影响，在数值模拟过程中设定了 9 种注浆厚度。地面建筑物位置四角最大地表沉降与注浆厚度的关系如图 4～图 12所示。这些关系曲线表明：

(1)建筑物与双线隧道的距离相同时地表沉降大体相同，距离越近，地表变形越大。

(2)不注浆加固条件下，地表沉降较大，随着注浆厚度的增加，地表沉降数值减小。

(3)当盾构壁后注浆厚度达到 42cm 时(按照地层注入率 40% 计算，盾构壁后注浆量设定为 180%)，受两条隧道施工影响的中间位置最大地表沉降可以控制在 10mm 以内，如图 4 所示。

(4)当盾构壁后注浆厚度达到 35cm 时(按照地层注入率 40% 计算，盾构壁后注浆量设定为 160%)，受一条隧道影响较大的外侧最大地表沉降可以控制在 10mm 以内，如图 5～图 7 所示。

(5)当盾构壁后注浆厚度达到 14cm 时(按照地层注入率 40% 计算，盾构壁后注浆量设定为 100%)，一条隧道外侧 7m 外的最大地表沉降可以控制在 10mm 以内，如图 8～图 12 所示。

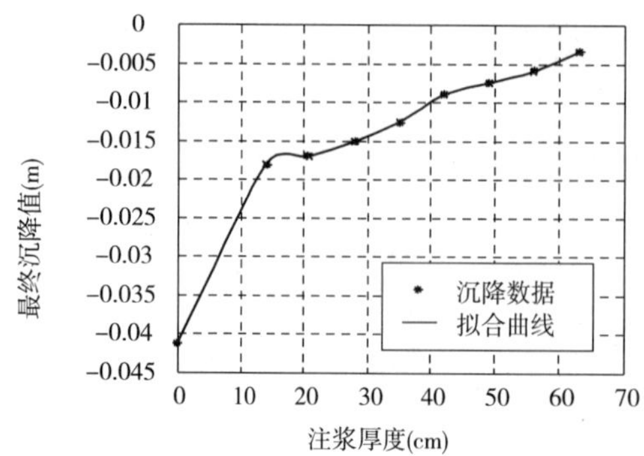

图 4　建筑物 1 最大沉降与注浆厚度关系图

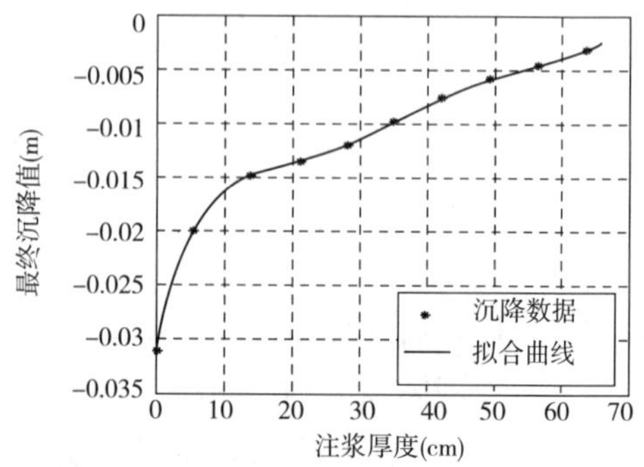

图 5　建筑物 2 最大沉降与注浆厚度关系图

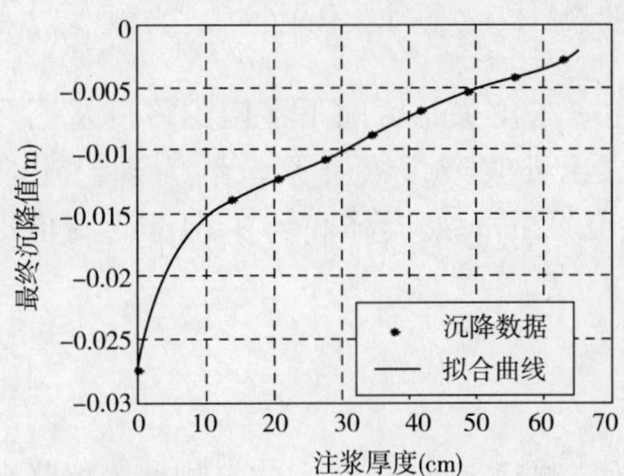

图6　建筑物3～5最大沉降与注浆厚度关系图

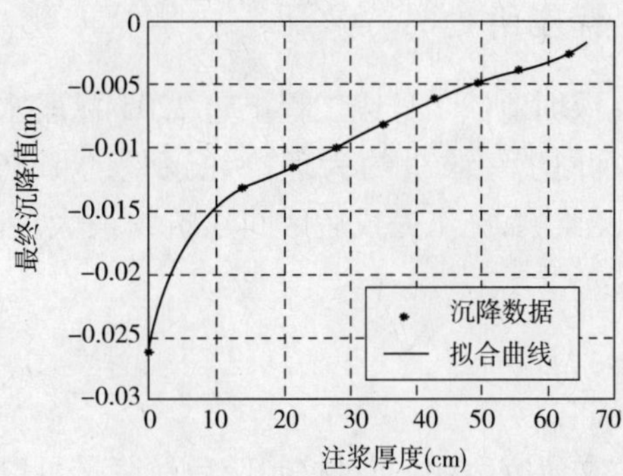

图7　建筑物6最大沉降与注浆厚度关系图

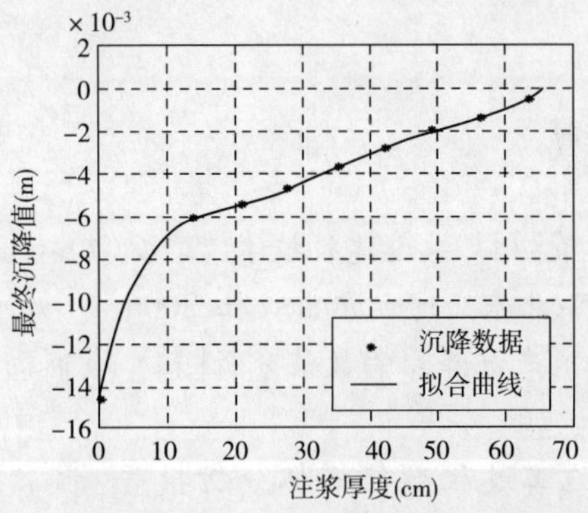

图8　建筑物7最大沉降与注浆厚度关系图

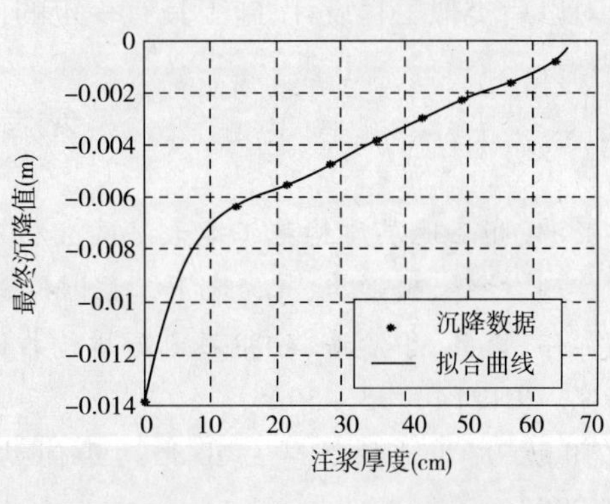

图9　建筑物8～12最大沉降与注浆厚度关系图

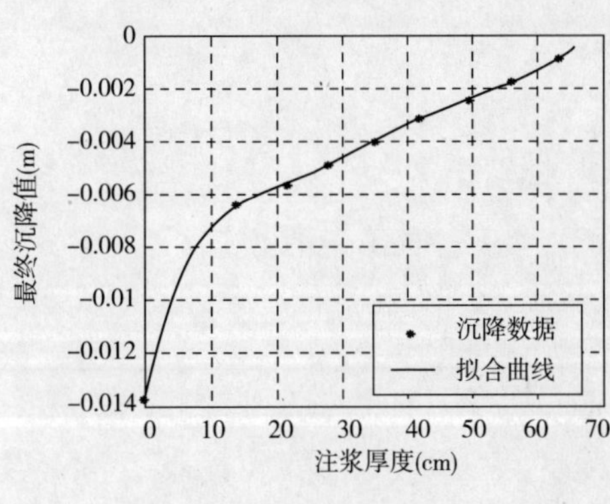

图10　建筑物13～16最大沉降与注浆厚度关系图

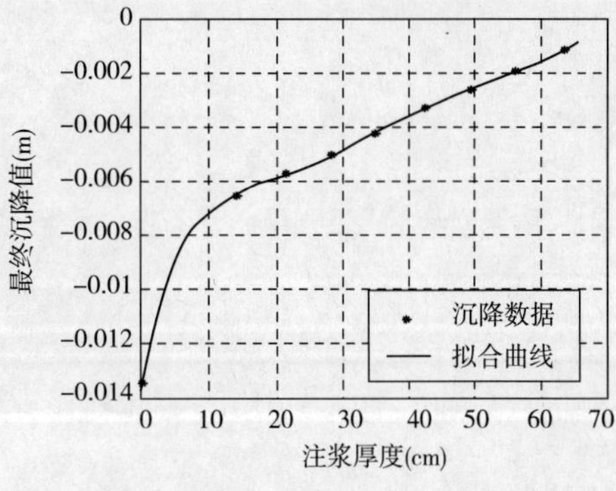

图11　建筑物17最大沉降与注浆厚度关系图

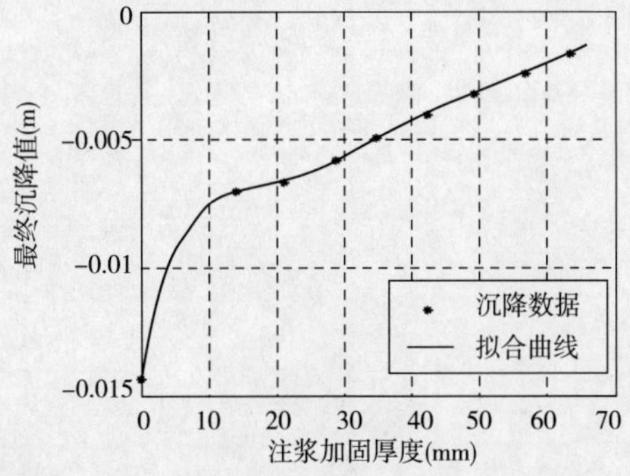

图12　建筑物18最大沉降与注浆厚度关系图

4 工程应用

在深圳地铁2号线工程土建2205标段水湾站—东角头站区间下穿南山区南水路步行街时,盾构同步注浆量约为理论注浆量的125%,二次补浆或多次补浆量约为理论注浆量的30%,经监测,施工完成后区间建筑物最大沉降为9.82mm,最大隆起为8.61mm,满足建筑物允许变形要求。

5 结论

本文研究表明,通过控制壁后注浆量可以有效控制地表沉降,考虑建筑物地表沉降允许范围,建议砂卵石地层盾构壁后注浆量(包括同步注浆量和二次或多次补浆量)控制在150%~160%,对以后类似工程设计、施工具有一定的借鉴价值。

参考文献

[1] 牟亚洲.卵石地层盾构施工地表沉降分析及对策[J].铁道建筑技术.2012(4):65.

[2] 贺少辉,叶锋,项彦勇,等.地下工程[M].北京:北京交通大学出版社,2006.

[3] 赵旭伟,谈晶,于清浩.砂卵石地层盾构推进对地表沉降影响数值分析[J].城市轨道交通研究.2012(4):33-36.

[4] 陈阳勋.广州地铁5号线小北站西侧站厅施工过程数值模拟分析报告.北京交通大学,2007.

土压平衡盾构长距离穿越湖区施工关键技术研究

耿富林　陈希林　刁春仁　卢常亘

（北京市市政四建设工程有限责任公司　北京　100176）

摘　要：伴随着我国国民经济的不断发展以及城镇化步伐的不断加快，地铁隧道、水利涵洞、热力隧道、电力隧道建设工程量日益增多，盾构施工以其施工不需降水、快速、安全等优势，使得盾构法施工应用范围越来越广，盾构施工中遇到的问题也越来越多。通过对土压平衡盾构穿越朝阳公园湖施工技术进行了总结，介绍了长距离穿越水体施工实践和经验。

关键词：土压平衡盾构；长距离穿越湖区；关键技术

1　引言

目前国内水下隧道施工已有先例，例如江苏无锡市首条湖底隧道蠡湖隧道，总长为1180m；武汉东湖隧道下穿湖底的主通道呈弧线走向，全长约800m；苏州金鸡湖隧道下穿湖区，全长3650m。介绍盾构下穿水体施工技术的相关文章也较多，但是这些文章大多是从盾构机选型、施工组织与管理、施工经验等方面进行的介绍，关键施工参数与开挖土扰动量之间的数值分析未见介绍。开完面土体是否稳定，是盾构穿湖施工能否成功的关键，现结合北京地铁14号线施工情况，对施工参数与开挖土体扰动量之间的关系从数值上加以分析，找出对开挖面土体扰动最小的施工参数，保证开挖面稳定，以期为今后类似工程的实施提供借鉴。

2　工程概况

北京地铁14号线工程土建施工19合同段，由"一站两区间"组成，车站总长222.9m，朝阳公园站—枣营站站区间单线隧道总长905.85m，水下施工段643m。枣营站—东风北桥站区间单线隧道总长1955.112m，水下施工段767m。朝阳公园湖湖底深约4m。隧道顶部与河底的竖向距离约10.6～13m。区间隧道结构所处地层主要为粉土、粉质黏土和圆砾层，局部为粉细砂层。

施工机械为ϕ6.14加泥式土压平衡盾构机，盾构机外径6.14m，盾构机长9.6m，同步注浆位置在盾尾，管片外径6m，内径5.4m。

3　试验段的位置及测点布置

由于湖区布置测量点比较困难，且施工季节为冬季，即使在湖区布置了监测点，也很难取得测量数值，因而穿湖参数设定值可在进湖前的试验段内取得。试验段的选择应该具备以下主要条件：首先试验段的地质条件应能很好地代表穿湖段的地质情况；其次盾构掘进中的姿态应尽可能的一致，避免受掘进路线的干扰。基于以上要求，我们选取进湖前100m作为该区间的试验段。该试验段的地层从上到下依次为①$_1$杂填土、①粉土填土、③$_1$粉质黏土、③粉土、④$_3$粉细砂、④

作者简介：耿富林（1978—），男，汉族，北京人，工程师，学士，主要从事构法隧道施工工作。E－mail：26446349@qq.com

粉质黏土、④$_3$ 粉细砂、⑤$_1$ 中粗砂、⑥粉质黏土、⑥$_2$ 粉土，与穿湖段地层较为类似，具有代表性；其次该试验段盾构掘进纵向坡度为 4.885‰，平面位于平曲线末端，与穿湖段基本一致。

在该试验段范围内选取断面 1 位置为里程 36K + 190.262，断面 2 里程分别为 36K + 248.5、36K + 269.539 作为施工地面监测点，图 1、图 2 分别为监测断面 1、2 分孔布置示意图。

数据的采集：在孔口作一标记，每次测试都应该以该标记为基准点。初始数据的采集：待磁环安装稳定 7 天后进行初始值的采取，初始值测 3 次，取得稳定的初值。同时采用测斜仪对水平位移进行初始值的采取。随着盾构掌子面距监测断面的距离大小进行试验数据的采集。

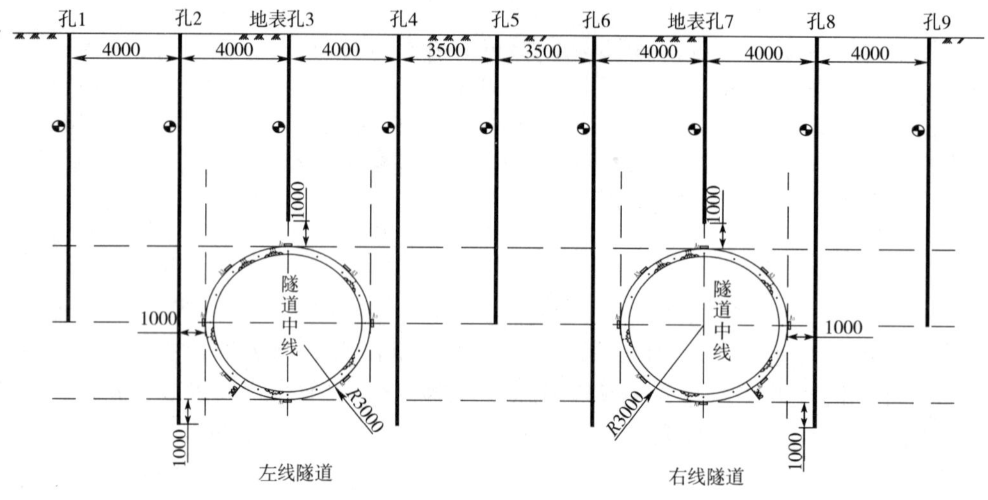

图 1　监测断面 1 各孔布置示意图（尺寸单位：mm）

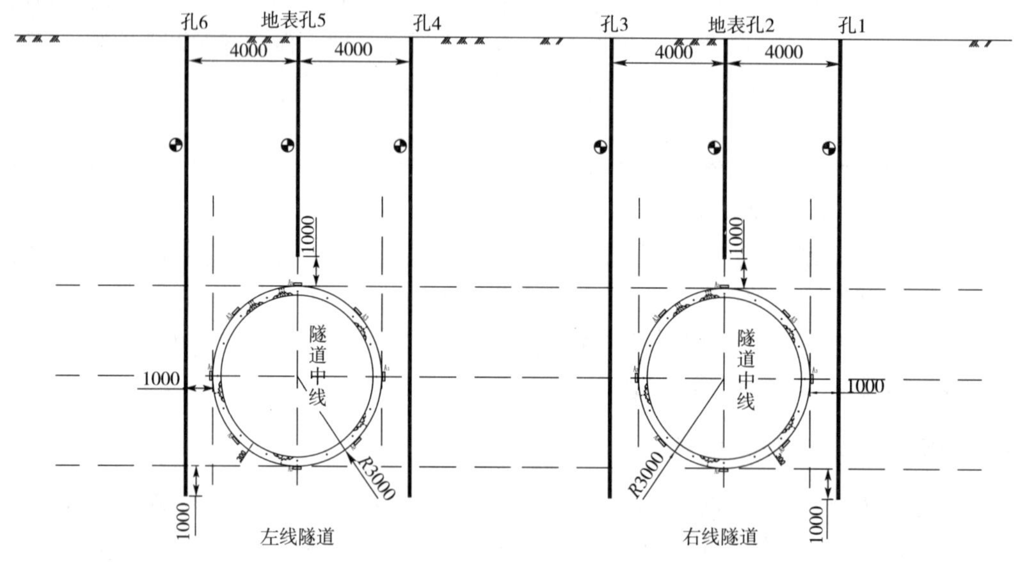

图 2　监测断面 2 各孔布置示意图（尺寸单位：mm）

4　试验段数值分析

两个断面上各孔采集到的数据，变化规律基本一致，在此每个断面仅取 1 个具有代表性的孔进行数值分析。

4.1 分层沉降数值分析

分别取断面1和断面2位于隧道左侧距隧道1m处孔位数值进行分析(孔深20m);磁环1的位置为1263mm,为杂填土地层;磁环2的位置为2569mm,为杂填土地层;磁环3的位置为4246mm,为杂填土地层;磁环4的位置为6838mm,为粉质黏土地层;磁环5的位置为8430mm,为粉质黏土地层;磁环6的位置为10625mm,为粉细砂地层;磁环7的位置为13252mm,为粉质黏土地层;磁环8的位置为14208mm,为粉质黏土地层;磁环9的位置为16196mm,为粉细砂地层;磁环10的位置为18180mm,为中粗砂地层。在盾构机刀盘到达前及盾尾过后,分别测取分层沉降数值,其线形图如图3、图4所示。

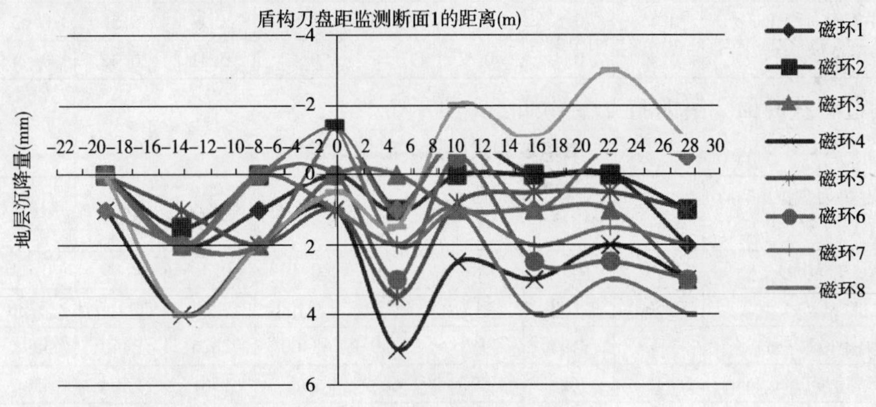

注:正值为沉降,负值为隆起。

图3　断面1-6号孔的分层沉降曲线

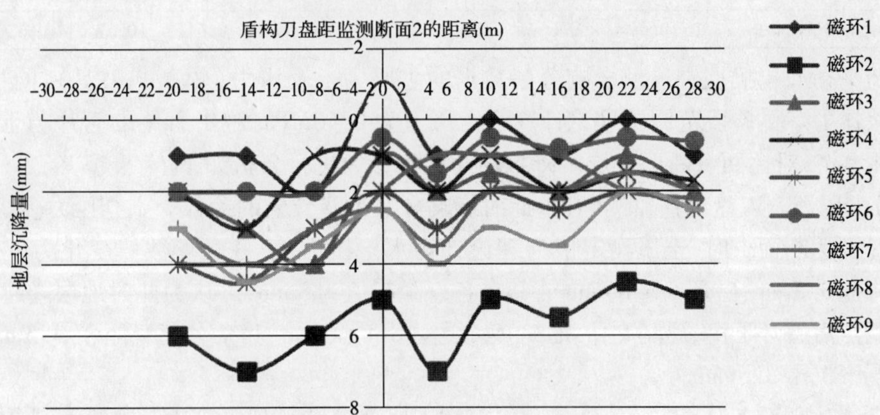

注:正值为沉降,负值为隆起。

图4　断面2-3号孔的分层沉降曲线

由图3、图4可以看出,大部分磁环在盾构掘进过程中的规律是:刀盘距离测量断面12m位置时,磁环开始沉降;刀盘距离测量断面6m时,磁环开始隆起,刀盘到达测量断面时,磁环隆起达到最大值;刀盘过测量断面后,磁环开始出现沉降,之后由于同步注浆作用,磁环开始上升,盾尾到达测量断面时,磁环开始上升;盾尾离开测量断面后,由于浆液的固结沉降现象,磁环出现沉降现象,二次注浆到达测量断面时,磁环再次隆起,最后由于浆液固结沉降现象,磁环再次下沉,最后趋于稳定。

盾构过测量断面1时的施工参数如表1所示。

盾构过测量断面 1 时施工参数　　表 1

项目 \ 刀盘位置(m)	-18	-12	-6	0	4.8	9.6	15.6	21.6	27.6
土压力(MPa)	0.13	0.13	0.13	0.13	0.13	0.13	0.13	0.14	0.13
总推力(kN)	19768	21950	16366	13417	12408	13823	12785	13532	16880
刀盘力矩(kN·m)	1728	1256	942	1622	1047	1204	1256	2094	1980
千斤顶行程速度(mm/min)	65	65	65	64	64	66	69	65	63
同步注浆压力(MPa)	0.6	0.48	0.48	0.45	0.61	0.5	0.55	0.40	0.47
同步注浆量(m^3)	2.21	2.26	2.24	2.03	2.19	2.19	2.18	2.03	2.32
二次注浆压力(MPa)	0.45	0.5	0.6	0.53	0.55	0.6	0.56	0.62	0.54
二次注浆量(m^3)	0.49	0.4	0.5	0.4	0.42	0.41	0.42	0.44	0.46

盾构过测量断面 2 时的施工参数如表 2 所示。

盾构过测量断面 2 时施工参数　　表 2

项目 \ 刀盘位置(m)	-18	-12	-6	0	4.8	9.6	15.6	21.6	27.6
土压力(MPa)	0.10	0.10	0.10	0.10	0.10	0.10	0.09	0.09	0.09
总推力(kN)	22560	18730	24420	26830	25100	26980	21160	28330	22630
刀盘力矩(kN·m)	3455	3193	4450	3350	3560	2826	2460	3298	2827
千斤顶行程速度(mm/min)	60	62	59	60	58	56	50	56	46
同步注浆压力(MPa)	0.34	0.29	0.34	0.30	0.26	0.22	0.26	0.24	0.22
同步注浆量(m^3)	1923	2061	2040	2073	2018	1976	1853	2012	2044
二次注浆压力(MPa)	0.49	0.4	0.5	0.4	0.42	0.41	0.42	0.44	0.46
二次注浆量(m^3)	0.5	0.6	0.6	0.54	0.56	0.61	0.57	0.63	0.6

土压平衡盾构机掘进过程影响分层数据的主要为土仓压力(辐条式刀盘)、同步注浆量、二次注浆压力。试验段范围内理论计算水土压力为 0.13MPa,脱出盾尾的管片与土体间隙理论值为 1.9m^3,对比两个断面分层沉降数值与施工参数进行分析如下。

(1)土压力。刀盘到达监测断面,此时影响分层沉降数值的参数为土仓压力。

刀盘到达断面 1 时,土压设定值为理论计算水土压力值,各磁环数值变化为 1~3.5mm,磁环 9 隆起 3.5mm,磁环 5 隆起 1mm,其余各点隆起值为 3mm,可认为此时地层隆起 3mm。刀盘过检测点后磁环下沉,磁环 2 下沉 2mm,磁环 4 下沉 4mm,其余各磁环下沉 3.5mm,可认为此时地层下沉了 3.5mm。

刀盘到达断面 2 时,土压值设定为 0.1MPa,比理论计算值低 23%,此时测得的分层沉降数值变化为 2~3mm,磁环 1 和磁环 3 隆起 3mm,其余各磁环隆起 2mm,可认为此时地层隆起 2mm;刀盘过检测点后磁环下沉,磁环 2 下沉 2mm,其余各磁环下沉 1.8mm,可认为此时地层下沉了 1.8mm,相比断面 1 沉降数值减少 48.5%。

对比两组数值可以看出,开挖土压设定值略低于理论计算水土压力值时,不论是刀盘到达时引起的地层隆起,还是刀盘通过后出现的沉降数值,都要低于以理论计算值掘进时的数值,因此可以看出,微欠压掘进时,对开挖面地层扰动要小得多,尽管两个沉降数值都在沉降允许值之内,但为减少穿湖时施工对地层的扰动,应微欠压推进。

(2)同步注浆压量。刀盘通过测点 9.6m 后,同步注浆位置到达测量断面,此时影响分层沉降数值的参数为同步注浆量。

同步注浆到达测量断面1时,按115%注浆比例填充空隙,注浆压力达到0.5~0.6MPa,测点磁环隆起值在3~3.5mm,同步注浆点通过测点6m后,浆液固结沉降达到最大,除磁环2、3和4基本不变,其余各点变化2~3mm。

同步注浆到达测量断面2时,按105%注浆比例填充空隙,注浆压力为0.22~0.34MPa,注浆压力减少55%,测点磁环隆起值在1~2mm;同步注浆点通过测点6m后,浆液固结沉降达到最大,各磁环沉降值均在1mm左右,相对于断面1减少50%~67%。

对比两组数据可以看出,该地层浆液渗透率较低,以较大填充率进行同步注浆填充时,不论是先期的隆起还是后期的沉降都有相对于填充率低的情况,因而可以按照100%~105%的注浆填充率,实现减少施工对地层的扰动,节约施工材料用量。

(3)二次注浆压力。刀盘通过监测断面21.6m时,二次注浆位置到达监测断面,二次注浆一般以注浆压力控制。

二次注浆压力控制在0.4~0.55MPa时,磁环测量值隆、沉变化值均在1mm左右,变化不大,因而二次注浆压力可控制在0.4~0.55MPa。

对比两组最终测量数据,断面1各磁环相对于初始状态,除磁环9和磁环10有1mm隆起外,其余磁环均出现1~3mm沉降,断面2各磁环相对于初始状态,除磁环2和磁环6有1mm隆起外,其余磁环变化值基本为0mm。

因而这种地层条件下穿湖施工,土压值设定可以比理论计算值降低20%~25%,同步注浆填充率为100%~105%,二次注浆压力为0.4~0.55MPa。

4.2 垂直隧道轴线位移量分析

9号孔在断面1上,位于右线隧道右侧5m。初始值在11月14日采集,11月22日、12月1日均是盾构距离监测断面1为18m之外时采集。12月6日是盾构距监测断面1为6m时采集,12月7日是盾尾过监测断面1为18m时采集。图5为断面1-9号孔垂直盾构掘进方向的深度—位移曲线。

3号孔在断面2上,位于右线隧道左侧1m。初始值的采集日期为11月15日,11月23日和12月2日是盾构未到达监测断面2且距离大于18m时采集的数据,12月13日是盾构距监测断面2为6m时采集的数据,12月20日是盾尾远离监测断面2的距离为18m时采集的数据。图6为断面2-3号孔垂直盾构掘进方向的深度—位移曲线。

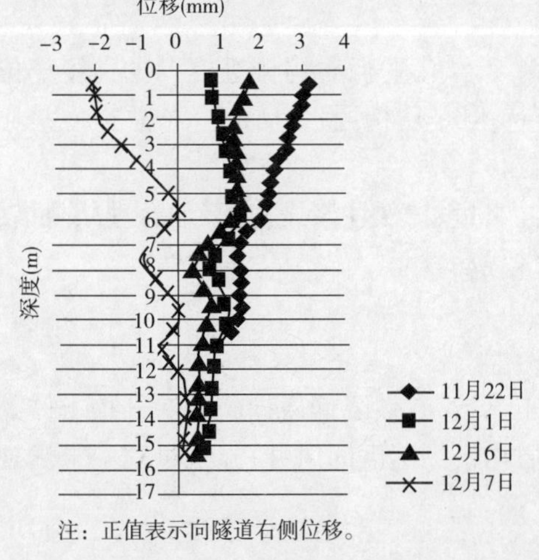

图5 断面1-9号孔垂直盾构掘进方向的深度-位移曲线

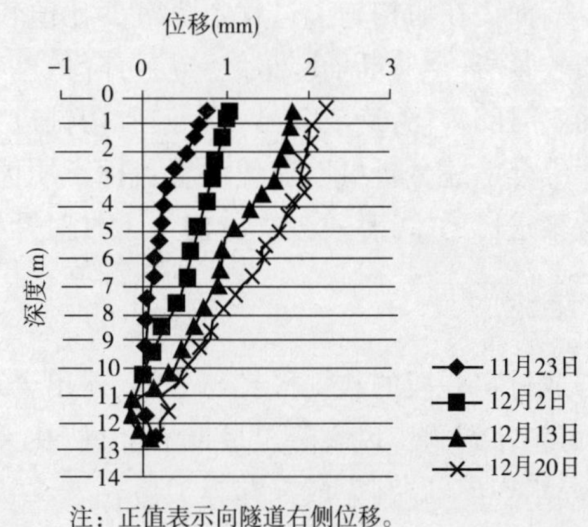

图6 断面2-3号孔垂直盾构掘进方向的深度—位移曲线

盾构掘进过程形成的沉降区呈漏斗形，下部位移量小，上部位移量大，从盾构进入断面影响区开始，断面1～9号孔垂直盾构掘进方向最大位值量为3mm，断面2～3号孔垂直盾构掘进方向最大位移量为0.5mm，盾构施工过程造成的沉降量越大，位移量也就相对较大。

4.3 垂直隧道轴线位移量分析

7号孔在断面1上，位于右线隧道正上方。图7为断面1-7号孔平行盾构掘进方向的深度—位移曲线。

平行盾构掘进方向上的水平位移在盾构未到达监测范围时其主要表现为背向盾构掘进方向位移，最大值约为1.0mm，在盾构掘进中其位移趋势有所减小，当盾构距监测断面为6m时其水平位移则表现为向盾构掘进方向位移，最大值约为1mm，随着盾构的继续掘进，当盾尾远离监测断面时其又表现为背向盾构掘进方向位移，最大值约为1.6mm。

2号孔在断面2上，位于右线隧道正上方。图8为断面2-2号孔平行盾构掘进方向的深度—位移曲线。

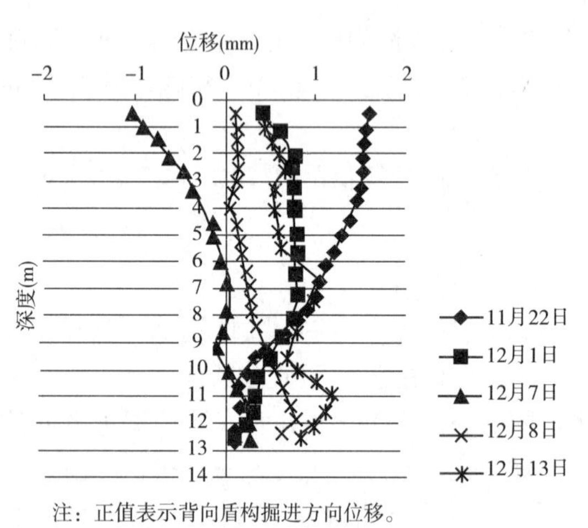

图7 断面1-7号孔平行盾构掘进方向的深度—位移曲线

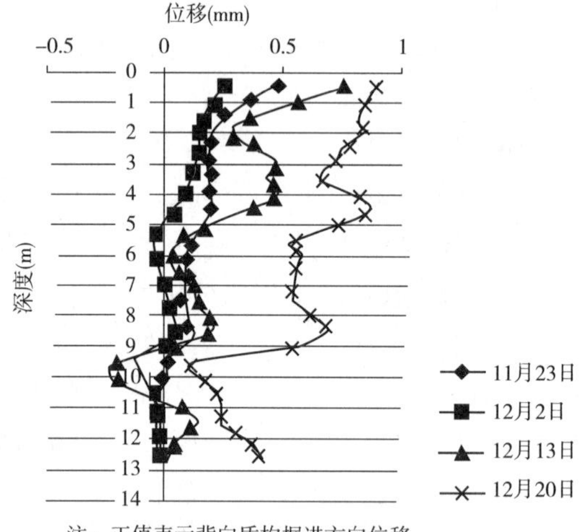

图8 断面2-2号孔平行盾构掘进方向的深度—位移曲线

2号平行盾构掘进方向数值变化较小，均不大于1mm，且和盾构掘进方向一致。

7号孔平行盾构掘进方向的深度—位移曲线随盾构掘进过程，其变化规律和分层沉降数值变化规律基本一致，均向漏斗中心位移。

断面2在盾构施工过程中隆沉变化值较小，所以2号孔平行盾构掘进方向的深度—位移曲线较紧凑，尽管断面2最终分层沉降值基本为0mm，但是盾构通过断面2时，总推力是通过断面1时的2倍，造成2号孔有向盾构掘进方向的位移。

综合上述分析可以合理设置目标土压值、同步注浆量、二次注浆压力，采取合理减阻措施，降低推进压力，可有效减小盾构施工时对开挖土体的扰动。

5 结论

通过实验段的数据采集与分析，得出合理的施工参数，有效降低盾构施工对开挖土体的扰动，可把穿湖施工风险降至最低。经过30天，施工盾构机到达区间风井，施工过程中未出现喷涌、漏水现象，顺利完成穿湖施工。

盾构机高空接收平台的设计与应用

耿富林　陈希林　郑仔弟　刁春仁

（北京市市政四建设工程有限责任公司　北京　100176）

摘　要：近年来，随着地铁工程的快速发展，盾构机应用越来越多。在双线交会换乘站处，盾构机在出洞后面临高空接收问题，要完成盾构机高空接收，需要一个接收平台，如何设计一种经济、安全、实用的盾构机接收平台，成为盾构施工企业面临的一个问题。因此，以北京丰台北路站盾构机接收为例，简要介绍了盾构机高空接收平台的设计。

关键词：盾构机；高空；接收；平台；设计

中国城市正在兴起轨道交通建设热潮，截至2009年年底，中国投入运行的城市轨道交通线路总长达到962km，目前有27个城市正在筹备轨道交通的建设。初步估算，到2015年以前，需要投入盾构机300台，仅北京2015年前地铁规划就近20条，多线交会换乘，盾构施工占地铁施工的60%。由于盾构施工的安全、快速性，在地铁施工中的比例呈上升趋势。

从方便乘客快速换乘及建设成本考虑，新建车站双线交会换乘多设计为3层结构。上线盾构机出洞后就面临高空接收问题，盾构机机头本身质量多在300t以上，车站楼板无法承受该质量，因而需要一种接收平台，该平台要保证接收过程中盾构机和车站主体结构的安全。现结合北京丰台北路站盾构机高空接收情况，简要介绍高空接收平台的设计与应用，以期为今后类似工程的实施提供借鉴。

1　工程概况

丰台北路站处于东大街、丰台北路和万丰路相交的十字路口，是北京地铁9号线和北京地铁14号线换乘站。两线斜交，地铁9号线在地铁14号线上方。丰台北路站为地下3层结构，盾构机在地下2层出洞。图1为丰台北路站接收井结构图。

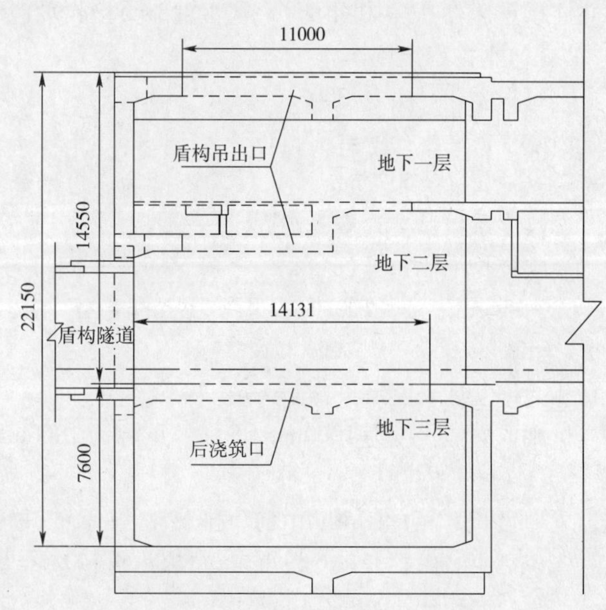

图1　丰台北路站接收井结构图（尺寸单位：mm）

考虑运输及加工因素，平台分块加工，运至现场后进行组装。接收平台立柱采用ϕ168mm、壁厚6mm热轧无缝管，横杆和纵杆采用ϕ108mm、壁厚4mm热轧无缝管，斜撑采用16a槽钢，立柱间距1.3m，周边加强处间距0.4m，横杆间距1m。整个接收平台高6m、长14.6m、宽

作者简介：耿富林（1978—），男，汉族，北京人，工程师，学士，主要从事盾构法隧道施工工作。E-mail：26446334@qq.com

5m。整个结构分成10榀。图2为接收平台示意图。

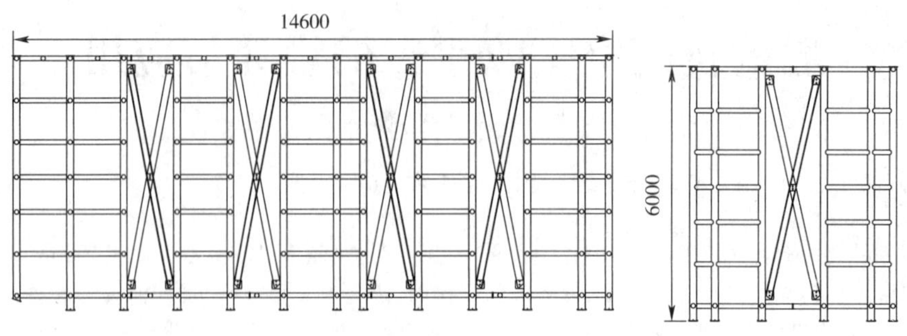

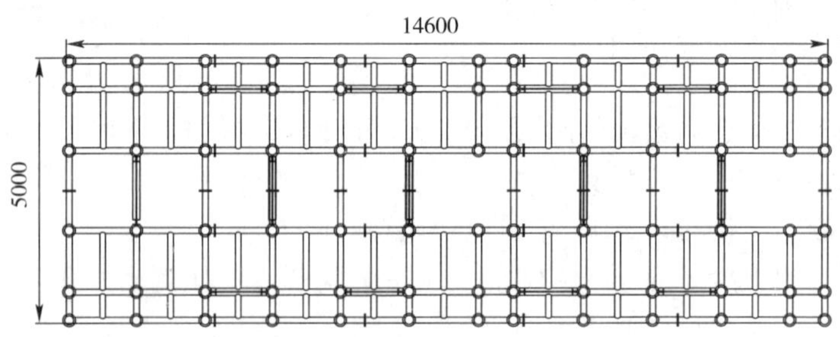

图2 接收平台示意图(尺寸单位:mm)

2 接收平台设计计算

出洞时主要前5排内侧立柱受力,整体上基座后,质量集中在后5排内侧立柱。按30根立柱承重计算,盾构机重290t,基座重10t,接收平台承受总质量为290+10=300t。

(1)钢柱稳定性计算

每根立柱受压力:300/10=30t

立柱惯性半径:$i=57.3\text{mm}$

立柱长:$L=6077\text{mm}$

长度系数:$\mu=2$(取一端固定,一端自由,$\mu=2$)

立柱长细比:$\lambda=(\mu\times1)/i=(2\times6077)/57.3=212.1$

一般来说 $\lambda\leqslant100$ 时,可视为压杆稳定,$\lambda>100$,立柱需要加强。根据DEC曲线,取$\lambda=50$。

允许立柱长度最长:$L_1=i/\mu=1432.5\text{mm}$

则取立柱长度为1000mm,即横撑层距为1000mm。

(2)钢柱强度计算

刀盘和F1总重140t,由前2排12根柱承重,每根承重:140/12=11.7t

刀盘40t,由第一排6根承重,每根承重:40/6=6.7t

管截面积:$A_1=3052.1\text{mm}^2$

压应力:$11.7/3052.1=0.0039\text{t/mm}^2$

许用应力:$[\sigma]=0.0235\text{t/mm}^2$

安全系数:0.0235/0.0039=6

钢柱强度满足要求。

(3)柱顶板受力计算。

按最不利情况计算,即第一排柱子独自承受140T力时,柱顶板受力:$F_1=140/6=23.3\text{T}$

柱顶板厚度10mm,钢柱外径168mm,钢柱内径156mm

挤压面面积:$A_2=3.14\times(1682-1562)/4=94.2\text{mm}^2$

剪切面积:$A_3=3.14\times168\times10=5275.2\text{mm}^2$

剪切面积:$A_4=3.14\times156\times10=4898.4\text{mm}^2$

挤压强度:$F_1/A_2=7.6\text{MPa}$

剪切强度1:$F_1/A_3=44.2\text{MPa}$

剪切强度2:$F_1/A_4=47.6\text{MPa}$

Q235钢板的许用剪切强度:120MPa

Q235钢板的许用挤压强度:210MPa

剪切安全系数为:120/47.6=2.5

挤压安全系数为:210/7.6=27.6

柱顶板受力满足要求。

(4)接收平台对结构底板压力。

按最不利情况,假定所有压力都集中在前2榀支架上,立柱下靠半径$R=0.12\text{m}$钢板与结构板接触,共18块,接触总面积:$A=18\times3.14\times0.122=6.896\text{m}^2$。

对底板压强为:

$$p=G/A=3000000/0.814=3686010.85\text{Pa}=3.69\text{MPa}$$

式中:G——盾构机和接收基座总重。

结构底板为C40钢混结构,C40混凝土极限抗压强度为40MPa>>3.69MPa,不会对结构底板造成损坏。

3 接收平台加工

接收平台在加工厂进行加工,为保证结构受力条件同理论计算值,加工要求保证:

(1)加工前对钢管进行检查,有缺陷的钢管不得使用,平台分块制作,试组装合格后现场拼接,如图3、图4所示。

图3 检查钢管

图4 现场组装验收

(2)所有孔机加工,公差为ϕ_0^{+1}。

(3)所有焊缝采用 J427 焊条进行焊接，不许有气孔，加渣等焊接缺陷，图 5 为对焊缝进行检查。

(4)立柱焊接后直线度允差 3mm。

(5)平台每个面的平面度 5mm。

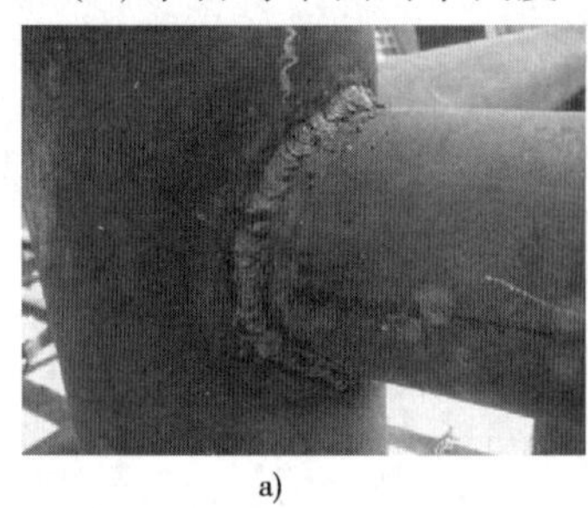
a)

b)

c)

图 5 对焊缝进行检查

4 接收平台应用

现场加工完成后，运至现场进行组装，组装过程中要保证平台的垂直度和平面度，检查合格后方可使用，不合格的用楔铁进行调整，所加楔铁要和结构焊接牢固。平面度和垂直度均合格后方可安放基座，如图 6、图 7 所示。

为限制盾构机上接收基座的过程中产生的推力和侧向力，基座的前方和左右两侧焊接工字钢，工字钢另一侧和车站结构靠死，如图 8 所示。

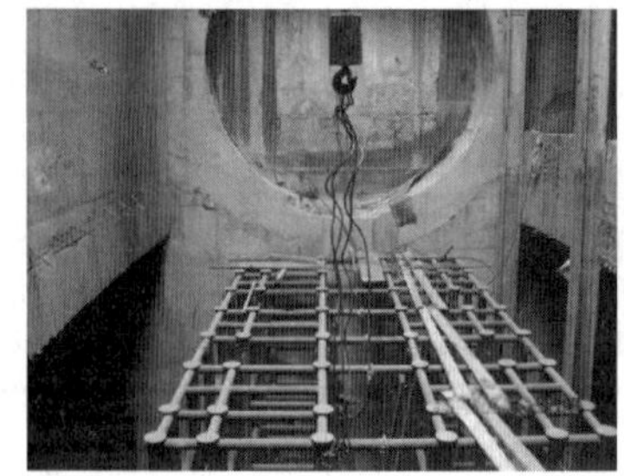
图 6 接收平台现场组装

图 7 对垂直度和平面度进行测量调整

图 8 焊接工字钢限制侧移和前移

接收过程中，盾构机分步上接收平台，每次前进 1m，对接收平台进行监测，监测数据无异常方可继续向前推进，解体吊出过程，继续对其进行监测，发现变形异常部位，立即撤离现场所有人员，确定人员安全后立即用工字钢进行加固。

5 结论

经过精心设计、加工、安装，盾构机成功走上接收平台，接收平台成功地承受了盾构机和接收基座的质量，车站结构未受任何影响，实践证明该设计是成功的、可行的。该平台还具有多次重复使用，易于拆装的特点，具经济、实用性。

越海盾构基岩孤石处理及通过关键技术

游永锋　梁奎生

（中铁隧道股份有限公司　郑州　450003）

摘　要：基于国内首条施工的越海盾构隧道，结合台山核电取水隧洞工程的现场实际情况，分析泥水盾构在掘进海底隧道的施工过程中遇基岩、孤石等不良地质段盾构掘进的风险，总结和梳理海面基岩孤石预处理技术及盾构通过硬岩段的施工方法，减小和预防施工中的安全质量事故的发生。

关键词：海底盾构隧道；基岩孤石；风险控制；盾构掘进；带压进仓

1　引言

随着国家城市化进程的不断加快，地面空间日益拥挤，地下空间的建设和使用，正成为当前城市开发的主要发展方向，为满足交通和能源等方面需求，国内兴建了大量的水下隧道，由于隧道的隐蔽性和地质情况的不确定性，尤其是地下水对隧道施工、运营的影响，水底隧道的风险研究从未停止：杨书江总结研究了不同刀具在硬岩地层及软硬互为夹层地层中掘进的刀具磨耗规律，对刀具更换位置的选择进行了研究，提出了刀具的更换原则以及刀具更换与维修方法[1]。米晋生、鞠世键（2005）总结出盾构过孤石存在的问题和特点、难点，并提出了针对性的解决方法[2]。谭忠盛、洪开荣、万姜林、王梦恕（2006）提出复合盾构的设计思想，并对复合盾构的功能及技术参数进行研究，分析刀盘、刀具与地质的适应性，研究复合盾构掘进模式的原理、掘进参数及模式之间的转换技术，解决了软硬不均地层的掘进难、效率低、成本高、地层变形不易控制等技术难题[3]。刘建国（2010）通过优化盾构掘进参数，使盾构顺利穿越软硬不均、硬岩、孤石、断裂破碎带和水底浅覆土等复杂地层[4]。竺维彬、黄威然等（2011）采用地面引孔下药施爆的控制钻爆法处理盾构隧道所遇到的基岩、孤石[5]。李友兵（2012）从工艺特点、施工原理、孤石群地层探测、盾构优化改造、孤石群地层掘进、跟踪注浆、灰岩掘进、安全控制等几个方面，详细论述了孤石群地层盾构施工技术[6]。洪开荣（2012）提出了水下爆破法和冲击钻冲孔两种方法进行基岩突起和孤石处理，盾构顺利掘进通过基岩段的施工方法[7]。王鹏华总结了不同地质条件和不同工况条件下有效的孤石处理技术[8]。由于技术和施工条件的限制，目前国内泥水盾构不良地质段掘进、陆域和海域爆破注浆等重大施工风险的研究尚属空白。

台山核电取水隧洞作为我国首次施工的越海盾构隧道，由于台山核电站海底盾构隧道地质条件特殊性，施工环境的复杂性，使得台山核电站海底盾构隧道施工存在较多的安全风险。本文通过对海底隧洞泥水盾构遇基岩孤石施工风险识别和复合地层施工风险动态管理和安全风险控制技术规避措施的研究，形成一套切实可行的海底隧道泥水盾构施工遇基岩孤石不良地质的施工技术措施及安全风险控制对策。

作者简介：游永锋（1981—　），男，本科，工程师。

2 工程简介

台山核电站是中法合作项目，采用国际先进的第三代欧洲压水堆核电技术，单机容量世界第一。取水隧洞主要解决核电站的循环冷却水供应，开挖直径 9.03m，单隧长度 4330.6m。隧洞穿越 2 条断层破碎带，4 段孤石群，3 段基岩突起以及多处软硬不均地层，尤其是 400 多米基岩孤石段的平均抗压强度为 140MPa，最大抗压度为 220MPa。盾构机在如此高强度的海底地层下掘进，国内尚无先例。项目部创造性地采用海上垂直钻孔爆破和地表注浆的技术方案，提前处理基岩、孤石不良地质段。并针对性地解决了海上爆破难以控制爆破效果和孤石准确定位的难题。

2013 年 3 月 15 日，台山核电站 2 条取水隧洞全部贯通，同时在 2012 年 10 月 2 日，取水隧洞创造了大断面泥水盾构施工月掘进 844.5m 的全国记录，为今后修建渤海湾、琼州海峡等长大、特长海底隧道积累了经验。1 号洞内部及贯通情况见图 1。

a)

b)

图 1　1 号洞管片成型及贯通情况

3 基岩突起及海域孤石爆破施工关键技术

3.1 基岩突起及海域孤石爆破施工准备

台山核电取水隧道洞身除穿越大量黏土地层外，陆域侧和大襟岛主要为中等风化和强风化花岗岩；而且近岸处多为基岩出露。根据前期地质补勘及水域地震反射波的成果，对发现的取水隧洞洞身范围内的分类异常进行钻探验证，共布置验证钻孔 16 个。通过 16 个物探异常验证钻孔成果，1 号、2 号取水隧洞在花岗岩段的洞身范围内存在 1 处类花岗岩风化残留体和 2 类就近搬运和滚落的孤石的物探异常得到验证，异常主要分布在核电岸边 300m 范围内，其他区段也可能存在孤石群。隧洞内基岩、孤石的分布情况见图 2。

通过对前期洞内水平钻探及海上钻探岩芯的单轴抗压强度判断，洞身内基岩的强度普遍偏高，岩石强度都在 140MPa 以上。

由于本工程中基岩的强度比较高，平均强度高于 140MPa，远远大于详勘提供的岩石强度。在国内及国外来说，泥水盾构掘进这样高强度的基岩，其成功的可能性几乎没有，而我们的盾构机设计是参照详勘地质情况进行设计的，如果采用盾构直接掘进，基岩、孤石对盾构机刀盘及刀具的损坏非常严重，需要频繁带压进仓换刀，严重影响施工工期，施工费用高；由于工程地质的复杂性，施工过程中如遇到刀盘损坏及地层不具备带压进仓的条件时，将导致整个工程的失败。而且孤石处在砂层及黏土层中，孤石不能固定，不能产生足够的破碎反力，孤石就会随着土体的破坏而移动或被刀具弹开，或者会在刀盘前面循环，挡在刀盘前面并损坏刀具，造成滚刀不易破碎孤石。这种情况下,操作工人必须进入开挖面人工清除孤石。清除孤石的工作对于工作人员和工程项目都存在非常大的风险。

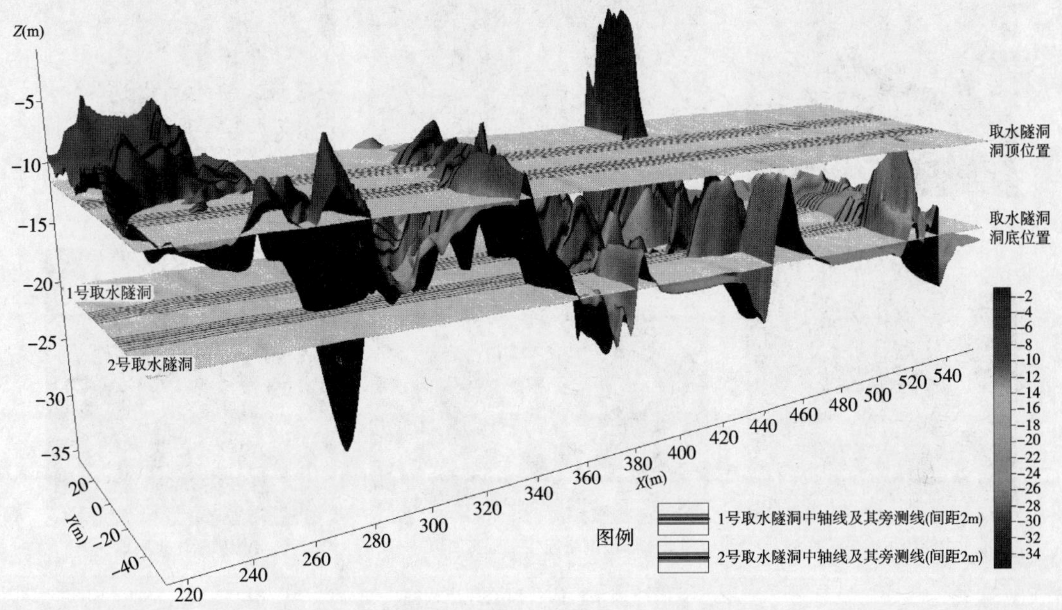

图2　隧洞内基岩、孤石的分布情况

考虑到该区域的地质因素、设计因素及施工因素,参考《公路桥梁与隧道施工安全风险评估指南》(试行),基岩突起及海域孤石爆破施工风险事件主要有:钻杆和套管脱落、爆破对地层扰动、爆破达不到预期效果、人员危险、爆破涌浪及周边建筑物安全、环境影响等风险。

3.2　施工过程实施

基岩、孤石处理总体策略:物探先行、钻探验证、查明分布、限定块度、控制爆破、带压进仓、舱后打捞。

基岩、孤石处理的基本程序:利用地震反射波 CDP 多次覆盖叠加技术探查基岩孤石的分布位置;然后钻探验证、查明分布;设计密集钻孔进行爆破处理,要求基岩爆破后形成小于 30cm 块径的碎块;直径小于 1m 的孤石在洞内采用劈石机处理;处理后进行舱后打捞。

基岩、孤石爆破处理施工步骤:根据查明的基岩位置、数目和分布,设计爆破钻孔施工方案—潜孔跟管钻机与地质钻机配合成孔—跟管钻机在回填层中预先引孔、下套管—地质钻机在跟管钻机套管内下套管至基岩顶面—再钻至设计标高—爆破参数设计—爆破施工—注浆加固地层。如图 3 所示。

3.3　基岩突起及海域孤石施工控制措施

3.3.1　钻杆和套管脱落控制

①所采用的套管和钻杆的丝扣必须完好,丝扣不能有腐蚀,禁止使用腐蚀或磨损严重的套管和钻杆下入钻孔中。

图3　基岩孤石预处理流程图

②下入钻孔中的套管和钻杆必需用自由钳子或管钳子拧紧,并且用管夹子固定住。

③下钻要平稳,不要过快,拧卸钻杆要将垫叉卡牢后再拧卸。提管器在确定挂牢后,方能起下。

④钻进过程中不要加压过大,防止钻杆折断。

⑤准备套管打捞丝锥,钻杆公丝锥和母丝锥,以备发生事故时用。

3.3.2　爆破达不到预期效果的控制

(1)测量控制

①控制网店的检验。根据现场工程师代表提供的控制网点,采用徕卡 TC1010 型全站仪(精度指标:测角 ±2.5s,测距 ±2mm +2ppm;仪器经质量检定部门检定合格,并在有效期限内,检定证书齐全)进行角度及边长的校核。

②钻孔标高控制。根据现场工程师代表提供的基准点引至施工区附近并设立水尺,在水尺旁边设立临时工作点,用水准仪进行校核。钻爆施工时,用 RTK - DGPS 和全站仪观测潮位变化,并定期用水尺校准。

③施工区域爆破布孔图制定。根据甲方提供施工图纸及测量图,划分爆破区域,并制成钻爆船布孔施工定位图。

(2)技术交底

开工前,技术人员首先对钻孔工人进行技术交底,将布孔原则、钻孔允许偏差等技术要求传达给所有施工人员,使员工在思想和意识上了解和掌握本项目标准和规范,开工前编制好质量控制的方案和实施细则,施工中严格按方案和实施细则进行操作。

(3)钻爆施工定位

钻爆施工时,钻孔定位采用 RTK - DGPS 定位系统定位(精度:水平 ±2cm +2ppm、高程 ±

4cm + 4ppm）和全站仪定位，要求实测孔位与设计孔位偏差不超过 20cm。

（4）钻孔标高控制

根据现场工程师提供的基准点引至施工区附近并设立水尺，在水尺旁边设立临时工作点，用水准仪进行校核。钻爆施工时，用 RTK – DGPS 和全站仪观测潮位变化，并定期用水尺校准。

（5）炮孔验收

炮孔钻好，由技术人员验收，偏差过大应重新钻孔，抵抗线偏差大的孔应废弃，验收合格后方可装药施工。

（6）装药施工警戒

为了现场机械设备及施工人员的安全，装药爆区范围内必须初步警戒，要做好现场清理工作。

（7）炮孔装药

钻孔完成后，炮工应按如下程序操作：

①用测深绳检查炮孔的深度，孔底标高若达不到施工设计底标高的要求，应要求重钻。

②按设计要求加工起爆体和装填炸药。

③用测深绳检查炸药是否到达孔底，若未到达，应用炮棍压送到孔底。

④装好炸药后用砂筒填塞炮孔上部，拉起套管，取出导爆管。

⑤一次起爆的炮孔全部装好炸药后，连接起爆网路。

3.3.3 注浆效果风险控制

为了在施工中保证注浆的效果，根据本工程采取的注浆工艺和技术特点及地质条件，注浆施工控制措施如下。

（1）串浆控制

①袖阀管管段之间连接应充分，下管前检查橡皮袖套是否松动脱落。

②强化注浆孔的回填和封孔质量。

③注浆参数要不断调整完善，适应地层。

④分序进行钻孔、注浆作业。

（2）下部进芯控制

①袖阀管管段之间连接应充分，下管前检查橡皮袖套是否松动脱落。

②强化注浆孔的回填和封孔质量。

③注浆参数要不断调整完善，适应地层，减少地表的隆起。

④选用合理的注浆材料，分序进行钻孔、注浆作业。

（3）卡管控制

①采用国标加厚型镀锌管加工芯管。

②提高芯管、注浆管及钻孔质量。

③加强注浆作业人员的责任心，袖阀管下管前检查内外光滑程度。

④调整合适的注浆参数，在较大压力下，泄压后再提管。

⑤注浆过程中向上提管后，减少芯管回按的次数。

3.3.4 炸药早爆、盲爆风险控制

①严格执行当地公安机关、港航监督部门对爆破施工的有关规定，在爆破施工前制定爆破作业安全警戒防护措施，提交业主工程师代表审查。

②施工前对有关人员进行技术培训和安全教育，认真学习《爆破安全规程》(GB 6722—2011)的有关规定及《爆破设计方案》。

③爆破工作船及其辅助船舶，必须按规定悬挂信号(灯号)。

④爆破负责人，应根据爆破区的水位、流速、流态、风浪等情况布置爆破作业，爆破作业船上的人员，作业时必须穿好救生衣，不能穿救生衣作业时，必须备有相应数量的救生设备。禁止无关人员上爆破作业船。

⑤严格按炮孔布置图钻孔、验收、装药。起爆药包，只准由爆破员搬运。搬运起爆药包上下船或跨船舷时，应有必要的防滑措施，用船只运送起爆药包时，在航行中，应避免剧烈颠波和碰撞。

⑥电雷管起爆时必须事先检测导通、电阻状况，同次起爆电雷管电阻相差必须符合《爆破安全规程》(GB 6722—2011)规定。连线完毕后要进行导通检测，确认导通后方可起爆。

⑦用起爆器起爆，起爆器的钥匙必须由爆破员随身携带，不得转交别人，不到放炮通电时，不得把钥匙插入起爆器，放炮后必须立即将钥匙拔出，摘掉母线扭结成短路。放炮母线连接脚线，检查线路和通电工作，只准爆破员一人操作。

⑧爆破炸药加工区域必须设置警戒线及遮阳棚，严禁露天加工药包，严禁在雷天、雾天进行装药放炮作业。

3.3.5 人员危险控制

①爆破前，确定爆破警戒圈范围，在边界设置明显的标志。

②爆破前做好组织协调和各项准备工作，包括明确分工与职责，确定通信联系方式，进行对讲机调试等。

③准备工作完成后，在爆破指挥的指挥下，施工人员和船只撤离至安全地区；警戒人员和警戒船只进入警戒哨岗，设置警戒信号。

④警戒人员对警戒范围进行细致的搜查，确保警戒圈范围内无船只和其他人员，特别是警戒水域范围内游泳人员和潜水作业人员。

⑤警戒过程中，爆破指挥必须随时与各警戒人员保持对讲机联系，及时了解情况。

4 后期盾构掘进施工关键技术

4.1 掘进准备阶段分析

爆破后在隧洞掌子面形成的块状碴或被切削掉的小块石会使掌子面变得不稳定。掘进过程中块石不管是被挤出或切削掉。均可能会对相应位置上的刀具个体造成过载，造成滚刀断裂、掉块，边刮刀螺栓旋松、断裂直至边刮刀掉落。另外爆破都会使岩体的渗透系数增大，爆破孔的注浆封堵效果如果不是很好，加之爆破后的岩层不是很稳定、泥浆循环系统的操作如果不合理、SAMSON保压系统控制灵敏度不高，很容易造成掌子面坍塌、甚至击穿；这时，掌子面的泥膜形成就显得十分重要，泥水循环系统提供的高质量泥浆包裹在块石周围，形成一层泥膜，增加了块石之间的黏聚力，使得块石之间的传力范围得到扩大，改善了开挖面的受力状况，增强了开挖面土体的强度和刚度，利于开挖面的稳定。

结合基岩孤石处理的钻孔情况，绘制了2号洞地质剖面图，如图4所示。

盾构施工处于基岩爆破处理段，洞身上部及顶部为全风化花岗岩，在海水潮汐作用下，岩体矿物质被洗走，造成空隙较大，注浆加固量极大，加固段注浆后平均隆起50cm左右，但仍无法达到稳定效果；通过地层岩体下部较硬，上部孤石较多，围岩不稳定，需频繁地带压进仓处理刀盘仓内的孤石及刀具。

掘进典型断面如图 5 所示。

图 4　2 号洞钻孔验证后的地质纵断面图

4.2　掘进实施阶段

基岩孤石段爆破对刀盘及掘进的影响：爆破使岩层内部产生裂隙，人为造成的裂隙减弱岩石强度，使刀具切削 140～220MPa 的基岩成为可能；经过进仓观察爆破效果，破碎块粒径为 200～500mm，取得了相应的效果。

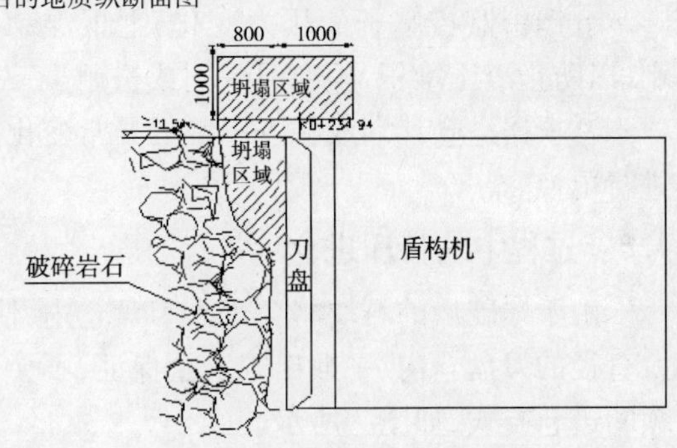

图 5　基岩孤石预处理后的典型断面

根据掌子面检查情况及爆破钻孔探明地质情况，本段属于典型的上软下硬的软硬不均段，洞身上部主要为全风化花岗岩，自身不具有稳定性，在水、泥浆或者振动的作用下会溶解、掉落。掘进过程中扰动会导致掉落，本段掘进过程中极易出现冒顶及顶部坍塌现象。

另外，因高刀位刀具大部分损坏，对刀盘面板不能形成很有效的保护，需要频繁带压进仓更换边滚刀及高刀位刀具。因地层本身原因导致地层不能被扰动，故换刀困难较大，换刀时间持续较长。图 6 为部分段带压进仓检查刀盘情况。

a)

b)

图 6　部分地段带压进仓情况

掘进此类地层的对策：

①在刀盘边缘和靠近边缘的正面部分要配置足够的滚刀并经常检查更换，以确保刀具能够充分破碎底部爆破后的块石地层，保证盾构能够向前推进。

②采用高质量的泥浆和合理的保压参数。

③推进时采用小推力低转速，控制贯入度，并以此为推力的依据，使刀具对底部较硬地层

进行充分破碎。

④严格控制出渣量,如发现出渣量过大要逐步增加开挖仓压力,最大程度地遏制渣土的散落入仓。

⑤严格进行同步注浆,保证注浆压力和注浆量,充分填充开挖面与管片之间的地层间隙,以减少周围土体的位移变形。

⑥及时对盾尾密封添加足量的油脂,确保盾尾的密封性,以防止开挖面压力有序上升而盾尾密封不好而产生漏水、漏浆和漏砂等现象。

⑦调整盾构机推进油缸的分区油压,底部爆破后块石区域的油压较上部软岩部位适当加大,以控制推进油缸的合力作用点、抵消刀盘的上、下行趋势,控制好盾构轴线位置和隧道坡度。

⑧严密监控掌子面压力变化,上下浮动控制在 0.25bar 以内,合理使用泥水循环的反冲刷,以防止渣土堆积、阻塞泥浆门或格栅。

⑨根据进仓计划或掘进参数的异常变化,及时进行带压进仓,检查刀盘刀具并有针对性地进行更换。

4.3 过程中的带压进仓

由于爆破后的石块将会进入刀盘仓内,使得带压进仓成为一个比较常规的工艺。由于在大直径的刀盘仓内,一般出于安全保证,不会下到泥水仓底部进行处理孤石,提出一种比较新颖的进仓方式,如图 7 所示。

2012 年 3 月 21 日 ~8 月 5 日,2 号隧洞累计带压进仓人次统计:累计进仓 662 仓、2009 人次。打捞石头:大大小小累计 824 块,其中孤石 391 块,长度 40cm 以上孤石 227 块。从仓内打捞的孤石见图 8。

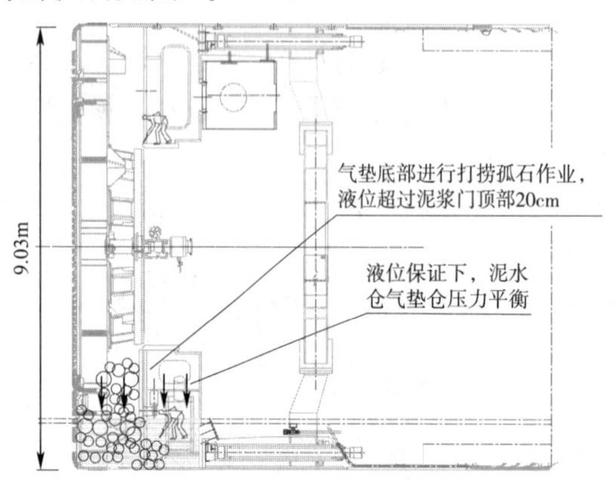

图 7　打捞孤石所采取的带压进仓方式

图 8　从仓内打捞的孤石

5 结论与建议

本文对台山核电取水隧洞基岩孤石地层掘进提出的预处理方式所涉及的施工风险进行了分析,并制定了详细的对策,对后期盾构施工将遇到的风险以及解决对策也进行了详细阐述,提供了一整套从基岩孤石处理到海底盾构掘进施工的风险对策,为后期利用此类工法施工提供了有力借鉴。

盾构法是一项综合性隧道工程施工技术,特别是在复合地层施工中,需做到每个环节的风险辨识及风险应对措施,将为后续的盾构施工提供有力的技术保障。

参考文献

[1] 杨书江. 盾构在硬岩及软硬不均地层施工技术研究[D]. 上海:上海交通大学,2006.

[2] 米晋生, 鞠世键. 盾构掘进处理孤石施工技术//大直径隧道与城市轨道交通工程技术——2005 上海国际隧道工程研讨会文集[C]. 上海:同济大学出版社,2005,10.

[3] 谭忠盛, 洪开荣, 万姜林, 等. 软硬不均地层复合盾构的研究及掘进技术[J]. 岩石力学与工程学报,2006:617-624.

[4] 刘建国. 深圳地铁软硬不均复杂地层盾构施工对策[J]. 现代隧道技术,2010, 05:85-90.

[5] 竺维彬, 黄威然, 孟庆彪, 等. 盾构工程孤石及基岩侵入体爆破技术研究[J]. 现代隧道技术, 2011, 48(5):18-23.

[6] 李有兵. 长沙地铁孤石群地层盾构施工技术[J]. 建筑机械化,2012.(6):74-77.

[7] 洪开荣. 水下盾构隧道硬岩处理与对接技术[J]. 隧道建设,2012,32(3):361-365.

[8] 王鹏华. 不同地质条件下盾构工程孤石处理工艺及实例[J]. 隧道建设,2012,32(4):141-145.

图书在版编目（CIP）数据

2013 中国盾构工程技术学术研讨会论文集 / 吴煊鹏主编. —北京:人民交通出版社,2013.11
ISBN 978-7-114-10994-2

Ⅰ.①2… Ⅱ.①吴… Ⅲ.①隧道施工 – 盾构法 – 文集 Ⅳ.①U455.43-53

中国版本图书馆 CIP 数据核字(2013)第 267076 号
京朝工商广字第 8042 号(1 – 1)

书　　名:**2013 中国盾构工程技术学术研讨会论文集**
著 作 者:吴煊鹏
责任编辑:刘彩云　吴燕伶
出版发行:人民交通出版社
地　　址:(100011)北京市朝阳区安定门外外馆斜街 3 号
网　　址:http://www.ccpress.com.cn
销售电话:(010)59757973
总 经 销:人民交通出版社发行部
经　　销:各地新华书店
印　　刷:北京市密东印刷有限公司
开　　本:787 × 1092　1/16
印　　张:18
字　　数:426 千
版　　次:2013 年 11 月　第 1 版
印　　次:2013 年 11 月　第 1 次印刷
书　　号:ISBN 978-7-114-10994-2
定　　价:128.00 元